高职高专“十二五”规划教材

氯碱-聚氯乙烯生产操作

马金才　刘玉星　主编
李学英　主审

化学工业出版社
·北京·

本书主要介绍离子膜电解法制碱、电石法生产聚氯乙烯的生产技术，涉及相关的工艺路线分析、工艺条件控制、工艺流程的组织、安全生产技术。内容包括绪论、盐水一次精制、盐水二次精制、离子膜电解、碱液蒸发、氯氢处理、氢气处理、乙炔的生产、氯乙烯生产、聚氯乙烯生产、聚氯乙烯的分类与改造等。

本书可作为高职高专院校化工类专业教材，也可供从事氯碱聚氯乙烯生产的技术人员参考。

图书在版编目（CIP）数据

氯碱-聚氯乙烯生产操作/马金才，刘玉星主编.
北京：化学工业出版社，2013.3（2024.8重印）
高职高专“十二五”规划教材
ISBN 978-7-122-16160-4

Ⅰ.①氯…　Ⅱ.①马…②刘…　Ⅲ.①氯碱生产-高等职业教育-教材②聚氯乙烯-化工生产-高等职业教育-教材　Ⅳ.①TQ114②TQ325.3

中国版本图书馆 CIP 数据核字（2012）第 304406 号

责任编辑：张双进　　文字编辑：林　丹
责任校对：顾淑云　　装帧设计：王晓宇

出版发行：化学工业出版社（北京市东城区青年湖南街 13 号　邮政编码 100011）
印　　装：北京建宏印刷有限公司
787mm×1092mm　1/16　印张 16¼　字数 420 千字　2024 年 8 月北京第 1 版第 5 次印刷

购书咨询：010-64518888　　售后服务：010-64518899
网　　址：http://www.cip.com.cn
凡购买本书，如有缺损质量问题，本社销售中心负责调换。

定　　价：32.00 元

前　言

本书是按照高等职业教育改革发展的需要而编写的。编写本书的基本思路是：适用于化工类高职高专教学内容改革的需要，体现我国氯碱化工企业发展需求。在介绍离子膜电解法制碱、电石法生产聚氯乙烯工艺过程的基础上，依据企业生产实践，重点突出了岗位操作技能、安全卫生与环保的训练。

本书适合作为高等、中等学校化工专业开设有本课程的教学用书，也可作为相关企业技术人员培训、参考用书。

本书共分十章，主要由新疆轻工职业技术学院教师编写。第一章、第二章由刘玉星编写；第三章、第五章、第十章由马金才编写；第四章、第八章由田新编写；第六章、第七章由祁新萍编写；第九章由新疆产品质量监督检验研究院王进编写。全书由马金才、刘玉星统稿。

李学英教授对本书进行了认真细致的审阅，并提出了许多宝贵意见和建议，在此谨表感谢。新疆中泰化学股份有限公司、新疆天业集团有限公司、新疆圣雄能源股份有限公司等氯碱企业的技术人员在本书的编写过程中提供了技术支持，同时也提出了宝贵的编写意见和建议，在此一并表示衷心感谢。

因编者水平有限，书中不妥之处在所难免，恳请读者批评指正。

编者

2012 年 10 月

目 录

绪　　论

一、氯碱工业

工业上用电解饱和 NaCl 溶液的方法来制取 NaOH、Cl_2 和 H_2，并以它们为原料生产一系列化工产品，称为氯碱工业。

氯碱工业是最基本的化学工业之一，它的产品除应用于化学工业本身外，还广泛应用于农业、石油化工、轻工、纺织、建材、电力、冶金、国防军工、食品加工等国民经济各命脉部门，据有关部门测算，1 万吨氯碱产品所带动的一次性经济产值在 10 亿元以上。我国是世界氯碱生产大国，一直将主要氯碱产品产量及经济指标作为我国国民经济统计和考核的重要指标。随着国民经济的不断发展，氯碱企业不断满足各行业对氯碱产品的需求，更有力地推动了相关产业的发展，促进了国家现代化建设事业的发展。

二、氯碱工业概述

1. 世界氯碱工业的现状

2008 年，全球氯碱工业的产值达到 200 亿美元。截至 2008 年 12 月，全球有 500 多家氯碱生产商；烧碱产能达到 7481 万吨/年，比 2004 年的 5870 万吨/年增加 1611 万吨/年，年均增长 6.25%，图 0-1 为全球和中国 21 世纪初烧碱生产能力的变化和所占比例关系。

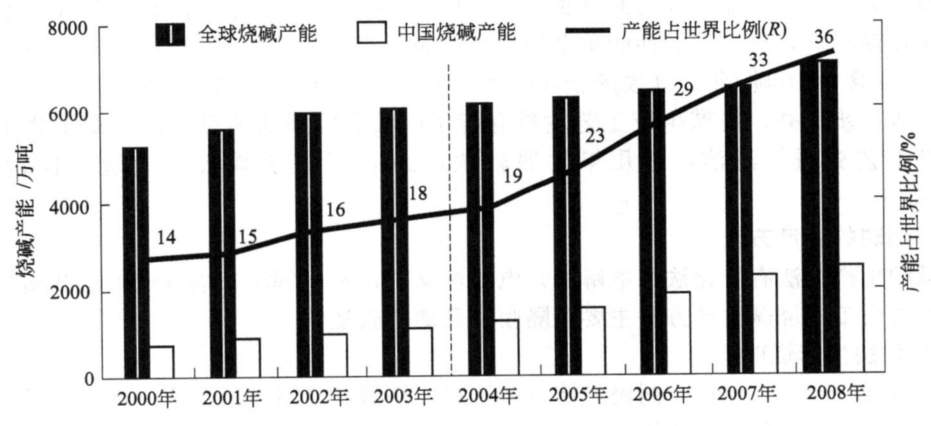

图 0-1　全球和中国 21 世纪初氯碱工业的发展速度

亚洲的烧碱产能占全球烧碱产能的 50%以上，不过生产厂家的规模大都较小。全球烧碱产能的分布如下：亚洲 51.3%，北美 20.0%，欧盟 17.9%，中东非洲 3.9%，独联体 3.6%，南美洲 3.1%，大洋洲 0.2%。从生产国家看，中国是最大的烧碱生产国，产能约占 33.0%；其次是美国，产能约占 17.5%；而后是日本和德国，产能分别占 6.8%和 6.7%。

2. 国内氯碱工业现状

我国最早的氯碱工厂是 1930 年投产的上海天原电化厂（现上海天原化工厂的前身），日产烧碱 2t。到 1949 年新中国成立时，全国只有少数几家氯碱厂，烧碱年产量仅 1.5 万吨，氯产品只有盐酸、液氯、漂白粉等几种。1990 年以前，我国需进口国外烧碱来解决国内烧碱供需矛盾。到 1990 年，我国烧碱产量达 331 万吨，仅次于美国和日本，位于世界第三位，并由烧碱进口国变为烧碱出口国。进入 21 世纪，我国的氯碱工业在产量、质量、品种、生产技术等方面都得到了很大发展。到 2008 年，我国烧碱生产能力达到 2500 万吨，烧碱产量接近 1900 万吨，生产能力和实物产量超过美国和日本，居世界第一位。出口烧碱超过 200 万吨，液碱已经出口美国、澳大利亚、加拿大等国。固片碱主要出口东南亚及非洲地区。聚氯乙烯出口到俄罗斯、印度、埃及和独联体国家等几十个国家。“十一五”期间，国内氯碱行业发展迅速，2010 年中国烧碱产量达到 2087 万吨，聚氯乙烯产量达到 1130 万吨。烧碱和聚氯乙烯的产能、产量均居世界第一，成为名副其实的氯碱大国。预计到 2015 年，我国烧碱产量将达到 2800 万吨，年均增长 7%，聚氯乙烯产量将达到 1500 万吨，年均增长 8%。国内氯碱近 10 年的产能如图 0-2 所示。

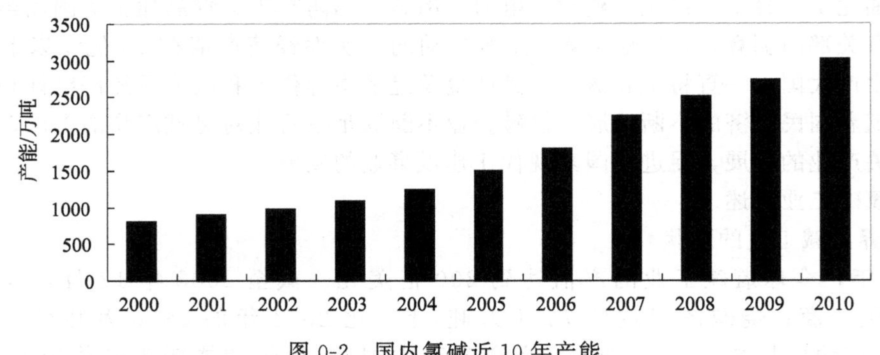

图 0-2　国内氯碱近 10 年产能

2010 年年底，我国在产烧碱生产企业 176 家，主要分布在山东、江苏、河南、内蒙古、新疆和浙江六省份，产能合计占总产能的 59.4%。我国氯碱行业中拥有百万吨级别的化工集团也在逐渐形成，对于地域性的单个烧碱生产企业而言，2010 年进入我国烧碱产能 40 万吨/年以上（含 40 万吨/年）规模的企业已增至 15 家，占总产能的 25.6%，相比 2009 年行业集中度进一步提高。烧碱生产工艺主要有离子膜法和隔膜法两种，由于离子膜法能耗较低，生产工艺先进、清洁，近几年发展较快，2010 年离子膜法产能所占比例已提高到 84.3%。

三、烧碱的生产方法

烧碱的生产方法有苛化法和电解法，电解法又有水银电解法、隔膜电解法和离子膜电解法。目前国内工业烧碱生产方法主要为隔膜法和离子膜法。

1. 苛化法生产烧碱

在 20 世纪 50～60 年代，国民经济发展迅速，烧碱产量滞后于工业发展，为了满足烧碱的需求，一度采用苛化法生产烧碱，原理如下。

$$Na_2CO_3 + Ca(OH)_2 = 2NaOH + CaCO_3 \downarrow \tag{0-1}$$

纯碱和熟石灰反应，生成的碳酸钙溶解度比氢氧化钙小，所以能够进行苛化反应。与电解法制烧碱相比较，由于纯碱是纯度较高的原料，含氯化钠极少，所得烧碱的纯度也较高。但是需要消耗另一种重要的产品纯碱。

2. 水银法电解生产烧碱

此法采用的主要设备——电解槽由电解室和解汞室组成，其特点是以汞为阴极，得电子生成液态的钠和汞的合金。在解汞室中，钠汞合金与水作用生成氢氧化钠和氢气，析出的汞又回到电解室循环使用。图 0-3 为水银法电解食盐水原理示意图。

$$2NaCl + 2Hg = 2HgNa + Cl_2 \uparrow \tag{0-2}$$

$$2HgNa + 2H_2O = 2NaOH + H_2 \uparrow + 2Hg \tag{0-3}$$

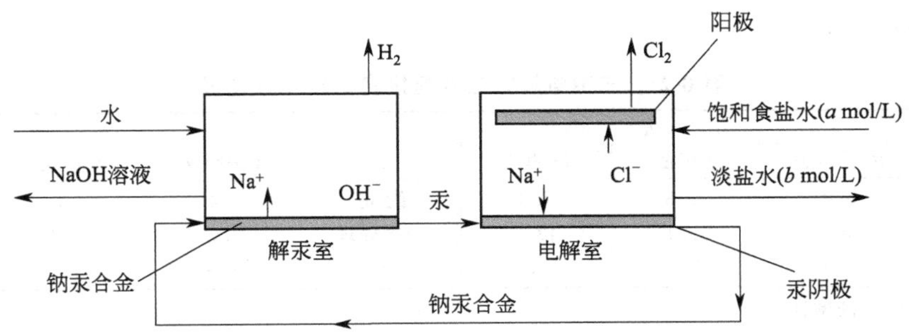

图 0-3 水银法电解食盐水原理示意图

此法的优点是制得的碱液浓度高、质量好、成本低。水银法制碱的最大的缺点是汞会对环境造成污染，所以此法已逐渐减少使用。目前还有部分欧洲国家如法国、意大利和西班牙等存在少量水银法烧碱电解生产装置。

3. 隔膜法生产烧碱

隔膜法电解曾经是生产烧碱最主要的方法，所谓隔膜法是指在阳极与阴极之间设置隔膜，把阴、阳极产物隔开。隔膜是一种多孔渗透性隔层，它不妨碍离子的迁移和电流通过，并使它们以一定的速度流向阴极，但可以阻止 OH^- 向阳极扩散，防止阴、阳极产物间的机械混合。目前，工业上用得较多的是立式隔膜电解槽。阳极用石墨或金属，阴极用铁丝网或冲孔铁板。当输入直流电进行电解后，食盐水溶液中的部分氯离子在阳极上失去电子生成氯气并逸出。阳极溶液中剩下的钠离子随溶液一同向阴极迁移，流入阴极的电解液，其中的氢离子在阴极得到电子生成氢气自电解槽阴极室逸出。溶液中所剩的氢氧根离子与钠离子形成碱溶液，与未电解的氯化钠溶液一起不断自电解槽中排出。隔膜法制的 NaOH 水溶液（电解液）质量分数很低（10%～20%），并含有大量的 NaCl，需要进行浓缩、蒸发并回收一部分盐，之后才能进行成品包装。

四、离子膜制碱的技术优势

离子膜法氯碱技是 20 世纪 70 年代中期出现的一种制碱方法，已被公认为目前技术上最先进、经济上最合理的烧碱生产方法。1986 年 9 月我国第一套离子膜制碱装置在羊锅峡建成投产，随着离子膜法氯碱生产技术在我国的推广，我国的氯碱生产技术水平跃上了一个新台阶。离子膜法制烧碱不仅质量好，能耗低，而且从根本上解决了由石棉隔膜法制碱造成的石棉绒对水质的污染和对操作人员健康的影响。表 0-1 为国内离子膜法烧碱产能的变化。

表 0-1 国内离子膜法烧碱产能变化

占总产能比例	隔膜法/%	离子膜法/%
2006 年	45	55
2007 年	37	63
2008 年	31	69

离子膜法制碱发展如此迅速，主要是因为其具有以下优势。

1. 投资省

离子膜法比水银法投资节省 10%～15%，比隔膜法节省约 15%～25%，目前国内离子膜法投资比水银法或隔膜法反而高，其主要原因是离子膜法制碱技术和主要设备及膜均是从国外引进的，因此成本很高。随着离子膜法制碱技术和装置（含膜）的国产化率的提高，其投资成本将会逐渐降低，并最终会低于水银法和隔膜法的投资成本。表 0-2 为三种电解方法基建投资比较。

表 0-2 三种电解方法基建投资比较（万吨级） 单位：%

项 目	方 法			项 目	方 法		
	离子膜法	水银法	隔膜法		离子膜法	水银法	隔膜法
盐水	8.8	11.8	7.3	配电	9.4	9.4	9.4
电解	55.9	63.1	48.0	公害处理	0.0	11.2	0.0
蒸发	5.9	0.0	35.3	合计	80.0	95.5	100.0

注：以生产 50%液碱计。

2. 出槽 NaOH 浓度高

离子膜法出槽 NaOH 质量分数为 30%～35%，预计今后出槽 NaOH 质量分数将会达到 40%～50%。目前已有生产 50%NaOH 离子膜电解槽的工业化试验在进行。但从耗汽省、耗电多及阴极系统需使用更昂贵的耐腐蚀材料等方面考虑，是不经济的。而对于汽贵电廉的地区，生产 40%～50% NaOH 是可行的。

3. 能耗低

由表 0-3 可知，目前离子膜法制碱直流电耗是 2200～2300kW·h/t，同隔膜法电解工艺相比，可节约 150～250kW·h/t，同水银法电解工艺相比，可节约 900～1000kW·h/t。同水银法电解制碱相比，总能耗可节约 10%～15%，同隔膜法电解制碱相比，总能耗可节约 20%～25%。

表 0-3 三种电解方法总能耗

指 标	电解方法			
	离子膜法		水银法	隔膜法
	复极式	单极式	金属阳极	改性膜、扩张阳极、四效蒸发
电流密度/(kA/m^2)	4.0	3.4	12.0	2.15
槽电压/V	3.3	3.2	4.5	3.4
碱液浓度/%	30～32	32～35	50	11
平均电流效率/%	94～95	94～95	97	94～95
电解电力(AC)/(kW·h/t)	2250～2350	2250～2350	3280	2530
电解电力(DC)/(kW·h/t)	2200～2300	2200～2300	3200	2450
动力电(AC)/(kW·h/t)	100	100	80	200
蒸汽(AC)/(kW·h/t)	150	150	30	470
总能耗(AC)/(kW·h/t)	2500～2600	2500～2600	3390	3200

4. 氢氧化钠质量好

离子膜法电解制碱出槽电解液中一般含 NaCl 为 20～35mg/L，50%（质量分数）成品 NaOH 中含 NaCl 一般为 45～75mg/L（见表 0-4），99%（质量分数）固体 NaOH 含 NaCl<100×10^{-6}，可用于合成纤维、医药、水处理剂、石油化工工业等部门。

表 0-4 三种方法生产 NaOH 质量

指 标	方 法			指 标	方 法		
	隔膜法	水银法	离子膜法		隔膜法	水银法	离子膜法
NaOH/%	50	50	50	$NaClO_3$/%	0.05	0.001	0.001
Na_2CO_3/%	0.09	0.03	0.04	SO_4^{2-}/%	0.01～0.03	0.00～0.003	<0.005
NaCl/%	1.0～1.2	0.003	0.005	Fe_2O_3/%	0.004	0.004	0.0004

5. 氯气纯度高，氯中含氧、含氢低

离子膜法电解氯气纯度高达 98.5%～99%（体积分数），进槽盐水加酸氯中含氧<0.8%（体积分数），完全适合某些氧氯化法聚氯乙烯对氯中含氧的要求。即使进槽盐水不加酸，氯中含氧 1%～1.5%（体积分数），也能满足某些氧氯化法聚氯乙烯生产的需要，并能提高电石法聚氯乙烯和合成盐酸的纯度。另外，氯中含氢约在 0.1%（体积分数）以下，不仅能保证液氯生产的安全，而且能提高液化效率。

6. 氢气纯度高

离子膜法电解氢气纯度可高达 99.9%（体积分数），对合成盐酸和 PVC 生产提高氯化氢纯度极为有利，对压缩氢及多晶硅的生产也有莫大的益处。

7. 无污染

离子膜法电解可以避免水银和石棉对环境的污染。离子膜具有较稳定的化学性能，几乎无污染和毒害。

8. 生产成本低

在烧碱的主要消耗指标中，离子膜法均比隔膜法低，从表 0-5 中可以看出，直流电耗低（330kW·h/t），蒸汽消耗低（4t/t），日本离子膜法生产 NaOH 直接生产成本（含氯、氢）为隔膜法的 89%，为水银法的 84%。

表 0-5　离子膜法和隔膜法烧碱的主要消耗指标

项　目	离子膜法烧碱(50%)	隔膜法烧碱(42%)
直流电耗/(kW·h/t)	2200	2530
蒸汽消耗/(t/t)	1.1	5.10
水耗/(m^3/t)	2.4	24
综合能耗/(J/t)	9225×10^6	17664×10^6
石棉绒废水/(m^3/t)	无	2.45
铅对环境的污染	无	有
技术先进性	世界最先进	一般

隔膜法电解槽制得的电解液只含 NaOH 10%～12%（质量分数），因此需要蒸发装置蒸浓，消耗大量的蒸汽；蒸发后可获得含 NaOH 30%、42%、50%（质量分数）的液碱，但相应仍含有约 5%、2%、1%（质量分数）的 NaCl。隔膜法的总能耗较高，且石棉隔膜寿命短又是致癌物质。水银法可从电解槽直接制得 NaOH 浓度为 50%（质量分数）的液碱，不需要蒸发，且产品质量好，含盐低，约 45mg/L。但水银被公认为是有害物质，日本发生的“水俣病”，是水银中毒的一种典型病例。

离子膜法从电解槽流出的 NaOH 浓度已能达到 30%～35%（质量分数），可以直接作为成品碱出售使用，如果需要浓缩到 50%（质量分数），蒸汽消耗为 0.6～0.8t/t，只有隔膜法的 25%～30%。而且碱液中含 NaCl 少，蒸发装置的投资少。离子膜具有较稳定的化学性能，几乎无污染和毒害。

离子膜法电解制碱虽具有上述诸多优点，但也存在如下缺点。

① 离子膜法制碱对盐水质量的要求远远高于隔膜法和水银法，因此要增加盐水二次精制，即增加了设备投资费用。

② 离子膜本身的费用也非常昂贵，容易损坏，目前国内尚不能制造，需精心维护，精心操作。

第一章　盐水一次精制

通过本章节的学习，要了解食盐的性质和来源；原盐的选用标准；饱和食盐水的制备方法；掌握盐水质量对电解的影响作用、盐水一次精制的原理、盐水一次精制的工艺流程；熟悉盐水一次精制的主要设备的结构与特点、常见事故原因及处理办法、一次盐水精制岗位操作规程；理解一次盐水精制的工艺条件。

第一节　原料的认识

一、食盐的性质

1. 食盐的物理性质

食盐的化学名称为氯化钠，分子式为 NaCl，相对分子质量为 58.44。为无色透明的正六面晶体，相对密度 2.161(25℃)，熔点 800.8℃，沸点 1465℃，溶解热 517.1J/g，溶解度(20℃) 36g。

2. 食盐的化学性质

食盐作为盐类化合物，具有盐共有的化学性质。

① 在熔融状态或溶液状态，能电离成 Cl^- 和 Na^+。

② 在水中电解：$2NaCl+2H_2O \longrightarrow 2NaOH+Cl_2\uparrow+H_2\uparrow$。

③ 与 $AgNO_3$ 反应：$NaCl+AgNO_3 \longrightarrow AgCl\downarrow+NaNO_3$。

二、食盐的来源及特点

我国食盐的产地分布很广，从东北到海南、台湾，从新疆、青海、川藏到内蒙古，出产着种类繁多的盐：海盐、湖盐、井盐、矿盐等。

1. 海盐

以海水为原料晒制而得的盐称为海盐。海水中主要的盐类有氯化钠、硫酸镁、硫酸钙、硫酸钾等（见表 1-1）。我国海盐产量很大，沿海各省都产海盐。如河北的青芦盐、辽宁的营口盐、山东的青岛盐、江苏的淮盐等，其中以汉沽、辽宁、山东、淮北产量最大，统称为“四大盐区”。

表 1-1　某海盐的成分

成　分	指标/%	成　分	指标/%
NaCl	88.73	$MgSO_4$	0.61
$CaSO_4$	0.41	水分	7.24
$MgCl_2$	1.21	不溶物	0.82

2. 湖盐

通过盐湖开采加工所制的盐称为湖盐。湖盐是从含氯化钠的湖水中制取的。西北内陆的内蒙古、新疆、甘肃、宁夏等盛产湖盐。湖盐含盐量高，生产成本和能耗低于海盐和井矿盐，但含有泥沙、石膏和芒硝等杂质。

3. 井盐、矿盐

通过打井的方式抽取地下卤水（天然形成或盐矿注水后生成），制成的盐就称为井盐；开采地下岩盐经加工制成的盐称为矿盐（见表 1-2）。由于岩盐矿床有时与天然卤水盐矿共存，加之开采岩盐矿床钻井水溶法的问世，故又有井盐和矿盐的合称井矿盐（见表1-3）。井矿盐成分较为复杂，且因各地地质条件不同，成分也略有不同，不过大体上含有钾钠钙镁等金属离子和碳酸根、碳酸氢根、硫酸根和氯离子等阴离子。

表1-2　某矿盐的盐水成分

成　分	指标/(g/L)	成　分	指标/(g/L)
NaCl	280～310	$CaCl_2$	0.2～0.8
$CaSO_4$	5～6	相对密度(15℃)	1.19～1.20
$MgCl_2$	0.2～0.4		

表1-3　某井矿盐的盐水成分

成　分	指标/(g/L)	成　分	指标/(g/L)
NaCl	250～290	$CaCl_2$	25～28
$CaSO_4$	2.4～6	相对密度(15℃)	1.17～1.18
$MgCl_2$	16～33		

三、原盐的选用标准

由于各种盐的生产工艺不同，产品质量也相差较大，各企业应根据自身的实际情况合理选用原盐（表1-4），但总体上应遵循以下原则。

1. 就近采购原则

为了规避风险，消除涨价因素和原盐供应不足给企业造成的经济损失，氯碱企业应当优先选用离厂区最近的盐场生产的原盐，新建氯碱厂应尽量靠近盐场，以降低运输成本。

2. 质量优先原则

由于海盐和湖盐的生产以日晒法为主，未经过净化处理，盐的品质较差，泥沙、悬浮物、杂质含量高；井矿盐通过真空蒸发生产，盐的品质较高，不含泥沙、悬浮物，杂质含量也极少。选择品位高的盐作原料，可以减少盐水精制岗位人力、物力、财力的投入，节约大量的投资和运行费用，因此企业应尽量选用杂质含量少的精制盐作原料。总体来讲，靠近海盐、湖盐产区的氯碱企业可以使用质量稍差的海盐和湖盐，廉价的运输费用可以抵消因杂质含量多而增加的精制费用。对远离海盐、湖盐产区的氯碱企业（特别是离子膜法制碱企业）来说，使用井矿盐产区、通过真空蒸发生产的精制盐具有较大的优势，应成为企业的首选。

表1-4　原盐化学指标　　单位：%

指　标		等级			
		优级	一级	二级	三级
NaCl	≥	95.50	94.00	92.00	89.00
水分	≤	30.30	4.20	5.60	8.00
水不溶物	≤	0.20	0.40	0.40	0.50
水溶性杂质	≤	1.00	1.40	2.00	2.50

四、饱和食盐水的制备方法

1. 固体盐为原料

以固体盐为原料的烧碱企业，食盐的溶解一般在化盐桶中进行。食盐通过皮带运输机从化盐桶上部加入，化盐水从桶底部加入，化盐水一般由淡盐水、蒸发回盐水、压滤水、反渗透杂水、反洗水等混合而成，混合水经汽水混合器加热后，从化盐桶底部连续送入，化盐温度保持在50～60℃。化盐桶保持一定的盐层高度。原盐中含有的泥沙等不溶解的杂物沉积在化盐桶底部，定期清理。原盐溶解，被制成粗饱和盐水，从化盐桶上部溢流槽流出，进入反应桶。

2. 液体盐为原料

井盐或天然卤水可直接汲出，用管道送往工厂使用，如浓度较低，可先浓缩，或加入固体盐，提高其浓度。矿盐一般在地下用水先溶解，再汲出。

第二节　盐水一次精制工艺路线分析

一、盐水质量对电解的影响

饱和食盐水中除了含有氯化钠以外，还含有钙离子、镁离子、硫酸根、有机物等化学杂质，这些物质的含量对电解过程有直接的影响。

盐水质量对电解过程的影响主要体现在以下几方面。

1. 含盐量的影响

盐水中 NaCl 如果含量过低，会造成如下影响。

(1) 氯气在电解槽中溶解度增大

氯气在电解槽中的溶解度是随着温度和 NaCl 的浓度变化的。在一定温度下，NaCl 浓度越高，它的溶解越小。

溶解于电槽中的氯气，最后与阴极生成的 NaOH 反应，即：

$$Cl_2+2NaOH = NaCl+NaClO+H_2O \tag{1-1}$$

其结果，不仅损失了氯气，又损失了烧碱。

(2) 电极液电阻增大，槽电压升高

电导率越高，电阻越小。在 90℃ 的温度下，5.05mol/L 的浓度与 4.2mol/L 的浓度相比，其电导率增大 7.26%。

(3) 阳极析出电位增大

NaCl 浓度降低，使氯气在阳极的析出电位增大，以 200g/L 与 320g/L 的 NaCl 溶液比较，理论上计算，其析出电位相差 1%。

2. Ca^{2+}、Mg^{2+} 的影响

Ca^{2+}、Mg^{2+} 进入电解槽，会发生以下反应：

$$Ca^{2+}+2OH^- = Ca(OH)_2\downarrow \tag{1-2}$$

$$Mg^{2+}+2OH^- = Mg(OH)_2\downarrow \tag{1-3}$$

盐水中带进电解槽的 Ca^{2+}、Mg^{2+} 可生成 $Ca(OH)_2$、$Mg(OH)_2$ 沉淀，这些沉淀最后沉积在离子膜上，会造成以下影响。

① 使离子膜厚度增大，离子膜的电压降也增大。

② 离子膜厚度增大后，孔隙率下降，盐水通过困难，被迫提高了阳极液位，且增大了电解过程的充气度。

③ 盐水透过离子膜困难，势必使 NaOH 浓度提高，过高的 NaOH 浓度，提供了 OH^- 更多放电的机会，即：

$$2OH^- -2e = H_2O+[O] \tag{1-4}$$

这样等于损失了电流效率。

3. SO_4^{2-} 的影响

普遍认为：SO_4^{2-} 必须<5g/L，如果超过 5g/L，会造成 SO_4^{2-} 放电，即：

$$2SO_4^{2-}+2H_2O-4e = 2H_2SO_4+O_2\uparrow \tag{1-5}$$

同时，还会影响到 NaCl 的溶解度。所以 SO_4^{2-} 也是盐水精制的主要对象。

4. pH 值的影响

pH 值表示盐水的酸碱性。在电解槽内阴极液是酸性的，其 pH 值控制在 4 左右。而且认为如果阳极液的 pH 值>5，那么电流效率就很不容易达到 96%以上。因此在考虑盐水的 pH 值时，除了上述因素外，还必须考虑设备、管道的材质。

一般地说，绝大多数工厂都采用 pH 值为 7.5～8 的微碱性盐水进槽。对于个别金属阴极电解来说，也有采用 pH 值为 4～6 的偏酸盐水的。

5. NH_3 的影响

无机氨在电解的条件下会生成三氯化氮。三氯化氮是一种具有很大的爆炸性的物质，在氯加工中，如在液氯生产中，危险很大，必须严格地控制。NH_3 在电解过程中会产生下列化学反应：

pH 值>9　　$NH_3+Cl_2 = NH_2Cl+HCl$　　(1-6)

pH 值>5　　$NH_3+2Cl_2 = NHCl_2+2HCl$　　(1-7)

pH 值<5　　$NH_3+3Cl_2 = NCl_3+3HCl$　　(1-8)

二、盐水一次精制的目标

经过处理以后的一次盐水通常要求达到以下指标：

氯化钠（NaCl）	>315g/L
钙、镁（Ca^{2+}、Mg^{2+}）	<5～10mg/L
硫酸根（SO_4^{2-}）	<5g/L
氨（NH_4^+）	<1mg/L
总氨	<4mg/L
pH 值	7.5～8（微碱性），4～6（酸性）

一般来说，一次盐水的制备，就是按照以上的内容和规定的指标进行的。

三、盐水一次精制原理

由工业盐、淡盐水、滤液、再生废水、生产上水、卤水形成的 NaCl 盐水中，含有离子膜所不能允许的杂质[有机物、菌藻类、SO_4^{2-}、Ca^{2+}、Mg^{2+}、NH_4^+、SS（悬浮物）等]，在盐水中分别加入精制剂 $BaCl_2$、NaOH、NaClO、Na_2CO_3、$FeCl_3$、Na_2SO_3 等以除去盐水中的杂质后，再经过滤器除去悬浮物（SS）以达到工艺要求。

1. 次氯酸钠除菌藻类、铵及其他有机物

盐水中的菌藻类被次氯酸钠杀死，腐殖酸等有机物被次氯酸钠氧化分解成小分子，氨与次氯酸钠反应生成 NH_2Cl 气体。

$$NH_3+NaClO \xrightarrow[40\sim50℃]{pH值>9} NH_2Cl\uparrow+NaOH \quad (1-9)$$

2. 氯化钡除 SO_4^{2-}

向盐水中加入氯化钡溶液，使其和盐水中的硫酸根反应，生成硫酸钡沉淀，其反应式如下：

$$BaCl_2+Na_2SO_4 \longrightarrow BaSO_4\downarrow+2NaCl \quad (1-10)$$

加入精制氯化钡不应过量，否则将增加离子膜的负荷，若发生 Ba^{2+} 过多，与电解的 OH^- 生成 $Ba(OH)_2$ 沉淀，会堵塞离子膜。

3. 碳酸钠除钙离子

在盐水中加入碳酸钠溶液，使其和盐水中的 Ca^{2+} 反应，生成不溶性的碳酸钙沉淀，为了除净 Ca^{2+}，必须加入的量比理论需要量要多，工艺要求碳酸钠的过碱量为 200～500mg/L，反应式如下：

$$Na_2CO_3 + CaCl_2 \longrightarrow CaCO_3 \downarrow + 2NaCl \tag{1-11}$$

4. 氢氧化钠除镁离子

在盐水中加入 NaOH 溶液，使其与盐水中的 Mg^{2+} 反应，生成不溶性的氢氧化镁沉淀。为了除净 Mg^{2+}，必须加入的量比理论需要量多，工艺要求氢氧化钠的过碱量为 200mg/L，反应式如下：

$$Mg^{2+} + 2OH^- \longrightarrow Mg(OH)_2 \downarrow \tag{1-12}$$

5. 氯化铁除去有机物、不溶性机械杂质

由于卤水和原盐中存在各种杂质，它们随化盐过程进入盐水中，盐水中的菌藻类、腐殖酸等天然有机物被次氯酸钠氧化分解成为小分子，最终通过 $FeCl_3$ 的吸附和共淀作用，在预处理器中与一部分机械杂质一同除去。

第三节　盐水一次精制工艺条件控制

一、化盐温度的控制

在盐水生产中，对温度的控制极其重要，若温度过低，则盐水浓度低，原盐溶解度低。精制反应速度以及所生成沉淀颗粒的沉降速度慢，对生产不利；若温度过高，则会因送电解的一次盐水温度过高导致槽温升高，当槽温高于 95℃时，离子膜会因生成大量气体鼓胀而产生皱褶而损坏，因此，生产中将一次盐水温度控制在 53～55℃。

对一次盐水温度产生直接影响的是化盐温度，这就要求在操作中稳定控制生产初期的化盐温度。化盐温度通过化盐桶出口槽处观察，配水加入管上设有温度显示仪表，对温度的察看不太方便，若巡检不及时，则常会发生温度过高或过低的现象，从而使澄清桶进出口温差超过 5℃，这种情况下，澄清桶内的盐水会因较大的密度差引起对流，沉降效果不好，一次盐水悬浮物含量高，而且容易造成电解槽温度居高不下，对离子膜寿命延长产生不利影响，可以增设化盐温度显示记录仪表，这样操作工就能随时掌握温度变化情况，根据温度曲线的变化趋势及时调节洗泥水、蒸汽加入量，必要时打反洗水，从而实现化盐温度的稳定，一般在 (65±5)℃，季节变化时可作适当调整，这保证了澄清桶进出口温差，使去电解的一次盐水温度得到稳定控制。

二、反应时间的影响

化盐后的饱和粗盐水按比例分别投加次氯酸钠、氯化钡、碳酸钠、氢氧化钠等精制剂，进前反应槽搅拌，反应时间控制在 30min，在进后反应槽的同时，按比例投加铁盐预处理剂，搅拌、反应时间控制在 30min。若反应时间不充分，将不能将杂质完全由液相转入固相，造成精盐水中天然有机物及钙、镁、硫酸根等离子浓度超标。

三、菌藻类及其他有机物的影响

盐水中的菌藻类会分泌出一种黏液，与腐殖酸等天然有机物混合在一起很难过滤，大大影响过滤能力，如穿过滤膜则还将影响树脂塔和离子膜。菌藻类和腐殖酸等有机物可以被次氯酸钠氧化分解成为小分子，再通过铁盐的吸附和共沉淀作用，在预处理器中被预先除去，一部分不溶性机械杂质也被同时除去。这是提高过滤能力、提高精制效率的有效手段。

四、盐水含盐量的控制

保证盐水浓度和盐水浓度的稳定，是这个工序的一个关键指标。要求处理过的一次盐水中 NaCl 含量＞315g/L。

盐水浓度的稳定也相当重要。浓度不稳定，将使进电解槽的盐水流量不稳，对膜产生不利影响，而且影响淡盐水浓度的控制，浓度不稳定还会引起碱量波动，钙镁离子去除效果欠佳，而且还将造成澄清桶内盐水因密度差而引起的返浑，使悬浮物增加，同样使下一道工序负荷加重，因此稳定控制含盐量是十分必要的。

五、盐水过碱量及 pH 值的控制

盐水精制过程中要使 Ca^{2+}、Mg^{2+} 去除比较完全，必须保证盐水有一定的过碱量，要求 NaOH 过量在 0.1～0.3g/L，Na_2CO_3 过量 0.25～0.5g/L，从反应原理：

$$Ca^{2+}+2OH^- = Ca(OH)_2\downarrow$$

$$Ca^{2+}+CO_3^{2-} = CaCO_3\downarrow \tag{1-13}$$

$$Mg^{2+}+2OH^- = Mg(OH)_2\downarrow \tag{1-14}$$

可以看出，只有 CO_3^{2-} 及 OH^- 均有一定的过量，才有助于沉淀 $CaCO_3$ 及 $Mg(OH)_2$ 的生成。从而减少盐水中的 Ca^{2+}、Mg^{2+} 含量。但 pH 值要控制在 9～11，若 pH 值过高，不仅消耗精制剂 NaOH 及 Na_2CO_3，增加了成本，而且不利于 $Mg(OH)_2$ 的沉降，同时易使盐水中 Al 含量上升；若 pH 值过低，达不到规定的过碱量要求，则 Ca^{2+}、Mg^{2+} 去除不完全，分离的难度增加。更为严重的是 Ca^{2+}、Mg^{2+} 对膜的污染是永久性的，若含量超标则更为严重，盐水中若有大量 Ca^{2+} 存在，则 Ca^{2+} 会沉积在离子膜阴极侧面，其结果是对膜形成物理破坏（使离子膜聚合物层遭到损害，致使 OH^- 由阴极室渗透到阳极室），从而降低膜的电流效率。Mg^{2+} 含量高虽不影响电流效率，但会使槽电压升高，导致电耗升高。

六、SO_4^{2-} 含量的控制

原盐中含有的有害杂质 SO_4^{2-} 是用 $BaCl_2$ 去除的。考虑到若一次盐水中存在过量的 $BaCl_2$，带入槽内后会以 $Ba(OH)_2$ 或 $Ba_3(H_2IO_6)_2$ 的形式沉积在膜上，这将导致电流效率降低，槽电压上升。实际上 SO_4^{2-} 对膜有特殊的正反两方面的作用，一方面入槽盐水如不含 SO_4^{2-}，阴极电流效率将会下降；另一方面，若盐水中 SO_4^{2-} 含量过高，电流效率也将下降，因此在生产中一般控制 SO_4^{2-} 不超过 5g/L。

生产实践证明，精制过程中 $BaCl_2$ 的加入速度对盐水质量有着很大的影响，若短时间内加入大量 $BaCl_2$ 溶液，会在瞬间生成大量颗粒极小的 $BaSO_4$ 沉淀，均匀分散在盐水中极难沉降，造成澄清桶呈牛奶状返浑，这毫无疑问会造成悬浮物（SS）超标，增加了树脂塔的工作负荷，同时影响膜效率，所以及时、缓慢、连续地加入 $BaCl_2$ 溶液，才能保证 Ba SO_4 含量稳定，减少返浑现象。

七、泥浆及助沉剂聚丙烯酸钠加入的控制

精制过程中加入泥浆有利于沉淀的生成和陈化，增加絮凝晶，泥浆作为晶核可吸附更多的 $CaCO_3$ 及 $Mg(OH)_2$，形成共沉淀，使沉淀颗粒加大；助沉剂聚丙烯酸钠带有许多活性基团吸附 $CaCO_3$、$Mg(OH)_2$、$BaSO_4$ 等沉淀颗粒，使颗粒形成絮团，可提高澄清桶盐水沉降速度，从而提高盐水透明度，减少悬浮物含量，提高膜效率。

因为泥浆和聚丙烯酸钠对盐水澄清起着至关重要的作用，所以在生产中同样要连续、稳定、适量地加入。由于泥浆较稠易结晶堵塞，一般采取泥浆泵直接赋予泥浆一个持续推动力，从澄清桶底直接打入精制反应槽，从而保证加入的连续性，盐泥循环时固液比平均为 1∶5，聚丙烯酸钠是靠高位槽位差压入凝聚反应槽的，生产中应勤巡检，注意仪表显示，保证高位槽不断液，这样才能使加入量稳定、持续。

第四节　盐水一次精制工艺流程的组织

对粗盐水进行精制，其目的都是为降低对电解过程的影响，减少电能的消耗和确保电解过程的安全。粗盐水的一次精制过程比较简单，常用的方法是：先将原盐加水溶解制成粗饱和盐水，向其中加入碳酸钠、氢氧化钠、氯化钡，与盐水中的钙离子、镁离子及硫酸根离子反应生成沉淀，并加入聚丙烯酸钠作为助沉剂，其沉淀物及机械杂质借重力的作用自然沉降分离，使饱和盐水中的悬浮物通过砂滤器去除，再用盐酸中和达到规定的 pH 值，从而得到可供电解使用的合格精盐水。近几年，其生产技术有了长足的进步，生产环境得到了改善。目前的生产方式大体可分为如下三种：传统工艺、膜法过滤工艺和直接过滤工艺。这三种生产工艺，目前在我国氯碱企业均有应用。

一、盐水一次精制的传统工艺

1. 工艺流程

化盐水由淡盐水、蒸发回盐水、压滤水、反渗透杂水、反洗水等混合而成，化盐水经汽水混合器加热后，从化盐桶底部连续送入，化盐温度保持在 50～60℃。原盐由皮带机输送，从化盐桶上部加入，并保持一定的盐层高度。原盐中含有的泥沙等不溶解的杂物沉积在化盐桶底部，需要定期清理。原盐溶解，被制成粗饱和盐水，从化盐桶上部溢流槽流出，进入反应槽。粗盐水从反应槽的中心筒加入，与连续且均匀加入的精制剂碳酸钠、氢氧化钠充分混合反应。粗盐水从反应槽四周上升并汇集，经溢流槽和曲径反应槽与加入的助沉剂混合，流入澄清桶的中心筒。盐水中的沉淀物借助重力作用沉降于桶底，成为盐泥；澄清盐水从四周缓缓浮流而上，经澄清桶上部的集水管汇入总管，流经砂滤器，滤去盐水中未沉淀的少许悬浮物，成为澄清盐水。砂滤器依靠虹吸原理自动反洗。澄清盐水分两路：一路直接送往离子膜界区的螯合树脂塔；另一路流经中和反应器，加盐酸调整其 pH 值至 7～10，成为中和盐水，进入中和盐水接受罐，用中和盐水泵送至精盐水计量罐计量并贮存，再用泵送往隔膜电解工序电解。

工艺流程示意见图 1-1。

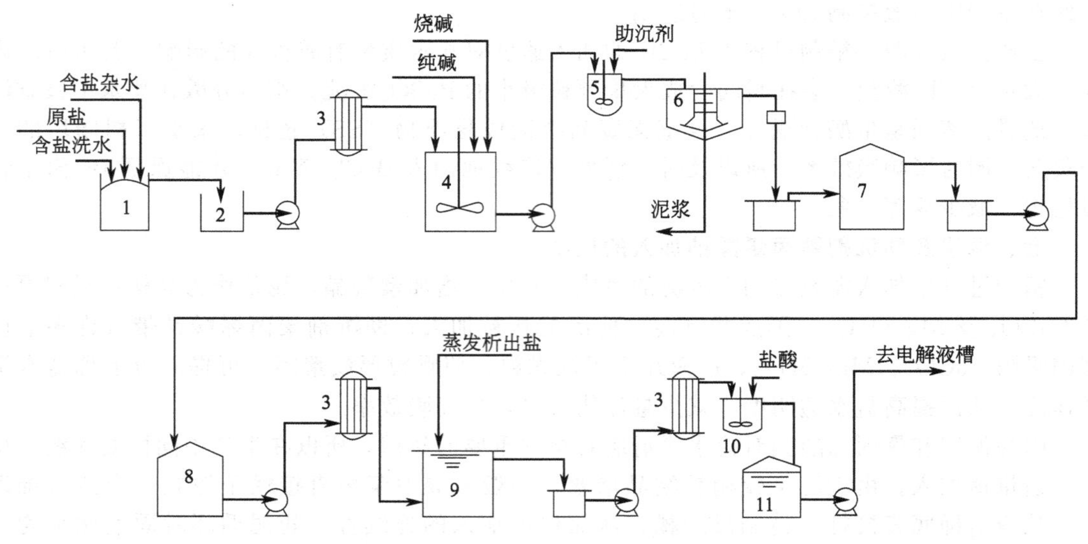

图 1-1 盐水一次精制工艺流程示意

1—化盐桶；2—粗盐水槽；3—蒸汽加热器；4—反应槽；5—混合槽；6—澄清桶；7—砂滤器；8—精盐水贮槽；9—重饱和器；10—pH 值调节槽；11—进料盐水槽

2. 传统工艺流程的特点

传统工艺流程在国内外氯碱行业中普遍存在至今，有如下优点：

① 一次盐水工序生产过程相对稳定，普通操作人员易于掌握，且操作简便；

② 检修频次不高，维修费用相对较少；

③ 运行稳定性较好。

但它也存在以下缺点：

① 生产装置大，占地面积多；

② 一次盐水工序自动化程度稍低；

③ 系统一旦出现异常，恢复正常所需时间较长；

④ 装置出现故障的检修难度较大；

⑤ 由于砂滤器的存在，会产生 SiO_2 二次污染；

⑥ 一次盐水中的 SS 含量相对偏高，增大了后道工序的处理压力；

⑦ 对盐质量变化（尤其高镁盐）的适应能力较差；

⑧ 碳素管过滤部分操作相对复杂，α-纤维素的消耗增加了部分成本，碳素管最好使用进口产品。

二、膜法过滤工艺

目前国内氯碱行业盐水精制中所用膜主要有两种，一种是美国戈尔公司的戈尔膜，另一种是新加坡凯发集团的凯膜。除此之外还有颇尔膜、陶瓷膜、鸣泰“种植膜”等。

1. 戈尔膜过滤器

(1) 戈尔膜过滤器的结构

戈尔膜过滤器的核心是戈尔膜过滤袋。此袋采用厚度仅微米级、孔径 0.2～0.5μm 的膨体聚四氟乙烯膜与 2.0～3.0mm 厚的聚丙烯、聚酯无纺布复合制成，内有刚性支撑体，流体在压力作用下流经滤袋而实现固液分离，得到几乎不含固态物质的液体。

(2) 戈尔膜过滤器的工作原理

粗盐水通过调节阀进入戈尔膜过滤器，并经过戈尔膜过滤袋进行过滤，清液进入清液腔并通过溢流管流入精盐水贮槽；粗盐水中的固体物质被截留在戈尔膜过滤袋的表面，当过滤一段时间后，打开反冲阀对戈尔膜过滤袋进行反冲洗使滤渣脱离滤袋的表面，沉降到戈尔膜过滤器的锥形底部。此时，戈尔膜过滤器自动进入下一个过滤、反冲、沉降周期。当过滤循环次数达到设定值时，戈尔膜过滤器自动打开排污阀排出滤渣后再重新进入下一个运行循环周期，排出的滤渣送至盐泥处理系统进行处理。

(3) 戈尔膜液体过滤工艺流程

由其他岗位来的淡盐水、碱盐水进入化盐水贮槽，配水合格后用泵送入化盐桶；化盐水溶解原盐后成为饱和粗盐水从化盐桶上部溢出进入折流槽，计量加入精制剂 NaOH 及未脱氯淡盐水（含次氯酸钠）。在前反应槽内，粗盐水中的镁离子与精制剂 NaOH 反应生成 $Mg(OH)_2$，菌藻类、腐殖酸等有机物则被次氯酸钠氧化分解为小分子有机物；然后用加压泵将粗盐水送入预处理器，经过预处理的盐水进入后反应槽，盐水中的钙离子与加入的碳酸钠反应形成碳酸钙沉淀；充分反应后的盐水进入中间槽，加入亚硫酸钠溶液除去盐水中的游离氯后，经泵打入膜分离过滤器过滤；过滤后的精盐水进入一次精盐水贮槽，经精盐水泵送入树脂塔，经离子交换塔精制后进入阳极循环槽供电解用。其工艺流程如图 1-2 所示。

(4) 戈尔膜过滤器的特点

① 脉冲式过滤。当运行达到过滤时间后，过滤器自动进入反冲状态，经放气、泄压、反冲，靠反向静压差而使滤饼脱落、沉降，经数秒后再开始下一个过滤周期。

② 高流量一次净化。该过滤器的过滤能力是其他过滤器过滤能力的 5～10 倍，且不需要借助其他的固液分离设备，处理能力可达 $1.0\sim1.1m^3/(m^2\cdot h)$。

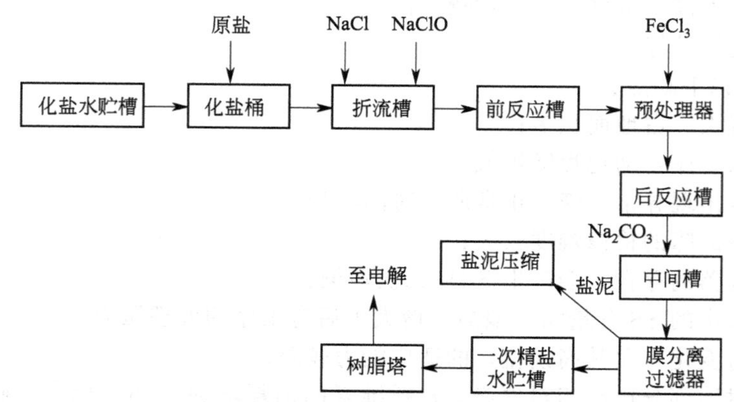

图 1-2 戈尔膜液体过滤工艺流程框图

③ 低压反冲可使设备在近于无损伤的状态下运行。由于膨体聚四氟乙烯的低摩擦系数及其滤袋的柔性，再生时只需要 30～40cm 液柱的反向流动压力，滤饼即从滤袋上脱落。

④ 滤膜寿命长。由于滤膜极薄，可视为表面过滤，不会造成滤程堵塞，即使有轻微堵塞也很容易用酸溶去不溶物。戈尔膜过滤器的反冲压力很低，机械损伤的可能性很小。

2. 凯膜过滤器

(1) 凯膜过滤器的工作原理

凯膜技术源自人造血管技术。凯膜是纯聚四氟乙烯管式多孔膜。该过滤膜开率极高，孔径极小，只有 0.5～1.0μm。它的过滤方式与众不同，可使薄膜滤料达到真正的表面过滤效果，其好处是使液体中的悬浮物被全部截留在薄膜的表面。由于薄膜具有极佳的不熟性和非常小的摩擦系数，薄膜滤料不易产生堵塞现象。这样在不增加运行负荷的情况下既保证了液体的最大通量，又有效地收集了液体中的固体和悬浮物。

质密、多孔、光滑的聚四氟乙烯薄膜使固体颗粒的穿透率接近于零。它的低摩擦系数、化学稳定性和表面光滑的特点使过滤压力仅需 0.05～0.10MPa，并且薄膜的表面极容易清理。它以极为短暂、以秒计算的清膜时间，使过滤过程基本达到连续进行，同时聚四氟乙烯又是一种强度很高的材料，使滤膜寿命大大高于常规滤膜。

(2) 凯膜盐水精制工艺

化盐桶出来的粗盐水加入精制剂 NaOH 后流入中间槽，在中间槽内粗盐水中的镁离子与精制剂 NaOH 反应生成 $Mg(OH)_2$，然后用粗盐水泵将中间槽内的粗盐水送入气水混合器中与空气混合，之后进入加压溶气罐，减压后加入 $FeCl_3$，进入气浮槽，清液从气浮槽上部溢流而出。加入精制剂 Na_2CO_3 及 Na_2SO_3 后进入反应槽，再经加料泵加压后进入凯膜过滤器，过滤后的精盐水由凯膜过滤器的上部流出，加盐酸调节 pH 值后流入精盐水贮槽。气浮槽和凯膜过滤器底部排出的滤渣进入盐泥池统一处理。

(3) 凯膜盐水精制工艺的特点

① 工艺简单，流程短。盐水中的悬浮物从 1000～10000mg/L 降至 1mg/L 以下，完全适合隔膜法烧碱生产装置中电解槽使用。也可直接进入离子交换树脂塔进行盐水二次精制。

② 液固分离一次完成，无需其他附属设备。

③ 过滤精度稳定，盐水质量稳定。

3. 膜法过滤工艺的特点

与传统过滤工艺相比，膜法过滤工艺有以下优点。

① 由于处理后盐水中的悬浮物质量浓度能够达到 1mg/L 以下，盐水质量可完全满足离

子交换树脂的需求，因此过滤后的盐水质量能够得以保证。

② 将盐水中的杂质分开处理，先除去盐水中的镁和有机物，再除去钙。这样不但提高了膜的过滤效果，而且保证了去除杂质的彻底性，有效地消除了传统工艺钙、镁离子同时沉降分离的弊端。

③ 操作简单，自动化程度高，大大降低了操作人员的工作量，减少了人为因素的影响。

④ 降低了对原盐质量的要求，拓宽了选盐的范围，给原料采购提供了方便。

⑤ 工艺流程短，占地面积小。

⑥ 处理后的精盐水质量高且稳定，液固分离一次完成，无需其他附属设备，运行费用较低。

与传统工艺相比，膜法过滤技术也有很多不足。它实际上将生产工艺过程延长了许多，使原本只要澄清桶与砂滤器加碳素管过滤器就能解决的问题更为复杂化了。首先它必须先除有机物，在系统中添加次氯酸钠，然后先除镁离子再除钙离子，最后还需加入亚硫酸钠，保证剩余游离氯的完全去除。全过程控制点多，设备多，工艺长，操作难度大，还需要周期性地对过滤膜块进行清洗，整个装置占地面积并不少于传统工艺。过滤器的主体是膜，同时膜的运行寿命相对均较短，而且比较“娇气”，稍有不慎，极易受损害。并且过滤膜均需进口，运行风险性较高，其运行可靠性不如碳素管过滤器，过滤膜一旦遭到损坏，其更换费用较大且费时，对具有连续化生产特点的化工企业来说是难以接受的，而传统工艺不存在上述问题。

对于氯碱生产企业，膜法过滤工艺若应用于隔膜法烧碱生产，则过滤装置的功能仅仅取代了砂滤器；但对于离子膜法烧碱生产来说，过滤装置取代了砂滤器和碳素管过滤器，有很大的优势。

随着氯碱生产技术的飞速发展，特别是离子膜电解槽的广泛应用，精制盐水的质量越来越被重视，“预处理＋膜分离”的盐水精制新工艺替代“道尔式澄清桶＋砂滤器＋碳素管精密过滤器”的传统盐水精制工艺成为氯碱行业盐水精制的发展方向。

第五节 典型设备选择

盐水一次精制的主要设备有化盐桶（或溶盐桶）、前反应槽、气水混合器、加压溶气罐、预处理器、后反应槽、膜过滤器、澄清桶、盐泥压滤机以及各种贮槽和泵等。

一、化盐桶

化盐桶是一立式钢制圆筒形设备。底部有淡盐水分布管，中间有一折流槽，上部有一溢流槽，槽内有铁栅（用以拦截杂质、纤维等）。固体盐自上部进入，与淡盐水逆流接触，保持盐层 2～3cm。其结构见图 1-3。

二、澄清桶

澄清桶的作用是初步分离盐水精制过程中产生的 $CaCO_3$、$Mg(OH)_2$ 沉淀。按照澄清桶外形的不同分为道尔式、斜板式和浮上式三种；按照固液分离的原理可分为重力沉降式、吸附上浮式两种。

1. 道尔式澄清桶

道尔式澄清桶一般为钢制，桶底有 8°～9°的倾角，桶的中央有一个中心桶，筒中有一根长轴，轴下端连接有泥耙。长轴上端与传动装置相连，带动泥耙转动，泥耙每隔 6～8min 转一圈。桶上部有一个环形溢流槽，粗盐水由中心筒上部进入，中心桶实际是一个旋流式凝聚反应室，使进入的盐水作旋转运动。进口管在液下 0.5～0.7m 处，中心桶下部可装设整

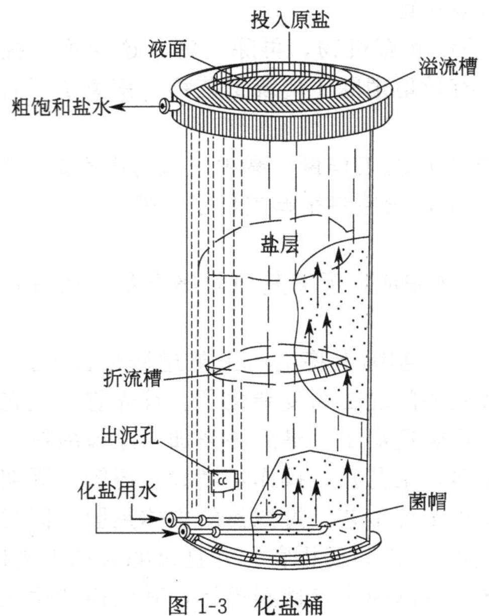

图 1-3　化盐桶

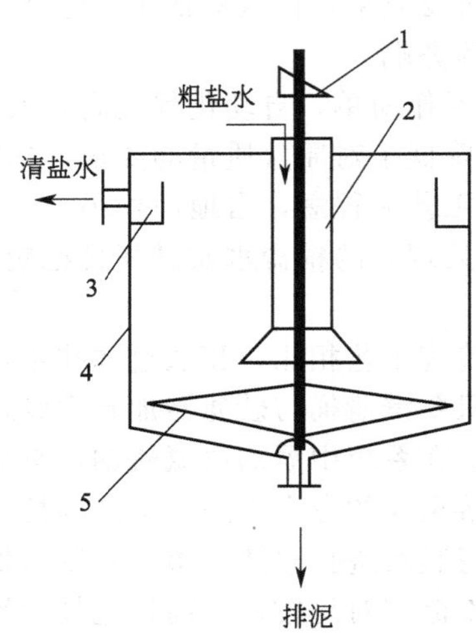

图 1-4　道尔式澄清桶

1—传动装置；2—中心桶；3—溢流槽；4—澄清桶桶体；5—泥耙

流板，以减轻水的旋流作用，以免影响盐水中杂质的沉淀。整流板成井字方格的形式，高 0.8m，每格大小为 0.5m×0.5m。中心桶下部出口处有扩大口，以减慢水流速度，避免破坏泥层。粗盐水出中心桶扩大口后，经过泥浆沉淀，悬浮颗粒被截留并渐渐沉到桶底。缓缓转动的泥耙把泥浆集中在排泥口，泥浆定时用泵排入泥罐，清液则不断上升，经过泥浆层，清液层从上部经溢流槽汇集后流出。其结构简图见图 1-4。

2. 斜板式澄清桶

斜板式澄清桶是另外一种被广泛采用的盐水澄清设备，直径通常为 15m 左右，桶内排列了 30 余层斜板，斜板间隔 150mm 左右，水平夹角为 60°，超过一次泥的休止角，便于一次泥从斜板上滑下沉到桶底。斜板式澄清桶的结构如图 1-5 所示。

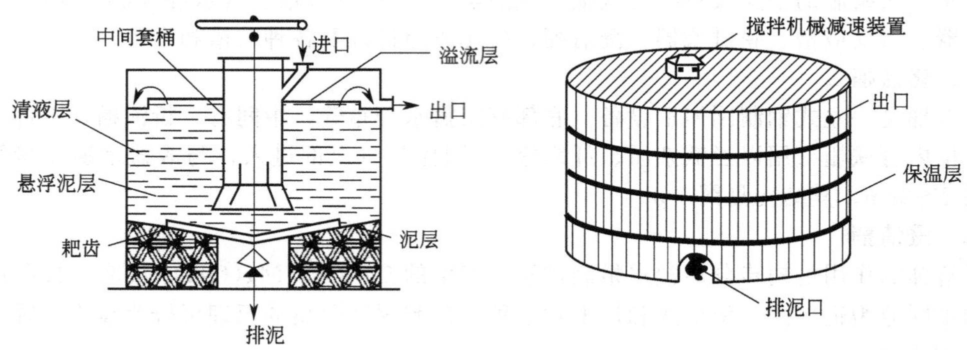

图 1-5　斜板式澄清桶

重力沉降过程在一定流量和一定颗粒沉降速度的条件下进行，澄清设备的效率（E）取决于设备的平面面积，即：

$$E=\frac{WA}{q_V}$$

式中　E——澄清设备的效率；

W——颗粒沉降速度；

q_V——流量；

A——澄清设备的平面面积。

因此，如果在澄清桶上平行地设置几层平板，则理论上澄清的效率可提高几倍。斜板式澄清桶正是由此演变而来的。斜板式澄清桶的生产能力为同直径的道尔式澄清桶的一倍以上，是一种高效的澄清设备。

斜板式澄清桶的缺点是从斜板上滑下来的增稠泥浆被上升的料液所冲稀，因此要加大泥室的容积，以利于增稠泥浆排出。

3. 预处理器

预处理器为浮上式澄清桶，浮上式澄清桶主要由桶体、凝聚反应室、浮泥槽、斜板、溢流管、集水槽和沉泥槽等组成，其结构如图 1-6 所示。

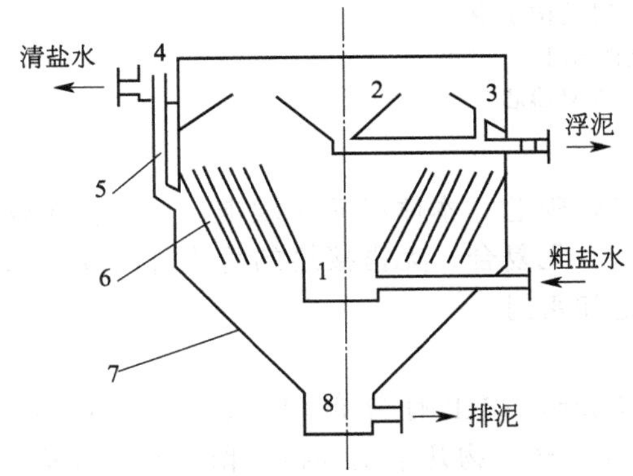

图 1-6　浮上式澄清桶

1—凝聚反应室；2—内浮泥槽；3—外浮泥槽；4—集水槽；
5—溢流管；6—斜板；7—桶体；8—沉泥槽

浮上式澄清桶的工作原理是将空气压入并溶解于盐水中，然后减压释放。这时空气呈微小的气泡，这些气泡能吸附沉淀和杂质新附使沉淀和杂质段相对密度减小而上浮，达到了固、液分离的目的。

三、过滤器

盐水过滤器的作用是进一步分离盐水中的沉淀。盐水过滤器大多采用重力式过滤。在重力过滤器中，又有人工自洗和自动自洗的区别。

1. 人工反洗砂滤器

人工反洗砂滤器，外壳为钢制圆桶，下部有一支撑层，上有多层不同精度的石英石和石英砂（铺层高度不得小于 600mm），上为敞口，有盐水分配盘。盐水在砂滤器内流过的同时，由于微孔的作用，将微颗粒固体截留，经过一段时间后，因滤饼增加，阻力增大，能力下降，需要人工反洗。

由于需要进行反洗，砂滤器必须是一用一备的，以保持生产的连续性。

2. 膜过滤器

膜过滤器是整个装置中的关键设备，凯膜（HVM 膜）过滤器是其中的一种，与其配套的有反冲罐、HFV 挠性阀门、管道和控制系统（见图 1-7）。

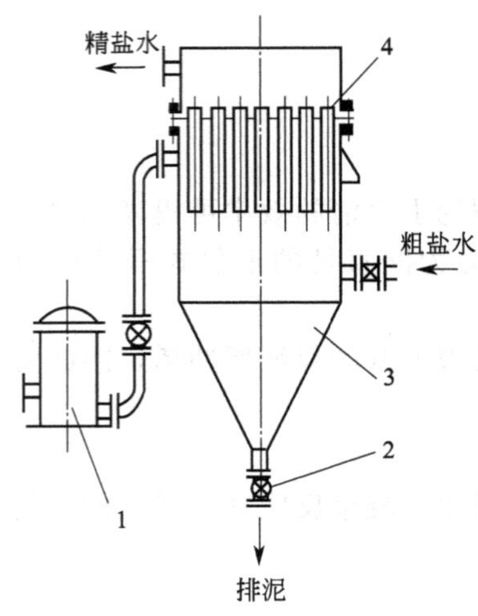

图 1-7 HVM 膜过滤器结构示意
1—反冲灌；2—挠性阀门；
3—过滤器桶体；4—HVM 膜芯

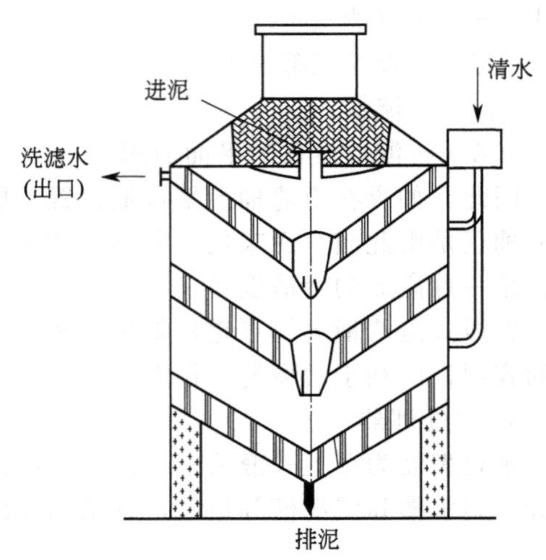

图 1-8 洗泥桶

(1) 基本结构

包括过滤器桶体和 HVM 膜芯，本体材质为碳钢，内衬低钙镁橡胶。HVM 膜芯也称薄膜过滤袋，外层为一次成型、无复合、无搭接缝的管式过滤膜，内部为用橡胶制成的挠性支撑架，两端采用钛卡箍固定和密封。

(2) 过滤膜的特点

过滤膜的厚度为 2～3mm，膜上有分布均匀、开孔率极高的微孔，孔径为 0.22～0.50pm，盐水清液可以通过，悬浮物几乎全部被截留在膜的表面；材质为膨化聚四氟乙烯，有优良的耐腐蚀性能和耐热性能，有较高的强度和伸缩性，本身摩擦系数低，对滤饼有不黏性，表面易清理。盐水的进入和过滤、过滤膜的反冲清洗、滤渣的沉降和排出都采用 PLC 自动控制，几乎无需人工操作，避免了人为因素对生产的影响。

(3) 凯膜过滤器的维护及保养

滤芯是凯膜液体过滤器的关键过滤部件，所以对滤芯的操作维护保养是非常必要的。同时，对滤芯可根据实际工况进行定期清洗或当流量有所下降时进行清洗。

① 滤芯严禁被油污染。过滤液中有油时，严禁进入凯膜过滤器。

② 滤芯浸水后必须保持湿润。

a. 滤芯的安装，必须在整个系统全部安装结束，完成无负荷调试，并具备开车条件时进行。

b. 凯膜过滤器停机时液位必须保持在管板上面。

c. 凯膜过滤器检修时一定要保持滤芯湿润。

③ 浸泡滤芯的水严禁有菌藻类。凯膜过滤器长期（夏天 48h，冬天 72h 以上）停机时需定时投加 0.1% NaClO（浓度为 10%）。

④ 减少滤芯的结垢。滤芯中有使滤芯结垢的物质时，一定要使过滤液中的结垢物质在进入凯膜过滤器以前形成固体物质，减少滤芯的结垢现象。

⑤ 滤芯的定期清洗。滤芯有结垢现象时，须在结垢还没有较硬时进行定期清洗，以防止滤芯硬化后折坏。

⑥ 滤芯流量下降时清洗。滤芯没有结垢时，可选择滤芯的过滤量下降至不能满足工艺生产需要时进行清洗。

⑦ 滤芯的一般清洗方案如下。

a. 清洗液槽内配制好15%左右的HCl溶液。

b. 凯膜过滤器的过滤液全部放空。

c. 打开凯膜过滤器管板上的几个闷盖。

d. 用水进入过滤器对滤芯进行一次漂洗。

e. 清洗液用泵打入凯膜过滤器，液位控制在浸满滤芯的位置，且必须在管板以下。

f. 开启过滤器底部的压缩空气手动阀门，用压缩空气鼓泡搅拌1h。

g. 将凯膜过滤器内的清洗液放回清洗槽。

h. 必须用清水对滤芯漂洗一次。

i. 凯膜过滤器清洗结束后马上进过滤液。

四、洗泥桶

洗泥桶是一个多层设备，常用的是三层洗泥桶。

三层洗泥桶为一立式钢板焊制的圆桶，直径约7m，高度约6m，桶内有两个水平隔板，将桶分成上、中、下三层。从上到下每层均有缓慢转动的（8～10r/min）的泥耙，用以刮动盐泥。泥耙由桶上部的传动装置带动。桶外上方还附有三个洗水槽。

三层洗泥桶的结构如图1-8所示。

第六节　盐水一次精制生产操作与控制

一、开车总则

盐水工序的开车与停车服从于电解工序开停车的需要，在满足电解所需要的精盐水的情况下，可以根据情况短时间停车。

二、开车前的准备工作

检查设备、管道、阀门、仪表是否安全可用。操作人员要充分准备上岗操作。原盐要进仓且要有足够的量。配制好氯化铁（$FeCl_3$）溶液，配制合格的纯碱溶液，备满氢氧化钠高位槽，备满盐酸高位槽。备好分析药品和仪器。

三、开车操作

1. 长期停车后开车

如果浮上式澄清桶内未存有盐水，则盐水工序的开车应比电解开车提前16～20h。按配水指标的要求配制化盐用水，开启输送氯化铁溶液的离心泵，将配置合格的氯化铁溶液（含量1%左右）送往氯化铁高位槽。原盐入盐仓库，用铲车将盐推入化盐池内，当盐层高度加到大于3m高度后，开启化盐泵，将配水罐中的水预热至（55±2）℃后，从化盐池底部的菌帽分布器送入化盐池。水与盐层直接接触，从盐层的顶部流出，变成饱和的粗盐水流进粗盐水贮槽。当粗盐水贮槽内有足够的液位时，粗盐水泵通过液位开关控制实现自动开启，将粗盐水送到溶气罐上的气液混合器，同时开启溶气系统压缩空气的控制阀门。溶气罐内的粗盐水靠位差的作用经过一个文丘里管混合器，启动氯化铁溶液自动调节阀门，从文丘里管的喉部加入氯化铁。经过一段直管段混合后，混合液从澄清桶的中部区域进入，进行澄清实现固液分离。新生的$Mg(OH)_2$沉淀以絮状的形态与被溶解的空气气泡一起上浮到液面后，溢流到盐泥集中槽，难溶机械杂质则靠重力的作用下沉汇集到澄清桶的底部，不定期地排入盐泥集中槽，然后再集中送到盐泥的洗涤与处理岗位，而清液则从澄清桶中部的清液上升管汇集到澄清桶上部的清液槽内。

当澄清桶上部的清液集中槽内的盐水溢流而出时，盐水清液靠位差流入折流反应槽内，开启碳酸钠控制阀门，经转子流量计后加入碳酸钠溶液，盐水溢流进反应槽内，再经过反溢流到中间槽，然后用盐水泵送入凯膜过滤器内。盐水过滤后的清液经过酸碱中和箱，在酸碱中和箱的进盐水处开盐酸阀注入盐酸，调节 pH 值为 8～10。合格的一次盐水进入一次盐水贮槽，在电解工序需要时，用一次盐水泵送往二次盐水精制生产工序。在设备运转 4～5h 后，预处理器正常排泥，盐泥压滤系统开始正常的过滤操作。

2. 短期停车后开车

将化盐池内上满盐，开启化盐水泵，化盐水经过盐水预热器预热到 (55±2)℃。当粗盐水池内的液位达到一定高度时，粗盐水泵自动开启，将粗盐水送溶气罐，并开启溶气罐进气阀，待溶气后的粗盐水流经文丘里混合器时，开启氯化铁溶液自动注入阀。从文丘里管的喉部加入氯化铁，经过一段直管段混合后，从浮上式澄清桶的中部区域进入，进行澄清，实现固液分离。新生的 $Mg(OH)_2$ 沉淀以絮状的形式与溶解的空气气泡一起上浮到液面后，溢流到盐泥集中槽，难溶机械杂质则靠重力的作用下沉集到浮上式澄清桶的底部，不定期地排入盐泥集中槽，然后再集中送到盐泥的洗涤与处理岗位，而清液则从浮上式澄清桶中部的上清液上升管内汇集到浮上式澄清桶上部的清液集中槽内。

当浮上式澄清桶上部的清液集中槽内的盐水溢流而出时，盐水清液靠位差流入折流反应槽内，开启碳酸钠控制阀门，经转子流量计后加入碳酸钠溶液，盐水溢流进反应槽内经过反应溢流到中间槽，然后用盐水泵送入凯膜过滤器内。盐水过滤后的清液经过酸碱中和箱，在酸碱中和箱的进盐水处开盐酸阀注入盐酸，调节 pH 值为 8～10。合格的一次盐水进入一次盐水贮槽，在电解工序需要时，用一次盐水泵送往二次盐水精制生产工序。此后，整个工序中的设备运转转入正常操作。

四、停车操作

1. 长期停车操作

一般提前 20h，停止向化盐池内上盐（用 200g/L 的回流盐水化盐)。等化盐池内溢流而出的粗盐水含 NaCl$<$250g/L 时，停化盐泵，停止向二次盐水精制岗位输送一次盐水（停车时间必须服从电解需要)。停车后关氯化铁加料阀、关碳酸钠加料阀、关化盐水蒸气预热器阀门，浮上式澄清桶应连续排泥，直至桶内排净。停车后，一般设备都要将残余物料清除干净，做好检修和下次开车准备。

2. 临时停车操作

停化盐泵，停止上盐，关进盐水预热器的蒸汽阀，停粗盐水泵，关氯化铁加料阀、碳酸钠加料阀，停中间泵，关中和箱加酸阀。

五、正常操作注意事项

① 及时上盐，维持盐层高度，经常检查化盐水的温度变化，及时调整蒸汽阀门的开度，保持化盐水的温度稳定。

② 掌握好当班使用的原盐、回流盐水和洗泥水中的含盐量，根据三者的 NaCl 含量决定加入精制剂 NaOH 的量，配好使用的化盐水。

③ 定期巡回检查澄清桶上的清液的清晰度，检验中和箱内盐水的 pH 值变化，以调整盐酸的流量。按时检查机电设备的运转情况，有不正常现象及时处理。

④ 及时调整回流盐水和洗泥水的配比，掌握好配水量和配水成分。

⑤ 按时做操作记录，交接班时认真地检查一遍生产情况，做到严肃认真，责任分明。

⑥ 化盐采用逆流接触溶解法，盐层高度要保证，要做到每班分析两次粗盐水含氯化钠、氢氧化钠和碳酸钠的情况。操作时，要保证化盐池上无漂浮杂物，化盐池的溢流槽内无盐泥。

⑦ 配制 $FeCl_3$ 和 Na_2CO_3 溶液时，一定要达到要求。努力为生产的正常进行创造条件。

⑧ 凯膜过滤器工作程序为：进液→过滤→反冲→沉降→过滤循环 N 次→排渣。过滤压力＜0.10MPa，凯膜要定期清洗，清洗周期一般为1～2周。过滤膜严禁被油等有机物污染，膜浸水后必须保持湿润，过滤器停机时液位必须保持在管板以上，过滤器检修时一定要保持滤袋湿润。

⑨ 凯膜过滤器要定期进行酸洗。

⑩ 板框压滤机的一个工作循环过程为：滤板压紧→进料→滤饼洗涤→吹干→滤板松开→拉板卸料→清洗、整理。

⑪ 配化盐用水时，要准确分析配水罐内的化盐水的氯化钠、碳酸钠和氢氧化钠的含量。

六、正常操作控制工艺条件

盐水一次精制生产过程中正常操作控制工艺条件见表1-5。

表1-5　盐水一次精制生产过程中正常操作控制工艺条件一览表

序号	设备名称	工艺条件名称	单位	控制范围	计量仪表
1	化盐池	化盐水温度	℃	55±2(10～5月) 60±2(6～9月)	温度计
2	中和箱	盐水的pH值		8～10	广泛pH试纸
3	HVM膜过滤器	过滤压力	MPa	≤0.10	压力表
4	板框过滤器	过滤压力	MPa	≤0.45	压力表

七、生产正常操作成品控制

一次盐水成品控制项目见表1-6。

表1-6　一次盐水成品控制项目一览表

序号	控制点名称	取样地点	控制项目	控制指标	控制次数	分析方法
1	精制盐水	一次盐水泵出口	精制盐水中含NaCl	≥315g/L	一班一次	化学方法
2	精制盐水	一次盐水泵出口	pH值	8～10	一班一次	比色法
3	精制盐水	一次盐水泵出口	精制盐水中含 Na_2CO_3	0.2～0.5g/L	一班一次	化学方法
4	精制盐水	一次盐水泵出口	精制盐水中含 Ca^{2+}、Mg^{2+}	≤0.001g/L	一班一次	化学方法

第七节　盐水一次精制安全生产技术

一、部分原辅材料的危险性分析及预防处理措施

1. 纯碱

健康危害：本品具有刺激性和腐蚀性，直接接触可引起皮肤和眼灼伤。生产中吸入其粉尘和烟雾可引起呼吸道刺激和结膜炎，还可造成鼻黏膜溃疡、萎缩及鼻穿孔。长时间接触本品溶液可发生湿疹、皮炎、鸡眼状溃疡和皮肤松弛。接触本品的作业工人呼吸器官疾病发病率升高，误服可造成消化道灼伤、胃黏膜糜烂、出血和休克。

皮肤接触：立即脱去污染的衣物，用大量流动清水冲洗至少15min，然后就医。

眼睛接触：立即提起眼睑，用大量流动清水或生理盐水彻底冲洗至少15min，然后就医。

吸入：离开现场至空气新鲜处，如呼吸困难，输氧后就医。

食入：用水漱口，饮牛奶或蛋清，然后就医。

2. 盐酸

对皮肤和鼓膜有强刺激性和腐蚀性，引起化学性灼伤，不燃，与活泼金属反应，会生成

易燃易爆的氢气，遇氰化物能产生剧毒的氰化氢气体。

健康危害：接触其蒸气或烟雾，可引起急性中毒，出现眼结膜炎、鼻及口腔黏膜有烧灼感、齿龈出血、气管炎等。误服可引起消化道灼伤、溃疡形成，有可能引起胃穿孔、腹膜炎等。眼和皮肤接触可致灼伤。长期接触，引起慢性鼻炎、慢性支气管炎、牙齿酸蚀症及皮肤损害。

环境危害：对环境有危害，对水体和土壤可造成污染。

燃爆危险：本品不燃，具有强腐蚀性、强刺激性，可致人体灼伤。

皮肤接触：立即脱去污染的衣物，用大量流动清水冲洗至少15min，然后就医。

眼睛接触：立即提起眼睑，用大量流动清水或生理盐水彻底冲洗至少15min，然后就医。

吸入：迅速离开现场至空气新鲜处。保持呼吸道通畅。如呼吸困难，输氧。如呼吸停止，立即进行人工呼吸，然后就医。

食入：用水漱口，饮牛奶或蛋清，然后就医。

二、安全生产规定及注意事项

① 由于所用食盐含有杂质，吸潮性很强，整个过程（包括墙壁、地面、设备、电气仪表等）都处于比较潮湿的条件下，必须严格地保持设备外部的清洁，尤其是要保持电气设备开关等部位的干燥、防止漏电。

② 在检修和检查各种电气设备时，必须有两人共同工作，确保安全监护。

③ 注意皮肤勿被碱（烧碱、纯碱）腐蚀，特别是防止溅入眼睛内，如遇上述情况要立即用大量水进行冲洗，然后去医院治疗。

④ 所有的传动设备，在传动部分必须有防护罩，保证安全。

⑤ 所用食盐为100kg/袋，在搬盐、卸盐时要防止压伤人体。

⑥ 防止蒸汽烫伤。

⑦ 使用压缩空气时，不能对着人开阀门，防止事故的发生。

⑧ 切实搞好设备维修和计划检修。不完好的设备、检修的设备和泄漏点必须挂牌。并安排好消除的措施和时间。不断提高设备的完好率和降低泄漏率。

三、异常情况处理

1. 粗盐水浓度低

（1）原因分析

溶盐的水温太低而导致溶解速度慢；化盐池内盐层低；化盐池内盐泥过多；化盐水流量太大，使得盐水在化盐桶内流量分布不均匀；上盐不均匀等。

（2）处理措施

控制化盐水温度稳定在规定的范围内；加快上盐速度；定期清理池内的盐泥；使化盐池内有足够高的盐层，减小化盐水的流速；上盐时要勤、匀。

2. 粗盐水浓度高

（1）原因分析

化盐池内盐层过高，化盐水流速快，原盐来不及溶解而随盐水流走，带入管道，温度降低后结晶，堵塞了管道。

（2）处理措施

减缓上盐速度，保持规定的盐层高度；降低化盐水的流速，加强管理，做好管道保温。

3. 浮上式澄清桶操作运行不稳定

（1）原因分析

① 溶气罐压力小，溶气不足。

② 溶气罐液位太高或太低，溶气不足。

③ 氯化铁溶液加入过多或过少。

④ 粗盐水温度太高，影响溶气量。

⑤ 粗盐水温度不稳定造成预处理器内温差过大。

⑥ 原盐质量差。

⑦ 排泥不及时。

（2）处理措施

① 调节仪表气阀，控制压力。

② 调节溶气罐进口阀，控制好液位。

③ 调节好氯化铁加入量。

④ 控制好化盐温度。

⑤ 与优质盐调配使用。

⑥ 及时进行上下排泥。

4. 凯膜过滤器操作运行不稳定

（1）原因分析

① 清液出口返浑。

② 过滤压力高。

③ 挠性阀门不严。

（2）处理措施

① 更换 HVM 膜或将过滤膜从过滤器中拆开重新安装密封原件。

② 控制好过碱量，控制好浮上式澄清桶的澄清效果，减小流量。

③ 及时更换挠性阀内胆或控制好仪表压力。

5. 中和箱操作运行不稳定

（1）原因分析

导致中和盐水的 pH 值忽高忽低的原因是中和前盐水的过碱量不稳或者加酸量不稳。

（2）处理措施

根据原盐质量配好水、稳定加酸量。

6. 盐泥压滤机运行不正常

（1）原因分析

① 板框之间密封面泄漏，是由于压紧压力偏低或板框之间有杂物。

② 压滤机出口清液混浊的原因是有滤布破损。

③ 压滤机板框拉不开的原因是油压系统有问题。

（2）处理措施

① 适当加大压力或清除框板之间的杂物。

② 打开框板检查，找出破损滤布并更换。

③ 通知维修车间维修。

四、安全生产要领

① 上班前戴好防护用品，操作酸碱及氯化铁溶液时，必须戴眼镜，以防被酸碱烧伤或烫伤。

② 高速运转的设备，其运转部分要有防护罩，转动时严禁擦拭，加油时，不要戴手套。

③ 电机、电盘要有接地线，操作电气开关时不能用湿手，阴天下雨要戴胶皮手套。

④ 开动运转设备前，要查看设备上有无人员操作或检修，以防设备突然转动伤人。

⑤ 操作人员上班时严禁吸烟和动火，以防易燃易爆气体引起爆炸。若电器起火，用干粉灭火器扑火，切不可用水或其他润湿的纤维灭火。

⑥ 登高操作时，要防止脚步踏空，注意身体中心不能失衡，高空作业或维修设备时要系安全带。

⑦ 严禁酒后上岗操作，切不可穿高跟鞋和披散着长发上岗操作。

第二章　盐水二次精制

通过本章节的学习，了解一次盐水中的主要杂质及来源、盐水二次精制的质量要求、螯合树脂的结构和分类、螯合树脂的工作原理；掌握盐水二次精制过程的工艺流程图、盐水二次精制的主要设备知识；熟悉盐水二次精制岗位的操作规程、常见异常情况的原因及处理方法。

第一节　盐水二次精制工艺路线分析

一、盐水二次精制岗位任务

本岗位的任务就是将一次盐水岗位送来的一次精盐水经过离子交换树脂塔进一步除去其中的高价金属阳离子，使钙、镁总量达到 20×10^{-9} 以下。从而满足离子膜电解对盐水的要求。

二、一次盐水中的主要杂质及来源

一次盐水中的杂质主要有 Ca^{2+}、Mg^{2+}、Ba^{2+}、ClO^- 等，这些杂质主要有两个来源。一个是由原盐和卤水带来少量的 Ca^{2+}、Mg^{2+}、SO_4^{2-}、重金属离子等，这些杂质离子的含量与一次盐水的制备方法和设备有直接的联系；另一个是由于生产上的原因而带来的一些杂质，如 Ba^{2+}、ClO^-、ClO_3^{5-} 等。生产中引入的杂质离子主要有以下两种。

1. Ba^{2+}

生产上需要加入过量的 $BaCl_2$，使 SO_4^{2-} 生成 $BaSO_4$ 沉淀，使盐水中的 SO_4^{2-} 维持在一定浓度，因此在去除杂质的同时也带来了 Ba^{2+} 的污染。

2. ClO^-

生产中，为了能充分利用原料，从电解槽内出来的淡盐水通常会返回化盐桶重新利用。但是在电解室内，生成的氯气会溶解在盐水中，并发生以下副反应：

$$Cl_2+OH^- = HCl+ClO^- \tag{2-1}$$

生成的 ClO^- 存留在淡盐水中，经过真空脱氯或吹除脱氯后，还有微量的 ClO^- 存留在淡盐水中。淡盐水重新打回化盐桶重复利用时，这部分 ClO^- 就会对过滤设备、二次精制设备造成很大的危害。故必须对 ClO^- 含量进行严格控制，以保证在盐水进入二次精制工序前全部去除。

三、盐水二次精制对一次盐水的质量要求

在二次精制中起主要作用的是螯合树脂。

树脂塔中螯合树脂的填充量是根据树脂的性能而定的，在额定能力下，保证在若干小时内，树脂塔出口盐水中的 Ca^{2+}、Mg^{2+} 含量低于 $20\sim30\mu g/L$。因此，一次精制盐水的 Ca^{2+}、Mg^{2+} 含量要求不超过某一值，一般是 $10mg/L$(Ca^{2+}计)。

螯合树脂工作时需要一定的温度，温度过低会降低螯合的交换反应速率。游离氯将会破坏螯合树脂的结构，使之失去螯合作用，外观上看螯合树脂颜色变深（褐色）。如果说对过滤器的破坏是一个缓慢的过程，那么对树脂的破坏则是一个快速过程，故而要求

盐水中游离氯含量为零。有机物附着在螯合树脂上面，会影响螯合树脂的吸附效果。如果盐水中经常存在有机物，会使树脂溶胀。除了上述因素外，盐水中的其他有害杂质也要限制。

不同的工程公司对一次盐水质量的要求大致相同，都是根据过滤器、螯合树脂和膜对盐水的质量要求而制订的，如表 2-1 所示。

表 2-1　供给二次精制工序的一次盐水质量指标

项　目	控制要求	项　目	控制要求
NaCl/(g/L)	290～310	SiO_2/(mg/L)	<15
pH 值	8～10	ClO^-/(mg/L)	无
温度/℃	65±5	ClO_3^-/(mg/L)	<15
$Ca^{2+}+Mg^{2+}$/(mg/L)	<4	SO_4^{2-}/(mg/L)	5～7
Sr^{2+}/(mg/L)	<2.5	SS/(mg/L)	<1(Ca、Mg 固体除外)
Ba^{2+}/(mg/L)	<0.5	其他重金属/(mg/L)	<0.2
Fe^{3+}/(mg/L)	<0.5		

第二节　盐水二次精制工艺流程的组织

一、盐水二次精制生产的工艺过程

二次精制工艺过程构成见图 2-1。盐水二次精制工艺流程图见图 2-2。

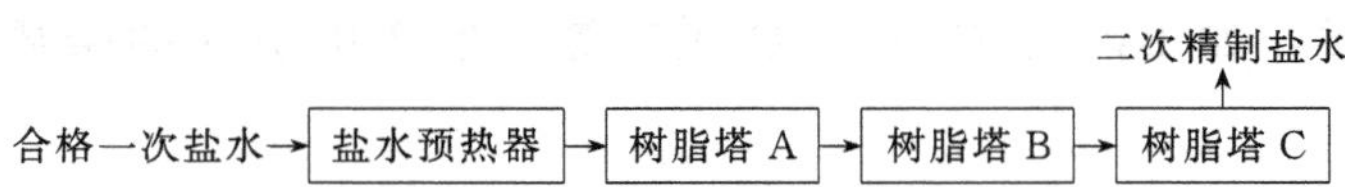

图 2-1　盐水二次精制工艺流程框图

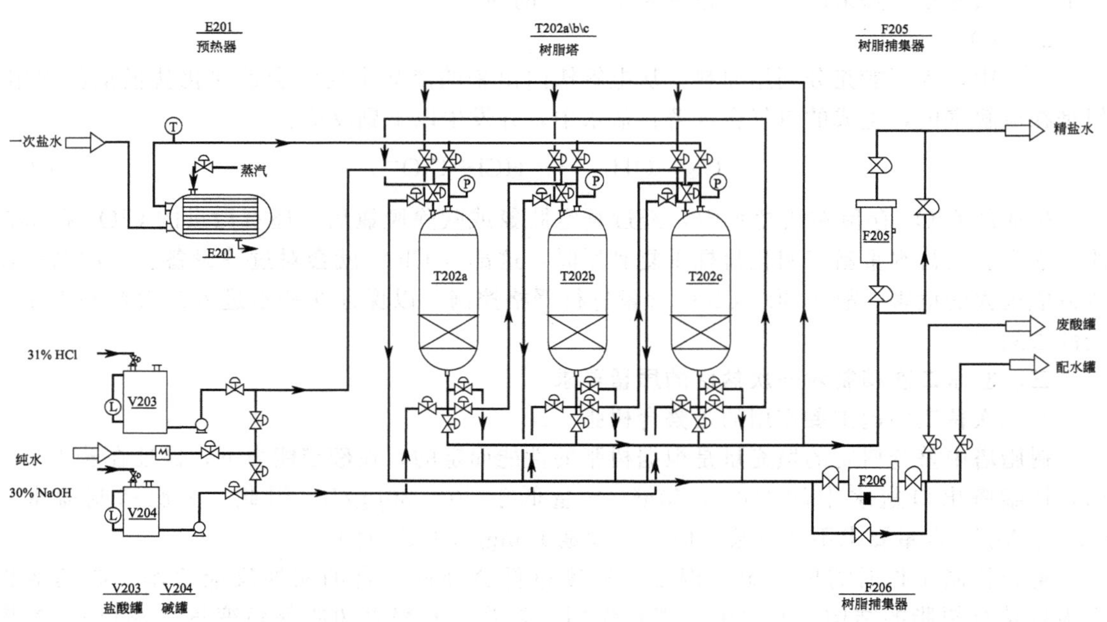

图 2-2　盐水二次精制工艺流程图

目前盐水二次精制通常采用三台螯合树脂塔串联流程，如图 2-2 所示。从一次盐水（凯膜过滤后）工序送来的合格的一次盐水首先经过盐水预热器，加热到 60～65℃后，自树脂塔顶部盐水进口管进入，流经塔内的树脂床层，从塔底流出后再送到另一塔盐水进口，同样进入塔内的树脂床层从塔下部再流出，如果第三塔没有进行再生，可继续进入第三塔内。如第三塔的树脂需要进行再生，就可以离线再生，再生合格后，继续串入盐水系统使用，这样从最后一台树脂塔内流出盐水的 Ca^{2+} 和 Mg^{2+} 的总硬度应小于 20μg/kg，送入精制盐水罐内，为离子膜电解槽供液。

二、螯合树脂精制盐水的工作过程

螯合树脂是一种带有螯合能力基团的高分子化合物，它是一种具有环状结构的配合物，也是一种离子交换树脂，与普通的交换树脂不同的是，它吸附金属离子形成环状结构的螯合物。螯合物又称内络合物，是螯合物形成体（中心离子）和某些合乎一定条件的螯合剂（配位体）配合而成的具有环状结构的配合物。“螯合”即成环的意思，犹如螃蟹的两个螯把形成体（中心离子）钳住似的，故称螯合树脂。它对特定离子具有特殊的选择能力。以日本产品 CR-10 螯合树脂为例，说明其选择离子的能力：

$$Hg^{2+} > Cu^{2+} > Pb^{2+} > Ni^{2+} > Cd^{2+} > Zn^{2+} > Co^{2+} > Mn^{2+} > Ca^{2+} > Mg^{2+} > Ba^{2+} \gg Na^{+}$$

螯合树脂的交换原理是螯合树脂在水合离子作用下，交换基团—COONa 水解成—COO^- 和 Na^+。在盐水精制时，由于树脂对离子的选择性 $H^+ > Ca^{2+} > Mg^{2+} > Ba^{2+} \gg Na^+$，所以盐水中 Ca^{2+}、Mg^{2+} 就被树脂螯合形成稳定性高的环状螯合物。

塔内盐水中的 Ca^{2+}、Mg^{2+} 与树脂发生了如下离子交换：

$$R—CH_2—N(CH_2COONa)_2 + Ca^{2+}(Mg^{2+}) \longrightarrow R—CH_2—N(CH_2COO)_2Ca(Mg) + 2Na^+$$

在连续操作中，第一塔作为初制塔，除去盐水中大多数的钙、镁离子，而第二塔作为精制塔，来确保盐水中的钙、镁离子含量降到控制指标以下。当塔内树脂床达到最大的吸附能力时，流出塔的盐水中钙、镁离子会急剧增加。因此在树脂床还未达到最大处理能力时，就要再生。树脂的再生机理，可用下面两个方程式表示。

1. 钙（镁）型树脂转变成氢型树脂

$$R—CH_2—N(CH_2COO)_2Ca(Mg) + 2HCl \longrightarrow R—CH_2—N(CH_2COOH)_2 + CaCl_2(MgCl_2)$$

2. 氢型树脂转变成钠型树脂

螯合树脂塔从投入生产到脱出再生，直到再生重新投入生产，大约需要 8h。在正常生产时，两塔串联运行，一塔再生备用，每 24h 切换一次。盐水精制全过程用 DCS 系统自动控制，实现模块式的操作。

$$R-CH_2-N\begin{cases}CH_2COOH\\CH_2COOH\end{cases}+2NaOH\longrightarrow R-CH_2-N\begin{cases}CH_2COONa\\CH_2COONa\end{cases}+2H_2O$$

树脂塔再生时产生的废液流入废水池中，经酸碱中和后送一次盐水工序。

第三节　盐水二次精制工艺条件控制

螯合树脂的吸附能力除与树脂本身有关外，还和盐水的温度、pH值、盐水流量、Ca^{2+}和Mg^{2+}含量等因素有关。螯合树脂的内在结构不同，交换能力也不同，但是对流量、温度、pH值的变化趋势是一样的。因此，要加强各工艺指标的控制，保证进槽盐水质量合格。

一、温度

螯合树脂与钙、镁螯合反应是在一定温度下进行的，温度高时，螯合反应速率快，树脂使用周期长。但盐水温度过高（>80℃），树脂的强度会降低，破碎率升高，将使树脂受到不可恢复的损伤。要保证树脂良好性能的发挥，应将进入树脂塔的盐水的温度控制在55～65℃。

二、pH值

在一定的pH值时，钙、镁等是以离子形式存在的，以利于树脂进行螯合去除。而当pH值<8时，树脂去除钙、镁离子的能力明显下降；当pH值>11时，镁离子易生成$Mg(OH)_2$胶状沉淀物，进入树脂塔后会堵塞树脂孔隙，大大降低了树脂的交换能力，同时还会造成进入树脂塔内的盐水发生偏流，增大压力降，从而导致盐水中钙、镁离子去除不彻底，二次盐水中钙、镁含量升高。所以，盐水pH值应控制在9.0±0.5。

三、盐水流量

盐水的供应量是根据电解生产能力、树脂塔的选型和塔内树脂填充量来确定的。进入树脂塔的盐水流量取决于树脂塔的尺寸和需要的循环时间，如果盐水流量过大则在树脂塔内停留时间缩短，造成盐水在树脂塔内短路，处理后的盐水中钙、镁离子不合格；如果盐水流量降低，则树脂的使用时间延长，但需要较大的树脂塔。一般要求盐水流量小于$40m^3/h$，最佳流量为$20m^3/h$。

四、盐水中Ca^{2+}、Mg^{2+}的浓度

螯合树脂塔对盐水中的钙、镁离子的吸附量随着浓度的升高而增加，但当Ca^{2+}、Mg^{2+}的质量浓度超过10mg/L时，树脂除钙、镁离子的能力随钙、镁离子浓度的增大而降低，这是因为螯合树脂的交换量是一定的，盐水中的钙、镁离子来不及进行交换，带入到二次盐水中，使二次盐水中的钙、镁含量增加。

五、盐水中的游离氯

游离氯的氧化性极强，极易破坏螯合树脂的结构，造成树脂不可恢复的中毒，树脂性能急剧下降，起不到螯合钙、镁离子的作用，故要求盐水中不能含有游离氯。

第四节　盐水二次精制生产操作与控制

一、开车操作准备工作

① 设备、阀门完好、严密不漏，仪表齐全，灵敏好用。

② 运转设备空载试车合格，符合开车要求。

③ 公用工程均符合开车条件。

④ 检查仪表回路和联锁。

⑤ 检查从滤后盐水单元来的滤后盐水是否可以连续供应，并达到设计条件。

⑥ 检查螯合树脂吸收单元是否已准备好，可进行操作。

⑦ 下列手动阀要在准备工作之前全开。

a. HCl 计量槽的手动阀（液位视镜，31% HCl 入口阀）。

b. NaOH 计量槽的手动阀（液位视镜，32% NaOH 入口阀）。

c. 螯合树脂塔处的手动阀。

d. 仪表空气管线的手动阀。

e. 纯水的手动阀。

f. 厂区压缩空气的手动阀。

⑧ 下列手动阀在准备工作之前处于半开位置。

a. HCl 计量槽的手动阀（到喷射器的纯水供水管线上的隔膜阀）。

b. NaOH 计量槽的手动阀（到喷射器的纯水供水管线上的隔膜阀）。

⑨ 确认进塔盐水的质量、浓度、pH 值是否符合要求。

⑩ 通知调度和班长做好开车准备。

二、开车操作

1. 原始开车操作

螯合树脂塔在进入运转之前，首先必须进行各塔的再生，再生按通常的再生程序，一塔再生完按顺序依次再生其余两塔，每塔再生大约需要 6h。

2. 长期停车后的开车操作

停车后塔内树脂未搅动，从停车时所处的步骤开始。

停车后塔内树脂已受影响，所有树脂塔从开始步骤进行再生。

3. 正常操作

① 按螯合树脂吸收单元操作条件进行螯合树脂塔的再生。

② 检查二次盐水中钙镁的含量是否小于 20×10^{-9}，盐酸计量槽、氢氧化钠计量槽的液位是否达到规定值。

③ 观察三塔的树脂量是否能达到规定位置。

④ 检查再生废水泵能否正常运行，各程序控制阀是否处于正常状态。

螯合树脂塔的运转，分为通液、再生两过程：通液过程，除去原液（过滤盐水）中的 Ca、Mg、Sr 等杂质，得到高质量的二次精制盐水，以三塔为一组进行通液；再生过程，通液过程经过一定时间后，把丧失了吸附能力的螯合树脂进行活化再生，使之能重新处理原液。

三、停车

1. 冬季停车

在冬季，为防止装置系统冻结，要排掉设备、配管中的液体。

2. 长期停车

如果停车超过一个月，为了保护离子交换树脂，需把树脂浸入 10%左右的 NaCl 溶液中保管。

3. 短期停车

在一次盐水单元和螯合树脂吸收单元平稳运行的条件下，当电解槽要停车维护时，可以按照以下步骤操作处理。

① 二次精制盐水泵的出口管线可以由去电解转到去一次盐水处理单元的返回管线。

② 一次盐水处理温度要控制在55～65℃。

③ 当一次盐水处理单元和螯合树脂吸收单元由于某种原因，如设备损坏或电力中断等不能操作时，螯合树脂吸收单元的停车步骤要按照长期停车的步骤操作。

第五节　盐水二次精制安全生产技术

离子膜电解工艺是一个安全的成熟的生产工艺，不容易出现恶性事故。但由于客观上的一些情况，如外部和内部原因，会产生一些异常情况。下面是二次精制工序可能出现的异常情况及处理办法。

一、ClO^- 未被去除

1. 澄清盐水中 ClO^- 含量在 10～20mg/L

处理方法：通过加大 Na_2SO_3 的流量，就能解决。按以下步骤操作。

① 分析澄清盐水罐盐水的含 ClO^- 量，可向罐中加少许固体 Na_2SO_3。

② 分析过滤后的盐水，如含 ClO^-，可向过滤盐水罐中加少许固体 Na_2SO_3。

③ 加大盐水中 ClO^- 的分析频率。

④ 检查脱氯工序的操作情况。

2. 澄清盐水中 ClO^- 含量超过 20mg/L（受泵的能力限制不能通过加大 Na_2SO_3 流量）的方法解决

① 分析澄清盐水罐盐水的含 ClO^- 量，酌情向其中加适量的固体 Na_2SO_3。

② 关闭澄清盐水入口阀。

③ 由过滤通液改为原液循环。

④ 检查过滤盐水罐盐水是否含 ClO^-，如含有 ClO^-，则立即停止向树脂塔通液。

⑤ 电解准备停车。

二、二次精制盐水 Ca^{2+}、Mg^{2+} 超标

入塔的盐水质量符合前文所述的标准，但出口 Ca^{2+}、Mg^{2+} 含量仍不合格，这主要是由以下各种原因造成的。

1. 树脂量不足

由于树脂的使用温度一般在60℃左右，树脂强度低再加上 H^+、Na^+、Ca^{2+} 转换过程中的内力作用，使树脂破碎流失，这是正常的。为此需要及时补充树脂，使树脂层高度符合设计要求。

2. 树脂性能下降

① 由于重金属的吸附，影响 Ca^{2+}、Mg^{2+} 吸附能力，这时正常的再生步骤不能使吸附容量恢复，用2～3倍的盐酸，2倍的 NaOH 进行再生，往往能使 Ca^{2+}、Mg^{2+} 达标。

② 由于树脂被盐水中的 ClO^- 氧化造成吸附量的永久性降低，此时即使用倍量再生，吸附容量也不能恢复，就应采取更换树脂的办法来解决。

3. Mg^{2+} 含量高使 Ca^{2+}、Mg^{2+} 总含量超标

提高 pH 值能提高树脂的吸附量，一般塔内充填树脂 pH 值为9时吸附总量为所需吸附量的10倍左右。pH 值提高到10.5，吸附总量也增加不多，而 $Mg(OH)_2$、$CaCO_3$ 不溶解，Ca^{2+}、Mg^{2+} 易超标。如 pH 值为8，促使 Ca^{2+}、Mg^{2+} 微粒溶解，往往能使盐水中的 Ca^{2+}、Mg^{2+} 总容量降至 10μg/L 以下。如过滤效果好，无 Ca^{2+}、Mg^{2+} 微粒，则 pH 值也可不调节。

第三章　离子膜电解

通过本章节的学习，要掌握离子膜电解盐水的原理、离子膜电解工艺流程；了解目前氯碱行业常用离子膜电解槽的结构和性能、离子膜电解槽技术的发展趋势、离子膜的结构和特性；熟悉离子膜电解过程中槽电压、电流效率、电能电耗的影响因素；理解离子膜电解岗位的操作规程、常见异常现象及处理方法；掌握影响离子膜电解工艺操作条件、离子膜损伤的原因和预防措施。

第一节　离子膜电解的原理

一、电解岗位任务

电解岗位的主要任务是将二次盐水岗位送来的精制盐水通过电解，制得烧碱、氯气、氢气。电解岗位是整个过程的核心，与其他工序均为上下游关系。

二、电解反应的基本原理

离子膜电解槽电解反应的基本原理是将电能转换为化学能，将盐水电解，生成 NaOH、Cl_2、H_2，如图 3-1 所示，在离子膜电解槽阳极室（图示左侧），盐水在离子膜电解槽中电离成 Na^+ 和 Cl^-，其中 Na^+ 在电荷作用下，通过具有选择性的阳离子膜迁移到阴极室（图示右侧），留下的 Cl^- 在阳极电解作用下生成氯气。阴极室内的 H_2O 电离成为 H^+ 和 OH^-，其中 OH^- 被具有选择性的阳离子膜挡在阴极室与从阳极室过来的 Na^+ 结合成为产物 NaOH，H^+ 在阴极电解作用下生成氢气。图 3-1 为离子膜电解槽电解反应的基本原理示意图。

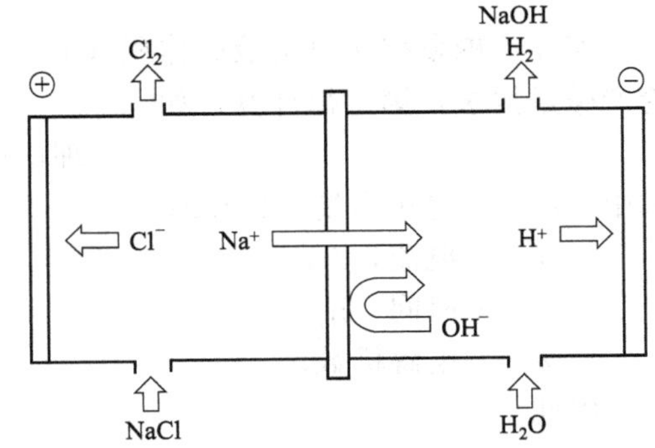

图 3-1　离子膜电解槽电解反应的基本原理示意图

三、电解槽中的电化学和化学反应

1. 电极反应

电极反应主要是指电解过程的主反应。

已经知道，在 NaCl 溶液电解时，在阳极是 Cl^- 放电，在阴极是 H^+ 放电，于是

阳极反应 $2Cl^- - 2e \longrightarrow Cl_2\uparrow$　　(3-1)

阴极反应 $2H_2O + 2e \longrightarrow H^2\uparrow + 2OH^-$　　(3-2)

阳极室中的 Na^+ 伴随水穿过离子交换膜到达阴极室，与阴极室过剩的 OH^- 反应生成 NaOH。

以上电化学反应的总反应式如下：

$$2NaCl + 2H_2O = 2NaOH + Cl_2\uparrow + H_2\uparrow \qquad (3\text{-}3)$$

2. 电解过程的副反应

电解过程的副反应比较复杂，其中很多是不利于生产的副反应。

① 生成的氯气在阳极液中的物理溶解。

$$Cl_2(g) \longrightarrow Cl_2(aq) \qquad (3\text{-}4)$$

② 生成的氯气与阳极液中水的反应。

$$Cl_2 + H_2O \longrightarrow HCl + HClO \qquad (3\text{-}5)$$

③ 溶解的氯气与从阴极室反渗过来的氢氧化钠的反应。

$$Cl_2 + 2NaOH \longrightarrow NaClO + NaCl + H_2O \tag{3-6}$$

一定浓度下的 NaClO，在 70℃的条件下能自身氧化。

$$3NaClO \longrightarrow NaClO_3 + 2NaCl \tag{3-7}$$

在烧碱后处理过程中 $NaClO_3$ 是严重的腐蚀因素。而且还会造成 ClO^- 放电而耗用电力。

$$12ClO^- + 6H_2O - 12e = 4HClO_3 + 8HCl + 3O_2\uparrow \tag{3-8}$$

④ 当阳极液中的 NaOH 浓度过高时，会使 OH^- 在阳极放电，导致阳极效率下降。

$$4OH^- - 4e = 2H_2O + O_2\uparrow \tag{3-9}$$

⑤ 当阳极液中 SO_4^{2-} 浓度过高时，也会放电，放出 O_2。

$$2SO_4^{2-} + 2H_2O - 4e = 2H_2SO_4 + O_2\uparrow \tag{3-10}$$

综上所述，发生的副反应均在阳极室中，由于阳极存在除 Cl^- 以外，其他离子的放电副反应，因此阳极的电流效率比阴极的电流效率要稍低。同时，阴极侧产生氢气的电流效率几乎为 100%。

四、电流效率

电流效率是指电流的利用率，反过来说是表示反应造成电流效率损失的程度。

在电解过程中，在阴极和阳极上同时都有物质生成，电流效率也有阴极电流效率和阳极电流效率两种。

1. 阴极电流效率

如果电流没有损失，那么，通过电流就可以得到按理论计算的产量，实际有一部分电流被消耗于副反应，所以实际产量总是比理论产量低。把实际产量与理论产量之比称为电流效率。

$$\text{电流效率}(\eta) = \frac{\text{实际产碱量}}{\text{理论产碱量}} \times 100\%$$

实际产碱量按照电解液的体积（m^3）和电解液的 NaOH 浓度（C，kg/m^3）来计算，理论产碱量按法拉第定律计算，如：

$$\text{理论产碱量} = KI\tau n \tag{3-11}$$

式中 K——电化当量，1.492；

I——电流，A；

τ——时间，h；

n——电解槽数。

因此

$$\eta = VC/KI\tau n \tag{3-12}$$

如果电解过程中，通以稳定的电流，有 n 只电解槽运行，单位时间的电流效率可写成

$$\eta = kVC$$

式中，k 为一常数，说明电流效率取决于实际得到电解液的量和电解液中 NaOH 的浓度。

【例 1】 某电解溶液中，通以电流 45000A，开车槽数为 40 只，电解液中 NaOH 的浓度为 $125kg/m^3$，在一天内共产电解液 $500m^3$，求电流效率。

解：

$$\text{电流效率}（\eta）= \frac{\text{实际产碱量}}{\text{理论产碱量}} \times 100\%$$

实际产碱 $= VC = 500 \times 125 = 62500$kg/天

理论产碱 $= KI\tau n = 1.492 \times 10^{-3} \times 45000 \times 40 \times 24 = 64454.4$kg/天

所以

$$\eta=\frac{62500}{64454.4}\times100\%=96.97\%$$

答：电流效率为 96.97%。

【例 2】 某工厂设计一电解 NaCl 工段，条件如下，年产 100% NaOH 为 30000t，年工作小时为 8000h；电解槽的电流密度为 $1700A/m^3$；电流效率取 95%，问要设置多少只电解槽？

解：① 已知通入电流为 $1700\times30=51000A$

② 按 $G=KI\tau n\eta$，则：

$$n=G/(KI\tau\eta)=30000\times10^3/(1.492\times10^{-3}\times51000\times8000\times0.95)=51.88\approx52$$

2. 阳极电流效率

电解 NaCl 水溶液的阳极电流效率是对氯气而言的，阳极电流效率按照法拉第定律也可以写成

$$阳极电流效率=\frac{实际氯气产量}{理论氯气产量}\times100\%$$

3. 影响电流效率的因素

由电解槽中的电化学和化学反应可知，要提高阳极电流效率，就要尽量减少阳极液中溶解氯与氢氧化钠之间的发生副反应，减少阳极上氧的析出量。要提高阴极电流效率，就要尽量减少氢氧根离子向阳极室的反渗。归结起来，一方面要提高阳极的析氧电位，以阻止或减少氧在阳极上的析出；另一方面则要提高膜的选择性能，减少和阻止氢氧根离子向阳极室的反渗。因此，除膜的特性直接影响电流效率外，电解槽的结构和操作条件也对电流效率有着不同程度的影响。影响电流效率的主要因素可概括为：

① 离子交换膜的交换容量；

② 电解槽结构；

③ 氢氧化钠浓度；

④ 阳极液中的氯化钠浓度；

⑤ 电流密度；

⑥ 操作温度；

⑦ 阳极液 pH 值；

⑧ 盐中杂质；

⑨ 电解槽操作压力和压差；

⑩ 开停车及电流波动。

更详细的说明和分析将在后面的有关内容中加以论述。

五、槽电压及其主要影响因素

电解槽的槽电压是一个重要参数，直接影响电解电耗。影响槽电压的主要因素是：

① 膜自身结构；

② 电流密度；

③ 氢氧化钠浓度；

④ 两极间距；

⑤ 阴阳极液循环；

⑥ 温度；

⑦ 盐水中的杂质；

⑧ 槽结构；

⑨ 开停车次数；

⑩ 电解槽压力和压差；

⑪ 阳极液 pH 值

⑫ 阳极液 NaCl 浓度。

更详细的说明和分析将在后面的有关内容中进行论述。

六、电解电耗

1. 电解电耗的计算

电解法生产 1t 氢氧化钠所需要的直流电耗由下式算得：

$$W=\frac{V\times 1000}{1.492\eta}$$

式中　W——直流电耗，kW · h/t(NaOH)；

V——槽电压，V；

η——电流效率，%；

1.492——NaOH 的电化当量，g/(A · h)。

例如，槽电压为 3.1V，电流效率为 95%时，

$$W=\frac{3.1\times 1000}{1.492\times 0.95}=2187\text{kW}\cdot\text{h/t(NaOH)}$$

2. 影响电解电耗的主要因素

由上式可见，电解电耗与槽电压及电流效率有关，凡是影响槽电压及电流效率的因素，都能影响电解电耗。下面讨论三个主要因素对电解电耗的影响。

（1）电流密度的影响

由于槽电压与电流密度成正比关系，因此电解电耗也与电流密度成正比关系，只不过对于不同种类的离子膜，不同结构的电解槽，曲线的斜率不同，随着技术的进步，斜率正在降低（见图 3-2、图 3-3）。

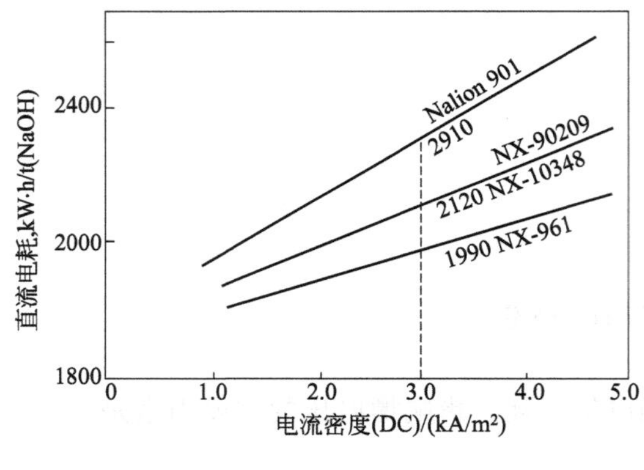

图 3-2　杜邦公司离子膜电耗

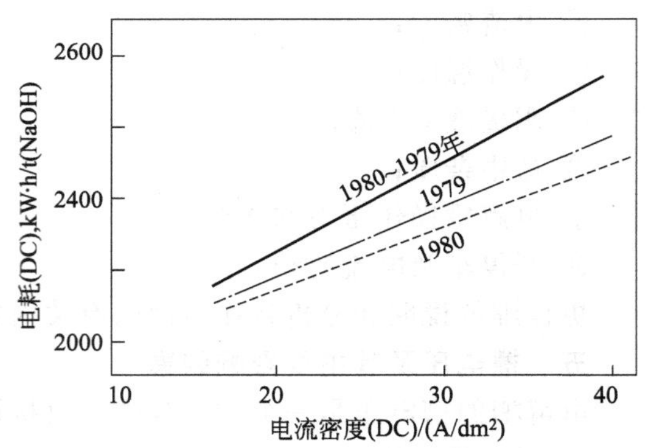

图 3-3　旭化成公司离子膜电耗

（2）电解电耗与氢氧化钠浓度的关系

由于氢氧化钠浓度影响电流效率及槽电压，因此电解电耗也受制碱浓度的影响。由图 3-4 可知，氢氧化钠浓度在 30%左右时电解电耗最低（因膜种类不同而异）。这是因为槽电压虽随氢氧化钠浓度上升而增大，但电流效率在氢氧化钠浓度为 30%时达到最大值（不同种类的膜电流效率达到最大值的氢氧化钠浓度是不同的，旭化成 F-422 和 F-4100 系列膜电流效率在氢氧化钠浓度为 30%时达到最大值），因此此处的电耗最低。

图 3-4 中，浓缩碱液时蒸汽消耗量（折合成电耗时 1t 蒸汽合 250kW · h 交流电耗）随电解槽制碱浓度的提高而降低，这是容易理解的。电解电耗与蒸发时的汽耗的总和即为总能耗。由图 3-4 可见，氢氧化钠浓度为 30％时总能耗最低，因此选择电解氢氧化钠浓度为 30％从节能的角度看是合适的（如旭化成 F-422 和 F-4100 系列膜）。

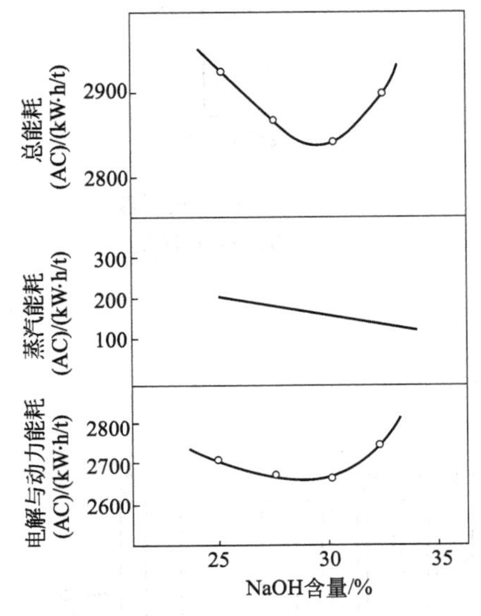

图 3-4　能耗与氢氧化钠浓度的关系

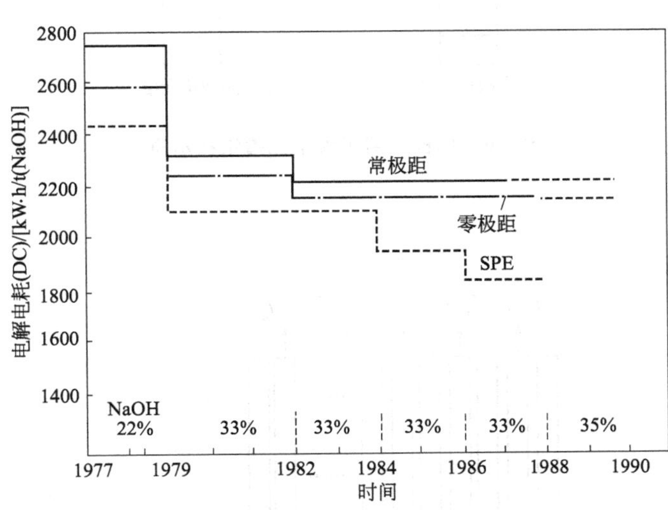

图 3-5　离子膜制碱法能耗的变化

（3）电解技术进步带来的能耗降低

由图 3-5 可见，离子膜法技术的进步（包括离子膜性能逐渐改善）使电解电耗逐渐降低。零极距离子膜电解槽是目前工业制碱法中最为节能的一种技术，但由于仍存在一定的溶液电压降及导体电压降，因此与 SPE 法相比还有一定的距离。

第二节　离子膜电解槽的结构和性能

一、离子膜电解槽的分类及性能

1. 离子膜电解槽的分类

（1）按单元槽的结构形式分类

离子膜电解槽按照单元槽的结构形式不同，分为单极式离子膜电解槽（见图 3-6，简称单极槽）和复极式离子膜电解槽（见图 3-7，简称复极槽）。单极式离子膜电解槽是指在一个单元槽上只有一种电极，即单元槽是阳极单元槽或阴极单元槽，不存在一个单元槽上既有阳极又有阴极的情况。复极式离子膜电解槽是指在一个单元槽上，既有阳极又有阴极（每台离子膜电解槽的最端头的端单元槽除外），是阴阳极一体的单元槽。

单极槽和复极槽的供电方式也不同。在一台单极式离子膜电解槽内部（见图 3-8），直流供电电路是并联的，因此总电流即为通过各个单元槽的电流之和，各单元槽的电压基本相等，所以单极式离子膜电解槽的特点是低电压大电流。复极式离子膜电解槽（见图 3-9）则正好相反，每个单元槽的电路是串联的，电流依次通过各个单元槽，故各单元槽的电流相等，但总电压为各单元槽槽电压之和，所以，复极式离子膜电解槽的特点是低电流、高电压。

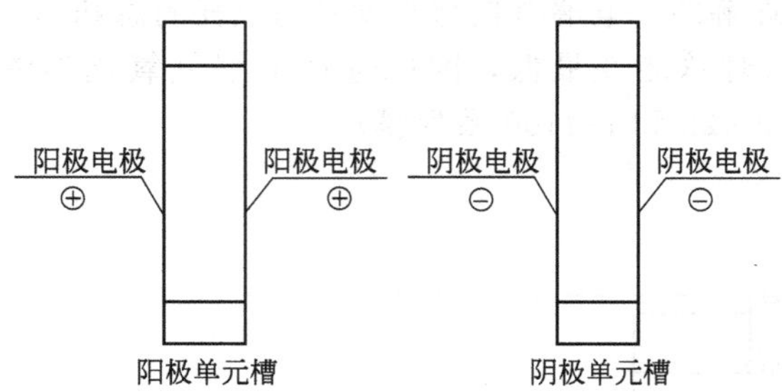

图 3-6 单极式离子膜单元槽结构示意图

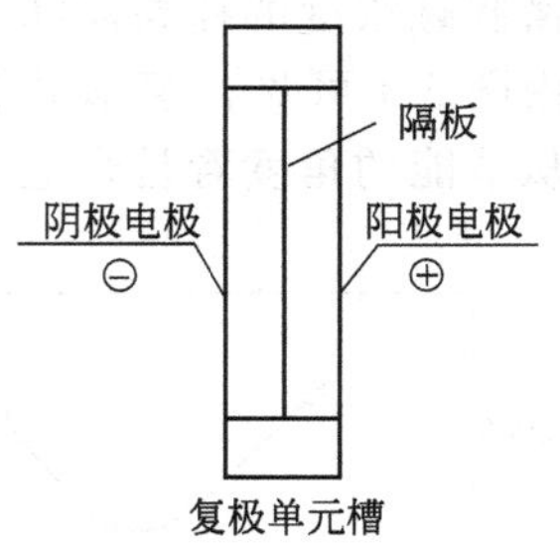

图 3-7 复极式离子膜单元槽结构示意图

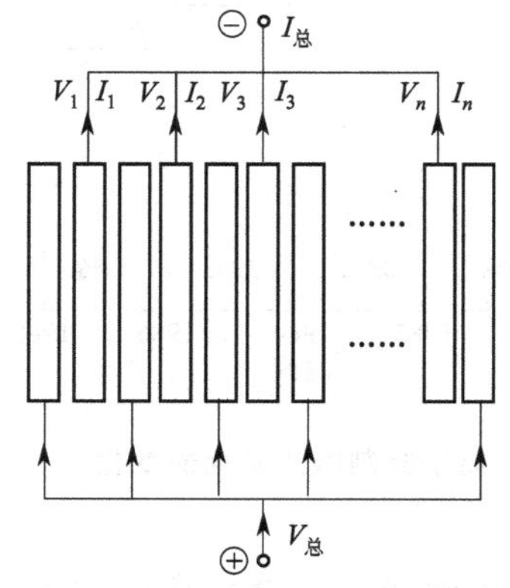

图 3-8 单极式离子膜电解槽接电方式

$$I_{总}=I_1+I_2+I_3+\cdots+I_n$$

$$V_{总}=V_1=V_2=V_3=\cdots=V_n$$

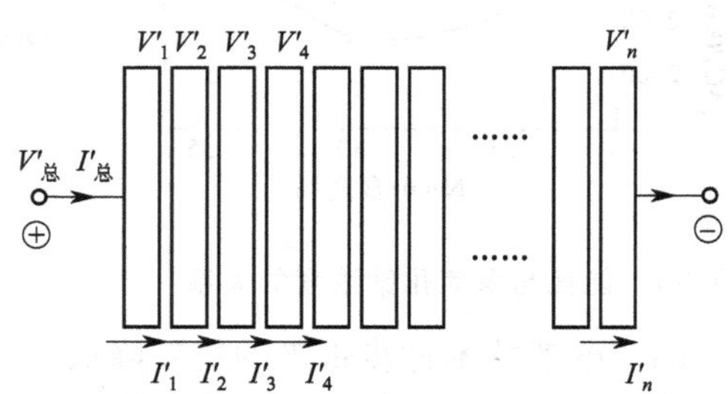

图 3-9 复极式离子膜电解槽接电方式

$$I'_{总}=I'_1=I'_2=I'_3=\cdots=I'_n$$

$$V'_{总}=V'_1+V'_2+V'_3+\cdots+V'_n$$

(2) 按极间距的大小分类

根据两极间距对电解槽进行分类，可分为四种类型：

① 常极距膜电解槽；

② 小极距膜电解槽；

③ 零极距膜电解槽；

④ 膜-电极一体化（M&E 或 SPE）。

2. 离子膜电解槽的性能

单极槽与复极槽的性能比较见表 3-1。

二、离子膜电解槽结构设计

离子膜电解槽主要是由阳极、阴极、离子膜和电解槽框等组成的。

电解槽的电极面积，单极槽为 0.2～3m²，复极槽为 1～54m²。电极面积越大，离子膜的利用率也越高（一般为 74%～93%），维修费用也省，电解槽的厂房面积也小。

电解槽的槽框有金属的，也有橡胶或增强塑料的。前者初建费用高，但经久耐用，可达 10 年以上，且日常的维修费用低；后者的初建费用低，但一般只能用 2～4 年，且维修费用较高。

表 3-1　单极槽与复极槽的性能比较

项　目	单　极　槽	复　极　槽
安装	连接点多，安装较复杂	配件少安装方便
供电	低电压，高电流	高电流，低电压
电流分布	电流径向输入，电流分布不十分均匀（小面积电极尚好些），但电极内部设置金属导电体，可使电流分布均匀	电流轴向输入，电流分布均匀
停车频繁程度	低	高
槽间电压降	大（30～50mV）	小（3mV）
电解铜耗量	多	少
阳极更换	阳极拆下后可重涂	除个别阳极拆下后可重涂外，一般阳极一次性报废
循环方式	一般为自然循环，极个别为强制循环	强制循环和自然循环
膜利用率	较低，只有72%～77%	较高，可达92%
维修管理	电解槽数量多维修量大，费用高	电解槽数量少，泄漏点少，维修管理简单方便，费用低
占地面积	大	小
电流效率	低	高
电压效率	低	高
适用范围	可根据不同需要，自由选择电解槽的数量，一般适用于小规模生产，单台生产能力小，但大规模生产也有采用的，要因地制宜	一般适用于大规模生产，单台生产能力大，但小规模生产也有采用的，可根据具体情况而定
整体投资	多	少
停车对生产的影响	单槽故障对系统影响小，开工率高	单槽事故对系统影响大
膜漏检查难易	膜损坏及单槽出事故不易检查	膜破易检查和检修，有自动保护装置

1. 工业电解槽设计的基本目标和要点

工业电解槽设计和制造要考虑其经济效益，必须达到以下五个目标。

(1) 能耗低

在整个电解生产过程中，能耗是成本的重要组成部分。为了降低能耗就要获得高的电流效率和低的槽电压，在较大的电流密度下运行时，要仍能保持低的电耗，使每吨碱电耗在2150～2350kW·h，甚至更低。目前多数电解槽的电流密度均在3～3.5kA/m²，个别地区因电费低廉，可在4kA/m²运转。目前意大利迪诺拉公司开发的复极槽、日本氯工程公司和东曹公司开发的复极槽BiTAC可在大于4kA/m²的条件下运转，特别是BiTAC电解槽，运转电流密度可高达6kA/m²。

为满足节能要求，在设计中要注意以下几点：

① 电流分布要合理、均匀；

② 减小极间距离，减小极间溶液电压降；

③ 尽量降低金属结构部分的电压降；

④ 使电解液能充分循环，使气体能顺利逸出；

⑤ 使电解温度保持一定，可适当加温或保温；

⑥ 选择适宜的电极活性及几何尺寸；

⑦ 选择合适的结构以提高膜的电流效率。

(2) 容易操作和维修

可减轻操作人员的劳动强度，电解槽的开、停车或改变供电电流的操作简单。更换离子膜必须是在短时间内进行，且方便易行又安全。电极的结构要考虑到电极重涂工艺的简单化。具体要注意以下几点：

① 尽量减少电解槽的数量；

② 选择合适的密封结构及密封圈材质；

③ 设计便于开、停车的结构。

(3) 制造成本低，使用寿命长

从使用寿命考虑，阳极室的最好材料是钛，阴极室的最好材料是镍。电解槽的配件也要考虑采用防腐蚀材料。具体要注意以下几点：

① 设计的电解槽能在高电流密度下操作，以提高电解槽单位容积的生产能力，降低设备费用；

② 提高离子膜的利用率；

③ 选择合适的电解槽结构及材质。

（4）膜的使用寿命长

膜使用寿命的长短，除与膜本身的质量、操作条件控制有关外，与电解槽设计、制造也有很大的关系，因此在设计和制造电解槽时，要从延长膜寿命方面多进行考虑。具体要注意以下几点：

① 电流分布要均匀；

② 尽量采用自然循环；

③ 要采用溢流方式，设法避免膜上部出现气体层、干区；

④ 减小膜的振动。

（5）运转安全

运转安全主要指以下几点：

① 进行槽电压、槽温检测；

② 电解槽安全联锁停车；

③ 采取防止氯中含氢高的措施。

2. 工业电解槽设计的基本情况

从技术的观点来看，要同时达到以上五个目标往往是困难的，但存在最佳设计和制造的选择问题。现将工业离子膜电解槽设计的基本情况介绍如下。

（1）电解槽的尺寸

① 电解槽的高度。电解槽的高度对槽电压的影响的试验数据表明，当阳极室和阴极室的厚度为 9mm 时，即使电极的高度增高到 1.5m，对槽电压的影响也可忽略不计。从高度为 1m 的试验可知，尽管突然改变阳极液中的 NaCl 浓度，但由于气泡产生搅拌作用，在高度方向似乎不存在浓度和温度的不均匀现象。一般工业化电解槽的电极高度为 1.0m、1.2m、1.5m。

② 电解槽的宽度。从电解槽的实际测量发现，在电极的横向有导电筋板时，电解液的浓度往往是分布不均匀的，如电极有效宽度为 2.4m 和 3.6m 的复极槽设计纵向筋板导电并采用强制循环泵，使电解液强制循环而达到浓度均匀的目的。一般电极的有效宽度为 0.2～1.0m，其电解液自然循环就能达到浓度均一。有些电极的有效宽度为 2.4m 和 3.6m，由于在电解槽的结构上采取了一些有效措施，虽是自然循环，也能达到浓度均一。

③ 阳极室和阴极室的厚度。电解时产生的氯气和氢气气泡在电极的背面变大而上浮，尤其是零极距电解槽的阳极室和阴极室必须要有足够的厚度。该厚度不仅需要满足电解性能的要求，而且当盐水中断时在操作人员处理事故的时间内，电解槽内存留盐水的分解率不应过高，以防止膜被损伤。盐水中断时，电解槽留存盐水的分解速度与电解室厚度的关系如图 3-10 所示。当电解室厚度为

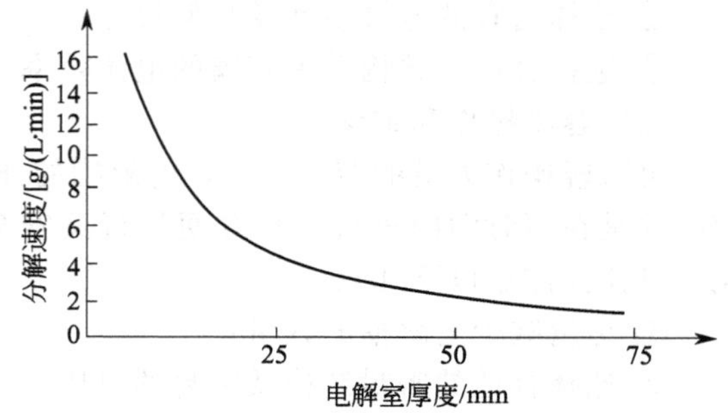

图 3-10　盐水分解速度与电解室厚度的关系

阳极液中 NaCl 的浓度 200g/L；

电流密度 3.1kA/m^2；操作温度 80℃

25mm 时，盐水的分解速度每分钟约 4g/L，一般电解室的厚度为 15～20mm。

（2）电流分布

电流分布均匀是电解槽设计中至关重要的因素。电流分布均匀与否，不仅影响电流效率、槽电压，而且影响离子膜寿命。因为电流分布不均匀，不仅会造成阳极液 NaCl 和阴极液 NaOH 浓度不均匀，还会使膜局部过电流，使膜遭到不同程度的损害。

① 电极形状对电流分布的影响。电解槽的电极不仅要选择氯、氢低过电位的材料，而且电极的形状是电解槽设计的重要因素，因为其对电流分布和槽电压有影响。当多孔板阳极上的孔径逐渐减小，孔径周边的总和逐渐增加时，离子膜的电流分布逐渐达到均匀。从图 3-11 可知多孔平板阳极与拉网阳极经过离子膜的欧姆降的差别。

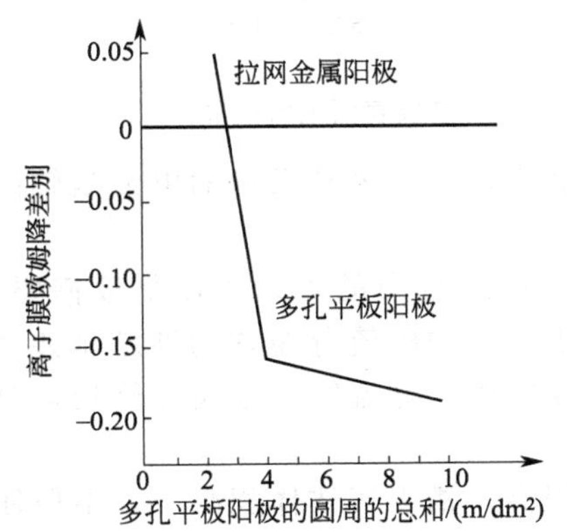

图 3-11　多孔平板阳极与拉网阳极之间欧姆降的差别

离子膜：旭化成公司（膜摩尔质量 EW＝1350g/mol）；电流密度 $5kA/m^2$；操作温度 90℃

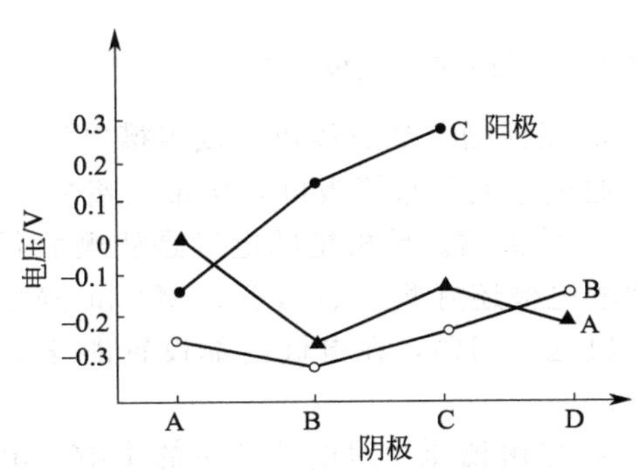

图 3-12　电极对的电压比较

A—大拉网；B—很细拉网；C—孔板；D—丝网

在研究电极结构对槽电压的影响时，发现槽内电解液在较好的流动情况下，电极表面结构越是细密，其表面积越大，易使整个离子膜的电流分布均匀，因此槽电压明显降低。为了选择最佳的阳极和阴极，对各种尺寸的多孔平板和拉网电极进行了筛选。如图 3-12 所示，以大拉网的阳极和阴极，对各种电极对槽电压情况进行比较，发现很细的金属阳极组合成的电解槽电压均低。

UHDE GMBH 的电极是百叶窗式的，见图 3-13。与拉网电极或多孔平板电极相比百叶窗式电极的面积利用率高，几乎为 100％。因此电极上的电流分布均匀。同时百叶窗式电极有利于电解液的补充和循环，在电极和膜的界面上产生湍流，使电极上的气体迅速逸出，大大减少了气泡效应，有利于降低电解槽电压。

为了减小离子膜液体电阻，并不让离子膜移动、摩擦而损坏，应使阴极室的压力大于阳极室的压力，把离子膜压紧在阳极上，这样，阳极形状对膜的损坏程度会有影响。旭化成公司的阳极是多孔平板的，小孔均匀密布，这就比拉网阳极对膜的损伤更小。英国 ICI 公司的 FM21 电解槽冲压而成的极片十分光滑，与膜接触面为外圆弧形，避免了膜的机械损伤。

② 电极厚度对电流分布的影响。英国 ICI 公司的 FM21 电解槽的电极厚度从 1mm 增加到 2mm，使电流分布更加合理，减小了电极表面的电流密度，见图 3-14。电极加厚以后，提高了电极的机械强度，延长了电极基材的寿命，降低了操作费用。

③ 电解槽类型对电流分布的影响。

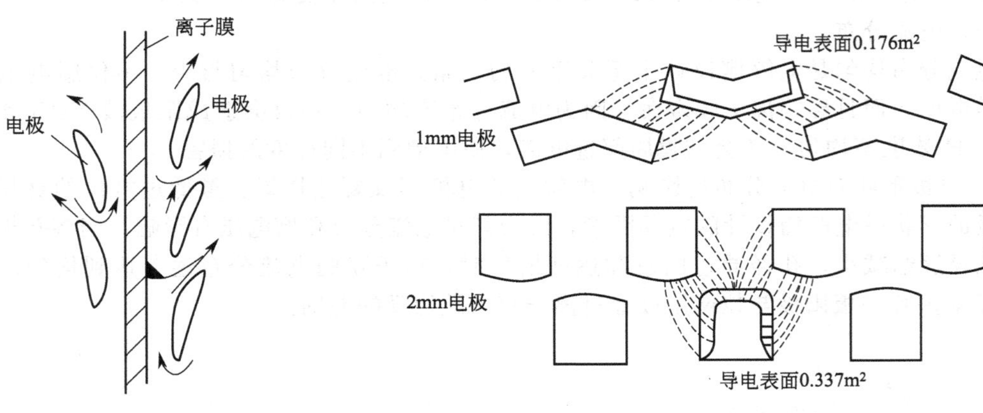

图 3-13 百叶窗式电极示意图

图 3-14 电极表面电流密度

a. 复极槽。从总体讲，复极槽电流分布比单极槽均匀，因为复极槽的电流是轴向输入的，通过电流分布筋板可以均布在整个电极表面。

b. 单极槽。单极槽的电流是从侧面径向输入的，电流分布的均匀性比复极槽要差些，小面积电极还好些（如 AZEC-M3 和 FM21），大面积电极的电流分布均匀性就稍差些。为了解决这一问题，在电极内部设置能够防腐的金属导电体，电流经过金属导体均匀分布到电极。

④ 电解槽压力对电流分布的影响。电解槽压力提高，槽内气体体积减小，不但使电解槽内电解液的充气度减小，而且能使电流密度在膜的上、中、下各部分的分布更均匀。

(3) 电解液循环

离子膜电解槽电解液的循环分自然循环和强制循环两种，各有优缺点。目前自然循环占多数，强制循环占少数，除美国西方化学公司 MGC 单极槽（阴极液）和日本旭化成公司的复极槽及德山曹达复极槽采用强制循环外，其余无论是单极槽，还是复极槽皆采用自然循环。从使电解液浓度均匀，提高 I/c 比值，防止极化和避免膜出现干区角度考虑，采用强制循环好，但强制循环不仅多消耗动力，而且由于电解槽（旭化成强制循环复极电解槽）操作压力高、电解液循环量大、压差大且不十分稳定、停车联锁点多等原因，使膜的寿命缩短。如美国杜邦膜用在自然循环槽上，最长寿命为 8 年以上，而用在旭化成强制循环槽上，寿命只有 3～6 年。从降低电解槽操作压力，降低和稳定电解槽压差，延长膜寿命考虑，采用自然循环好。但一般自然循环，物料循环慢，电解液浓度在短时间内难以十分均匀，采取一些措施后，自然循环电解槽，特别是自然循环复极槽，其循环速度几乎与强制循环一样，也可以使电解液浓度均匀。

(4) 气体层

离子膜电解槽阳极室上部通电部分气泡率往往高达 90%以上，如果这种气泡不能及时引出，则会在该处形成滞留气层。在阳极室的上部如果形成了氯气的滞留层，氯气就会向膜内扩散，与阴极室反渗过来的氢氧化钠反应生成氯化钠结晶，造成膜的恶化（见图 3-15），如果这种现象持续下去就会使膜形成针孔及裂缝。为了确保电解槽长期稳定运行，电解槽产生的氯气应随时导出槽外，以设法避免膜的上部出现干区。

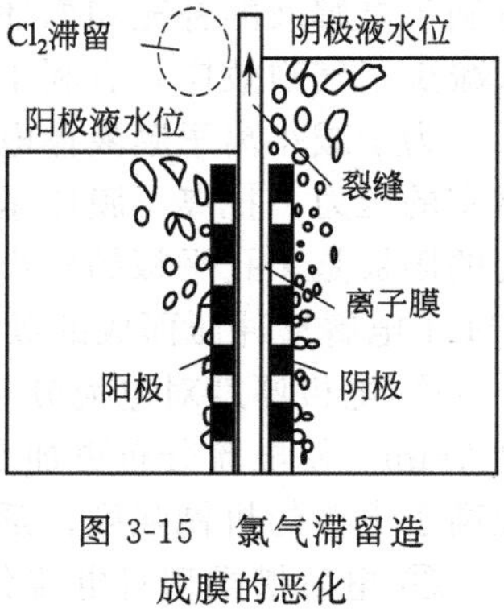

图 3-15 氯气滞留造成膜的恶化

（5）膜振动

膜长期振动及大幅度左右摇摆，不仅影响膜的强度，而且会因膜与电极的反复摩擦，使膜受到损伤。因此在设计电解槽时，要想方设法减小膜的振动。

① 设计离子膜电解槽阴极室的压力总是大于阳极室的压力。无论是单极槽，还是复极槽，都应使阴极室的压力大于阳极室的压力，把离子膜压紧在阳极上，除了可以减小液体电阻（阳极液电阻比阴极液大）外，还可以避免离子膜移动摩擦损坏膜。

② 可采用零极距电解槽。意大利迪诺拉复极槽 DD350，旭硝子单极槽 AZEC-M3，西方石油单极槽 MGC 和德山曹达复极槽，皆采用零极距，不但使槽电压降低（使用的离子膜阴、阳极两面皆有无机物涂层），而且使膜振动很小，因为膜被紧紧地夹在两极之间（阴极靠弹性体紧贴在膜上）。

③ 设计离子膜电解槽时尽量采用自然循环。因为采用自然循环时，无论是单极槽，还是复极槽，电解槽压力和压差一般都很小，可以减小膜的振动，延长膜的使用寿命，如旭化成公司的自然循环复极槽，因电解槽压力和压差小，电解液流量和电流变化对压差影响很小，压差很稳定。德国伍德公司和意大利迪诺拉公司的复极槽，因采用的是自然循环，电解槽压力和压差小，压差很稳定。单极槽采用自然循环更是如此。

④ 自然循环单极槽和复极槽出口放置汽液分离器和采取溢流方式。这样设计可以稳定电解槽出口压力，减小膜的振动。如氯工程公司 CME 大单极槽采取溢流方式，气体和液体以层状的溢流方式排出电解槽，这种溢流方式结合导电箱中的自然循环效应，能将单元槽中的压力波动减到最小，因而可以使离子膜达到较长的寿命。又如旭化成公司的自然循环复极槽，在单元槽上部非通电部位放置汽液分离器并溢流，几乎无阻力降，不会因气体的流动而使液面发生波动，引起振动。再如意大利迪诺拉公司的自然循环复极槽，在其出口增设一个单独的大容量脱气装置，气、液单独排放，保证了最小的压力波动，压力波动降低到仅为 196～392Pa。又如，日本氯工程公司和东曹公司联合开发的自然循环复极槽（BiTAC）采用如图 3-16 所示的溢流方式，使膜无振动。

⑤ 电解槽压力和压差。

a. 自然循环离子膜电解槽，因进槽电解液流量和压力都很低，电解液浓度在槽内分配均匀是靠槽内气升效应或有特殊装置使其自然循环实现的，加之电解槽出口一般皆设有气液分离器并采用溢流方式，因此电解槽压力和压差控制皆低，且稳定，故膜振动小。

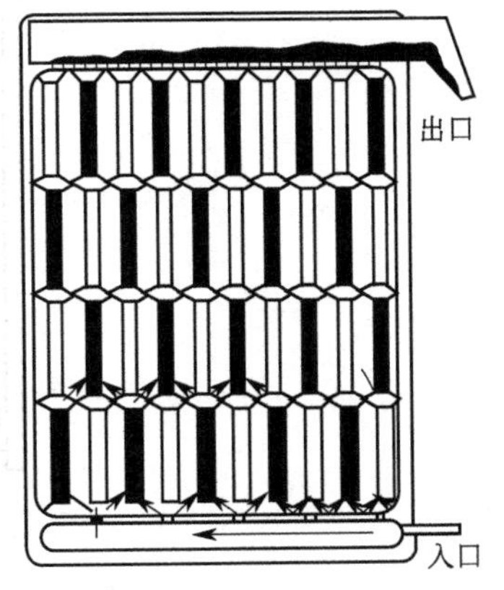

图 3-16　BiTAC 的溢流方式

b. 强制循环离子膜电解槽，一般压力下能减少离子膜的摆动，这样既能减少离子膜的摩擦损失，又能减少和避免因膜振动而出现的阳极液极化现象，从而延长膜和电极的寿命。但强制循环离子膜电解槽，因进出槽电解液流量和压力大，电解槽压力若太高，不仅对电解槽的密封要求更严格，而且电解槽操作也要进一步强化，不然将使膜受到损伤。为了使膜紧贴在阳极上不发生振动，又保证膜、电极和垫片不会受到损害，不仅要控制电解槽适当的压力，而且要使阴极室的压力大于阳极室的压力，即保持一定的正压差。若正压差过小，不仅易使槽电压上升，而且会使压差波动，膜因振动受到反复摩擦而损伤。为使电解槽压差稳定，旭化成公司的强制循环复极槽主要控制电解槽出口氯气、氢气的压力，从而使氯气、氢气压力稳定，工业生产中采取自动串级调节，在氯气、氢气压力稳定的情况下，压差的稳定主要取决于电解液流量的稳定。

另外，旭化成公司的强制循环复极槽，在阴极液侧电解槽出口的连接口处焊上不锈钢（或镍）插入管以稳定阴极室的压力。在阳极液侧电解槽出口的连接口处焊上电解插入管以稳定阳极室的压力。在运转中曾发现阴极出口插入管开焊松动，造成碱液湍流使膜因振动而损伤，后将阴极室出口插入管与槽出口连接口由点焊改成螺纹连接，这样就可以避免短节开焊或漏液时（阴极出口插入管由不锈钢改镍，发现漏液及时更换）出现碱液湍流而造成膜的损伤。

三、目前国内几种常用离子膜电解槽的槽型介绍

1. 目前常见的几种离子膜电解槽参数比较

目前常见的几种离子膜电解槽的参数比较见表 3-2。

表 3-2 常见的几种离子膜电解槽的参数比较

离子膜电解槽供应商	蓝星北化机	日本旭化成	日本氯工程	德国伍德
离子膜电解槽型号	NBH-2.7	NCH-2.7	BiTAC	
离子膜电解槽形式	复极式	复极式	复极式	复极式
循环方式	自然循环	自然循环	自然循环	自然循环
单元槽面积/m^2	2.7	2.7	3.276	2.72
设计电流密度/(kA/m^2)	6	6	6	6
运行电流密度/(kA/m^2)	4.5～5	4.5～6	4.5～5	4.5～5
阳极室操作压力/mH_2O①	4	4	1	2
阴极室操作压力/mH_2O	4.4	4.4	1.3	2.4

① $1mH_2O=10^3mmH_2O=9.80665\times10^3Pa$。

2. 国内正在使用的单极式离子膜电解槽

(1) 蓝星北化机 BMCA-2.5 型单极式离子膜电解槽

其结构简图如图 3-17 所示。

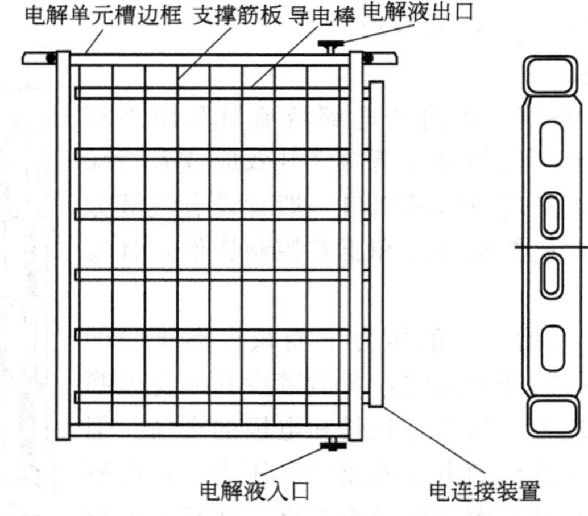

图 3-17 BMCA-2.5 型单极式离子膜电解槽结构示意图

① 阳极单元槽边框采用钛钯合金方管组焊结构，确保阳极单元槽不受含游离氯盐水的腐蚀，密封面不产生间隙腐蚀。

② 阴极单元槽边框采用材质为 3105 的不锈钢矩形管组焊结构，确保阴极单元槽不受腐蚀。

③ 阳极单元槽采用钛铜复合棒结构导电，确保阳极上电流分布均匀。

④ 阴极单元槽采用不锈钢-铜复合棒结构导电，确保阴极上电流分布均匀。

（2）日本旭硝子 AZEC-F2 型单极式离子膜电解槽

其结构简图如图 3-18、图 3-19 所示。

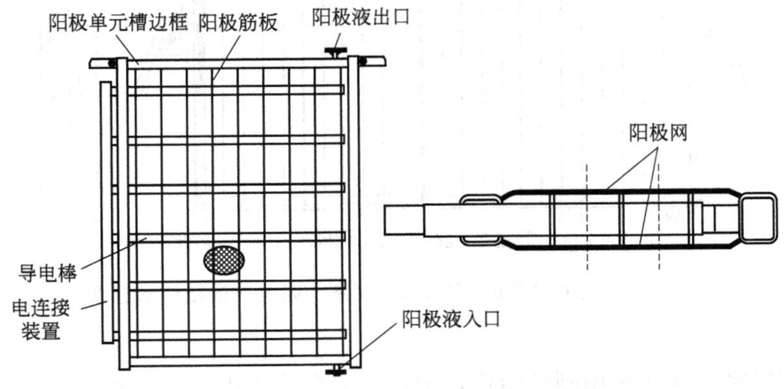

图 3-18　AZEC-F2 型阳极室框结构示意图

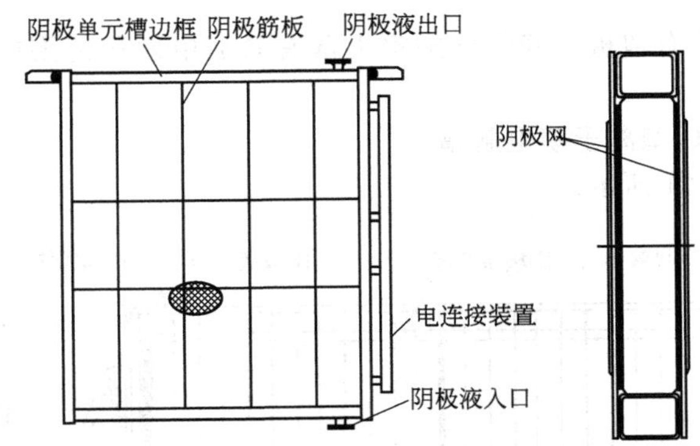

图 3-19　AZEC-F2 型阴极室框结构示意图

该结构的单元槽外框尺寸为 1580mm×1220mm，有效电解面积为 $3.42m^2$（单面 $1.71m^2$）。该单元槽的外框采用 50mm×40mm 的方管，阴极框方管材质为 SUS316L，阳极框方管材质为 Ti-Pd，方管是整个单元槽的金属支持框架，又是单元槽两侧密封面的框架，因此，对于方管的尺寸精度（平面度、粗糙度）及材质均匀度等都有很高的要求。阳极槽框内有 6 根 ϕ34mm 的 Ti-Cu 复合导电棒。阳极网材质为钛（Ti），阴极网材质为铜表面镀镍。支撑电极的筋板为带孔的扁钢条。

该结构单元槽的特点为：

① 阴、阳极液采用自然循环；

② 离子膜电解槽间用导电铜排相连；

③ 阴极框筋板上设有弹簧，使阴极网安装后有弹性并趋向于阳极侧；

④ 导电铜排配置复杂，耗铜量相对较大。

3. 国内正在使用的强制循环离子膜电解槽

（1）蓝星北化机 MBC-2.7 型离子膜电解槽

其结构简图如图 3-20 所示。

① 边框采用不锈钢方管组焊结构，确保槽框在使用寿命期限内不生锈。

② 阳极室密封面使用钛钯合金板材，确保槽框在使用寿命期限内密封面不发生间隙

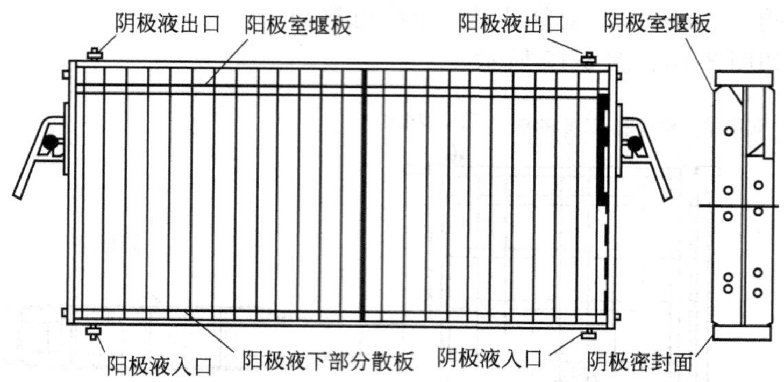

图 3-20　蓝星北化机 MBC-2.7 型离子膜电解槽结构示意图

腐蚀。

③ 阴、阳极室密封面采用刚性结构，确保槽框在受挤压力时不易变形。

④ 阳极室下部安装有电解液进液分散板，确保电解室内各位置能及时补充新鲜电解液，保持浓度均匀。

⑤ 电解室上部安装有堰板，确保电解室上部有效通电面积范围内的离子膜全部处于电解液的浸泡中。

（2）日本旭化成 FC 型离子膜电解槽

其结构简图如图 3-21 所示。

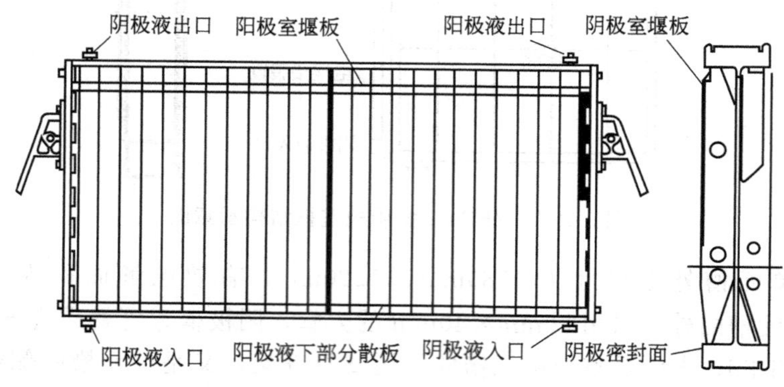

图 3-21　日本旭化成 FC 型离子膜电解槽结构示意图

旭化成 FC 型离子膜电解槽主要由阴阳极盘、阴阳极筋板、阴阳极堰板、外框架、中间复合板等组成。外框架材质为碳钢，碳钢的外框条上加工有沟槽，阴阳极盘分别由 $\delta=1.2$mm 的镍板和 $\delta=1.2$mm 的钛板压制而成，阴阳极盘的折边插入外框条的沟槽内，阴阳极盘之间放有 $\delta=4$mm 的 Ti-Fe 复合板和作为填充料用的不锈钢拉网板，阴阳极盘通过与复合板焊接而连接在一起，阴极盘内焊有阴极筋板和阴极堰板，阳极盘内焊有阳极筋板和阳极堰板。单元槽的外形尺寸为 2400mm×1200mm，厚度为 60mm，密封面宽度为 22mm 左右，有效电解面积为 2.7m^2。通电电解时的导电方式为：阳极网→阳极筋板→阳极盘→复合板→阴极盘→阴极筋板→阴极网。

该结构单元槽的特点为：

① 阴极室材质为镍，阳极室材质为钛，对相应的电解质均有极强的耐腐蚀性能，因而大大提高了单元槽的寿命；

② 阳极为多孔板结构，小孔均匀密布，对膜的损伤较小；

③ 在单元槽的上部均装有阴极堰板和阳极堰板，减少了气泡效应，防止膜的上部出现干区；

④ 外框架采用碳钢条制成，整体结构刚性好，加工精度及单元槽关键尺寸易于保证；

⑤ 在单元槽阳极密封面和阳极液进、出管口的法兰处均涂有防止间隙腐蚀的涂层，延长了单元槽的使用寿命。

4. 国内正在使用的高电流密度自然循环离子膜电解槽

(1) 蓝星北化机 ZMBCFI-2.7 型自然循环离子膜电解槽

其结构简图如图 3-22 所示。

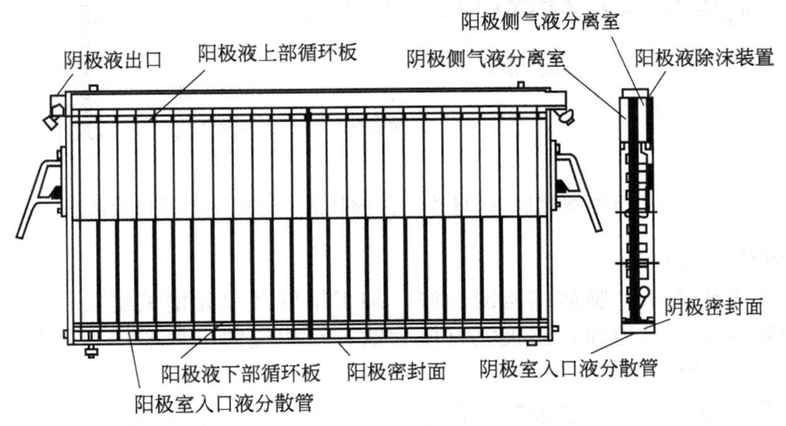

图 3-22　蓝星北化机 ZMBCH-2.7 型自然循环离子膜电解槽结构示意图

① 边框采用不锈钢方管组焊结构，确保槽框在使用寿命期限内不生锈，不易变形。

② 阳极室密封面使用钛钯合金板材，确保槽框在使用寿命期限内阳极密封面不受间隙腐蚀。

③ 阴阳极室密封面采用刚性结构，确保槽框在受挤压力时不易变形，结构稳定。

④ 阴阳极室下部安装有电解液进液分散管，确保电解室内各位置能及时补充新鲜电解液，保持电解液浓度均匀。

⑤ 阳极室上部、下部都安装有电解液内循环用堰板，确保电解液在电解室内存在一定量的内部循环，使电解液充分电解和浓度分布均匀。

⑥ 电解室顶部装有气液分离装置。电解室内生成的气体上升并与电解液分离后存在于气液分离室内，确保电解室上部无气泡堆积，有效通电面积范围内的离子膜全部处于电解液的浸泡中。

⑦ 阳极室顶部气液分离室内安装有除泡沫装置，确保气液分离室两端压差稳定，出口处气液排出稳定。

(2) 日本旭化成 NCH 型自然循环离子膜电解槽

其结构简图如图 3-23 所示。

日本旭化成 NCH 型自然循环离子膜电解槽主要由阴阳极盘、阴阳极筋板、阴阳极气液分离室、阴阳极液分散管、阴阳极分散板、外框架、中间复合板等组成。外框结构和旭化成 FC 型电解槽基本相同，不同之处为阴极盘内焊有阴极筋板和阴极气液分离室，阳极盘内焊有阳极筋板、阳极分散板和阳极气液分离室。通电电解时的导电方式为：阳极网→阳极筋板→阳极盘→复合板→阴极盘→阴极筋板→阴极网。

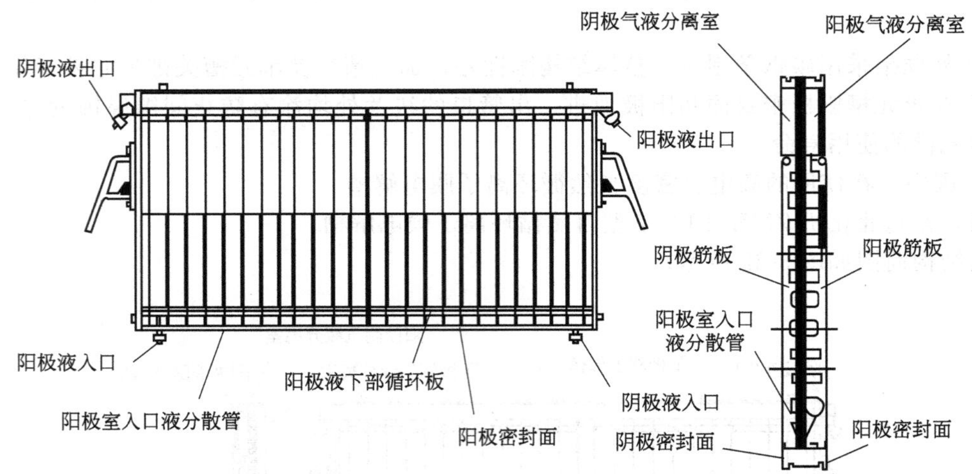

图 3-23　日本旭化成 NCH 型自然循环离子膜电解槽结构示意图

该结构电解槽的特点为：

① 外框架采用碳钢条，整体结构刚性好、加工精度及单元槽关键尺寸易于保证；

② 单元槽阴极室材质为镍，阳极室材质为钛，对相应的电解质均有极强的耐腐蚀性能，因而大大提高了单元槽的寿命；

③ 单元槽阴阳极侧上部分别设置了阴阳极气液分离室，使得阴阳极室内气液混合物流经分离室时能及时进行分离，减少了气液混合物流经出口接管时的湍动现象；

④ 单元槽阴阳极侧下部分别设置了液分散管，分散管上均匀地分布着二十几个小孔，有利于离子膜电解槽内电解液浓度的均匀，可有效降低槽电压；

⑤ 单元槽阴阳极侧均设置了分散板，其中阳极循环板呈现一定的斜度，保证了循环液体的及时补充，也避免了由于存在气泡而产生离子膜局部干膜现象。

日本旭化成公司已生产出了零极距离子膜电解槽，其单元槽结构与 NCH 型自然循环离子膜电解槽单元槽结构大致相同，只是对阴极加以改进。阴极侧刚性支撑网上固定有缓冲网、保护网，阴极网通过镍带固定在四周的密封面上，此种结构属于阴极柔性、阳极刚性类膜极距结构，可以确保在稳定运行时，阴阳极间保持离子膜厚度的间隙，并且能反复安装使用。

(3) 蓝星北化机 ZBH-2.7 型膜极距离子膜电解槽

蓝星北化机已研制开发出了 ZBH-2.7 型膜极距离子膜电解槽，单元槽特点如下：

① 边框采用不锈钢方管组焊结构，确保槽框在使用寿命期限内不生锈，不易变形；

② 阳极室密封面使用钛钯合金板材，确保槽框在使用寿命期限内阳极密封面不受间隙腐蚀；

③ 阴阳极室密封面采用刚性结构，确保槽框在受挤压力时不易变形，结构稳定；

④ 阴阳极室下部安装有电解液进液分散管，确保电解室内各位置能及时补充新鲜电解液，保持电解液浓度均匀；

⑤ 阳极室上部、下部都安装有电解液内循环用堰板，确保电解液在电解室内存在一定量的内部循环，使电解液充分电解和浓度分布均匀；

⑥ 电解室顶部装有气液分离装置，电解室内生成的气体上升与电解液分离后存在于气液分离室内，确保电解室上部无气泡堆积，有效通电面积范围内的离子膜全部处于电解液的

浸泡中；

⑦ 阴极侧刚性支撑网上固定有缓冲网、保护网，阴极网通过镍带固定在四周的密封面上，此种结构属于阴极柔性、阳极刚性类膜极距结构，可以确保在稳定运行时，阴阳极间保持离子膜厚度的间隙，并且能反复安装使用。

(4) 日本氯工程公司 BiTAC 型电解槽

其结构简图如图 3-24 所示。

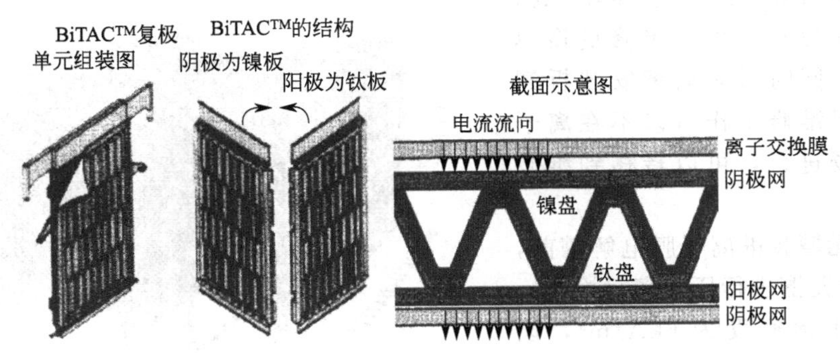

图 3-24 日本氯工程公司 BiTAC 型电解槽

① 设计电流密度为 $6kA/m^2$。

② 单元槽电解面积为 $3.276m^2$。

③ 阴阳极采用整盘设计，盘的结构同时作为导电筋板，减少了导电路径，降低了结构电阻。

④ 阴阳极导电位置错开，能够最大限度地使导电更为均匀。

⑤ 离子膜电解槽的极距可调，以适应不同条件。

⑥ 电解液在离子膜电解槽内独特的混合分开形式，使得电解液最大程度地均匀。

⑦ 离子膜电解槽上部设置溢流装置，保证离子膜浸泡在电解液中，避免干膜。

⑧ 组装拆卸比较容易。

(5) 德国伍德 BM2.7-120 型离子膜电解槽

其结构简图如图 3-25 所示。

① 单元槽的阴极和阳极两种电极面对面组装，膜装在阴阳极之间，外缘用法兰紧固密封自成一体，这样在停槽检修时对槽内液体处理较方便。

② 阴阳极支撑筋采用板条压制成波纹带，结构简单，便于加工，且节省材料。

③ 阴阳极采用 1mm 的板材冲压成百叶窗结构，电极的上电极波形金属条接触器平面十分光滑，有利于保护离子膜。

④ 阴阳极的进、出口均在单元槽的下部，出口管内有一根插入单元槽上部的 PTFE 管将气液导出。

⑤ 电流由电极盘接触器导入槽内，各个单元槽由紧固机构压紧。由于单元槽独立密封，因此紧固力较小，通常以接触器接触良好即可。

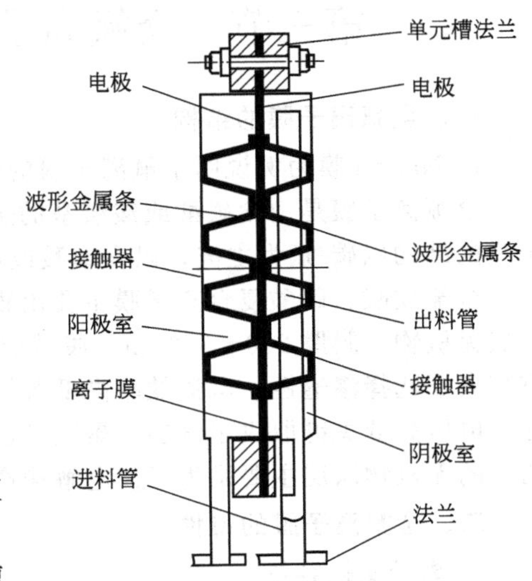

图 3-25 德国伍德 BM2.7-120 型离子膜电解槽结构

⑥ 在阴极板面上按一定间距设置隔条，使膜在安装过程中保持平整并贴向阳极侧，相对提高了膜的刚度和强度。

⑦ 阳极室容积较大并配置隔板和溢流堰，保持其内部自然循环，阴极室则采用强制循环，全部电解液及生成的气体在单元槽底部溢出进行气液分离。

（6）英国 INOES 公司的 BiChlorTM 型离子膜电解槽

其结构简图如图 3-26 所示。

① 独立单元槽设计，使得单元槽和离子膜同时更换，现场维修更换单元槽时间短，同时带来后续安装拆卸的不方便，但维修工作可以不在离子膜电解槽现场进行，可以转移到维修车间。

② 在单元槽装进离子膜电解槽前，可以对单个单元槽进行压力密封检测。

③ 设计电流密度为 $6kA/m^2$，设计操作压力为 250mbar（$1mbar=10^2Pa$），单片单元槽面积为 $2.895m^2$。

④ 单元槽上部设计有气液导出盒，保证离子膜完全浸泡在电解液中，确保离子膜不会干燥。

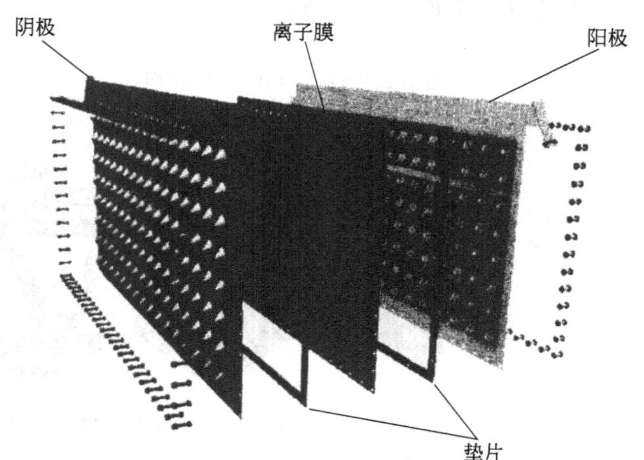

图 3-26　英国 INOES 公司 BiChlorTM 型离子膜电解槽结构

⑤ 垫片采用 EPDM 材料衬 PTFE，提高了耐腐蚀能力和密封能力。

⑥ 酒窝式的电极板设计，最大限度地利用钛和镍。

⑦ 爆炸复合的 Ti/Ni 圆块连接阴阳极，数量众多的十字导电爪的设计保证电流均匀通过。

⑧ 零极距设计，降低了电解槽电压。

第三节　全氟离子膜的结构、特性及其要求

一、全氟离子膜的结构

以 Nafion 膜为例说明全氟离子膜的化学结构。

全氟离子膜是由含磺酸或羧酸基的全氟单体，与四氟乙烯两者共聚合而构成的。全氟离子膜的结构以碳-氟为主链，以含磺酸或羧酸基的全氟链为侧链。

全氟羧酸、磺酸复合离子膜主要由磺酸层、羧酸层和增强网布组成，零极距膜表面再涂一层无机物。膜厚 250～350μm。羧酸层厚 35～90μm。靠近阴极侧的羧酸层为阻挡层，具有高离子选择渗透性，电流效率高低关键取决于该层。靠近阳极侧的磺酸层具有高离子传导性，电压高低关键取决于该层。聚四氟乙烯织物为膜中骨架，主要是为了提高膜的强度。膜两面的无机物涂层主要是为了使电解槽产生的气体快速逸出。

二、全氟离子膜的特性

1. 离子交换容量

离子交换容量（IEC）是指每克干膜（氢型）或湿膜（氢型）与外界溶液中相应离子进行等量交换的毫摩尔数［mmol/g(氢型干膜或湿膜)］。

离子交换容量是决定离子膜性能的重要参数。交换容量大的膜导电性能好，但是由于膜的亲水性较好，含水率相应也较大，使电解质溶液进入膜内，膜的选择性有所降低。反之，离子交换容量较低的膜，虽然电阻较高，但其选择性也较好。

随着离子交换容量的增大，膜的电导也随之提高，膜的选择性及机械强度有所下降。因此要使机械强度保持在一定程度，就不能不限制离子交换容量的提高。另外，随 IEC 值的提高，膜的含水率也随之提高，这将会使膜的电压降减小，使阳极液中的 NaCl 向阴极液中的泄漏系数提高，产品质量下降。

此外，全氟磺酸膜的含水率要大于全氟羧酸膜，因而在电导方面，全氟磺酸膜也要高于全氟羧酸膜。

2. 含水率

含水率（W）是指每克干膜中含有的水量 [g(H_2O)/g(干树脂)]，或以百分数表示。

含水率高的膜比较柔软，但机械强度差。影响膜中含水率的因素有以下几点。

① 当 IEC 值上升时，膜的含水率也将提高。

② 随组成膜的聚合物分子量的增大，膜的含水率将降低。但当聚合物分子量达到 20 万以上时，膜的含水率几乎不再变化。这是因为分子间力较小的全氟聚合物链，随着分子量的增大而形成了一种疏水性的结构，从而阻止水分子进入聚合物中。

③ 当离子膜浸泡于碱液中时，其含水率受碱浓度影响很大。随着碱浓度的增大，膜的含水率下降很明显。含水率的降低不仅影响膜本身的电阻，而且对电流效率、产品质量等也会产生影响。另外，对复合膜来说，还会因各层含水率的差异造成复合层结合力下降，从而影响膜的使用寿命。

④ 离子交换基团对含水率的影响很明显。磺酸膜的含水率要远高于羧酸膜，因此磺酸膜的电导要高于羧酸膜；但是相反，OH^- 在磺酸膜中的反渗速度要高于羧酸膜。现在广泛采用的几种复合膜均考虑了这两种离子交换基团的特点，把羧酸膜和磺酸膜进行了复合，既可利用磺酸膜高的导电性能，又可利用羧酸膜对 OH^- 的优异排斥性能。

⑤ 高聚物的化学结构对膜的含水率影响很大。全氟聚合物制成的全氟膜的含水率要远远低于碳氢膜的含水率，因此在一些电化学特性上也产生了很大的差异。

3. 膜电导（或膜电阻）

膜电导是指膜外电解质溶液中的离子可以凭借离子交换中的解离离子而传导电流的一种行为。

$$S=\frac{A}{\rho L}$$

式中　S——电导，Ω^{-1}；

A——截面积，cm^2；

ρ——比电阻，$\Omega \cdot cm$；

L——距离，cm。

膜电阻以单位面积膜的电阻表示，单位是 $\Omega \cdot cm^2$。

影响膜电导（电阻）的因素有以下几方面。

① 当膜的 IEC 值增大（或 W 值减小时），膜的电导上升。高聚物结构对膜的电导是有影响的。

② 离子交换基团对膜电阻有明显影响。磺酸膜的比电阻要明显地低于羧酸膜，这是因为前者的含水率要高于后者。

③ 随着 NaOH 浓度的增大，两种膜的比电阻均相应增大，这也是由于受到膜含水率降

低的影响。

④ 通过复合或改性的方法，可以在膜的阴极侧引入羧酸基团，从而提高制碱时的电流效率，而且电流效率随羧酸层厚度的增加而提高。但当羧酸层厚度达到 10μm 以上时，电流效率不再上升。羧酸层厚度的增加，会使膜电阻上升。

⑤ 为了改善膜的物理机械性能，在复合膜制造中要插入增强材料。这些增强材料的插入，将遮蔽一部分膜的导电面积，从而引起膜电阻的上升。

⑥ 离子膜浸泡在溶液中时，溶液中存在的对离子（对阳离子膜来说就是阳离子）对膜电导的影响示于表 3-3 中，非对离子（对阳离子膜来说就是阴离子）对膜电阻的影响示于表 3-4 中。

表 3-3　对离子对阳离子膜电导的影响（25℃）

对　离　子	Li^+	Na^+	Pb^+	K^+	Cs^+	Mg^{3+}	Ca^{2+}	La^{3+}
膜比电导/$(\Omega\cdot cm)^{-1}$	1.20	1.45	1.93	1.77	1.95	0.43	0.48	0.09
水溶液中的离子电导/Ω^{-1}	3.86	50.1	77.8	73.5	77.2	53.0	59.5	69.7

由表 3-3 可见，一价对离子对膜电导的影响与一价离子在水溶液中的电导顺序是一致的。但随着对离子电价的增加，对膜电导的影响变得复杂起来。由表 3-4 可见，非对离子存在于外液中，对离子膜的电阻没有大的影响。

表 3-4　非对离子对阳离子膜电阻的影响

非 对 离 子	Cl^-	Br^-	OH^-	SO_4^{2-}
膜电阻/$\Omega\cdot cm^2$	17.8	18.4	17.8	1.78

⑦ 温度上升时，膜的电导也将上升。

4. 水在膜中的电渗透

在膜的电渗性或膜电解等电场作用下，水分子伴随着离子通过离子膜而发生移动，这被称为水的电渗透过程。水的电渗透过程与在渗透压的作用下水分子从稀室向浓室移动的含义不同（隔膜槽）。

影响膜中水的电渗透速度的主要因素有以下几方面。

① 随固定离子浓度的增加（膜的含水率将下降），电渗透系数$\overline{t_w}$有下降的趋势。由此可以推测，膜含水率的增加将会使电渗透系数提高。例如 Nafion295 膜是全氟磺酸膜，其含水率高于全氟羧酸系的 Flemion 膜，因而带来了电渗透系数的差异。全氟磺酸膜的$\overline{t_w}$值为 3.8～4.2mol/F，而全氟羧酸膜的$\overline{t_w}$值为 2.2～2.6mol/F。

② 外液浓度的影响。随外液中 NaOH 浓度的上升，$\overline{t_w}$值降低。这是因为，随外液浓度的上升，膜的含水率将下降，从而导致的$\overline{t_w}$下降。当盐水浓度上升时，不管是 Nafion901 膜，还是 Flemion 膜，其$\overline{t_w}$值都呈下降趋势。

在电解食盐制取烧碱的生产中，对水的透过速度的变化必须给予充分的注意。为保证生产烧碱浓度的恒定，向离子膜电解槽阴极室中补加的纯水量要随透水速度的变化而变化。根据$\overline{t_w}$值即可随时修正向阴极液中补加的纯水量。

水的电渗透速度的变化还将对 NaOH 中含 NaCl 的量产生影响。随着水移动速度的提高，碱中含盐量增加很快。这是因为，一方面溶于水的 Cl^- 随水的移动而向阴极室移动，移动量正比于$\overline{t_w}$值。另一方面，被吸收于膜中的水又会使膜膨胀，从而使更多的 NaCl 透过膜而进入 NaOH 中。

5. 膜的离子迁移数

离子交换膜作为电解隔膜时，膜的离子选择性将支配电流效率，成为离子膜的最重要的特性参数之一。一般可以采用通过膜的离子迁移数来定量地表示离子选择性。

在通过直流电时，电解质溶液中的离子迁移数表示了离子搬运电荷的比率。对于阳离子膜来说，理想状态是所有的电流都通过 Na^+ 来搬迁，此时 Cl^- 的通电数为零，钠的迁移数为 1、氯的迁移数为零，此时的选择性（电流效率）为最高。但是，在实际的电解中，随外液浓度的上升，氯的迁移数也将上升，钠离子的迁移数将小于 1。通过测定离子在不同离子膜中的迁移数，以及不同条件对离子迁移数的影响，可以选择较为合适的离子膜和确定较为合适的电解条件。

全氟离子膜中 Na^+ 动的迁移数要高于静的迁移数，这可以认为是由于在电场的作用下，流体流速的作用加速了 Na^+ 的移动。同时，全氟羧酸膜 Flemion 中的钠迁移数要比全氟磺酸膜 Nafion 中的高。外液浓度对迁移数的影响很复杂，这种影响与外液浓度对制碱时电流效率的影响很相似。

水的迁移数直接影响到制碱时的浓度。随 NaOH 浓度的提高，水通过离子膜的迁移数也显著减小。

三、各种全氟离子膜特性的比较

1. 全氟磺酸膜（R_f-SO_3H）

全氟磺酸膜因为酸性强和亲水性好，从而导致膜含水率高和电阻低，因此膜的欧姆电压降小。由于磺酸膜内固定离子浓度低，对 OH^- 的排斥能力又小，致使 OH^- 返迁移的数量大，因此电流效率<80%，且产品的 NaOH 浓度<20%，化学稳定性优良。由于 pK_a 值小（酸度大），故能置于 pH＝1 的酸性溶液中，即电解槽阳极液内可添加盐酸中和 OH^-，因此，产品氯气质量好，含 O_2<0.5%。

2. 全氟羧酸/磺酸复合膜（R_f-COOH/R_f-SO_3H）

全氟羧酸/磺酸复合膜是一种性能比较优良的离子膜，使用时较薄的羧酸层面向阴极，较厚的磺酸层面向阳极，因此兼有羧酸膜和磺酸膜的优点。由于 R_f-COOH 层的存在，可阻挡 OH^- 返迁移到阳极室，确保了高的电流效率，可达 96%。又因 R_f-SO_3H 层的电阻低，能在高电流密度下运行，且阳极液可用盐酸中和，产品氯气含氧低，NaOH 浓度可达 33%～35%。

总之，全氟羧酸/磺酸复合膜具有低电压和高电流效率的优点，其特点可以归纳为以下几点。

① 面向阴极室的全氟羧酸层虽薄，但电流效率高。

② 面向阳极室的全氟磺酸层虽厚，但电压低。

③ 阳极液中可加盐酸，能在较低的 pH 值下生产，因此氯中含氧可以<0.5%。

④ 膜的机械强度高。

离子交换膜不同交换基团的特性比较详见表 3-5。

表 3-5　离子交换膜不同交换基团的特性比较

性　能	离子交换基团			性能	离子交换基团		
	R_f-SO_3H	R_f-COOH	R_f-COOH/R_f-SO_3H		R_f-SO_3H	R_f-COOH	R_f-SO_3H/R_f-SO_3H
交换基的酸度 pK_a	<1	2～3	2～3/<1	操作条件(pH 值)	>1	>3	>2
亲水性	大	小	小/大	阳极液	>1	>3	>2
含水率	高	低	低/高	pH 值	可用	不能用	可用
电流效率/(3mm/L NaOH)	75～80	96	96	用HCl 中和 OH^-		1.5%～	
				O_2/Cl_2	<0.5%	2.0%	<0.5%
电阻	小	大	小	阳极寿命	长	较长	长
化学稳定性	很好	好	好	电流密度	大	较大	大

3. 综合分析

① 当 NaOH 浓度提高时，含水率下降。全氟羧酸膜具有低的含水率，因此能有效地阻止 OH^- 的返迁移。相比之下，全氟磺酸膜含水率高，OH^- 返迁移的数量要大得多，故全氟羧酸膜的电流效率要高于全氟磺酸膜。膜电阻取决于离子交换基团的类型，磺酸基团的电阻小于羧酸基团。当 NaOH 浓度提高时，虽然开始膜电阻略有降低，但膜电阻总的变化趋势是随 NaOH 浓度的提高而增大，这是由于膜的含水率降低和 NaOH 浓度提高时离子膜发生收缩，使离子扩散系数明显地降低了。

② 全氟羧酸膜的 OH^- 浓度和电流效率的关系。离子交换容量越大的膜，电流效率的极大值越移向高的 NaOH 浓度。阴极液中 NaOH 浓度＞30%时，电流效率＞95%。随着 NaOH 浓度的提高，离子膜内的固定离子浓度也提高，因此电流效率高。但是到了极限值后电流效率反而下降，因为 NaOH 浓度高，OH^- 浓度提高，使 OH^- 的返迁移也增加，因此降低了电流效率。

③ 全氟羧酸膜和全氟磺酸膜的含水率同离子交换容量的关系。含水率随离子交换容量增加而增大，但羧酸膜的含水率低，而且随离子交换容量的增大变化较为缓慢。

④ 离子膜的固定离子浓度与 NaOH 浓度的关系。当 NaOH 浓度高时，全氟羧酸膜中的固定离子浓度可高达 30mmol/g(H_2O) 以上。因为固定离子浓度比较高，与其具有相同电荷的 OH^- 就从强酸膜内被排斥，而具有不同电荷的 Na^+ 则被选择透过。

四、离子膜法氯碱生产对离子膜的要求

在离子膜法氯碱生产的工艺中对离子膜的要求如下。

1. 高度的化学和物理稳定性

氯碱的电解条件恶劣，阳极侧是强氧化剂初生态氯、次氯酸根及酸性溶液。阴极侧是高浓度 NaOH，电解温度为 85～90℃。离子膜必须在这样的条件下保持其化学结构不变，不被腐蚀、氧化，始终保持良好的电化学性能。而且物理性能好，薄而不易破裂，耐压，有均一的强度和柔韧性，耐皱折，有足够的机械强度。

2. 具有较低的膜电阻

离子交换膜不但要有很高的离子选择透过性能，而且要具有较低的膜电阻，这两项性能往往是互相矛盾的，因此必须通过各种方法来使得电解能耗降低到最低限度。

3. 具有低的电解质扩散量及水的渗透量

在离子膜的两侧有浓度差，并存在不同的电解质时，还会发生电解质的扩散和水的渗透。而在电解过程中 Na^+ 的迁移，总是伴随着水的迁移，因为电解质阳离子总是以水化离子形式迁移的，因此无论是电解质的扩散量，还是水的渗透量必须控制在规定的范围来满足电解条件。

4. 要有很高的离子选择透过性

离子膜的离子选择透过性能将影响电解槽的电流效率、直流电消耗和产品纯度，电解槽所用的离子膜为阳离子交换膜，只允许阳离子通过，不允许阴离子 OH^- 及 Cl^- 通过，若 Cl^- 通过膜渗入阴极室就会影响 NaOH 的质量，而且对电极有损坏；若 OH^- 渗入阳极室则会降低阳极效率，使阳极产物氯气纯度降低。在当前要求电解液浓度很高的情况下，对离子膜的选择透过性能要求就更高，否则无法获得低能耗、高质量的 NaOH。

5. 具有足够的强度与形状稳定性

离子膜要有足够的强度，以保证安装使用过程中不会损坏，在电解过程中温度较高、有压力和电极产生气泡的剧烈冲击下，离子膜随之振动，因此必须具有足够的强度和柔性。此外，还要求离子膜在不同的条件下膨胀率、收缩率要低，以免由于膨胀而造成折皱或收缩而

引起离子膜破裂。

6. 具有较低的价格

离子膜要有低的生产成本、低的销售价格，才能有高的效益。

五、全氟离子膜使用注意事项

杜邦 Nafion、旭化成 Aciplex 和旭硝子 Flemion 三种膜的使用注意事项基本相同。下面较详细地介绍杜邦 Nafion 膜的使用注意事项，对于旭化成 Aciplex 膜和旭硝子 Flemion 膜的使用注意事项，只对与杜邦 Nafion 膜的不同点或特别应当强调的问题作一简单说明，更详细的内容请参看其各自的操作手册和使用说明书。

(一) 杜邦 Nafion 膜

1. 安全性

全氟膜具有高的化学热稳定性和较强的离子交换能力。通过对老鼠及青蛙进行试验发现，本品毒性极低。但操作工人长期接触时，可能对个别人的皮肤产生某种刺激。在空气中，本品一般不会燃烧，但在极富氧气的环境中则有可能易燃。当温度超过 175℃时，本品便会出现熔融现象，此时极易造成接触者患类似流行性感冒的症状，科研人员常将这种现象称为“聚合物烃发烧（Polymer Fume Fever)”。当膜在燃烧时会释放一定量的有毒气体（CO_2、SO_2、HF 等）。废物不能进行生物分解处理，最好的办法是掩埋，也可与其他废物在炉中一起焚烧，但应附带有碱液清洗装备。

2. 膜的加工修补

全氟膜不适宜在熔融状态下进行操作，因为全氟膜在热熔过程中易变形，但对膜本身所进行的热密封加工处理则是可行的，如膜的修补、层压和套封等。在热密封过程中，温度会超过 300℃，但因间隔时间短且只有极少部分材料处于熔融状态，故一般不会出现问题。

3. 膜的装卸和贮存

离子膜在装卸中应格外小心，以避免扎孔、皱折或刮伤。各种接触膜的设备，其表面必须平滑无毛刺。膜在运输过程中，最好呈卷状被装入圆筒内，也可平放于特定的容器中，避免将膜皱折、折叠或卷曲，以保证膜的完好无损。应尽量避免多次装卸膜，否则会使膜遭受物理性损坏的可能性增加。膜贮存的最佳方法是将离子膜平放置于原密封圆筒内，若原运输密封筒不能使用，则要求将膜平放贮存，禁止折皱、重折叠拉伸离子膜，保护膜不受机械性损坏和尘砂等摩擦物的损坏。膜运输温度为 20～30℃，贮存温度为 2～50℃，避免温度环境的急剧恶化，如过冷、阳光直射等。拆包前膜温度＞15℃。膜在运输和贮存中相对湿度大于 40％。

4. 膜的安装

(1) 膜的装卸

当膜从贮存（或预处理）容器中取出时，不要折叠、弄破或擦伤离子膜。膜取出后立即入电解槽安装，以防止膜干燥。由于膜易弯曲，取装膜时至少需 2 人操作。

(2) 密封和润滑

为了保证获得最佳膜性能，垫片上涂有密封/防黏剂，以防止膜在电解槽维修时粘贴在槽垫片上；减少垫片与膜之间的阳极液泄漏；润滑垫片表面，防止紧固垫片时将膜撕裂。密封/防黏剂的选择根据膜的类型和所使用的技术而定。KRYTOX GPL105 全氟油是很好的防黏/润滑剂。当膜与垫片密封不需用润滑脂时可使用该产品。KRYTOX GPL205 全氟脂具有密封、润滑和防黏三种功能，用于垫片与膜密封需用润滑脂时。注意不论选用什么密封/防黏剂，都不能在膜的阳极侧活性表面涂抹任何非导电性材料或试剂，否则在电解槽操作时膜可能受损。

(3) 膜入电解槽安装

① 膜安装前先检查一下电极，检查是否有毛刺存在。

② 确保标有“CATH”字样的表面朝向阴极。注意如果膜装反了，电解槽启动后膜会严重受损，同时电极也会损坏。

③ 小心地将膜置于电极侧，避免沿金属拖拉离子膜。如果膜安装时翘曲或不对称，应把膜拉离金属，重新复位安装。

④ 吊装离子膜的吊钩应无刺，边缘光滑。

⑤ 避免膜的表面压力过大。

⑥ 在安装过程中，膜要一直保持湿润状态（暴露在电解槽周边的膜也同样要保持湿润），必要时用纯水或碱性溶液喷洒膜。

⑦ 安装以后，阴、阳极室内要添加少量的溶液，汇总管进、出口处应进行密封，以保持电解槽内100%湿润。不论使用预处理液还是去离子水，都要以不损坏电极或涂层为原则。

⑧ 如果离子膜在入电解槽安装前就已干燥了，则说明预处理工艺失效。如果离子膜在电解槽安装后发生干膜现象，在正常操作过程中膜就有可能严重收缩并出现皱纹。

如果使用TX膜，上述保持膜和槽湿润的措施可不必考虑。TX膜用过并且DEG除掉后，再次使用时须将其置于碱水中保持湿润。

5. 膜预处理

旭化成Aciplex、旭硝子Flemion和杜邦Nafion干膜（PX型和TX型两种），不需要预处理，可直接装槽。TX型膜适用于大多数电解槽，PX型膜适用于“膜袋”电解槽。所谓TX型膜，即杜邦Nafion膜，经过DEG（二甘醇）膨胀剂处理，已经膨胀，不需要再预处理，可直接装槽。下面详细介绍杜邦Nafion膜的预处理过程。

(1) 一般说明

膜安装前必须先延伸以防止在操作条件下膜产生皱折。一般来说，所装膜以钠形式存在时可以得到合适的膨胀。以钾形式运输的膜在安装前被浸入2%NaOH或$NaHCO_3$溶液中可以得到延伸，同时可转化成钠形式存在的膜。以钠形式运输的膜膨胀时只需将其浸入碱溶液中。有些电解槽的操作条件要求膜作进一步的延伸以防止操作时膜产生皱折，在这种情况下，通过热水处理可获得进一步膨胀。

(2) 一般维修步骤

① 用于膜膨胀的pH值由技术供应商决定，以防止湿膜装入电解槽后对阴极产生腐蚀。

② 用于膜膨胀的溶液需用去离子水或软水处理，最后溶液硬度要低于5mg/L（指钙镁）。

③ 膜浸渍时间及温度范围也有规定，以保证膜均匀延伸。浸渍时间延长不会对膜起副作用。

④ 膜可均匀垂悬或水平放在浸渍池中。

⑤ 注意不要将膜折叠或弄皱。若有可能应将膜直接从运输用的筒内展开放置到浸渍池中。

⑥ 采用平放式预处理方法时，两张膜之间一般要放丝网分离板（聚乙烯或聚丙烯材质的筛），以确保膜与溶液均匀接触。

⑦ 采用平放式预处理方法时，向浸渍池内添放另一张膜前，要将原先的膜放平整，以保证下面的膜不会受后来膜的重压而产生皱折或受损。

(3) 钠式膜在碱性溶液中的膨胀

① 浸渍膜的碱性溶液 pH 值为 11～12（溶液含 NaOH 为 0.1%）。

② 每平方米膜所需碱溶液最少为 5L。另外，溶液深度要能完全覆盖膜（3～5cm）。

③ 浸渍时间为 4h，温度为 18～30℃。

④ 在碱性溶液中处理膜时如果不用丝网分离板，在一个池里处理膜的最多张数不得超过 100 张，膜处理时间由 4h 增加到 12h，向池内放膜时，一次放入一张，以最大程度地减少附着于膜上的气泡，以免影响膜的膨胀。

（4）钾式膜的膨胀

① 将钾式膜浸渍在 2%NaOH 和 $NaHCO_3$溶液中。

② 如果使用 NaOH 溶液，每平方米膜膨胀所需溶液为 20L。采用 $NaHCO_3$ 为膨胀液时则需 40L。深度以溶液完全覆盖住膜为宜（3～5cm）。

③ 浸渍时间 8h 以上，温度 18～30℃。

（5）用盐水浸渍作进一步膨胀

有些电解槽的操作条件可导致膜在温水中膨胀产生皱纹，建议将膜在热碱水中进一步膨胀，幅度为 1%～2%，以避免产生上述皱纹。特别注意温度不要超过 80℃，否则会导致膜不均匀隆起。

（6）杜邦公司开发的一种先进的增强型钠式预膨胀膜

杜邦公司开发的一种先进的增强型钠式预膨胀膜不需要预处理可直接装入电解槽，膜安装后，需对膜进行冲洗以除去膨胀剂 DEG，否则在开车后 12～48h 内 DEG 会在电解槽和电解液系统中产生泡沫。解决方法之一是，在电解槽开车前，向电解槽内注入稀释溶液（阳极室注入 2%盐水，阴极室注入 2%碱液），然后排液，注入普通溶液。如果能够获得电解槽供应者的技术认可，则另一种解决方法是，用 0.1%～2.0%碱液取代 2%盐水和 2%碱液。

如果膜从电解槽中取出后再重新安装，旧膜应浸渍在碱性溶液中，其方法同钠式膜膨胀程序。

6. 新膜试车

① 阳极室注入盐水的 NaCl 浓度大于 210g/L，pH 值大于 2；阴极室注入碱液的 NaOH 浓度为（30±2）%（质量分数），不得超过 32%。

② 施加电流之前，电解槽温度控制在（77.5±7.5）℃。

③ 电解槽充液时，阴极液的加入速度略快些，使膜紧贴住阳极。

④ 如果试车延期，电解液会渗过离子膜而造成浓度发生变化，需要分析盐水和碱液浓度并加以调整。

⑤ 开车通电要逐步上升，检查槽电压正常，方可继续提升电流，一次提升电流可从零上升到电流密度为 $3kA/m^2$。可分三挡或更多一些。每挡电流均匀分配。如果槽电压超过 4V 并居高不下，则必须停车检查原因并排除故障。

⑥ 为避免酸性电解液超过标准对膜造成危害，在试车期间供料盐水中不要添加盐酸，待操作稳定后，如果需要可以添加，但必须使阳极液的 pH 值大于 2。

⑦ 在 30%～32%NaOH 浓度下，稳定操作 48h 后按（32.5±2.5）%的范围进行控制。

7. 停车

① 如果盐水加酸，需停止供酸，以防止过分酸化，保证 pH 值大于 2。

② 要防止反向电流出现（电池效应），反向电流会损坏离子膜和电极，需要时可通防腐蚀电流（点滴式充电）。

③ 清除电解槽内的游离氯。用新鲜盐水冲洗阳极液室以除去活性氯。氯能加强反向电流反应，次氯酸根会通过离子膜渗透从而损坏阴极。

④ 在电解槽刚刚停电后，阳极室仍含有氯气，阴极室又含有氢气，故应当降低集气管压差，使其降至安全值。如电解槽在几分钟内不能开车，则应开始置换氯气和氢气总管的气体。

⑤ 保持膜上的自然压差使其在稳定状态下。压差一般通过保持阴极液位高于或等于阳极液位来控制，因为在正常浓度下，碱液浓于阳极液。在调节压差时，要避免出现湍流现象，以防止膜损坏。

⑥ 保持阳极室和阴极室浓度处于正常操作或开车前的水平，这样做可以保持阴极液具有较高的离子浓度，并保持水从阳极室通过膜进入阴极室，也可以防止电解槽内盐分沉淀或膜上盐分沉淀。水从阴极室流入阳极室会导致膜受到永久性破坏。

如果电解槽在短时间内不能通电，除完成上述步骤外，还要进行下列操作。

⑦ 冷却电解槽至环境温度（快速冷却能阻止氯化物和氯酸盐浸渗入碱液至最低限度）。

⑧ 电解槽温度降低和电解槽内的游离氯清除以后，如果需要，循环可停止。如果电解槽不排液，要定期检查浓度，因为阴极液会由于水渗透迁移而逐渐稀释，而阳极液会由于水渗透迁移而逐渐增浓，因而要增添新的盐水和碱液以保证浓度处于安全范围。碱液离子浓度要超过盐水离子浓度，盐水浓度不允许超过饱和值。

⑨ 如果电解槽排液，在电解槽内需留少量电解液以防止膜干燥，电解液留量以不接触膜为宜。

⑩ 不提倡用纯水冲洗排液后的电解槽，因为连续用纯水冲洗会导致膜皱折，用碱水冲洗电解槽的做法是常见的。

a. 开槽取膜前，用这样的冲洗方法除去碱从而保证人身安全。

b. 对电解槽进行膜试漏，不用碱水冲洗的膜由于一直浸渍在 NaOH 中，会呈绷紧状态，不利气体泄漏检查。

8. 正常操作

① 电流密度 1.5～4.0kA/m^2。

② 电解槽电压小于 4.0V。

③ 供料盐水的 NaCl 浓度在盐水再循环系统中＞210g/L，一次通过盐水系统中＞270g/L。

④ 阳极液 NaCl 浓度为 (200±30)g/L。

⑤ 阳极液 pH 值大于 2。

⑥ 阳极液中 $NaClO_3$ 含量小于 20g/L。

⑦ 阳极液温度为 80～90℃。

⑧ 供料盐水中的杂质含量要求见表 3-6。

表 3-6 供料盐水中的杂质含量要求

项目	含量	项目	含量
Ca、Mg	＜33μg/L	I	＜1.1mg/L
Sr	＜550μg/L	Al	＜110μg/L
Ba	＜1.1mg/L	SiO_2	＜11mg/L
Na_2SO_4	＜10g/L	$NaClO_3$	＜20g/L

9. 膜取出和重新使用

(1) 膜取出

① 在拆卸前、拆卸中和拆卸后要使膜始终保持湿润。

② 在打开电解槽前在电解槽中充注碱水并排放。

③ 拆卸电解槽配件时要小心，防止造成人员伤害或膜遭撕裂或其他物理性损坏。

④ 如果需用工具拆卸离子膜，应使用平滑的刀片。

⑤ 在去离子水或软水中浸渍离子膜以除掉盐分和 NaOH。这样做易于安全装卸，防止膜内结晶。

⑥ 膜取出后将膜以湿润状态贮存。

a. 最好将膜平放在去离子碱水池中或最后的预处理溶液中，比如 2% 的 $NaHCO_3$ 或 NaOH 溶液中。

b. 如果不能用浸渍池存放而沿垫片周边膜鼓泡会出现问题时，要将膜放平在聚乙烯薄片中并保持湿润，使用聚乙烯包好以防膜干燥。

c. 不要折叠或卷起离子膜。

(2) 膜重新使用前的准备工作

膜从贮存池中取出后要立即安装。如果贮存在聚乙烯薄片中，要最大限度地膨胀离子膜，方法如处理新膜一样。如果离子膜预处理的正常程序中包括水浸渍，那么贮存在聚乙烯薄片中的膜要直接放入这种碱水溶液中。

(3) 返回杜邦样品膜

① 如果膜需要返回杜邦公司进行分析，此膜要保持湿润，尽量少用水浸渍以防止溶解和消除杂质。

② 将膜包在聚乙烯袋中以保持膜不变。

③ 采取措施避免损伤膜，不要折叠或产生皱折。

④ 膜可以卷起以方便运输，最好用原来运输的容器。

⑤ 为获得正确的分析结果，返回杜邦公司的膜必须能代表电解槽中膜的情况。填好产品返回说明单并附于返回杜邦公司的产品包装中。

10. 重新开车

(1) 重新开车

按照新膜操作的相同步骤开车，但开车后新膜所要求的 48h 内低浓度碱状态操作 (30%～32%)，对于旧膜来说可以不做。

(2) 给电荷确认

① 阳极液 pH 值>2，防止膜出现过酸化现象。如果 pH 值<2，给电前要用中性或碱性盐水冲刷阳极液室。

② 碱浓度为 (30±2)%。

③ 温度>65℃，所用旧膜应是操作时间超过 24h 的膜，否则在给电流前应先将电解槽加热到 (77.5±7.5)℃。

(3) 避免压力骤增

应避免电解槽内压力骤增，否则会损坏膜。

(4) 膜状态确认

如果所用膜以前曾操作过 24h 以上，开车后碱浓度可调整到 (32.5±2.5)%，否则在操作第一个 48h 内，碱浓度要保持在 30%～32%。如果所使用的膜部分是新的，则像操作新膜一样操作所有膜。

(二) 旭化成 Aciplex 膜

1. 膜贮存

要求在潮湿的条件下将膜卷缠在 PVC 管子上，一根管子上最多卷缠 10 张膜，用聚乙烯薄膜包扎卷缠离子膜，并用 PVC 绝缘胶布密封两端，再用聚乙烯袋包扎并密封开口端，将包扎膜放进塑料筒里盖上密封盖，塑料筒一定要水平地在室温下贮存。

2. 开车

① 电解槽开车送电前槽温应保持在60℃以上，如槽温低，则垫片太硬，弹性差对密封有影响，也因温度低，送电后电压太高，不仅电能消耗大，而且有可能达到额定电压，影响电流的继续提高，因此离子膜不易在极低的温度下操作。

② 开车时电流应逐步提升，1～3kA范围内提升速度要快（一般在几分钟），电流升至5kA时要检测槽电压，若槽电压正常（各单槽电压与平均单槽电压的差不超过0.3V视为正常），可根据氯气平衡情况加快电流提升速度（新膜、新垫片5kA后电流提升速度要慢）。

③ 开车时的NaOH浓度控制与正常运转一样，一般为30%～34%，但有时因碱供应问题，新开车充液时碱浓度稍低些也是可以的，但不能低于28%。

3. 装槽

离子膜为10张一卷，用0.1mol/L的NaOH浸润放在专用盛膜的塑料筒内，在新膜使用时可以不用保护液（平衡液）浸润，直接装在电解槽上。膜在装入电解槽上时将膜从塑料筒中取出放在专用的膜装载工具上，装载工具能够转动。取膜时要十分小心，不要使其产生皱折，将膜快速安放在正确位置。

4. 停车

① 若电解槽在停止送电超过1h，在槽中剩余气体排放和置换后，应将电解槽内的阴、阳极液排出电解槽，另外根据停槽时间及是否检修决定水洗的次数。

② 在单元槽进行拆除前应向膜浇水，再一次润湿膜和垫片，拉开单元槽仔细地取出膜将其浸泡于平衡槽中，一张一张叠放，让阴极侧表面向上使膜下面没有空气存在。平衡液为0.1mol/L NaOH或2%$NaHCO_3$的纯水稀释液。

（三）旭硝子Flemion膜

1. 膜贮存

旭硝子Flemion膜出厂后，用2.8～3.0mol/L（140～176g/L）的盐水润湿后重叠在聚乙烯薄膜里，并用密闭木箱保存于10～40℃的阴暗房间里。对于开过箱的离子膜，如出现干燥现象，应及时用盐水润湿，密闭保存。因为膜的保存温度>40℃时，膜中的含水率会增加（膨胀现象）；温度<10℃时，膜会出现析出NaCl现象。

2. 停车

电解槽停车后，必须按顺序处理残余的氢气、氯气，关闭纯水，进行淡盐水和淡碱液循环。NaOH淡液浓度为95%，淡盐水NaCl浓度为190～230g/L；淡盐水中的游离氯<11mg/L，槽温<50℃。不检修不排液。

六、离子膜的经济寿命

当离子膜性能下降或针孔过多时，就应选择适当的时机更换离子膜。主要从两个方面来决定更换离子膜的时机：产品质量低劣（NaOH中含NaCl增多或是氯中含氧量升高）；经济上不合适，当旧膜运转成本的增加等于或高于新膜更换成本时，离子膜就应予以更换。更换离子膜时要考虑的主要因素列举如下：

① 离子膜的成本，电解槽垫片的费用；

② 操作电流密度及电费的高低；

③ 换膜所需要的工时以及人工费用；

④ 电压及电流效率随时间的变化情况。

使用计算机程序可以对影响离子膜寿命的可变因素进行敏感度分析。图3-27中的离子膜寿命是根据四种电价算出的，当电费自 8500 万美元减少到 2500 万美元时，膜寿命从 400 天增加到 850 天，因此膜寿命对电费的变化很敏感。

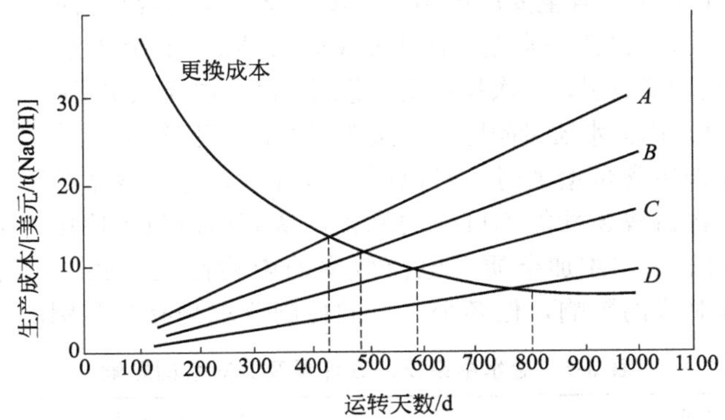

图 3-27　膜寿命对电费的敏感性

A—8500 万美元；*B*—6500 万美元；*C*—4500 万美元；*D*—2500 万美元

槽电压变化也会影响离子膜的使用寿命。图 3-28 中绘出的两条离子膜寿命曲线，分别表示了以下两种情况：

① 电解槽操作在预期的情况下；

② 电解槽承受了较高的逐步上升的电压。

图 3-28 表明，膜寿命对电压逐步上升是很敏感的，要延长离子膜的使用寿命，需要控制关键的可变因素。

图 3-29 则是从一家正在运转中的离子膜工厂获取的实际数据，由此图可以算出离子膜的经济寿命。

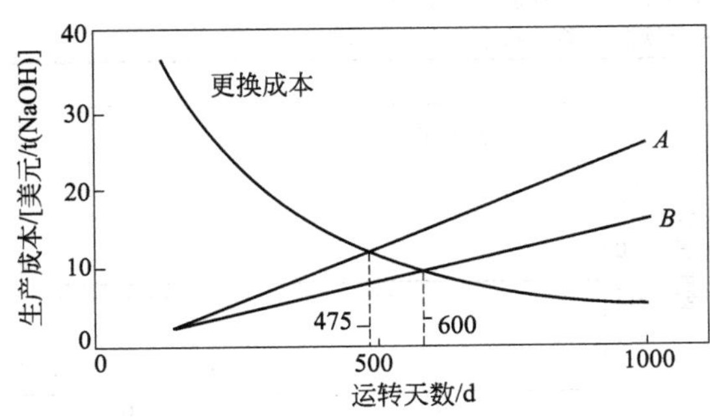

图 3-28　膜寿命对槽电压的敏感性

A—电压两倍于预期值；*B*—标准情况

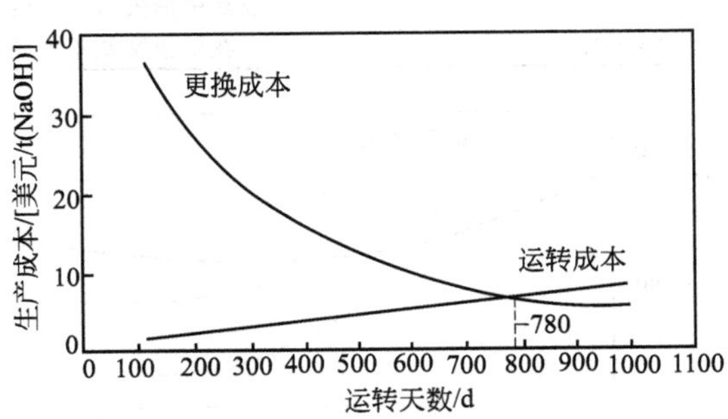

图 3-29　工厂离子膜的经济寿命

另外，离子膜的寿命还与电解槽的使用状态有关。当电解槽的零件如垫片或电极涂层需要更换时，离子膜虽未达到经济寿命，但已接近经济寿命，也不能不予以更换，因此电解槽性能下降也会缩短离子膜的寿命。

第四节　离子膜电解槽工艺条件控制

离子膜电解槽的操作关键是使离子膜能够长期稳定地保持较高的电流效率和较低的槽电压，进而稳定直流电耗，延长膜的使用寿命，不因误操作而使膜受到严重损害，同时也能提高成品质量。

一、盐水质量

离子膜法制碱技术中，进入电解槽的盐水质量是这项技术的关键，其对离子膜的寿命、槽电压和电流效率及产品质量有着重要的影响。印度一家企业因盐水质量问题，使膜受到永久性的破坏，无法再运转下去。巴西一家企业因大量 Ca^{2+} 、Mg^{2+} 进到电解槽，造成损失 20 多万美元。国内某厂因烧结碳素管破裂，二次盐水质量急剧下降，电流效率下降 3%～4%。国内另一厂用杜邦膜仅运转一个月，因盐水质量问题，电流效率由 97%下降至 90%，70%的膜四周起泡。

当盐水中钙镁等杂质含量增加时，可以明显地观察到电流效率的下降。钙镁等杂质含量长期超过控制指标，将造成膜性能不可逆的恶化，从而缩短膜的使用寿命。

图 3-30 表明了向盐水中添加杂质对电流效率的影响情况。表 3-7 列出了一般工厂盐水中杂质的容许量及其对膜的影响，但各个工厂的控制要求是有些差别的。

表 3-7　盐水中杂质的容许量及其对膜的影响

离子种类	容许量	对膜的影响
Ti、V、Cr、Mo、Co	＜11mg/L	在膜上形成杂质层
Fe	44～55μg/L	在膜上形成杂质层，含量低只影响槽电压，含量高影响电流效率
Ni	22～55μg/L	在膜上形成杂质层，主要影响槽电压
Ca、Mg	22～33μg/L	在膜内形成氢氧化物沉淀，使槽电压升高，电流效率下降。钙主要使电流效率下降，槽电压略有升高。镁主要使槽电压升高，电流效率略有下降
Sr	55～550μg/L	在膜内形成结晶沉淀，使槽电压升高，电流效率下降
Ba	110～1100μg/L	在膜内形成结晶沉淀，使槽电压略有升高，电流效率略有下降
Al	55～110 μg/L	在膜内形成结晶沉淀，使电流效率内下降
SiO_2	5.5～11mg/L	在膜内形成结晶沉淀，使电流效率下降
I	0.44～1.1mg/L	在膜内形成 $Na_3H_2IO_6$ 沉淀，使电流效率下降
SO_4^{2-}	3.3～5.5g/L	在膜内形成结晶沉淀，使电流效率下降，在盐水系统积累
ClO_3^-	＜16g/L	在盐水系统积累
Hg	≤13mg/L —	汞透过离子膜沉积在阴极上，使阴极过电压升高，故主要使槽电压升高。当汞在阳极液中消失后，槽电压将依阴极材料而程度不同地降低
Fe(CN)		在阳极室氰基被氧化，放出铁进入酸性盐水

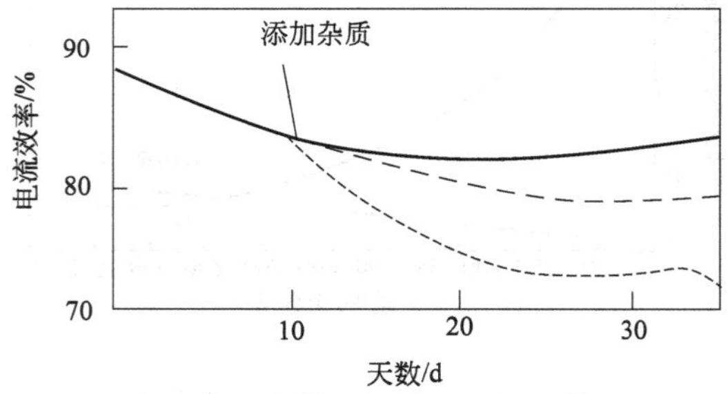

图 3-30　向盐水中添加杂质对电流效率的影响

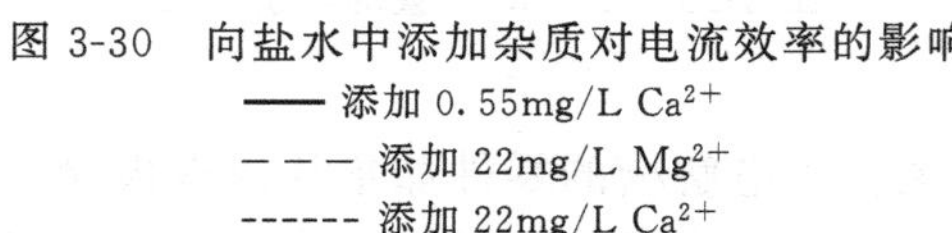

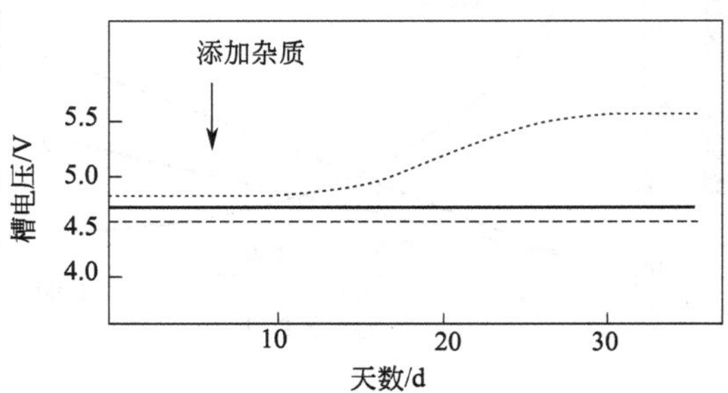

图 3-31　向盐水中添加杂质对槽电压的影响

——添加 0.55mg/L Ca^{2+}；

— — —添加 22mg/L Mg^{2+}；

------添加 22mg/L Ca^{2+}

盐水中杂质对槽电压的影响见图 3-31。采用 Nation315 膜，在 3.1kA/m² 、80℃下制取 20%NaOH 时，添加钙及镁杂质对槽电压有明显的影响（钙比镁对槽电压的影响大）。根据 X 射线衍射分析的结果，钙及镁的化合物已经沉积在离子膜的内部，造成膜电压降的上升。

对于不同的离子膜电解过程，盐水中所含杂质的影响情况也不同。例如，SPE 电解技术就基本不受盐水中杂质的影响，但是对其他膜技术影响很大（见表 3-8）。

表 3-8　各种膜电解技术受盐水中杂质的影响

膜电解技术	不加杂质时槽电压/V	添加杂质后的槽电压①/V			膜电解技术	不加杂质时的槽电压/V	添加杂质后的槽电压①/V		
		Hg 11mg/L②	Fe 55mg/L②	Cr 55mg/L②			Hg 11mg/L②	Fe 55mg/L②	Cr 55mg/L②
常极距	3.09	3.97	3.22	3.20	零极距	2.96	2.96	3.91	3.09
小极距	3.93	3.93	3.13	3.11	SPE电解槽	2.94	2.94	2.95	2.94

① 在 90℃、$3kA/m^2$、NaOH 浓度为 33%的条件下，电解 240h 后测得。

② 分别以 HgCl、FeCl、$Cr_2(SO_4)_3$的形态加入阴极循环液中。

盐水中含有钙、镁、锶、铝、铁、镍以及碘、亚硫酸根等杂质，当它们以离子形态进入膜中时，就会以金属氢氧化物、硫酸盐或硅酸盐的形式沉积在膜上，而当这些离子共同存在时，则影响更大。例如硅本身是无害的，但当硅与钙、锶、铝等共同存在时，就会引起电流效率的下降。

由图 3-32 可见锶（Sr）与二氧化硅的共同效果，锶形成络合体在膜的阴极一侧析出，导致电流效率下降。钡与碘共存时也有同样的结果，即形成 $Ba(IO_3)_2$ 沉淀，会导致电流效率略微下降，以及电压小幅度升高。

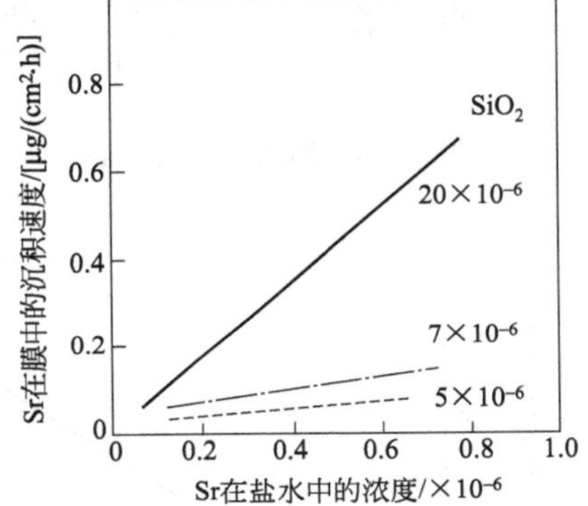

图 3-32　二氧化硅对锶在膜中沉积速度的影响

羧酸基通常比磺酸基受重金属的影响更明显。这是因为羧酸基往往会与重金属离子结合并导致离子交换能力的下降，其结果使槽电压急剧升高，电流效率下降。但是，对膜影响最为明显的还是钙和镁，它们的微量存在就会使电流效率下降，使槽电压上升。少量的二价及三价铁离子主要对槽电压有影响，但当其含量较高时，除对槽电压有影响外，对电流效率也有明显的影响。

钙离子向膜中的侵入过程可以描述如下：当钙离子从阳极一侧进入膜时，由于 pH 值≈4（酸性盐水 pH 值=2.0～2.5），所以大部分被溶解。钙离子是二价的，比一价的钠离子进入膜的速度要慢，当钙慢慢侵入膜中时，与从阴极室反渗过来的 OH^- 相遇，越靠近阴极室一侧，膜中的 OH^- 浓度越高，从而逐渐在膜中形成氢氧化钙的沉积。这种沉积的形态是结晶的，还带有大量的水分。这种沉积减弱了膜对 OH^- 反渗的阻挡作用，导致电流效率的下降。

钙离子向膜的侵入及氢氧化钙在膜上的沉积见图 3-33 及图 3-34。由于氢氧化钙在膜中的沉积首先发生在阴极一侧的表面，因此如果膜的表面流过清水，可以洗去氢氧化钙结晶，但会在膜上留下空洞，导致膜的电流效率产生难以恢复的下降。

钙离子在膜中的沉积速度随供给盐水中含钙浓度的增加而加快（见图 3-35）。钙离子在膜内的沉积量对膜电流效率的影响见图 3-36。

钙对膜电流效率的影响超过镁和锶的影响，因此一定要严格限制盐水中钙的含量。

要保证操作时膜的电流效率在 95%以上，就需要提供高纯度的盐水，如果盐水中的杂质如钙、镁、碘在膜内形成化合物，以及硫酸钠和硫酸铝等沉淀在膜内部，则会使膜受到严重影响。因此在工业化生产中需要加强分析检测能力，提供质量合格的盐水。

二、阴极液 NaOH 浓度

从图 3-37 可见，阴极液中的 NaOH 浓度与电流效率的关系存在一个极大值。随着 NaOH 浓度的升高，阴极一侧膜的含水率减小，固定离子浓度增大，因此电流效率随之增大，但是随着 NaOH 浓度的继续升高，膜中 OH^- 浓度增大，当 NaOH 浓度超过 35%～36%以后，膜中 OH^- 浓度增大的影响起决定作用，使电流效率明显下降。

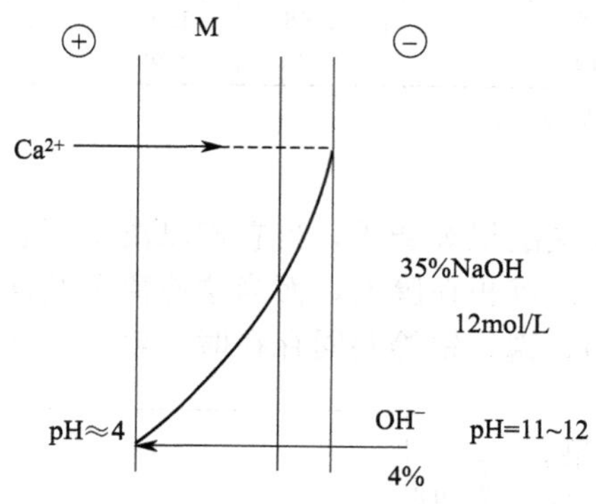

图 3-33 钙离子向离子膜的侵入

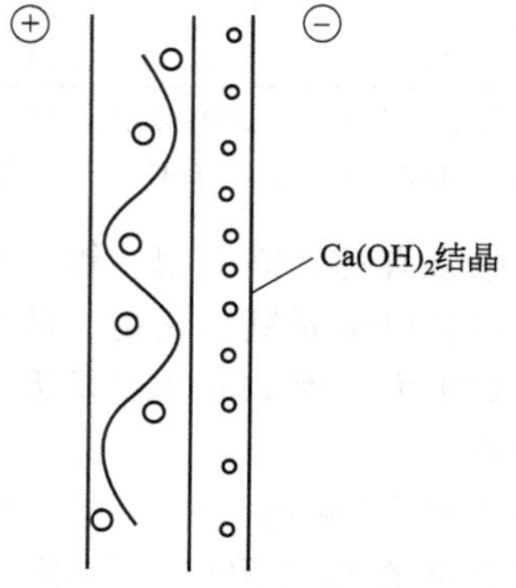

图 3-34 氢氧化钙结晶在膜中的沉积

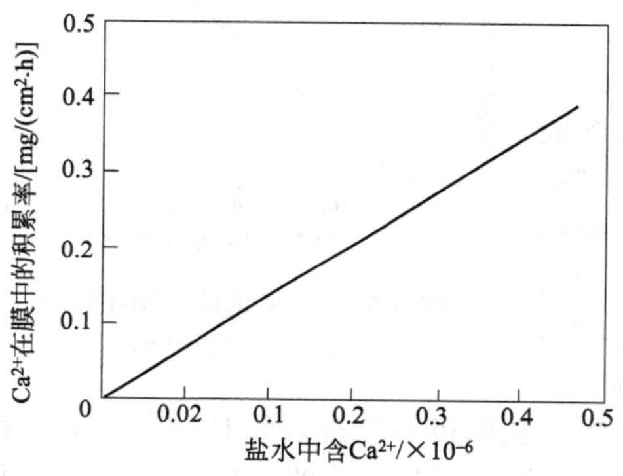

图 3-35 盐水中钙含量对其在膜上沉积速度的影响

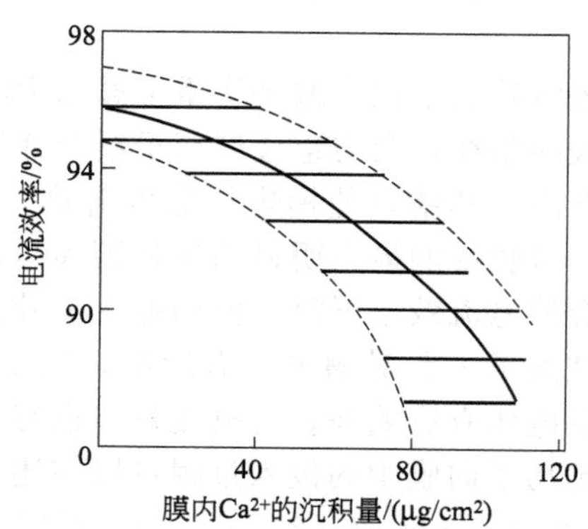

图 3-36 膜内钙的沉积量对电流效率的影响

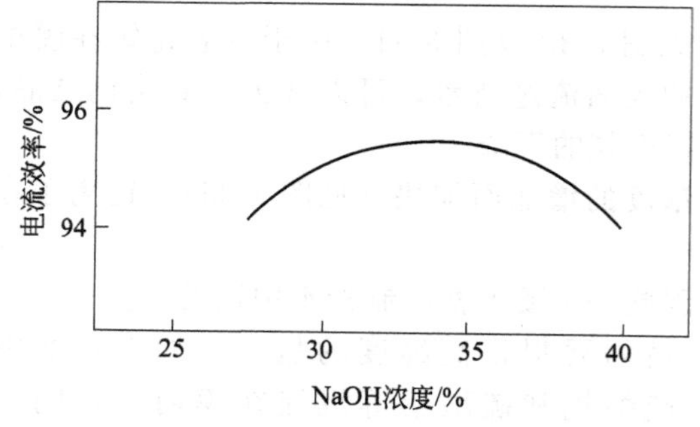

图 3-37 NaOH 浓度对电流效率的影响

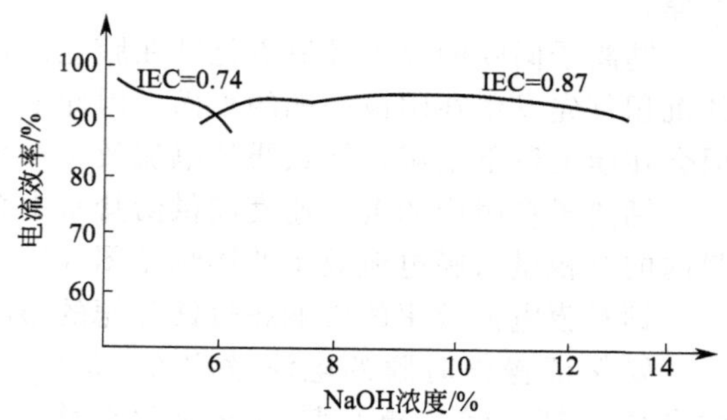

图 3-38 NaOH 浓度与电流效率之间的关系
（电解条件：$40A/dm^2$，90℃）

从图 3-38 所示可知，电流效率存在着极大值和极小值，这一现象不仅存在于全氟磺酸膜中，而且也存在于全氟羧酸膜中。交换容量越高的膜，电流效率的极大值也越偏向于高浓度一侧，这样的膜比较适合于制取高浓度 NaOH。要在制取高浓度 NaOH 时获得高的电流效率，就必须提高膜中离子交换基团的活度 [$(R^-)_m$值]，即必须采用高交换容量和低含水率的膜。但是交换容量提高之后，膜的结晶性将变坏，膨胀和收缩也增大。

佐藤光颜认为，当膜的结构固定后，电流效率受膜阴极一侧含水率 ΔW 的支配，当 NaOH 温度上升时，ΔW 就减小，固定离子浓度随之上升，电流效率也随之上升。但当碱浓度超过一定值时，膜中含水量极度不足，膜收缩，通道变窄，反而影响 Na^+ 由阳极室向阴极室的移动，导致电流效率下降。

为了获得较高的电流效率，对不同的制碱浓度要使用不同交换容量的膜。例如，旭硝子 Flemion430 膜，其 IEC=1.20mmol/g，该膜用于制造 22%～28%的 NaOH 时，可以得到较高的电流效率。但是在高的碱浓度区，其电流效率下降。与其相对应，Flemion230 膜的 IEC=1.44mmol/g，用于制造 35%左右浓度的 NaOH 时，可以得到较高的电流效率，而用于制造低浓度 NaOH 时，其电流效率反而下降（见图 3-39）。

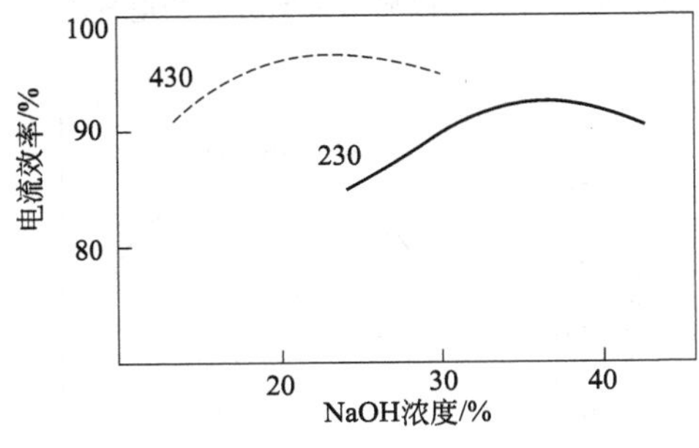

图 3-39　Flemion 膜的电流效率

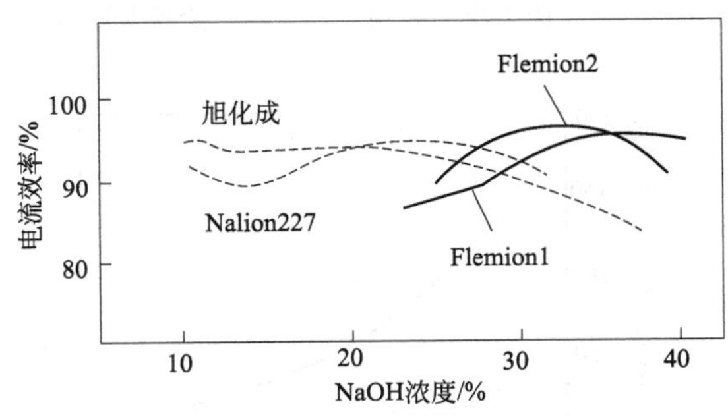

图 3-40　不同公司离子膜的性能

根据 1977～1982 年间的报告绘制的图 3-40 表明，早期旭化成公司的离子膜在制取高浓度 NaOH 时，其电流效率是不高的。相反，旭硝子公司早就把制取高浓度 NaOH 用膜作为研究目标。

随着电解过程中 NaOH 浓度的提高，膜中含水率逐渐下降，导致膜电压降升高，槽电压也随之升高（见图 3-41）。膜的电阻率随 NaOH 浓度的提高而增大（见图 3-42），使槽电压上升。阴极液电阻随其浓度的增大而上升（见图 3-43），故也使槽电压升高。

由图 3-44 可知，随 NaOH 浓度的升高，NaOH 中含盐量下降。这是由于随 NaOH 浓度的提高，膜中含水率下降，从而抑制了 Cl^- 向阴极室的渗透速度。

在高浓度 NaOH 及低槽温下长期运转对膜的性能影响很大。长期处于低温下运转时，羧酸层中的 COO^- 会与 Na^- 形成—COONa 而使离子交换难以进行，或导致离子交换容量下降而使膜的性能恶化。由于膜的阴极一侧脱水而使膜的微观结构遭到不可逆的改变，导致膜对 OH^- 反渗的阻挡作用下降，而且膜的电流效率下降后将难以恢复到以前的水平（见图 3-45）。因此电解的操作温度不能低于 70℃。

实验电解槽表明，向阴极室供给的纯水中断时，在不停电的情况下，阴极液的浓度将上升到 45%左右，电流效率下降。如果只停供水 2 天，恢复供水后电流效率还可恢复到原来的水平，而停水时间再延长时，电流效率将不能恢复（见图 3-46）。实验中采用的离子膜的水渗透速度为 T_w=3.0mol H_2O/F。

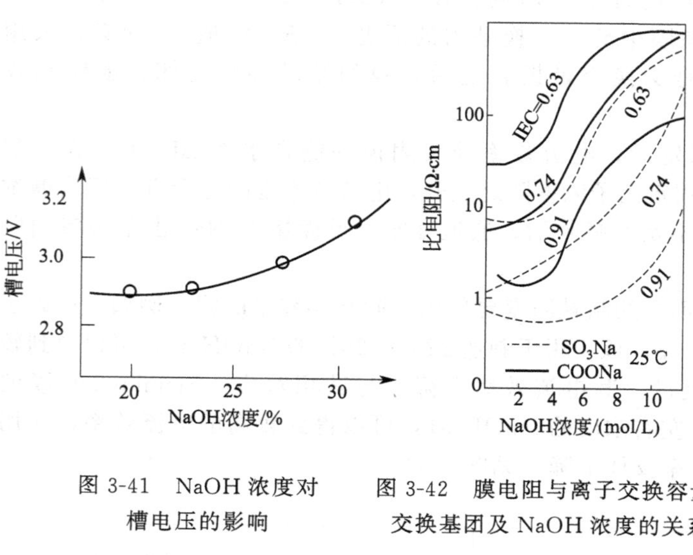

图 3-41　NaOH 浓度对槽电压的影响

图 3-42　膜电阻与离子交换容量、交换基团及 NaOH 浓度的关系

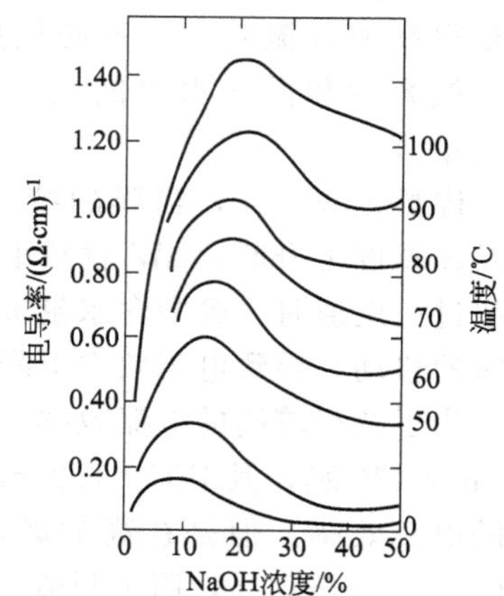

图 3-43　NaOH 溶液（以质量分数计）的电导率

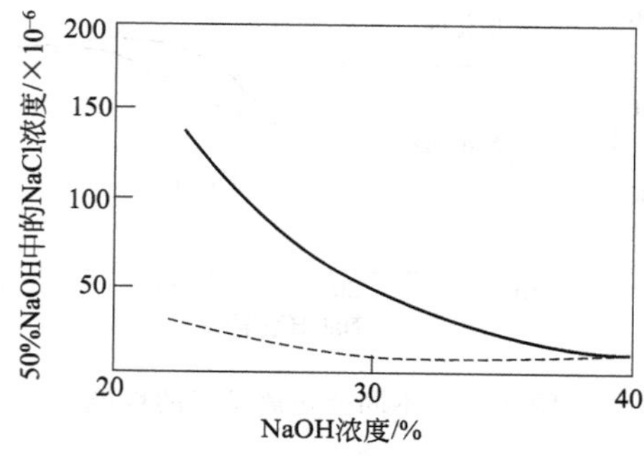

图 3-44　NaOH 浓度及离子交换容量对 NaOH 中含盐量的影响

（Flemion 膜，20A/dm²，90℃）

—— IEC＝1.43　········ IEC＝1.23

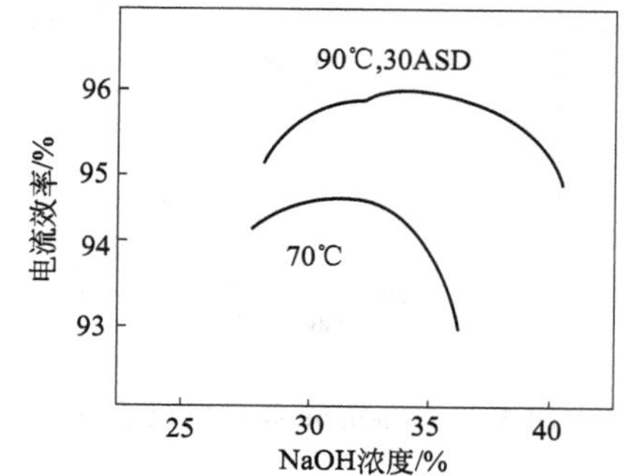

图 3-45　高碱度、低槽温下长期运转时的影响

短时间的误操作问题不大，但若长时间地在高碱浓度、低温及高电流密度下运转，膜的性能将很难再恢复。图 3-47 表示在经过正常运转 2 个月后，由于误操作而使 NaOH 浓度达到 38%，槽温在 70℃下又持续运转了 2 个月，槽电压变化不大，但电流效率却不能恢复到以前的水平了。

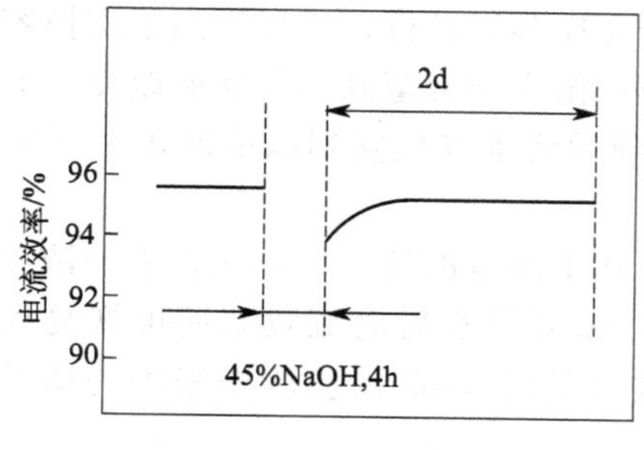

图 3-46　停供纯水时对电流效率的影响

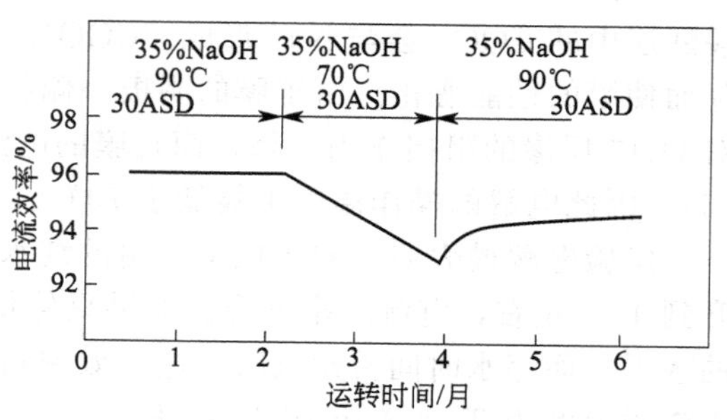

图 3-47　长期误操作的影响

因此，长期稳定地控制 NaOH 最佳浓度是非常重要的。目前离子膜电解槽出口碱液 NaOH 浓度控制范围因膜种类不同而有所差别。旭化成膜为 30%～33%，旭硝子膜为 32%～35%，杜邦膜为 32%～33%。

三、阳极液 NaCl 浓度

阳极液中的 NaCl 浓度对电流效率的影响如图 3-48 所示。由图 3-48 可知，随淡盐水浓度的降低，电流效率也下降，这是由于淡盐水浓度的降低，将使膜中含水率 ΔW 增高，导致 OH^- 反渗速度提高，使电流效率下降。

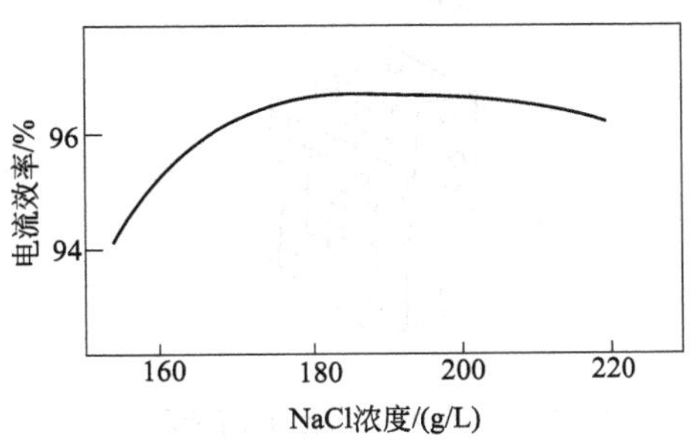

图 3-48　盐水浓度对电流效率的影响

如果长时间在低的 NaCl 浓度下运转，会使膜发生膨胀，严重时导致起泡、分层，出现针孔而使膜遭到破坏。

图 3-49 表示在 2 个月内一直在 NaCl 浓度为 120g/L 的阳极液下运转的结果，电流效率及槽电压均有所下降。由于低浓度的阳极液造成阳极一侧膜的膨胀，还会逐渐使阴极一侧的膜也膨胀起来。

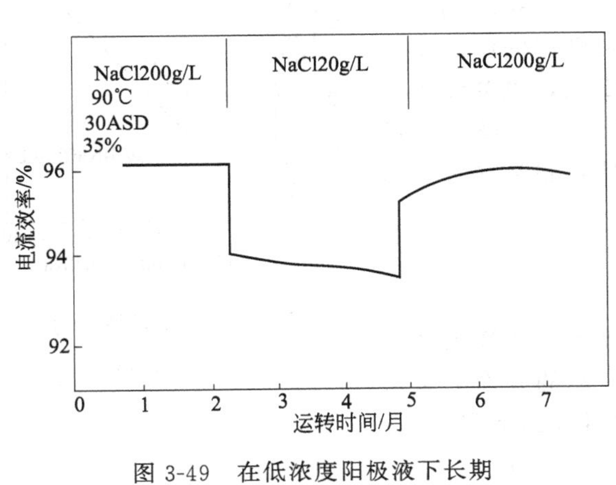

图 3-49　在低浓度阳极液下长期运转对膜的影响

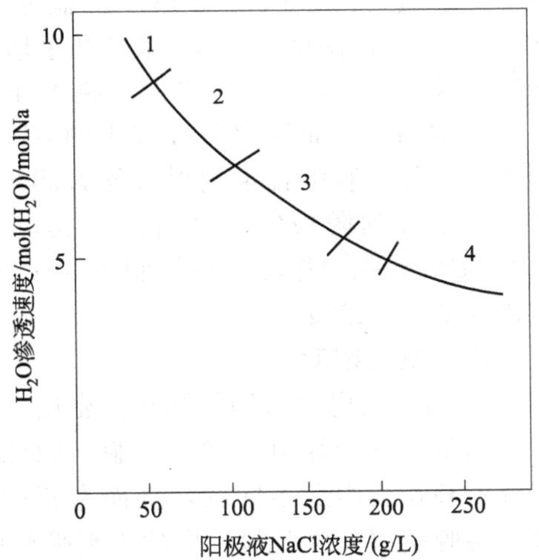

图 3-50　Nafion 膜中水的渗透速度与阳极液浓度的关系

1—出现气泡；2—层间电压升高；3—电流效率下降；4—正常操作

在杜邦公司的实验室里，观察到了阳极液浓度对膜的影响。当返送阳极液的浓度降到通常操作范围以下时，膜中水的渗透速度会急速增长。通常情况下，一定量的水很易渗透过羧酸层。但当阳极液浓度降到 100g/L 以下时，磺酸层的透水速度将会超过羧酸层，使一部水积蓄在两层膜的交界处，从而发生层间剥离或产生水泡。

图 3-50 表示 Nafion 膜中水的渗透速度与阳极液浓度的关系。图中曲线上的 1 处出现气泡，表示已发生了层间剥离，2 处层间电压升高，3 处电流效率下降，4 处为正常的操作条件。

表 3-9　两种羧酸层梯度不同的复合膜在高电流密度下电解时水泡发生的时间

电流密度/(A/dm²)		40	100
复合膜类型	A 型(羧酸层梯度陡)/天	200	50
	B 型(羧酸层梯度较平缓)/天	>700	200

图 3-51 所示为产生了水泡的离子膜的示意图。双层复合膜比较容易产生水泡，但可以提高膜的性能。在双层复合膜的磺酸-羧酸交界面上，如果适当地降低羧酸含量的梯度，可以较为有效地防止膜中水泡的产生（见表 3-9 和图 3-52）。复合膜中的全氟羧酸膜是由其中的全氟磺酸膜表面经化学法转化而成的。

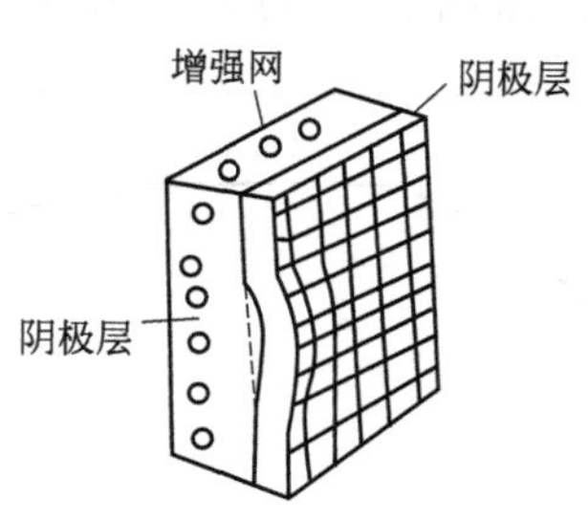

图 3-51 产生了水泡的离子膜

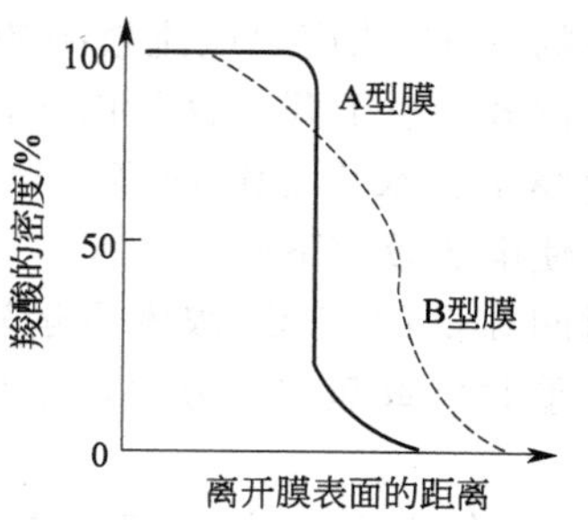

图 3-52 羧酸层的密度梯度

如果从浓差扩散的观点看，随着阳极液中 NaCl 浓度的下降，Cl^- 的扩散速度应该有所下降。但是从图 3-53 可知，当盐水浓度由 200g/L 降到 100g/L 时，烧碱中含 NaCl 量却几乎增加了 10 倍。这是由于随阳极液中 NaCl 浓度的降低，膜中伴随 Na^+ 而移动的水量也急速增加，从而导致阳极液中的 Cl^- 向阴极室的渗透也加剧了。另外，膜中含水量增多导致膜发生膨胀，也会使更多的 Cl^- 渗透到阴极室。目前离子膜电解槽出口阳极液中的 NaCl 浓度，强制循环一般控制 190～200g/L，自然循环一般控制为 200～220g/L。

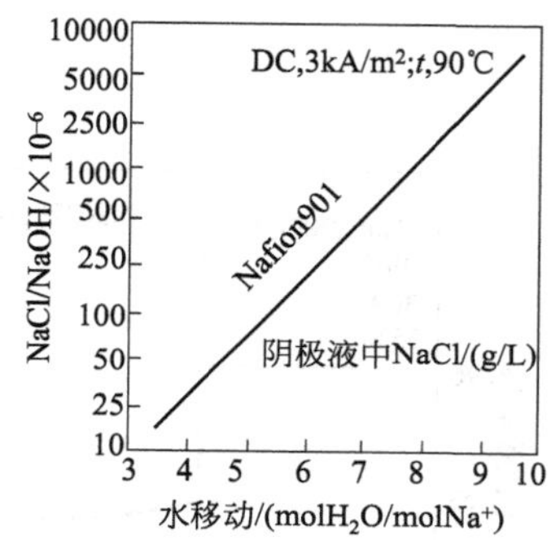

图 3-53 阳极液浓度对碱中氯化钠的影响

四、电流密度

1. 离子膜电解时的极限电流密度

钠离子选择性地通过离子膜，因此钠离子的迁移数在阳极液中和在膜中是不同的，从而在膜阳极一侧的界面上会形成一层脱盐层。由脱盐层中的物料平衡可以推导出下列公式：

$$\frac{I}{F}(T_{Na^+}-t_{Na^+})=\frac{D}{\sigma}(c-c_0)$$

式中 I——电流密度，A/cm^2；

T_{Na^+}——离子膜中 Na^+ 的迁移数（等于 Na^+ 的电流效率）；

t_{Na^+}——阳极液中 Na^+ 的迁移数；

F——法拉第常数，96480A · S/mol（电子）；

D——脱盐层中 NaCl 的扩散常数，cm^2/s；

c——阳极液中 NaCl 的浓度，mol/cm^3；

c_0——膜阳极一侧界面上的 NaCl 浓度，mol/cm^3。

σ——脱盐层的厚度，cm。

上式的左边表示由迁移数之差而从脱盐层中除去 NaCl 的速度，右边则表示由于浓度差而从阳极液中向膜的阳极一侧氯化钠的扩散速度。当电流 I 增大时，c_0 减小，因而存在着 $c_0=0$ 时的极限电流密度 I_0，在此状态下，下式成立：

$$\frac{I_0\sigma}{c}=\frac{DF}{T_{Na^+}-t_{Na^+}}$$

上式右边的值，当离子膜已固定，电解温度也固定时，是一个常数值，而σ值则由电解结构而定。在极限电流密度以上时，膜的界面上来不及补充 NaCl，因而会产生水的分解以导通电流，在此状态下，T_{Na^+}降低（阴极效率降低），电压也会随之上升。

在膜的阴极一侧界面上，由于膜中和氢氧化钠液中的 Na^+ 迁移数之差，形成了浓缩层。

钠离子在由阳极室向阴极室移动而穿过膜的过程中，一个分子的钠离子会同时伴随有 4～5 个分子的水的移动。因此在浓缩层的界面上，生成的氢氧化钠最高浓度按下式计算（当水的移动数为 5 时）：

$$\frac{\text{NaOH 分子量}}{\text{NaOH 分子量}+5\times\text{水分子量}}=\frac{40}{40+(5\times18)}=30.7\%$$

在膜界面上形成的氢氧化钠的这一最高浓度，将会随水的移动数的变化而改变，还会随向阴极室添加水量的增加而下降。另外，浓缩层的厚度也会由于电解槽的结构而减小。

在隔膜法电解中，由于石棉隔膜不具备对阳离子的选择透过性，而且只要加上一定的压差，无论多少水都会透过膜而移动，因此不会产生上述脱盐层及浓缩层的现象。而在离子膜法电解中，这一现象会产生，而且受电解条件及电解槽结构的支配。

在比 I_0 稍小的电流密度下，膜的界面上基本无 NaCl，因此，氯化钠通过膜由阳极一侧向阴极一侧扩散的现象就不会出现。为了得到高纯度的氢氧化钠和高的电流效率，希望能在尽可能靠近极限电流密度 I_0 的条件下操作。也有必要选择合适的电解条件及电解槽的结构，以便使脱盐层的厚度σ能尽可能地减小。如果σ值小，则由上式可知，在相同的浓度 c 下，极限电流密度 I_0 可以提高。相反，在 I_0 相同时，c 可以变小。由于电导很低的脱盐层变薄，可以使电解槽电压显著下降，因此选择合适的电解槽结构，可以提高电解槽运行的电流密度，提高氯化钠的利用率，降低盐水的精制费用。

2. 电流密度对电流效率的影响

电流密度对电流效率的影响如图 3-54 所示。由图可见，在 1.5～4.0kA/m^{2}下，电流效率几乎不受电流密度的影响，但在 1.5kA/m^{2}以下，OH^- 的扩散泄漏比率逐渐增加，从而会导致电流效率的降低。在 1.5kA/m^{2}以下运转，不仅使电流效率降低，而且使产品碱液中含 NaCl 及 $NaClO_3$增高，还要提高入槽盐水温度。这些因素限制了降低负荷的幅度。有的影响因素可通过调整操作条件而减轻。例如在低负荷时降低槽温可以抵消一部碱液中含 $NaClO_3$的升高。

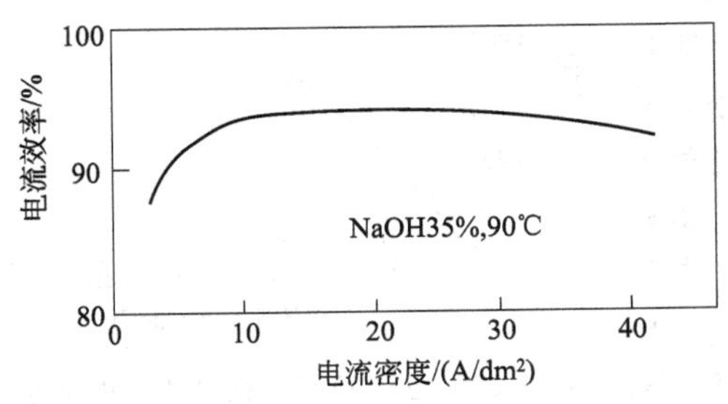

图 3-54 电流密度对离子膜电解电流效率的影响

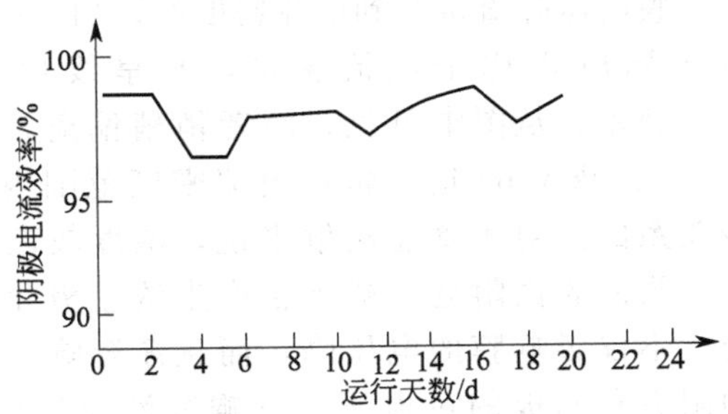

图 3-55 每天负荷周期变化的影响（Nafion NX-90209 实验槽）

如果工厂装有数个系列电解槽，为了减产可停止一个系列，使其他系列电解槽不必降低电流密度。即使这样，也要考虑到最低容许的电流密度。考虑最低允许电流密度的同时，还要考虑整流变压器及其他工序、公用设备及其控制以及对产品质量的要求等因素。离子膜电解槽的最佳控制温度为85～90℃，最低温度为80℃，最低开车温度为70℃。如果电解槽长时间低电流密度运转，尤其是刚开车时电流密度过低，电解液温度长时间提不上去（没有进槽阳极液和/或阴极液加温装置的尤为严重），会导致电解液的电导率过低（经测定，温度每降低20℃，电导率下降50%），过低的电导率会使膜过载和过热，造成电流分布不均，也会造成膜鼓泡。为使电解槽的温度能按上述温度进行控制，电解槽的电流密度也不能控制得过低，因为电流密度太低，特别是使用新膜的电解槽效率较高（电流效率高，槽电压低），发热量较小，即使进槽盐水进行预热也很难达到电解槽最低温度80℃，或需耗费大量蒸汽经过长时间预热使槽温达到80℃，且若无预热装置则根本达不到。若盐水-淡盐水、盐水-氢气交叉换热或盐水-氯气、纯水-氢气同时进行换热则可以减少热量输入。另外膜老化、电阻增大、阳极涂层失效、过电压增高等因素，都能产生较多热量，从而减少了对外界热量的要求。如果锅炉、换热器等这些与开低电流密度相配套的辅助设备发生故障，也会限制降低电流密度的幅度。

电流密度的上限不得超过极限电流密度 I_0，如超过极限电流密度，因来不及向膜的界面上补充NaCl，不仅使 Na^+ 的电流效率降低，电压上升，而且易使膜的内部结构受到损坏。在稍低于极限电流密度的条件下运转时，因膜的界面处几乎不存在NaCl，故不会发生NaCl自阳极侧通过膜扩散至阴极侧的现象。为了在高的电流效率下获得高纯度的NaOH，运转时的电流密度最好接近临界电流密度（极限电流密度）。

由于离子膜工艺技术的不断改进，电解槽管理的不断完善，能迅速适应电负荷改变的需要或电价的变化。例如工业电解槽用Nafion NX-90209膜经过20个月的实验，以一天为循环周期，白天（8：00～22：00时）在1.9kA/m²下操作，夜间（22：00～8：00时）在3～3.5kA/m²下操作，如图3-55所示，其阴极电流效率能稳定在96%以上。一旦负荷变化，立即调整工艺控制指标，例如纯水、盐酸添加量以及盐水流量等，以使阴极液浓度、阳极液浓度和pH值控制在允许的范围内。经过多年实践，电解槽运行的电流密度在1.5～4.0kA/m²范围内波动对电流效率影响不大，但这是以随电流负荷的改变能及时调整工艺控制指标为前提的，实际生产中很难做到，除非采用微机控制。因此对于操作管理不是太佳的工厂，电流负荷的变化，特别是大幅度频繁的波动，对电流效率是有一定影响的，故要尽量做到开动电流的稳定。

3. 电流密度对槽电压的影响

膜电压降直接受到电流密度的影响。一般说来，膜电压降应正比于电流密度，并呈线性关系，如图3-56所示。从图中可见，两者稍稍偏离直线关系，在1.5～4.0kA/m²这一常用电流密度范围内，还是呈直线关系的。对于食盐电解来说，浓度较高，温度也较高，膜的表面附近一般不会产生浓差极化现象。电流密度不仅影响膜的电压降，而且还影响气泡效应，影响阳极和阴极的过电压，影响溶液及导体的电压降，总的效果是，随电流密度的升高，槽电压也逐渐升高（见图3-57）。由图3-57可见，虽然槽电压与电流密度呈线性关系，但随膜结构性能的改变，电压曲线的斜率也发生了变化，导致膜电压降的下降。对于下述两种电解槽，其电流密度与槽电压的关系可分别表示如下。

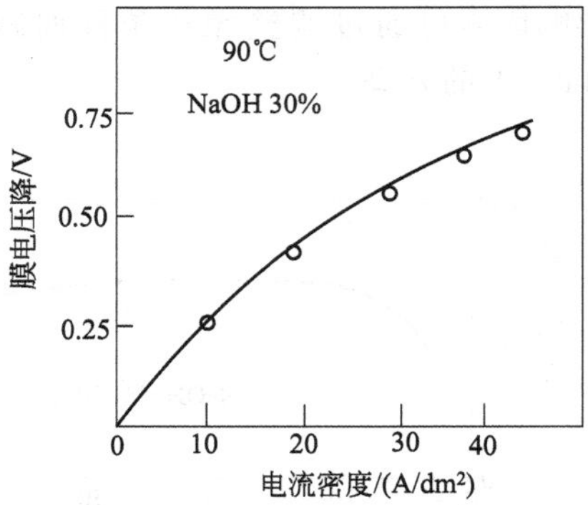

图3-56 电流密度与膜电压降的关系

① 活性不锈钢阴极，非亲水性膜，极距为3mm的电解槽：

$$V=2.623+0.277I$$

② 活性镍阴极、亲水性膜、零极距电解槽：

$$V=2.423+0.177I$$

据报道，旭硝子公司的 Flemion 膜的电流密度-电压曲线的斜率（k 值）为 0.15V·m^2/kA。

实验经验，旭化成复极槽的电流密度-电压曲线的斜率（k 值）为 0.16～0.21V·m^2/kA。

4. 电流密度对碱中含 NaCl 的影响

随电流密度的上升，膜电阻及膜电位也随之上升，电场对氯离子的吸引力也会随之增强，从而增加了氯离子向阴极一侧移动的难度。由图 3-58 可以看出，随电流密度的提高，NaOH 中含 NaCl 的量有所降低。

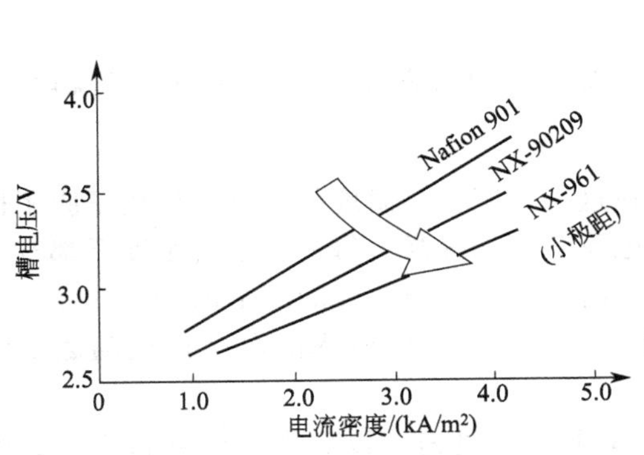

图 3-57　Nafion 膜的电压特性

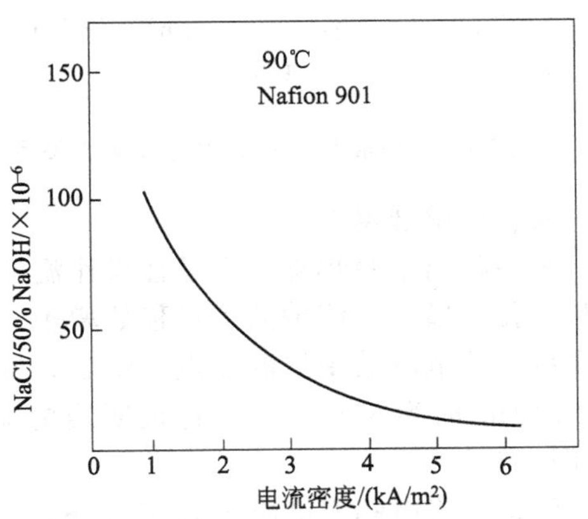

图 3-58　电流密度对碱中 NaCl 的影响

五、阳极液 pH 值

1. 阳极液 pH 值对电流效率的影响

阴极液中的 OH^- 通过离子膜向阳极室反渗，不仅直接降低阴极电流效率，而且反渗到阳极室的 OH^- 还会与溶解于盐水中的氯发生一系列副反应。这些反应导致阳极析氯的消耗，使阳极效率下降。采取向阳极液中添加盐酸的方法，可以将反渗过来的 OH^- 与 HCl 反应除去，从而提高阳极电流效率。

2. 阳极液 pH 值对槽电压的影响

当今工业化用的离子膜，绝大多数是全氟磺酸和全氟羧酸复合膜。全氟羧酸膜在有—COO^-Na^+ 存在的情况下，具有优良的性能，如果羧酸基变为一COOH 型，它就不能作为离子膜工作了，因此必须使阳极液的 pH 值高于一定值，否则膜内部就要因产生水泡而受到破坏，使膜电阻上升，电解槽电压就要急剧升高。因此，阳极液加酸不能过量且要均匀，严格控制阳极液的 pH 值不低于 2，最好采用联锁装置，当盐水停止或电源中断时，盐酸立即自动停止加入。

3. 阳极液 pH 值对产品质量的影响

采取向阳极液中添加盐酸的方法，可以将反渗过来的 OH^- 与 HCl 反应除去，不仅可提高阳极电流效率，而且可降低氯中的含氧量（见图 3-59）和阳极液中的氯酸盐含量。电解槽加酸，氯中含氧$<1\%$，不仅可以满足氧氯化法生产 PVC 的需要，而且还能延长阳极涂层的寿命。离子膜电解槽对出槽阳极液的 pH 值进行控制，电解槽加酸 pH 值一般为 2～3，电

解槽不加酸 pH 一般值为 3～5。

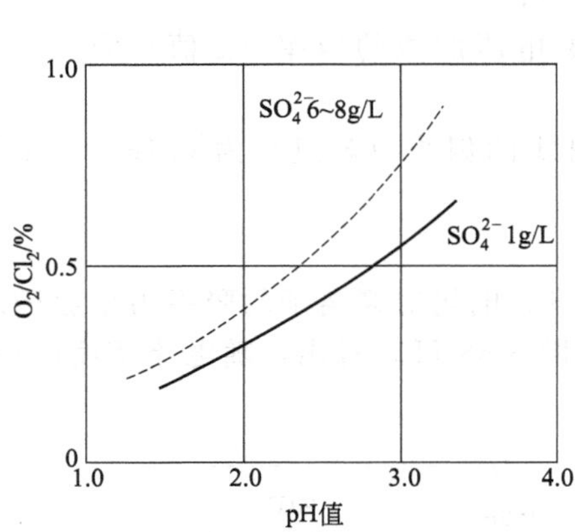

图 3-59　阳极液酸度和氯中含氧量的关系

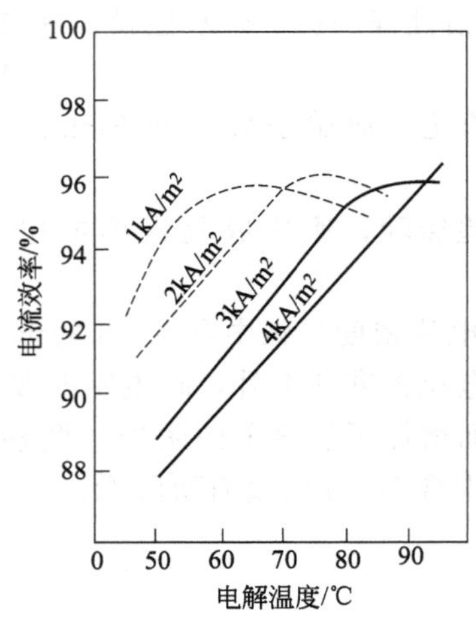

图 3-60　电流密度和温度对电流效率的影响

六、电解液温度

每一种离子膜都有一个最佳操作温度范围，在这一范围内，温度的上升会使离子膜阴极一侧的孔隙增大，使钠离子迁移数增多，有助于电流效率的提高。每一种电流密度下都有一个取得最佳电流效率的温度点。例如，在 3kA/m^{2}时为 85～90℃，2kA/m^{2}时为 75～80℃，在 1kA/m^{2}时为 65～70℃。这说明当电流密度降低时，最高电流效率的温度点也随之下降（见图 3-60）。

但是，当电解温度降至 65℃以下时，电流效率下降很迅速，以后即使温度再上升，电流效率也难以恢复到原来的水平。

温度上升，将使膜的孔隙增大，有助于提高膜的电导，从而可以降低槽电压。对 Flemion 膜来说，温度对槽电压的影响如图 3-61 所示。温度每上升 1℃，槽电压约可降低 10mV。当然温度的上升不仅有助于提高膜的电导，还将使电解溶液的电导提高，从而有助于降低溶液的电压降。

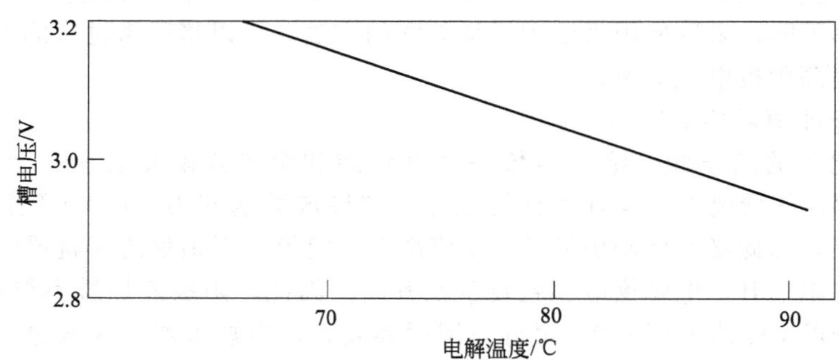

图 3-61　温度对槽电压的影响

Nation 膜的温度操作范围较宽，为 70～90℃，温度每上升 1℃，则电压下降 5～10mV，常用的电解槽操作温度为 80～90℃，往往随电流密度而变化。旭化成膜的操作温度为 85～90℃，在实际操作中温度约为 90℃时，电解槽电压达到最低值（见图 3-62），这是因为在高于 90℃时，水的蒸发量增加，导致汽/水比例增大，使电压上升，同时因电解液趋向沸腾，加速了膜的恶化，也加剧了电极的腐蚀和涂层的钝化。在低于 85℃时，操作温度和操作电压成线性关系（见图 3-61)，每升高 1℃，单槽电压降低 10mV。

温度上升时，碱中含 NaCl 的量也随之上升。这主要是因为温度上升将使膜发生膨胀，同时 Cl^- 的活度系数也有所增大，从而使 Cl^- 向阴极室的扩散渗透加快，使碱中含 NaCl 增加（见图 3-63)。离子膜电解槽出口阴极液的温度一般控制为 85～90℃，各类不同电解槽的温度控制稍有差别，但开动电流密度不同，温度控制差别很大。

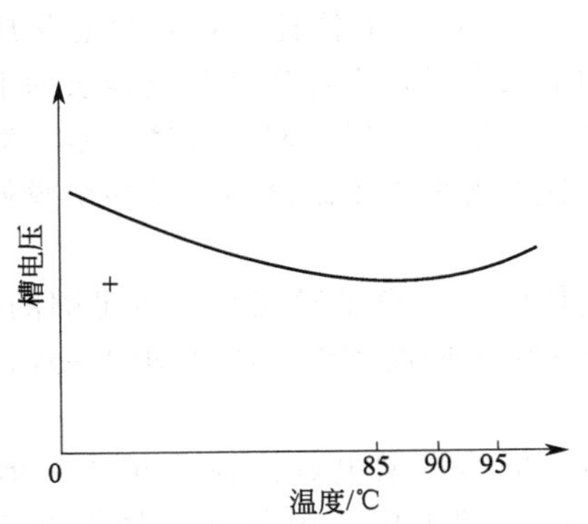

图 3-62 电解液的温度与槽电压的关系

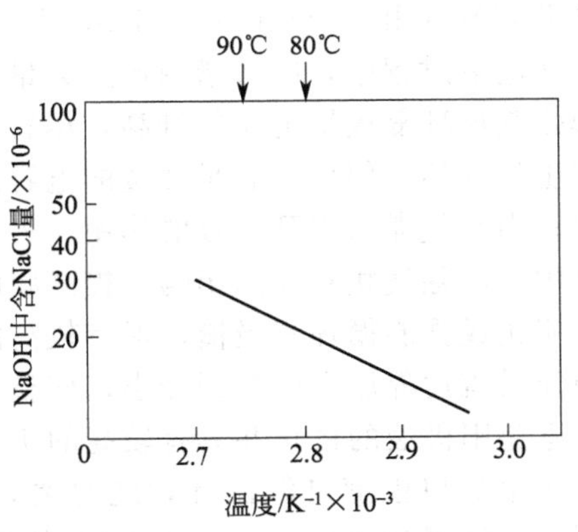

图 3-63 温度对 NaOH 中含 NaCl 的影响

七、电解液流量

在一般离子膜电解槽中（例如旭化成无涂层膜强制循环复极电解槽），气泡效应对槽电压的影响是明显的。当电解液循环量减少时，槽内液体中的气体率将增加，气泡在膜上及电极上的附着量也将增加，从而导致槽电压上升。

在经过改性处理过的膜组装的零极距电解槽（例如旭硝子公司的 AZEC-M 电解槽）中，经过亲水处理，气泡难以附着，能很快逸出，气泡效应的影响减少了。由图 3-64 可以看出，在两种电流密度下，阴极液循环量的改变不影响槽电压。改变阳极液的循环量也获得了同样的结果。向阴极室供给的纯水中断对电流效率的影响，前面已述及，此处不再赘述。

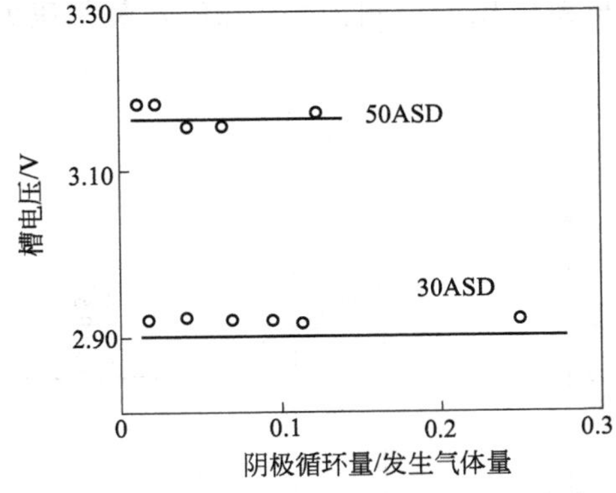

图 3-64 阴极液循环量与槽电压的关系

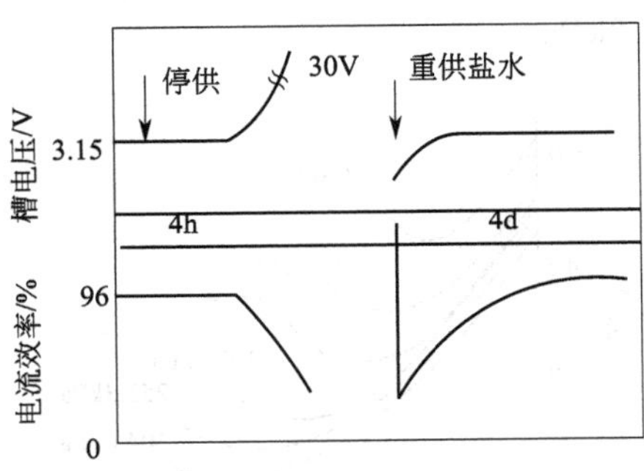

图 3-65 停供盐水对离子膜电解槽的影响

下面讨论向阳极室停供盐水的情况。图 3-65 表示在实验室电解槽中停止供应盐水而引起的情况。停供盐水后，槽电压迅速上升，上升最高达 30V 左右，同时电流效率迅速下降。停供盐水 4h 后如再继续供给盐水，则电流效率要经过 4 天才能逐渐恢复，而槽电压则较快地恢复正常。工业化电解槽也如此。如国内某厂国产化电解槽，因微机故障，停供纯水和盐水约 5min，槽电压上升，电流效率下降约 2%，当微机故障排除，纯水和盐水恢复正常供应后，槽电压很快恢复正常，但电流效率 1 天后才逐渐恢复到原来水平。在线操作时，当槽电压短时间上升时，迅速地实施联锁操作可以保护离子膜免遭过大的伤害。

在旭化成强制循环复极槽正常运行期间，阴、阳极气体压力为设定值，并串级控制，通常由调节阴、阳极流量控制电解槽压差。在不影响槽电压和电流效率的前提下，适当降低电解液循环量（由 $95m^3/h$ 降至 $65m^3/h$），可延长离子膜的寿命。

在电解过程中，电解槽内产生大量氢气和氯气，高的气体/液体比，将导致旭化成无涂层膜强制循环复极槽电压的升高，尽管单元电解槽和电极在设计上能迅速从电极表面上放出所产生的气体，但仍需有足够量的电解液供给电解槽进行循环，以及时将气体带走，对防止电解室内氯气滞留起到有效的作用。另一方面，可保证电解槽内不缺液体，使整个膜处于液相之中，消除气相对膜的影响，提高膜的使用寿命。

旭化成强制循环复极槽，保持较高的循环量，能使液体在离子膜表面产生足够的湍动，以便使滞流边界层厚度降到最小，使整张离子膜的离子电流密度和液体浓度均匀一致，可以完全避免阳极液的极化并具有较高的 I/c 比值。

无论是单极槽自然循环，还是复极槽自然循环，虽然进槽电解液流量很小，但电解液循环量还是很大的（如旭化成自然循环复极槽，单元槽阳极室内部循环量为 $0.74m^3/h$，几乎与强制循环相同；意大利迪诺拉公司自然循环复极槽阳极液自然循环量是进槽盐水量的 10～15 倍，阴极液自然循环量是进槽纯水量的 100～200 倍），同样可使电解液浓度分布均匀。

另外，电解过程中产生的热量，主要由电解液带走。因此必须保持电解液有充分的流动，除去多余的热量，将电解液温度控制在一定的水平。以 1 万吨/年计，强制循环阴、阳极液流量皆为 $32～95m^3/h$；部分强制循环阴极液流量为 $20m^3/h$，阳极液自然循环流量为 $11～14m^3/h$。

八、电解槽压力和压差

增大电解槽压力，电解液中的气体体积缩小，因产生气泡而引起的电解液电阻下降，电解槽电压降低（见图 3-66）。但电解槽压力过大，对其强度要求也就高了，并易漏，因此电解槽气体压力应控制在一定的范围内。旭化成强制循环复极槽氯气压力控制为 0.04MPa，氢气压力控制为 0.05MPa。旭硝子 AZEC-M 单极槽氯气压力控制为 0.15kPa，氢气压力控制为 2kPa。

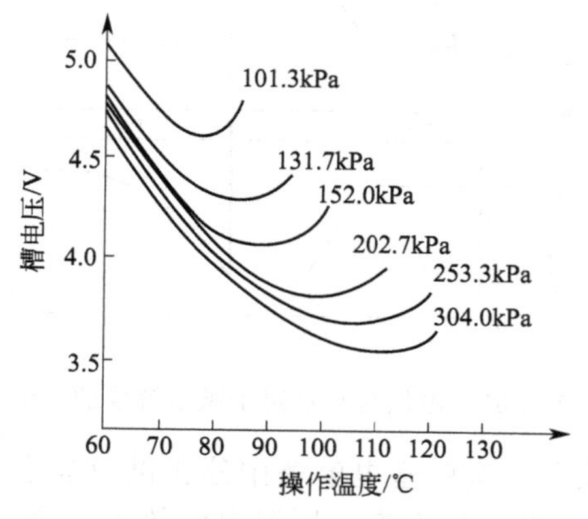

图 3-66　槽电压与操作压力的关系

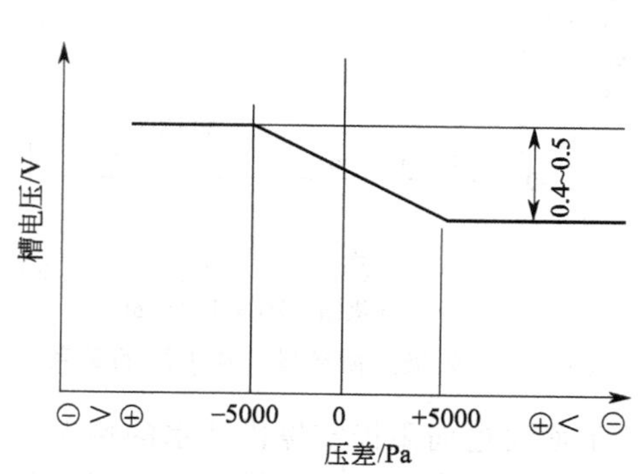

图 3-67　压差与槽电压的关系

电解槽正压差比负压差降低槽压大（见图 3-67），因为阳极液电导率远远小于阴极液电导率。旭化成强制循环复极槽一般正压差控制为 15kPa，若正压差过大，将使阳极永久变形，极距增大，电压上升，而且易损坏膜；若正压差过小，不仅易使槽电压上升，而且使压差波动，膜因振动而受到损伤。在开停车，特别是紧急停车时，操作不当或设备有问题，最易出现负压差，不仅使槽电压上升，而且使平时贴向阳极一边的膜反移贴向阴极，阴极表面铁锈（磁粉）和其他沉淀物，不仅污染膜，而且易使膜因移动而受到损坏。强制循环复极槽压差是电解槽操作的关键。压差的变化，频繁的波动，会使离子膜与电极反复摩擦受到机械损伤，特别是离子膜已经有皱纹时，就容易在膜上产生裂纹，因此除了电极表面要做得光滑外，还要保证阴极室压力大于阳极室的压力，使膜紧贴阳极，同时要自动调节阴极室和阳极室的压差，使其保持在一定范围内，以防止膜颤动而造成损伤。

复极槽的压差主要取决于氯气和氢气压力，但与阳极液和阴极液的流量也有很大关系，当氯气和氢气压力一定时，压差主要靠阴、阳极液流量来调节。旭化成强制循环复极槽正常运行中，压差控制在（0.015±0.003)MPa，开停车压差控制在0～0.018MPa。

目前离子膜强制循环复极槽氯气压力控制在 0.04MPa，氢气压力控制在 0.055MPa，电解槽压差控制在 0.015MPa。自然循环复极槽有的氯气压力控制在 0.02MPa，氢气压力控制在 0.023MPa，电解槽压差控制在 0.007MPa。自然循环复极槽有的氯气压力控制在－0.15～－0.5kPa，氢气压力控制在 1.5～2.0kPa，电解槽压差不控制。自然循环单极槽氯气压力控制在－0.15～－0.5kPa，氢气压力控制在1.5～2.0kPa，电解槽压差不控制。

第五节　离子膜电解工艺流程的组织

一、单极槽离子膜电解工艺流程

各种单极槽离子膜电解流程虽有一些差别，但总的过程大致相同，采用的设备及操作条件也大同小异。图 3-68 为旭硝子单级槽离子膜电解工艺流程简图。

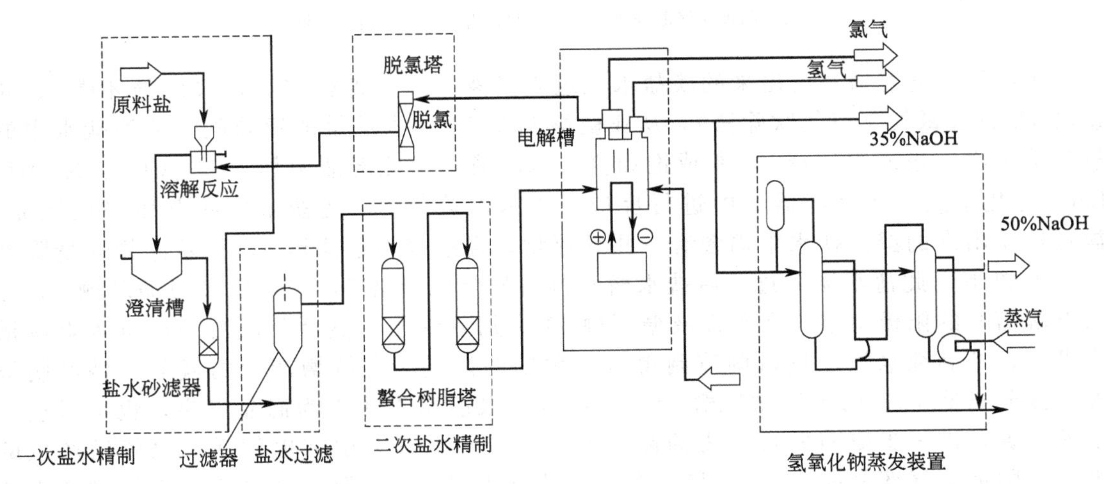

图 3-68　旭硝子单级槽离子膜电解工艺流程简图

如图 3-68 所示，用原盐为原料，从离子膜电解槽流出的淡盐水经过脱氯塔脱去氯气，进入盐水饱和槽制成饱和盐水，而后在反应器中再加入 NaOH、Na_2CO_3、$BaCl_2$ 等化学品，出反应器盐水进入澄清槽澄清，但从澄清槽出来的一次盐水还有些悬浮物，会对盐水二次精制的螯合树脂塔将产生不良影响，一般要求盐水中的悬浮物少于1mg/L，因此盐水需要经过盐滤过滤器过滤。而后盐水再经过螯合树脂塔除去其中的钙镁等金属离子，就可以加到离子膜电解槽的阳极室；与此同时，纯水和液碱一同进入阴极室。通入直流电后，在阳极室产生氯气和流出淡盐水，经过分离器分离，氯气输送到氯气总管，淡盐水一般含 NaCl200～220g/L，经脱氯塔去盐水饱和槽。在电解槽的阴极室产生的氢气和 30%～35%液碱同样也经过分离器，氢气输送到氢气总管，30%～35%的液碱可以作为商品出售，也可以送到氢氧化钠蒸发装置蒸浓到 50%。

二、复极槽离子膜电解工艺流程

各种复极槽离子膜电解流程虽有一些差别，但总的过程大致相同，采用的设备及操作条件也大同小异。图 3-69 为旭化成复极槽离子膜电解工艺流程简图。

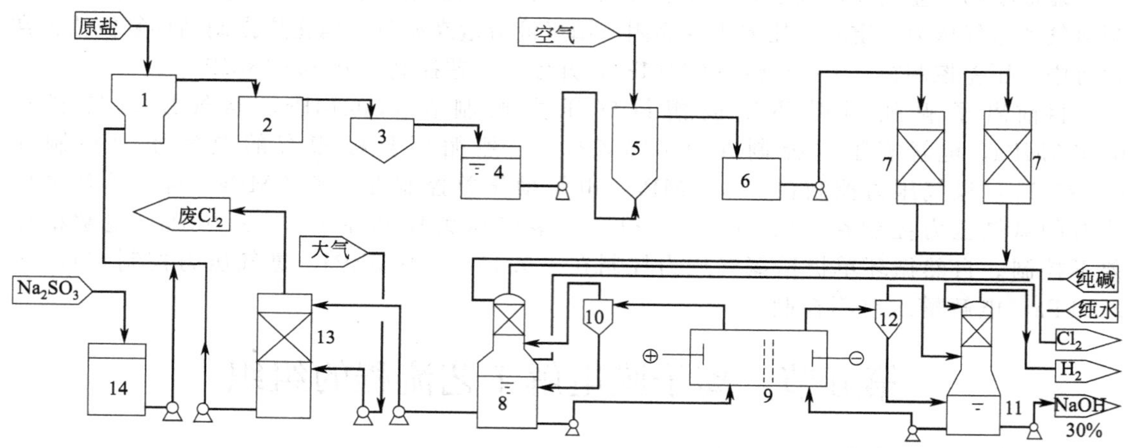

图 3-69 旭化成复极槽离子膜电解工艺流程简图

1—饱和器；2—反应器；3—沉降器；4—盐水槽；5—盐水过滤器；6—过滤后盐水槽；7—螯合树脂塔；8—阳极液循环槽；9—电解槽；10—阳极液气液分离器；11—阴极液循环槽；12—阴极液气液分离器；13—脱氯塔；14—亚硫酸钠槽

从离子膜电解槽 9 流出来的淡盐水经过阳极液气液分离器 10、阳极液循环槽 8、脱氯塔 13 脱去氯气（空气吹除法），从亚硫酸钠槽 14 加入适量的亚硫酸，使淡盐水中的氯脱除干净，进入饱和器 1，制成饱和食盐水溶液。向此溶液中加入 Na_2CO_3、NaOH、$BaCl_2$ 等化学品，在反应器 2 中进行反应，进入沉降器 3，使盐水中的杂质得以沉淀。盐水槽 4 出来的澄清盐水中仍含有一些悬浮物，经过盐水过滤器 5，使悬浮物含量降到 1mg/L 以下。此盐水流入过滤后盐水槽 6 再通螯合树脂塔 7，进入阳极液循环槽 8，加入电解槽 9 的阳极室中。在阴极液循环槽 11 中加入纯水，然后与碱液一同进入电解槽阴极室，控制纯水加入量以调节制得氢氧化钠的浓度。电解槽产生的氢氧化钠经阴极液气液分离器 12、阴极液循环槽 11，一部分经泵引出直接作为商品出售，也可以进入浓缩装置，进一步浓缩后再作为商品，另一部分经循环泵引回电解槽。电解槽产生的氢气经阳极液气液分离器 10 并与二次盐水进行热交换后送到氢气总管，电解槽产生的氯气经阴极液气液分离器 12 并与纯水进行热交换后送入氢气总管。淡盐水含 NaCl190～210g/L，送到脱氯塔 13，脱出的废气再送处理塔进行处理（如果是真空脱氯，脱出的氯气可回到氯气总管）。

第六节 离子膜电解岗位生产操作与控制

一、复极槽

(一) 电解槽的组装

以旭化成复极槽（图 3-70）为例，其组装程序如下。

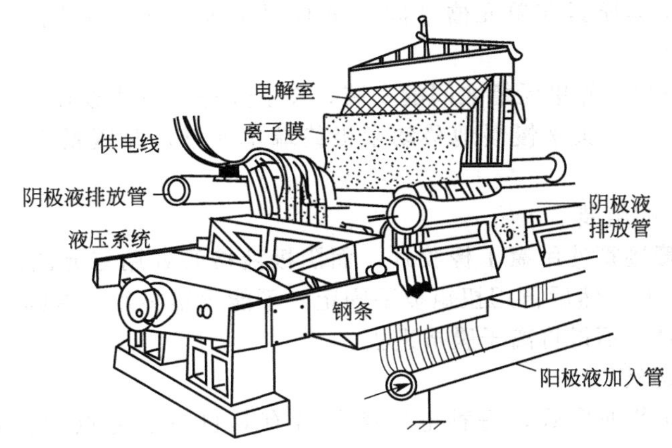

图 3-70 旭化成强制循环复极槽结构图

1. 挤压机的组装

将挤压机各零部件组合，进行挤压机的组装，调整挤压机各部件的嵌合，使其整体尺寸达到规定标准值范围内。

2. 液压装置的组装

将液压装置各零件进行组装和动作试验。用配管连接液压装置和挤压机液压缸，进行液压缸和挤压机的动作试验。保证伸缩正常。此步骤要注意油管路及设备的清洗，用干燥空气吹扫及进行油循环，直至油合格方可投入使用，以防挤压机液压缸被划破。

3. 单元槽及其配件的安装

(1) 垫片的安装

垫片必须正确地根据要求用合适的黏合剂贴在单元槽的两个密封面上（一台电解槽大约用 10kg 黏合剂），为了使垫片粘贴结实，用金属的手提碾轮挤压均匀，然后在两侧垫片上涂刷抗黏剂（一台电解槽大约用 6kg）。抗黏剂为 Toray 有机硅 PRX-305，一般 2～4h 即干。但也有美国和国产的抗黏剂（杜邦 Toxy-105 和河北省泊头市交河精细化工品公司的 JFFL-1 防黏密封剂），涂后即干。

(2) 单元槽的安装

用吊车将单元槽吊在挤压机的侧杆上，每个单元槽有 2 个支座臂，支座臂用螺栓固定在单元槽的两个侧面上，支座臂将单元槽支撑在侧板上，每个单元槽的质量为 350～400kg，设有润滑机构，为了易于滑动，在支座臂的下侧面上衬一块特殊的 ABS 板，以减小支座臂与侧板之间的摩擦力，在将单元槽固定在挤压机上后，全部单元槽都必须准确地按直线对准，为达到此目的，单元槽两个支座臂中有专门的导向凹槽，可以准确和迅速地将单元槽贴合装配在侧板上，如果所有单元槽的支座臂上的导向凹槽都贴合装配在侧板上，则全部单元槽是能够准确按直线对齐的。为防止温度、压力、热膨胀及垫片的蠕变等的影响，每个支座臂上都有一个孔，以采用适当的绝缘锁紧销来加以固定。

(3) 离子膜的安装

在完成了垫片的粘贴和单元槽的固定之后，在单元槽上进行膜的安装。首先在单元槽上部垫片间放置数块约 10mm 厚的木板，让操作人员站在板上，以免损坏膜和垫片。

从盛膜的专用筒中将膜取出，并小心地递给在电解槽上的操作人员，将其展开，检查离子膜的阴极侧表面，必须以正确的方向拿着膜，膜的安装位置必须保证其各边突出于单元槽框的部分大体相等，这一工作需要各操作人员之间的密切配合，在单元槽的两侧各站一人，均匀用力一次动作将单元槽框推向固定头，以保证膜压紧在单元槽板表面时不会产生折皱，将膜压紧在单元槽之间，重复以上操作直至除阳极终端外所有的单元槽都压紧离子膜为止。

阳极终端单元槽和相邻单元槽之间的安装，按上述操作将膜放在阳极终端单元槽和相邻单元槽之间，通过移动端头来慢慢地移动阳极终端单元槽，并压紧离子膜（油压机压力为 7MPa）。

（4）电解槽软管的组装

① 在阳极液软管接管处用氯丁橡胶片，而阴极液接管处用三元乙丙橡胶垫片，先用手将挠性软管的螺母拧上，然后再用扭矩扳手固定。不能用错垫片，否则易造成泄漏。

② 在拧紧螺母时，不得将离子膜挤进去。

（二）电解槽的运转

离子膜电解槽有多种形式，每种电解槽都各有其自身的特点和特殊的工艺要求，但无论如何，离子膜电解制碱工艺的原理是一致的。下面以目前国内使用最多的旭化成强制循环复极式电解槽的操作运行情况为例进行介绍，其他形式电解槽的运转情况，可以此为借鉴。

1. 正常开车前的准备

（1）预先通知

要把开车时间和计划供给电解槽的电流负荷通知下列工段：

① 动力供给工段；

② 一次盐水精制工段；

③ 氯氢处理工段；

④ 高纯盐酸工段等。

（2）生产条件的准备

① 将氮气送入阴极液循环槽，并且使氢气管线中的氧含量小于1%（也可根据氮气实际含氧而定，若氮气含氧为 3%，则氢气管线中的氧含量小于 3%即可）。

② 保持阴极液循环槽的液面在指定值，并进行开车用碱的预热循环。

③ 保持阳极液循环槽的液面在指定值，并通过阳极液循环槽进行二次盐水循环。

④ 向阳极液循环槽中加入纯水，调整阳极液中含 NaCl 量为 (18.5±1)%。

⑤ 准备好供给阳极液循环槽的盐酸管线及供给阴极液循环槽的纯水管线。

⑥ 电解槽的膜泄漏试验、槽泄漏试验完毕。

⑦ 电解槽移动端的锁定螺母已调节至指定位置。

（3）确认下列相关工段

① 氯、氢处理工段已准备好，并且通往除害工序的氯气管线、通往氢气放空的氢气管线皆被打开。

② 动力供给工段已做好准备。

③ 整流工段已做好准备。

④ 二次盐水精制工序、脱氯工序已稳定运行起来。

(4) 电解液的供给和电解液的循环

开动阴极液循环泵和阳极液循环泵，并将阴极液充入电解槽的阴极室，阳极液充入电解槽的阳极室，电解槽阴、阳极室分别用电解液充满后，打开电解槽出口管线上的阀门，调整进电解槽阴、阳极室的流量为（944±5）m^3/h，保持电解液循环10min，以检查各单元槽电解液的流动情况及电解槽的泄漏情况，保持电解槽的压差在5kPa范围内，如果槽内电解液流动正常，且无漏点，则可提高电解槽液压机的油压至规定值12MPa。

2. 电解槽的开车

通知所有相关工序，电解槽马上送电，使电流迅速地从零升至3.0kA，防止电解槽在较低的电流密度下运行，然后将电解槽电流提至5kA运行，再进行以下各项工作。

① 用数字式电压表测量每个单元槽的电压，假如某单元槽电压高于平均单元槽电压0.3V以上，则该单元槽为异常。

② 停止向氢气总管和阴极液循环槽供应氮气。

③ 停止向阳极液循环槽加入纯水，并调整向阳极液循环槽加入的二次盐水流量与电解槽的电流负荷相适应。

④ 确认测量电解槽供给电流电流表和电压表的指针没有异常的波动，然后调整电解槽差压电位计（EDIA）的指针至零点，并将此联锁装置投入。

⑤ 将阴极液NaOH浓度设定在指定值，调整加入阴极液循环槽的纯水的流量，保证阴极液NaOH浓度在规定的范围内。

⑥ 将阴、阳极液循环槽的液位设定在指定值，使液位自动保持在规定值。

⑦ 检查电解槽两侧出口软管中流体的流动状态，在软管中不允许有低的流动速率。

⑧ 检查各单元槽阳极液出口软管中的颜色，淡红色、紫色或无色都表明处在该单元槽位置的离子膜泄漏。

⑨ 检查单元槽的泄漏情况，主要是单元槽的软管螺母处和单元槽密封面处。

⑩ 设定接地继电器的指针在规定范围内。

⑪ 逐步向阳极液循环槽中加入盐酸，控制从阳极液循环槽排出淡盐水的pH值为2.0～2.5。

⑫ 逐步提高氯气和氢气分离器出口总管的氯气和氢气压力至规定值，并利用仪表的比值调节功能，保持两气体压力差为15kPa，在氯气和氢气压力升高期间，一名操作人员应站在电解槽前，通过调节阳极液和阴极液的流量，保持电解槽的压差在（1.5±0.3）×10^4Pa范围内。

⑬ 检查氯气纯度，如氯气纯度大于98.5%，则切换氯气管线至氯气处理工序。

⑭ 检查氢气纯度，如果氢气纯度大于99.9%，则切换氢气管线至氢气处理工序。

⑮ 氯气、氢气纯度合格后，根据生产平衡，可逐步提高电流负荷至规定值。

⑯ 当电解槽的温度（阴极液出口温度）达到85℃，并稳定在85℃2h后，用锁定螺母锁定电解槽的移动端，然后将挤压机的油压降至规定值。

⑰ 用阴极液冷却器调整阴极液进入电解槽的温度，保证电解槽阴极液出口温度在(85±1)℃。

3. 电解槽正常操作运行参数的调节

(1) 电流负荷的调节

电解槽电流的升降是按照如下步骤进行的。

① 解除电解槽差压电位计（EDIA）的联锁旋钮。

② 确认以下各项指标是否正常：

a. 电解槽的压差为（1.5±0.3）×10^4Pa；

b. 用于测量供给流电流表的值；

c. 电解槽电压表的值；

d. 氯气、氢气压力及其差值；

e. 阴极液进出温度；

f. 阳极液循环槽排出淡盐水的pH值为2.0～2.5，含NaCl在（17.3±1）%；

g. 阴极液浓度在（30±0.5）%范围内；

h. 阴、阳极液循环槽的液位在60%；

i. 供给阳极液循环槽二次盐水的流量及供给阴极液循环槽纯水的流量。

③ 供给电解槽盐酸量的调节，盐酸供给量必须以保持淡盐水的pH值在2.0～2.5范围内为准则。

④ 分级改变供给电解槽的电流（1kA/级），并检查或调节上述②中的各项指标。电流调节后，再次将电解槽的差压电位计（EDIA）调至零，并投入相应的联锁旋钮。

（2）盐酸流量的调节

每4h分析一次淡盐水的酸度，并且其酸度值与仪表记录的淡盐水pH值满足关系：pH值$=-\lg c_{H^+}-0.47$，及时调整盐酸流量，保证淡盐水的pH值控制在2.0～2.5范围内。控制淡盐水pH值检测器冷却器的温度，调整进入冷却器的冷却水量，使进入pH值检测器的淡盐水的温度在20～60℃范围内。

（3）电解槽压差的调节

由于影响电解槽压差的因素是复杂的，当电解槽的压差超出规定范围时，在电解槽氯气、氢气压力无异常的情况下，通常用改变进入电解槽阴、阳极室电解液流量的方法来调整。

（4）电解槽温度的调节

电解槽的温度是通过改变进入阴极液冷却器冷却水流量的大小来控制的，通过对阴极液进入电解槽温度的调节，保证阴极液出电解槽温度在（85±1）℃。

（5）电解液浓度的调节

阳极液浓度的调节是通过供给阳极液循环槽二次盐水流量的大小进行的，每4h分析一次从阳极液循环槽排放的淡盐水中NaCl的浓度，使之在（17.3±1）%范围内，确认淡盐水浓度记录仪上的值与分析的浓度值是一致的。

（6）电解槽的锁定

在稳定操作期间，电解槽的移动端是用锁定螺母固定的，这称为电解槽的锁定。在电解槽锁定期间，供给挤压机的油压被降至规定值。但如果供给电解槽的电流负荷被调节，电解槽的温度将改变，从而导致单元槽间的密封垫片膨胀或收缩。因此规定，在电解槽运行期间，当电解槽温度降低或升高5℃时，必须对电解槽重新锁定，具体的锁定条件规定如下：

① 开车期间，当电解槽温度低于60℃时，保持锁定螺母距锁定位置10～20mm；

② 当电解槽的温度达到60℃时，调整锁定螺母距锁定位置2～3mm；

③ 当电解槽的温度达到85℃，并且稳定在85℃2h后，锁定电解槽，并将供给电解槽挤压机的油压由12MPa降至7MPa；

④ 如果电解槽的温度降低或升高5℃，则提高电解槽挤压机的油压至12MPa，并打开锁定螺母距锁定位置2～3mm；

⑤ 使用新垫片时，每天需重新锁定一次电解槽，直至电解槽的移动端头稳定在固定位置。

（7）油压调节

当液压泵被启动后，正常情况下，油压机所需要的操作仅限于挤压机的油压，根据电解槽内压及槽温等控制挤压机的油压是必要的。如果挤压机（液压机）的油压太低，那么电解液将从电解槽内泄漏；如果挤压机的油压超过某一限度，那么离子膜将被损坏。因此要根据电解槽不同的操作阶段相应地去调节挤压机的油压在适当的数值。

① 供给电解槽挤压机油压大小的调节，首先使用液压泵上的压力调节阀，将油压机总管的油压调至 14.5MPa，然后利用油压分配管上的减压阀，调节供给电解槽挤压机的压力。电解槽状态和挤压机油压的对应关系如表 3-10 所示。此外，电解槽的移动端被锁定后，在电解槽紧急停车的情况下，对电解槽挤压机的油压不需要进行调节；如果在电解槽的移动端被锁定前，电解槽出现紧急停车或油压发生故障的情况，则都必须迅速地锁定电解槽，并将挤压机的油压降至 7MPa。

表 3-10 电解槽状态与挤压机油压的对应关系

电解槽状态	供给液压机的油压/MPa	电解槽状态	供给液压机的油压/MPa
膜泄漏试验	70	电解槽开车	12.0
电解槽泄漏试验	10.0	电解槽锁定后	7.0
电解液循环期间	10.0		

② 供给挤压机油压方向的调节是通过油压分配管上的手控阀来控制的，只有当对单元槽进行检修时（含更换单元槽、垫片和膜），才改变挤压机油压的方向，使单元槽从需检修处脱开。在电解槽正常运行期间，用于改变油压作用方向的手控阀必须用销钉固定，以防止油压方向改变而造成事故。

4. 电解槽的停车

为了保证离子膜电解槽的安全运行，离子膜电解装置设置了许多自动联锁停车系统。如果工艺条件满足不了联锁控制条件，那么电解槽将自动断电，此时对电解槽应按紧急停车处理。因此，离子膜电解装置的停车分为计划停车和紧急停车两种情况，这两类停车的条件不同，因而停车后的处理程序也有区别，下面分别论述。

（1）计划停车

① 停车前的准备。

a. 向氯氢处理、盐酸合成等工段通知电解槽停电时间。

b. 确认电解槽已被锁定，并且液压机的油压被降至规定值 7.0MPa。

c. 解除电解槽差压电位计（EDIA）联锁电路。

② 电解槽停电。

a. 停止向阳极液循环槽供应盐酸。

b. 逐渐降低电解槽的电流。

c. 调节电解槽的阴、阳极液流量，保持电解槽的压差在规定的范围内。

d. 电流降至零后，关闭整流器的切断开关。

e. 停止向阴极液循环槽供应纯水。

f. 停止向阳极液循环槽供应二次精制盐水（如果二次盐水工序不停车，可保持一定的二次盐水流量）。

③ 停止向电解槽送入电解液。

a. 在电流降至零后，保持电解槽内的电解液循环 5min。

b. 缓慢地关闭电解槽阴、阳极液的进口循环阀，在关闭阀门时，注意保持电解槽的压差为 0～15kPa，电解槽的进口阀关闭后，再关闭出口阀。

c. 解除阴、阳极液循环泵的联锁电路，然后停掉两台泵。

④ 对氯、氢气管路系统中残留气体的处理。

a. 将氯气管线从产品管线切换至除害吸收系统。

b. 将氢气管线从产品管线切换至放空管。

c. 通过改变氯气压力调节仪表设定点的方法，逐渐地自动将氯气压力降至零，利用氯气、氢气两压力表的比值调节功能，氢气压力也同步降低。

⑤ 电解槽停车后的处理。

a. 在电解槽停车后，氯气和氢气还在电解槽内残存一定的压力，必须将这些气体排出，在释放槽内气体时，首先打开氯气排放阀，然后再打开氢气排放阀，以保持电解槽的压差为正值。

b. 电解液的排出。如果预计电解槽停车时间在 1h 以上、8h 以内，则在电解槽内残留气体排放后，应将槽内的电解液排出，并水洗一次（所谓水洗，即向单元槽注满纯水，然后再排掉），如有必要也应进行膜泄漏试验。

c. 当电解槽需要检修时（如膜的更换、单元槽的更换及垫片的更换等），则在电解槽排出电解液后要水洗两次。

d. 当电解槽持续停车超过 72h 时，对电解槽的清洗需每隔 72h 进行一次，以防止膜干燥。

（2）紧急停车

① 紧急停车的原因。

a. 下游工序即氯处理、氢处理、氯化氢等工序的故障。

b. 电解槽压差大于 35kPa，或小于－5kPa。

c. 电解槽的差压电位值大于 2 或小于－2。

d. 阴极液循环泵或阳极液循环泵停止运转。

e. 仪表电源突然断电。

f. 仪表气源压力小于 0.45MPa。

g. 氯气或氢气压力突然升高至联锁点。

h. 电流过载，供给电解槽的直流电超过电解槽额定电流。

i. 电解槽内的电解液泄漏，导致电解槽接地。

j. 整流器故障（含冷却水断流及温度高）。

k. 高压电路故障。

l. 其他意外事故，用紧急停车旋钮进行紧急停车。

② 紧急停车后的程序。电解槽紧急停车后，应迅速和中心调度室联系，以便及时通知相关工序，采取应急措施，避免重大事故发生，同时对电解槽进行处理。电解槽突然断电后，分为阴、阳极液循环泵停和不停两种情况，其处理程序如图 3-71 所示。

a. 阴、阳极液循环泵继续运转的情况。

· 调节电解槽的阴、阳极液进口流量，以保持电解槽的压差在 0～15kPa。

· 停止向阳极液循环槽中供给盐酸、降低（或停止）二次盐水向阳极液循环槽中的加入量，停止向阴极液循环槽中供应纯水。

· 确认解槽是否被锁定，如果电解槽还未被锁定，降低液压机的油压至 6.9MPa。

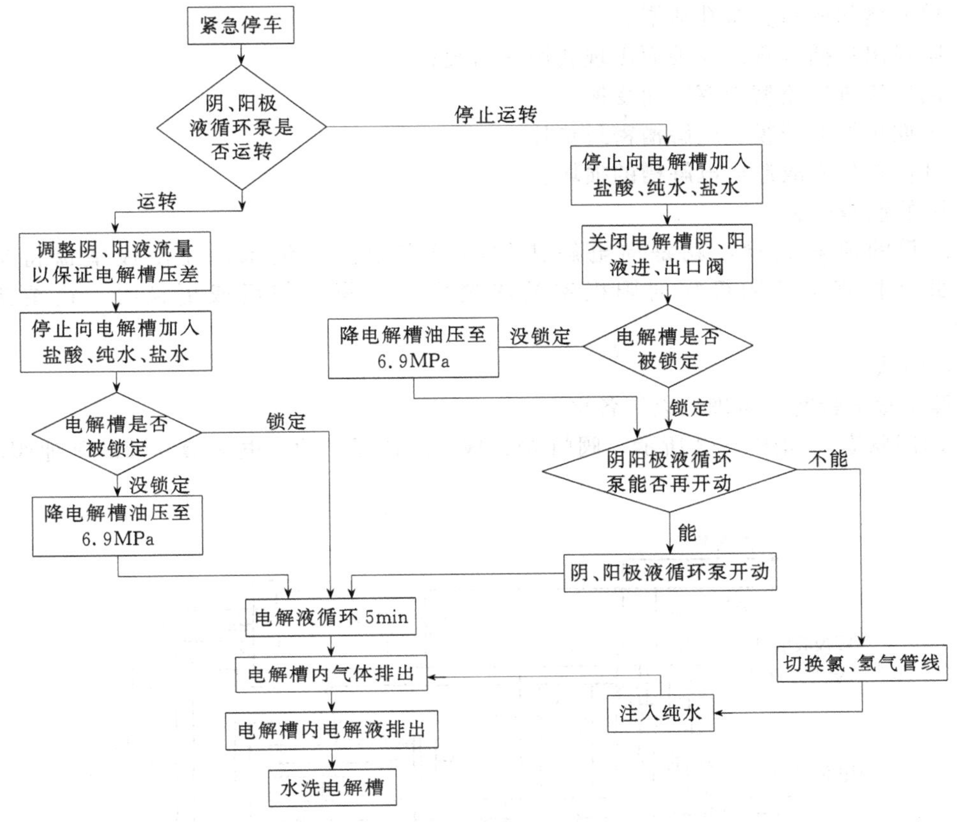

图 3-71 电解槽紧急停车处理程序

· 保持电解槽内阴、阳极液循环 5min。

· 确认电解槽能否在 1h 内开车，如果能开车，准备开车；如果在 1h 内不能开车，对电解槽进行排气、排液、水洗。

b. 阴、阳极液循环泵停止运转的情况。

· 首先停止向阳极液循环槽中加入盐酸，降低（或停止）向阳极液循环槽中加入二次盐水的流量，停止向阴极液循环槽中加入纯水；

· 关闭电解槽的阴、阳极液的进、出口阀；

· 确认电解槽是否被锁定，如果未锁定，降低液压机的油压至 6.9MPa；

· 如果阴、阳极液循环泵能马上启动，则按上文 a. 中的第 4、5 条进行；

· 如果阴、阳极液循环泵不能马上启动，则需将氯气管线切换至除害工序，氢气管线切换至放空管线，然后向电解槽内加入纯水，使电解槽内的气体排出，再按上述 a. 中的第 5 条进行。

（三）电解槽的检修

以旭化成强制循环复极槽为例，其他复极槽的检修大同小异，可以借鉴。

1. 电解槽检修原因

当电解槽出现以下情况时，应对电解槽进行检修：

① 个别膜泄漏；

② 阳极网表面涂层被腐蚀；

③ 单元槽的隔板腐蚀穿孔；

④ 单元槽的密封实验孔泄漏；

⑤ 阴极出口插入管因腐蚀而出现孔洞或断裂；

⑥ 阳极液进口喷嘴因腐蚀而变换；

⑦ 定期更换离子膜及电解槽密封垫片；

⑧ 其他意外事故造成电解槽的损坏。

2. 膜的泄漏试验

所谓膜的泄漏试验，就是向电解槽的阴极室中注满纯水，而阳极室保持空的状态，以此来检查水从阴极室向阳极室的渗透率。当膜安装后或更换时，需要进行本项试验。

(1) 确认

在膜泄漏试验前，需确认以下各项：

① 阀门状态，如图 3-72 所示，阀门 M、W、D 是开启的，电解槽周围的其他阀门都是关闭的；

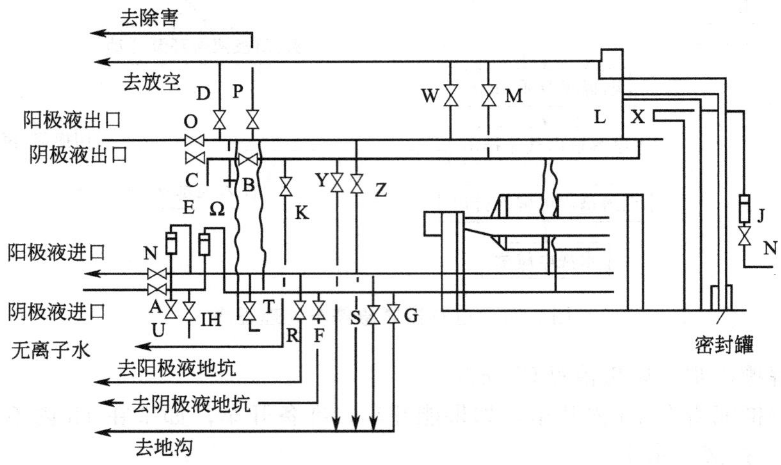

图 3-72 电解槽试漏及膜试漏操作阀门

② 供给电解槽液压机的油压保持 7.0MPa；

③ 准备好试漏用的量筒和秒表；

④ 将半透明的聚乙烯软管适当地接到阀门 I 和 T 上作为液面计，以便于观察电解槽中水的液位。

(2) 向阴极室中注满纯水

① 打开并调节阀门 I，将纯水注入阴极室，在注入纯水的同时，保证阴极液进口总管压力为 0.025MPa。

② 当纯水开始通过阴极室出口的挠性软管流出，进入出口总管的时候，为了避免对离子膜产生超压作用，部分地关闭阀门 I。

③ 当水开始从阀门 M 的出口溢流时，关闭阀门 I。

(3) 泄漏试验

① 让单元槽保持静止状态大约 10min。

② 首先目测判断各单元槽的泄漏量，并将单元槽分成下列三组：

a. 无泄漏的单元槽；

b. 泄漏量明显低于 1000mL/h 的单元槽；

c. 泄漏量约为 1000mL/h 或大于 1000mL/h 的单元槽。

将量筒放在上述 c 组单元槽的接管下面，收集从单元槽接管流下的水 6min，并将水的流速换算为每小时的毫升数。

③ 当证实每个单元槽的泄漏量低于 1000mL/h 时，将阳极液进口的挠性软管接到单元槽的接管上，然后着手进行下述的电解槽泄漏试验。

④ 如果离子膜的泄漏量大于 1000mL/h，则按下列顺序进行：

a. 记录膜的位置和标志符号；

b. 排放电解槽中的水；

c. 排放水后按“部分更换离子膜”或“全部拆卸离子膜”部分所叙述的方法，更换离子膜；

d. 对更换的离子膜重新进行离子膜的泄漏试验，直至所有的离子膜都不泄漏为止。

3. 电解槽的泄漏试验

电解槽的泄漏试验，是检查在离子膜的泄漏试验之后各单元槽的安装情况。电解槽的泄漏试验是在对离子膜进行泄漏试验后，电解槽的阴极室内已经充满纯水的情况下，将电解槽的内压升至一定压力，以此来检验电解槽各部分是否泄漏。电解槽能否投入开车取决于电解槽外部可见水的泄漏情况。

(1) 确认

进行电解槽的泄漏试验之前，需确认下列事项：

① 离子膜的泄漏试验已经完成；

② 阀门 M、W 和 D 是打开的，如图 3-72 所示，电解槽周围的其他阀门均被关闭。

(2) 向电解槽的阳极室中注入纯水

① 打开并调节阀门 U，保持阳极液进口总管压力小于 0.025MPa。

② 当纯水开始从阳极室出口挠性软管流出，进入出口总管的时候，为了避免对离子膜的超压作用和异常的压差，部分地关闭阀门 U。

③ 当水开始从放空阀 M、W 流出时，关闭阀门 U 和 I。

(3) 泄漏试验

① 调节液压机的油压至 10.0MPa。

② 确认阀门 I 和 U 关闭后，关闭阀门 M、W。

③ 为了使各单元槽的内压达至规定值，慢慢地打开阀门 I 和 U，使阴、阳极液进口总管压力先后达到 0.1MPa。

④ 当压力达到规定值后，关闭阀门 I 和 U。

⑤ 检查单元槽、软管、垫片和管件周围的泄漏情况。

⑥ 当观察到没有泄漏情况时，通过开启阀门 W、M，释放槽内压力（先开 W 后开 M）。

⑦ 单元槽内压释放后，将液压机的油压降至 7.0MPa。

⑧ 如果观察到有泄漏现象，在有缺陷的部位采取适当的措施后，重复电解槽的泄漏试验，直到证实电解槽各处的密封都符合要求为止。

⑨ 电解槽泄漏试验完毕后，打开阀门 Z 和 Y 及 S 和 G，将电解槽中的水排掉。

4. 膜的更换

膜的更换分更换一张离子膜（即拆下一张离子膜和安装另一张离子膜）和更换全部膜。如果需要更换数张离子膜，可按照更换一张离子膜的方法重复进行。

(1) 局部膜的更换

① 进行膜更换前，需确认下列事项：

a. 需更换的离子膜的部位已检查过；

b. 备用膜已准备好，并且其标志序号已记录；

c. 单元槽已用纯水清洗，并且清洗的水已排放；

d. 更换离子膜用的平衡液槽已准备好；

e. 端头上带有绳扣的钢链 16 根、链条拉紧装置 4 个及抗黏合剂等工具已准备好；

f. 4 名操作工已准备好，2 名在电解槽的上部，2 名在电解槽两侧，调节电解槽挤压机油压需 1 名操作工。

② 准备工作。

a. 为了使离子膜易于从垫片上取下，向欲更换的离子膜上浇水。

b. 按照欲更换的离子膜位置，正确地放置好上述一组工具。

c. 松开电解槽锁紧螺杆上的锁紧螺母，并将其取下。

d. 将液压机的油压降至 1.5MPa。

e. 用电解槽两端头的链条拉紧装置，将链条紧紧地拉紧，如图 3-73 所示。

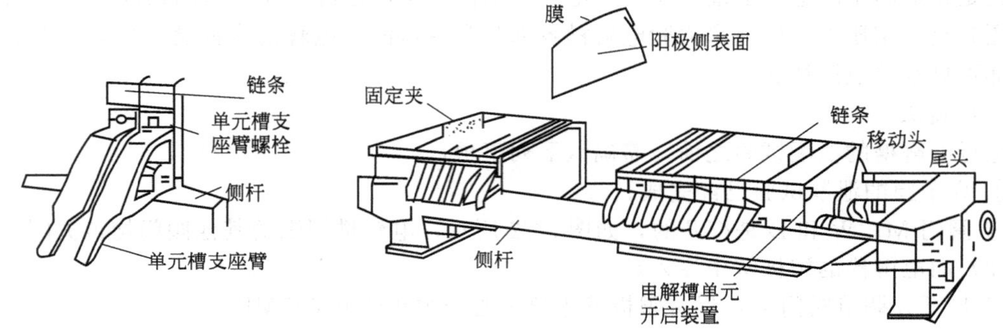

图 3-73 旭化成强制循环复极槽结构及装膜取槽图

③ 膜的取出。

a. 在电解槽上紧紧地拉住离子膜。

b. 将电解槽移动头向尾部端头移动 25～30cm，至挠性软管尚未达到被拉紧的程度。

c. 小心地取出膜，并将其卷在 ϕ80mm PVC 管上，注意在取膜的过程中，不得使膜出现皱折。

d. 将取出的离子膜展开，并在平衡液槽中浸湿，浸湿时应使离子膜的阴极侧表面向上并不得使空气滞留在离子膜的下面。

e. 用纯水冲洗单元槽电极的表面，检查电极表面是否有剥落和尖角存在。

f. 检查垫片的贴附是否完好，如果垫片附着牢固，则涂上合适的抗黏剂（离形剂），如果垫片粘贴不好，则需重新粘贴垫片。

④ 备用膜的安装。

a. 将备用膜卷在 ϕ80mm PVC 管上，递给站在电解槽上的操作工。

b. 在电解槽上的操作工要细心地将离子膜展开。

c. 确认离子膜阴极侧表面，使之面对单元槽的阴极。

d. 离子膜放进电解槽时，必须使其每一边突出于单元槽的部分几乎是相等的。

e. 紧紧地拉住离子膜下部的两边，保证将其压在电极表面上时不会产生皱折。

f. 慢慢地将电解槽的移动头移向固定头，把离子膜压紧在单元槽间。

g. 将液压机的油压升至 7.0MPa。

h. 取下前述的专用工具。

i. 检查导向凹槽是否与侧板正确地贴合。

(2) 全部膜的拆除

① 确认。

a. 电解槽已断电。

b. 单元槽已被冲洗，并且冲洗水已放净。

c. 至少 4 名操作工已准备好取出离子膜，2 名在电解槽上，2 名在电解槽的两侧。

d. 平衡液槽、放置锁紧销的容器、清洗软管用的刷子及终端槽的夹紧杆等专用工具已准备好。

② 准备工作。

a. 用终端槽夹紧杆将阳极终端固定在移动头上。

b. 将平衡液槽放在电解槽附近。

c. 松开电解槽的锁紧螺母，并取下。

d. 为了使离子膜易于从垫片上取下，向离子膜上浇水。

③ 终端单元槽膜的取出。

a. 站在与阳极终端槽（阳极端框）相邻的单元槽上，抓住离子膜的上边缘。

b. 将移动头向尾部端头方向拉回 25～30cm，拉至挠性软管不被拉紧的程度。

c. 取下单元槽的锁紧销，并将其放在准备好的容器内。

d. 慢慢地取下离子膜，并将其卷在 ϕ80mm 的 PVC 管上，然后把其交给站在电解槽旁边的操作工。

e. 将离子膜在平衡液槽中展开浸湿，膜的阴极侧表面向上，不得使空气滞留于离子膜的下面。

④ 其他膜的取出。

a. 再次把水浇在离子膜上，使离子膜和垫片湿润。

b. 站在电解槽上抓住将要取下的离子膜的上边缘。

c. 沿着侧板向相邻的单元槽方向滑动单元槽，取下锁紧销，将其放在准备好的容器内。

d. 小心地取下离子膜，并把其卷在 ϕ80mm 的 PVC 管上，然后将其交给站在电解槽旁边的操作工。

e. 将离子膜放在平衡槽中展开，使其阴极侧表面向上，将离子膜在槽中浸湿，浸湿时不得使空气滞留于离子膜的下面。

f. 重复操作步骤 b～e，直至取下所有的离子膜。

⑤ 膜取出后所需进行的工作。

a. 冲洗电极和垫片，并向固定头的方向一个接一个地推动单元槽，以除去铁锈和单元槽内残留的电解液。

b. 检查下列项目：单元槽环氧树脂涂层是否有裂纹或破损；阳极或阴极涂层的剥落情况及极网上是否存有尖角的物体；垫片的腐蚀和附着情况；接管口和辅助电极的腐蚀情况；锁紧销绝缘包镶层是否破裂。

5. 从电解槽中取出单元槽

从电解槽上拆下离子膜后，再从电解槽上取下单元槽。当单元槽需要重新安装到电解槽上时，应注意在电解槽正半侧使用过的单元槽，可放在负半侧使用，但在电解槽负半侧使用过的单元槽，不能放在电解槽的正半侧使用。

（1）准备工作

① 单元槽起重吊钩、起吊单元槽用的钢丝绳、单元槽搬运小车、放置单元槽用的木制平台和电极保护垫层、保护连接管用的橡胶套等材料或工具已准备好。

② 为了便于单元槽的取出，在电解槽中要有足够的安全空间。

③ 拆下要取出的单元槽的挠性软管。

（2）取出单元槽

① 把单元槽放在搬运小车上。

a. 把起吊单元槽用的吊钩挂到吊车和将要与单元槽连接的钢丝绳上。

b. 移动吊车，使其正好处于要取出单元槽的上方。

c. 把起吊单元槽用的吊钩挂到单元槽上。

d. 把单元槽搬运小车放在吊车轨道的正下方。

e. 起吊并移动单元槽，将其放到单元槽搬运小车上。

② 把单元槽放在木制平台上。

a～c 同上述（1）中的①～③。

d. 起吊单元槽，并将保护连接管用的橡胶套套到连接管上。

e. 将木制平台刚好放在吊车轨道下面，使用的木制平台要能承受 5 个单元槽的质量，一个单元槽的质量大约 300kg。

f. 把电极的保护垫层放在木制平台上。

g. 移动单元槽，并小心地将单元槽放在木制平台上，同时不得损坏单元槽连接管和电极。

（四）电解槽的检查项目

装上离子膜和单元槽的电解槽，在开车前必须再次检查确认以下项目是否完成：

① 单元槽的标志序号和安装位置已被记录；

② 离子膜的标志序号和安装位置已被记录；

③ 离子膜的泄漏试验已结束；

④ 电解槽的泄漏试验已结束；

⑤ 单元槽支座臂的导向凹槽已正确地安装好；

⑥ 终端槽的铜排连接已经完成；

⑦ 电解槽的差压电位计（EDIA）的配线已经完成；

⑧ 挠性软管已检查，并已正确地安装连接；

⑨ 保持放空阀 M 和 W 开启；

⑩ 电解槽的锁紧螺母位置已调节好；

⑪ 所有终端槽的夹紧杆都已去除；

⑫ 电解槽液压机的油压调至 7.0MPa；

⑬ 没有不必要的东西遗留在电解槽上；

⑭ 侧板表面已吹洗干净；

⑮ 操作环境已清理干净。

（五）离子膜电解工艺控制指标

以国内目前最常见的日本旭化成复极槽和意大利迪诺拉复极槽为例，叙述离子膜电解工艺的控制指标（见表 3-11～表 3-13），其他公司复极槽离子膜电解工艺的控制指标略有差别，可参考各自的操作规程。

表 3-11　旭化成强制循环复极槽电解工艺控制指标一览表

序号	控制项目	控制指标	控制部位
1	进电解槽		
	c_{H^+}	0.065mol/L	阳极液循环泵出口
	NaCl	(18.5±1)%	阳极液循环泵出口
	Ca^{2+}	<0.04mg/L	阳极液循环泵出口
	Mg^{2+}	<0.04mg/L	阳极液循环泵出口
	Fe^{2+}	<0.05mg/L	阳极液循环泵出口
	Ni^{2+}	<0.02mg/L	阳极液循环泵出口
	Ba^{2+}	<0.2mg/L	阳极液循环泵出口
	SO_4^{2-}	<6.5g/L	阳极液循环泵出口
	SiO_2	<11mg/L	阳极液循环泵出口
2	出电解槽		
	阳极 c_{H^+}	0.01～0.015mol/L	电解槽出口
	温度	83～85℃	电解槽出口
3	阳极液循环出口压力	0.22MPa	阳极液循环泵出口
4	淡盐水质量		
	pH 值	2.0～2.5	淡盐水泵出口(PHRA-214)
	NaCl	(17.3±1)%	淡盐水泵出口(DRA-214)
	Ca^{2+}	<0.04mg/L	淡盐水泵出口
	Mg^{2+}	<0.04mg/L	淡盐水泵出口
	Fe^{2+}	<0.02mg/L	淡盐水泵出口
	Ni^{2+}	<0.02mg/L	淡盐水泵出口
	Ba^{2+}	<0.2mol/L	淡盐水泵出口
	SO_4^{2-}	<6.5g/L	淡盐水泵出口
	SiO_2	<11mg/L	淡盐水泵出口
5	阴极液浓度	(30±0.5)%	阴极液泵出口(DRCA-223)
	出电解槽温度	85℃	电解槽出口(TRA-230)
6	阳极液循环泵压力	0.35MPa	阴极液循环泵出口
7	电解槽压差	(15±3)kPa	电解槽(PDRA-230)
8	电解流量		
	阳极液	(94±5)m³/h	电解槽(FIA-230-1)
	阴极液	(94±5)m³/h	电解槽(FIA-230-2)
9	电解槽入口总管压力		
	阳极液		电解槽(Pl-230-1)
	阴极液	0.14～0.18MPa	电解槽(Pl-230-2)
10	电解槽正负两半电压差	±1.8V 报警 ±2.0V 掉闸	电解槽
11	液压装置	14.5MPa	油压机总管
	主油压	13.5MPa 报警	
	油温	30～50℃	油压机总管
	电解槽液压机油压		
	锁定	7MPa	油压操作台(油压分配管)
	未锁定	12MPa	油压操作台(油压分配管)
	电解液循环	10MPa	油压操作台(油压分配管)
12	氯气	>98.5%(体积分数)	
	纯度	40kPa	氯气总管(PRCA-216)
	压力	≤30kPa、≥50kPa 报警	
13	氢气 氢气纯度 氢气压力	>99.9%(体积分数) 55kPa ≤45、≥65kPa 报警 85kPa 掉闸	氯气总管(PRCA-216)
14	成品碱		
	NaOH	(30±0.5)%	阳极液循环泵出口或成品碱液泵出口
	NaCl	≤50mg/L	阳极液循环泵出口或成品碱液泵出口

表 3-12　旭化成自然循环复极槽电解工艺控制指标一览表①

序号	控制项目	控制指标	控制部位
1	阴极液浓度	33%	阴极液泵出口(DRCA-223)
2	电解槽压差	7kPa	电解槽(PDR-230)
3	电解液流量		
	阳极液	14m³/h	电解槽(FIA-230-1)
	阴极液	20m³/h	电解槽(FIA-230-2)
4	氯气压力	20kPa	氯气总管(PRCA-216)
5	氢气压力	23kPa	氢气总管(PRCA-226)
6	电解槽液压机油压		
	锁定	7.5MPa	油压操作台(油压分配台)
	未锁定	7.5MPa	油压操作台(油压分配台)
	电解液循环	7.5MPa	油压操作台(油压分配台)

① 此表仅说明自然循环与强自循环不同的电解工艺控制指标。

表 3-13 迪诺拉自然循环复极槽电解工艺控制指标一览表

序号	控制项目	控制指标	控制部位	序号	控制项目	控制指标	控制部位
1	进槽盐水			2	出槽淡盐水质量		
	pH 值	9～11	进槽前热交换器出口		pH 值	3～5	淡盐水贮罐
	NaCl	300～315g/L	进槽前热交换器出口		NaCl	220～230g/L	淡盐水贮罐
	$Ca^{2+}+Mg^{2+}$	＜22ug/L	进槽前热交换器出口		$NaClO_3$	≤16.5mg/L	淡盐水贮罐
	Fe^{2+}	≤1.1mg/L	进槽前热交换器出口		游离氯	0.2～2g/L	淡盐水贮罐
	Ni^{2+}	≤11μg/L	进槽前热交换器出口	3	阴极液浓度	33%	电解槽出口
	Ba^{2+}	≤55ug/L	进槽前热交换器出口	4	阴极液出电解槽温度	84～88℃	电解槽出口
	SO_4^{2-}	≤7g/L	进槽前热交换器出口	5	电解槽正负两侧压差	1.5～2.0kPa	电解槽
	Si	≤11ug/L	进槽前热交换器出口	6	氯气		氯气总管
	Al	≤110ug/L	进槽前热交换器出口		纯度	≥98.5%（体积分数）	
	Mn	≤55ug/L	进槽前热交换器出口		压力	0～500Pa	
	I	≤55ug/L	进槽前热交换器出口	7	氢气		氢气总管
	NH_4^+	≤1.1mg/L	进槽前热交换器出口		纯度	≥99%	
	F	≤1.1mg/L	进槽前热交换器出口		压力	1.5～2.0kPa	
	SS	≤1.1mg/L	进槽前热交换器出口	8	成品碱		成品碱泵出口
	T.O.C	≤11mg/L	进槽前热交换器出口		NaOH	32%～33%	
	温度	84～88℃	进槽前热交换器出口		NaCl	＜40mg/L	
					$NaClO_3$	＜26mg/L	
					Fe	＜4mg/L	

（六）生产中经常发生的事故的原因及其处理措施（见表 3-14）

表 3-14 生产中经常发生的事故的原因及其处理措施

序号	事故现象	事故原因	处理措施
1	从阳极液循环槽中排出淡盐水的 pH 值小于 2	盐酸供给过量	①检查盐酸流量计的流量，如果流量高，降低盐酸流量 ②取样分析其酸度值，检查其值是否与仪表指示值相符 ③检查淡盐水 pH 值测定仪表冷却器的温度，是否在 20～60℃范围内 ④检查并校对仪表，尤其是玻璃电极是否完好
2	从阳极液循环槽排出淡盐水的 pH 值大于 3(电解槽加酸)	①盐酸供给量不足 ②离子膜泄漏，阴极液在压差作用下，渗透到阳极液中	①检查盐酸流量计的流量，如果流量太低，增大盐酸流量 ②取样分析淡盐水酸度值，是否与仪表指示值相符 ③检查 FCV-221 是否失灵 ④如果淡盐水 pH 值波动，某单元槽的阳极液出口软管变色，或一个单元槽的电压异常低(比正常单元槽电压低 0.2～0.3V)，则证明处于该单元槽位置的离子膜泄漏。停车对电解槽进行膜泄漏试验，如果膜泄漏量大于 1000mL/h，要把此膜换掉并进行修补。换膜时要注意检查单元槽的极网是否损坏，如果损坏，换下该单元槽
3	电解槽阴、阳极压差波动大	①氯气、氢气总管压力波动大 ②进电解槽电解液压力波动 ③进电解槽电解液流量波动 ④仪表的设定点波动	①检查氯气和氢气管道是否积水 ②氯气洗涤塔是否发生液泛或堵塞现象 ③阴、阳极液循环泵是否发生气蚀现象 ④酸泵故障修好后阳极液循环槽再恢复加酸，要慢慢地逐渐增加至需要量，不要开始就加到需要量，以防瞬间氯气量过大，造成阳极液泵出口压力波动 ⑤检查阳极液泵压力是否有波动，如果有波动，切换泵 ⑥检查电解槽阴、阳极液流量计是否有堵 ⑦单元槽进出口软管是否有堵 ⑧检查仪表及其信号传输电路，如校正设定值，检查设定点和指示器间是否有偏差

续表

序号	事故现象	事故原因	处理措施
4	电解槽差压电位计(EDIA)波动	①电流短路 ②电解槽压差波动大 ③接线不好或保险丝烧断 ④一个或多个单元槽电压异常 ⑤直流电流计波动 ⑥离子膜泄漏 ⑦漏电	①检查电解槽侧面杆和电解槽导杆之间是否有异物 ②检查电解槽是否有由于杂物影响发生短路或其他短路的现象，并消除 ③检查电解槽压差，如压差太低，则调节进电解槽的电解液流量或气体压力控制器来调整压差符合规定值。此外，采取如上所述稳定电解槽压差的一系列措施 ④停电解槽，拉紧导线或更换保险丝 ⑤检查软管出口气体和液体混合物的流动状态，如流体流动不均匀，有气堵现象，停车检查单元槽和电解液进出口管是否有堵塞现象和电解槽出口插入管的腐蚀情况，如进出口管堵，则对其进行疏通或清洗，如单元槽的阴极液出口插入管腐蚀成洞或裂纹，则更换 ⑥检查直流电供给系统，供给的电流是否波动 ⑦对电解槽进行膜泄漏试验，如膜漏，则更换离子膜 ⑧检查电解槽和管路的绝缘情况，绝缘不好则更换，如发现单元槽或垫片泄漏严重，电解液成柱状(含垫片被打开)，就要立即停车处理
5	单元槽电压比平均电压高 0.3V	①单元槽电解液进出口堵塞 ②离子膜泄漏 ③单元槽电极损坏 ④电解槽出口插入管腐蚀成洞或裂纹	①停车疏通或清洗单元槽的电解液进出口管 ②停车进行膜泄漏试验，如膜泄漏量大于 1000mL/h，则换掉该离子膜 ③如单元槽的电极损坏，则换掉单元槽 ④更换单元槽的出口插入管
6	单槽电压比平均槽电压低 0.2V	①膜泄漏 ②单元槽导杆螺栓上有锈斑	①淡盐水 pH 值波动或阳极液出口软管变色，则证明膜泄漏，停车进行膜泄漏试验进行检验，如膜泄漏量大于 1000mL/h，则换掉该离子膜 ②检查单元槽阴、阳极，如有损坏，则换单元槽 ③检查螺栓的表面是否生锈，如果生锈，则测量挠性软管螺母上的电压
7	电解槽电压急剧升高	①电解液温度低于正常控制温度 ②阳极液浓度低 ③阳极液酸度增大 ④因整流器故障造成过电流 ⑤阴极液浓度增大 ⑥膜被金属污染 ⑦阴、阳极液流量太低	①检查电解槽的阴极液出口温度，如果温度低，则调至正常温度 ②检查淡盐水中 NaOH 浓度，如含 NaCl 太低，则应提高阳极液循环槽中二次盐水的流量和阳极液循环量 ③检查淡盐水 pH 值及其酸度，若淡盐水的酸度大于规定值，则应降低向阳极液循环槽中的加酸量 ④检查直流电流表的指示值是否正常，如不正常，停电解槽，并立即通知电气维修人员设法解决 ⑤检查阴极液浓度，如浓度高于规定值，则应增加向阴极液循环给的纯水量 ⑥分析阳极液中 Ca^{2+}、Fe^{2+}、Ni^{2+} 等多价阳离子含量，检查二次盐水、高纯盐水、纯水等分析项目是否符合工艺指标要求，有问题则应尽快给予解决 ⑦提高阴、阳极液流量

续表

序号	事故现象	事故原因	处理措施
8	阳极液和阴极液主管压力低	①泵有问题 ②气蚀 ③泵压力自控调节阀失灵 ④电解槽阴、阳极液流量过大 ⑤倒泵操作不佳	①泵有问题要倒泵并尽快检修 ②高纯盐酸泵、阀门和管路有问题需要停酸检修，检修后再加酸，加酸时要慢慢加，不要过快，以免因产生气蚀引起阳极液总管压力大幅度波动 ③泵压力自控调节阀失灵，要开旁路并将自控阀前后节门关闭后检修自控阀，夜间若发现因自控阀关不严而使阴、阳极液总管压力降低，可暂时关小自控阀前节门或后节门，提高其压力 ④电解槽阴、阳极液流量正常控制$(94\pm5)m^3/h$，最大不要超过$105m^3/h$ ⑤倒泵时开关阀门要配合默契，尽量使电解液总管压力不波动，若实在无把握，可将阴、阳极液循环泵联锁解除，但电解槽操作工一定要时刻注意电解槽压差的变化，有变化及时调整
9	电解槽氯气和氢气压力过大	①氯气和氢气输送设备有问题，管路堵塞或积水 ②部分耗氯产品减产停产又没有及时降低电流	①氯气和氢气设备有问题及时检修，保证其始终处于完好状态，如管路堵塞，则对其进行清洗并放积水 ②部分耗氯产品减产、停产，电解时要及时降低电流 ③氯气和氢气导管冬天要防冻
10	仪表空气、仪表电源停	①空压站空压机故障，冷却水不足、断或干燥净化设备有问题 ②仪表电源接线或保险有问题	①运转和备用空压机皆要处于完好状态 ②冷却水供应充足 ③干燥净化设备设计时要有余量，备用设备也要处于完好状态，干燥和未干燥空气皆要有一定的贮存能力 ④仪表电源接线和保险要经常检查，发现问题及时解决
11	过电流	①互感器质量差 ②互感器故障 ③互感器电源未接通	①选质量过关的互感器 ②互感器检修后，一定要仔细检查电源是否接上
12	电解槽接地故障	①接地线螺钉松动或生锈 ②部分单元槽对地 ③仪表继电器和矫正器有问题	①紧固接地线螺钉并除锈 ②检修仪表 ③解决单元槽对地
13	整流纯水冷却器冷却水流量不足或纯水温度超标	①凉水塔水池液位太低 ②水泵故障 ③纯水冷却器结垢	①经常巡视检查凉水塔水池液位，液位下降尽快补水。冬天为防止水管冻结，除采取保温措施外，还要不断向凉水塔水池里补充水 ②水泵（含备用泵）要处于完好状态，倒泵时开关阀的配合要恰到好处 ③要定期清洗纯水冷却器
14	阴极进口软管堵	碱系统管路和阀门被高温高浓度碱腐蚀，其产物（一般为铁锈）堵塞阴极进口软管	①选择高质量不锈钢阀门 ②阴极进口软管堵塞后要停车清洗，若仅一个或几个单元槽阴极进口软管堵塞，可停车不排液清洗，操作时一定要穿戴好劳动保护用品 ③连续运转超过一个月的电解槽，停车时，要对电解槽阴极进口总管及软管进行清洗

续表

序号	事故现象	事故原因	处理措施
15	阳极进口软管堵	盐水澄清时所加过量的助沉剂(苛化麸皮和聚丙烯酸钠)被带到离子膜阳极液系统，被氧化生成有机氯化物堵塞阳极进口软管	①盐水澄清助沉剂要适量加入 ②阳极软管堵塞后要停车清洗，若仅一个或几个单元槽阳极进口软管堵，可停车不排液清洗，操作时一定要穿戴好劳动保护用品 ③连续运转超过一个月的电解槽，停车时，要对阳极液进口总管及软管进行清洗
16	电解槽阴、阳极液流量计堵	①塑料填料块(氢气冷却器的填料)堵塞阴极液流量计 ②阳极液流量计被有机氯化物堵塞	①阴极液循环罐出口管加过滤器 ②盐水澄清助沉剂要适量加入 ③停车清洗被堵流量计
17	单元槽阴极液出口插入管腐蚀成洞或裂纹	①氧化(电化腐蚀) ②材质有问题	①换阴极液出口插入管 ②改变阴极液出口插入管材质
18	电解槽阴、阳极液流量差太大	①带有 PID(压差管)的单元槽进口软管堵 ②PID 管堵	①停车清洗堵塞软管 ②停车清洗 PID 管
19	电解槽试压口和进、出口漏	①加工制造质量差(往往是焊口漏) ②长时间腐蚀	送到制造厂修理
20	高纯盐酸供应不足或质量指标不合格	①高纯盐酸设备有问题 ②高纯盐酸含铁不合格 ③高纯盐酸贮槽、酸泵及其管路漏	①设备有问题，尽快检修 ②盐酸工段从生产控制和设备查找原因，并设法解决 ③离子膜电解工段从酸贮槽、酸泵及其管路查找原因，并设法解决
21	盐水供应不足或中断	①沉降器返混或出现浮镁层，砂滤器频繁反冲洗，管式过滤器频繁切换 ②预涂泵或反洗泵故障	①影响沉降器返混的七大因素，日常操作管理中要时刻不忘 ②沉降器出现浮镁层的三个原因始终要引起高度重视，采取措施使其不出现浮镁层，一旦出现，要采取措施尽快解决 ③预涂泵和反洗泵要始终处于完好状态
22	阳极液含 Ca 量超标	①新电解槽第一次使用，膜的预处理是在污染很严重的溶液中进行的，洗涤电极用的是硬水(有的用纯水)，组装电解槽场地环境差，空气质量差 ②新电解槽第一次使用，树脂塔二次盐水出口至电解槽阳极液进口之间的管路、设备用纯水洗得不彻底 ③电解槽检修后首次使用，Ca 及其他杂质存在于污物或空气尘埃中，在电解槽检修时污染其部件	①电解槽充入盐水后，要定期分析其溢流液，如果 Ca 含量很高，可以加大盐水循环量以降低含 Ca 量至适当程度 ②电解槽充入盐水后，开始溢流出来的盐水含 Ca 量接近 110μg/L，则要用含 Ca 约 5.5pg/L 的盐水通入 2～4h，将 Ca 量降低到要求程度。若仍不合格，继续循环，直至符合要求(可能需要用 10～15h)

续表

序号	事故现象	事故原因	处理措施
23	电解槽短时间停车时，直流电处理不当会导致膜起泡	①停车期间，阳极液和阴极液中的电解质将相互扩散直到离子浓度相等，水则反向迁移扩散，这样会引起膜鼓泡，而且时间越长表现越明显 ②反向电流，即停车时的电池效应，也会导致膜鼓泡。两台以上电解槽而且是共同一个循环槽的厂家，当一台电解槽运行时，阳极液量被活性氯和次氯酸钠所饱和，并且停止循环后电解槽上部空间存有一定量的氯气，因不能及时将活性氯和次氯酸盐从阳极室中排掉，在阳极上就会发生氯原子还原成氯离子的现象，同时阴极上的金属氧化而形成电池（通常是 Na 离子），为使电荷平衡，从阴极向阳极流动而形成，结果是膜的阴极一侧被金属离子（通常是 Ni 和 Fe 离子）污染，使膜电阻增大，电压上升。另外，因 Cl 离子也将渗透到阴极侧，使碱中含盐量升高。当直流电停止 1h 时，碱中含盐量会超过 80mg/L。因此，即使短时间停直流电，如不排电解液，不但影响烧碱质量，而且这种反向电流还会导致膜鼓泡	短时间停电的应急措施，总体讲应及时补充电解液，尤其是阳极液。还要把槽温降到 65～75℃。这样可以降低扩散速率和保持电解液浓度。按图 3-74 控制阳极液和阴极液浓度是安全的 ①当系统全停时，电解液要强制循环 10min，并要不断补充新鲜盐水，及时除掉阳极室中的残存气体，同时减少阳极液中的活性氯和次氯酸盐扩散到阴极室。当一台电解槽送电，另一台停直流电时，应及时从循环系统切换下来，并将主管中残存的氯气送往废气处理系统。按规定浓度补充新鲜盐水，避免活性氯和次氯酸盐在停直流电时反电势对膜造成危害 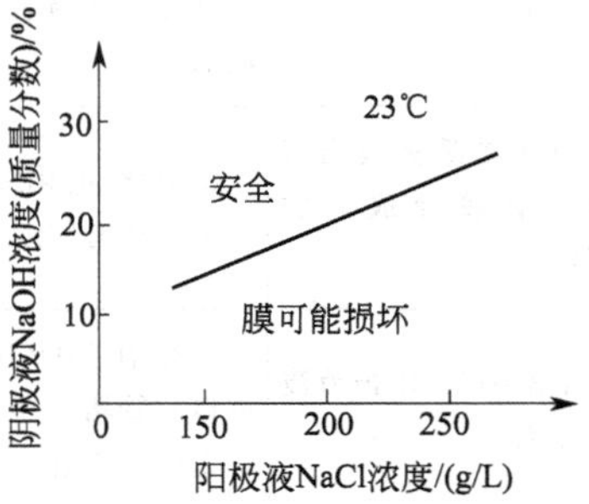 图 3-74　停直流电时阳极液和阴极液安全浓度 ②严格控制停直流电时间。如预计停直流电超过 1h，应尽早排电解液。在未排电解液时要随时对电解槽内的阳极液和阴极液进行分析，及时补充新鲜盐水和 30%（质量分数）NaOH 溶液，确保阳、阴极液浓度控制在安全范围内 ③停直流电至再循环送电的 1h 内所生产的 NaOH 要排放到阴极液排放槽内，然后将这部分 NaOH 送到除害系统，作为生产次氯酸钠的原料 ④开车充液时，要严格按规定浓度配制电解液，避免直接充加含有大量活性氯和次氯酸盐的阳极液 ⑤要尽量避免电解槽长时间在低电流密度下运行

二、单极槽

（一）停车

停车的时候，不论是单极槽还是其他电解槽，都必须遵守槽温-碱液浓度的关系。

① 提高纯水量以降低碱浓度。

② 允许的话，降低电流和盐水温度以降低槽温。

③ 上述两个降低需协调进行。

④ 降到停车区域内，才可停电。

⑤ 停完电以后，电解槽必须继续遵守槽温-碱液浓度的关系。

如有的用羧酸膜的电解槽，则：

温度　40℃＞t＞10℃

碱浓度 C　30%＞C＞17%

阳极液 pH 值　11.5＞pH 值＞2

随着膜的品种、牌号不同，上述数据会有一定的差异。

（二）单极槽工艺控制指标及运行

正常运转时的工艺指标及分析频率：

入槽盐水浓度 (305±5)g/L 1次/2h

出槽淡盐水浓度 (210±10)g/L 1次/2h

淡盐水含游离氯 0.1～0.5g/L 1次/2h

淡盐水pH值 2～4 1次/回

阴极液浓度 (33±1)%

(三) 单极槽的组装和送电

单极槽有水平组装和立式组装，现介绍采用水平平台组装，安装后如图3-75所示。

1. 准备工作

(1) 清理

① 阳、阴极板清洁和整理后，平正地粘贴垫片。

② 清理组装平台，确认转动机械是否完好。

③ 装槽时保持现场清洁。

(2) 准备

① 打开膜包装箱，记下膜的序号。

② 按顺序记下每一块阳、阴极的钢印号(如有的话)。

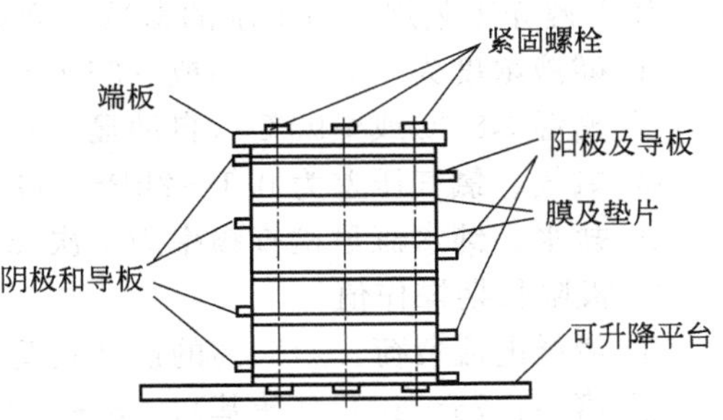

图3-75 水平安装示意图

③ 人员安排。装槽人员尽可能固定，而铺膜人员必须固定，由专人作记录。

2. 安装工作

① 把安装平台降到适当的高度。

② 把端板水平放置在平台上。

③ 如图3-75所示，按一块阴极、一层垫片、一张膜、一块阳极、一张膜、一层垫片的顺序安装，直到规定数量。安装过程中应特别注意膜的正、反。

④ 装上另一块端板。

⑤ 压缩到规定的厚度，或施加一定的压力压紧后，用螺栓固定，此时平台上的工作全部完成。

3. 检查工作

① 短路检查。检查阴、阳极之间的电阻值是否大于规定值。

② 检查各电极对螺栓之间的电阻值是否大于规定值。

③ 检查剩余膜的序号和数量，是否与装上电解槽的膜数相吻合。

④ 将上述检查结果记录在电解槽专用卡片上，以备复查。

⑤ 将阴、阳极板的序号同时记录在案，标上日期。

4. 就位工作

① 将检查完的电解槽吊离组装台。

② 将各种部件安装就位。

③ 接通管路和导电铜板。

5. 充液和充氮

① 关闭排液阀，打开排气阀。

② 打开开车碱液阀，待碱液液位达到一定高度时，再打开盐水进口阀，保持碱液液位高于盐水液位10cm，同时进液，直至有液溢出为止。

③ 以氮气置换阴、阳极两侧的空气，直至含氧低于2%。

④ 打开氢气、氯气出口阀门。

6. 送电前检查

① 检查槽温和阴极液浓度是否在允许送电的范围内。

② 盐水流量是否够。

③ 送电，检查电解槽电压。

④ 打开纯水阀。

⑤ 调节循环量。调节蝶阀使阳极分离器内的泡沫层高度符合要求。

（四）单极槽的运行

1. 工艺控制点

电解槽安装就位后，膜已被固定在槽框上，而膜的膨胀或收缩是由碱浓度和温度决定的，如不遵守工艺规程所要求的参数，会给膜带来不可逆的损坏。

① 碱液浓度为（32±1）%或（35±0.5）%，检查频率单槽1次/日、总管1次/2h。

② 槽温≤85℃或≤90℃（自动显示）。

③ 氢气、氯气压差为0.1～2kPa（自动调节）。

④ 盐水、纯水流量检查频率为1次/2h（根据电流决定）。

2. 极限长期操作值

① 最低电流负荷：≥50%的设计负荷。

② 槽温：75～85℃（羧基），75～96℃（磺基）。

③ 淡盐水浓度：190～240g/L。

④ 碱浓度：32%～36%（羧基），30%～34%（磺基）。

上述数据是指无法调节正常值，又要运行时的许可值。如超过上述标准将会对膜带来永久性的损害，并产生安全问题。

（五）电解槽检修

电解槽产生设备上的问题需检修时（不全部换膜），按下列步骤进行。

1. 退出运转

① 加大纯水量，降低碱浓度，当浓度低于28%时，进行跳槽。

② 关闭液体进口阀和气体出口阀

③ 将槽内残余氯气抽走，打开放空阀，然后打开排液阀，排走槽内的阳极液和碱液，排液时注意阴极液液面应比阳极液液面高10cm左右。

2. 检修电解槽

① 拆除必要的管件，吊出电解槽至检修平台。

② 用纯水冲洗电解槽内部，如更换局部膜则不允许用水冲洗。

③ 全部换膜，则电解槽解体。如只更换个别膜，则在更换处解体。

④ 一旦开始装膜，则工作应全部做完，直至送电。如因故无法完成，要增加以下措施：

a. 阳极室内添加200g/L左右的盐水；

b. 阴极室内加入25%的 NaOH 溶液；

c. 封闭所有通大气处，防止膜干燥及灰尘进入；

d. 保持温度在10℃以上。

更换个别膜时，应一次完成。因旧膜的强度较低，应力的增大会使旧膜破损。

⑤ 打开氢气、氯气出口阀门。

3. 送电前检查

① 检查槽温和阴极液浓度是否在允许送电的范围内。

② 盐水流量是否够。

③ 送电，检查电解槽电压。

④ 打开纯水阀。

⑤ 调节循环量，调节蝶阀使阳极分离器内的泡沫层高度符合要求。

（六）产生异常情况的原因和处理方法

1. 单槽淡盐水 pH 值高，氯气纯度低，含氧量高

如果这一现象发生较突然，则可判断为膜泄漏。如果 pH 值逐渐变化，则是膜的电流效率下降所致。同时，透明软管内流动的液体颜色发生变化。

措施：应立即换膜。

2. 电解槽泄漏

由于机械原因或垫片损坏，电解槽泄漏。

措施：泄漏出的电解液有严重腐蚀性，应立即停车检修。

3. 中间槽电位偏移

（1）防腐蚀原理

为防止电解槽的金属部件发生阳极反应从而腐蚀电解槽，故在支管上增设防腐蚀电极，安装如图 3-76 所示。由于总管的电位低，因此电流有可能通过阳极室盐水入总管，电流由一类导体进入二类导体，将伴有电化学反应，可能腐蚀槽体。

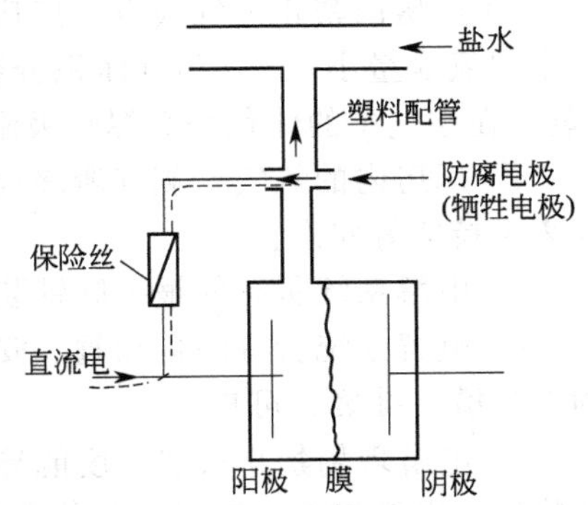

图 3-76　电解槽防腐蚀电极安装图

安装防腐蚀电极，连接槽间铜板后，杂散电流通过导线保险丝到防腐蚀电极，然后进入盐水（盐酸）总管，绕过了电解槽避免了腐蚀。

（2）正常时的电解槽对地电位

电解槽对地电位正常时中性点附近第一个电解槽的对地电位在±5V 以内，超过此值，即视为不正常。如图 3-77 所示，个别槽的对地电位增高，会造成杂散电流增大，严重时烧毁保险丝。

（3）产生原因及采取措施

零电位偏移情况如图 3-78 所示。

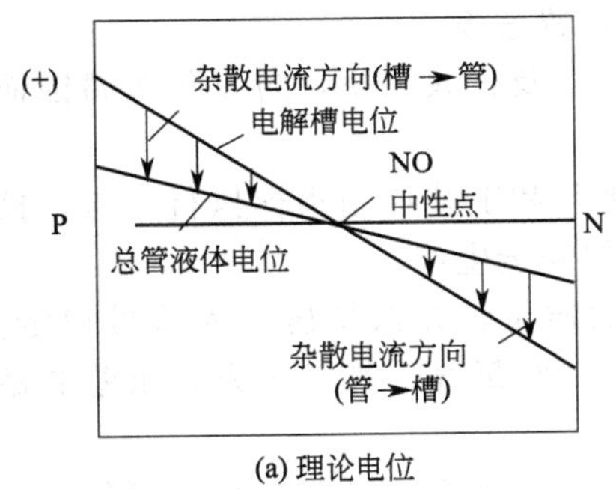

(a) 理论电位

(b) 正常时电位

图 3-77　电解槽对地电位图

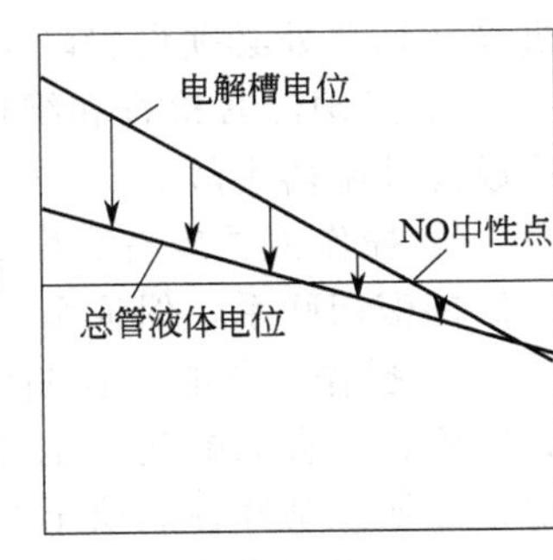

图 3-78　零电位偏移图

① 某电解槽对地绝缘不良，造成零电位偏移。

② 入槽总管两端的绝缘螺栓绝缘不良，造成零电位偏移。

③ 入槽总管本身地架的绝缘不良，造成零电位偏移。

措施：对可能的原因逐个检查，找出原因后采取相应措施。

第七节　离子膜电解安全生产技术

① 电解岗位为甲级防爆单位，所使用的电器、照明、仪表和行车必须符合防爆规定，

30m 内禁止烟火。

② 厂房必须安装防雷装置，接地电阻小于 4Ω；氢气系统必须设置防静电及法兰导体跨接设施，防静电接地电阻小于 10Ω，法兰跨接电阻小于 0.03Ω；电解槽和行车必须良好的接地，电阻小于 10Ω，并定期进行检测；所有的电气设备和罐体，必须接地，接地电阻应小于 4Ω，并应经常对其进行检查，确保良好状态。

③ 厂房内禁止氢气放空。厂房的排气通风装置应经常检查和维护，保持气流畅通，确保室内氢含量小于 0.8%（体积分数），防止氢气在空间内聚集，与空气形成爆炸混合气体（氢气在空气中的体积分数爆炸极限为 4.1%～74.2%）。

④ 厂房内的氢气、氯气泄漏检测报警仪，必须按规定进行计量检定和定期校验，确保仪表保持完好状态。

⑤ 电解系统所有的报警联锁装置，必须经常进行检查和调试，确保系统安全运行。

⑥ 电解系统所有的自动阀、安全阀、压力表和液位计等安全装置，必须定期进行校验，确保灵敏、准确、可靠。

⑦ 电解现场禁止放置长度能导致相邻两电解槽间搭桥或引起电解槽接地的金属丝、棒和物体；电解槽支架和导电母排附近的金属件，必须实施绝缘，防止运行时发生短路。

⑧ 电解系统的氢气总管设置的氢气自动泄压水封，必须确保安全可靠；氢气放空管必须按规范安装阻火器。

⑨ 电解系统的氯气总管设置的氯气自动泄压水封，必须确保安全可靠，以便在非正常状态时，氯气可直接排入事故氯气处理装置。

⑩ 电解现场设置的应急洗眼冲淋装置和消防器材，应有专人管理，经常进行检查和维护，保持完好的状态。加强专业知识教育，确保人人会正确使用。

⑪ 电解系统所有设备的管理，应责任到人，应定期检查维护，注意防尘、防潮、防冻和防腐蚀，对于备用转动设备应定期进行盘车和切换，使全部设备都处于良好状态。

⑫ 生产装置使用的平台、走梯、设备吊装孔洞、各类地下池（槽），必须设置防护栏；机泵联轴器处必须设置防护罩；沟坑和设备预留孔处必须设置盖板。

⑬ 必须经常检查和维护钢制结构平台、爬梯、防护栏杆及行人天桥，防止年久腐蚀而造成高处坠落事故。

⑭ 操作人员应有高度的责任心，严格按照工艺操作规程和工艺控制指标执行，与中控室保持密切联系，保证系统压力、温度和流量的稳定，确保安全生产。

⑮ 操作人员必须控制好入槽盐水、纯水、高纯盐酸的质量，并保持压力和流量稳定；必须控制好直流电输入电流，使其保持均衡稳定；必须控制好氯气、氢气压力和压差的稳定；必须控制好各液项压差、压力和流量的稳定。

⑯ 氢气在氯气中（氯含氢）的体积分数爆炸极限为 3.5%～97%，因此，电解氯气总管中含氢必须控制在 0.4%以下。

⑰ 操作人员必须严格执行巡回检查制度，认真排查安全隐患，发现问题及时处理，做好记录并逐级上报。一旦发生事故，应及时报告车间负责人和主管部门，并协助调查。

⑱ 操作人员必须按规定穿戴安全防护用品，在测量电解槽电压时，必须穿绝缘鞋和戴绝缘手套，不准接触槽体暴露点，不准用手直接接触槽壁上的螺母及螺栓，禁止“一手接触电槽，一手触及其他接地构件”的行为。

⑲ 操作人员必须经常检查和校对电解槽直流电对地电位（压）差测量仪器，控制 EDI 对地电位（压）差在 0V，当电位（压）差达到±0.5V 时报警，超过±1V 时联锁停车。因此，必须经常检查和及时消除电解槽和与电解槽连接管线的泄漏源，防止因泄漏造成绝缘不

良而发生接地或短路现象，避免联锁停车事故的发生。

⑳ 操作人员经常检查和判断运行中离子交换膜的完好状态，及时发现和调换损坏的离子交换膜。系统停车后，阴极液必须进行低浓度碱液循环，以降低氢氧化钠浓度；阳极液必须采用稀释的盐水置换，以去除游离氯；阴极液气液分离器内的氢气必须采用氮气置换。停车超过4h时，必须将电解槽内的液体彻底排放掉。重新开槽、正常运行或停槽以后，严格控制不同状态下的槽温和阴、阳极液指标在规定范围内，以保护离子交换膜不受损坏。

㉑ 所有带压输送酸、碱及高温物料的管道、法兰处必须设置防喷罩，所有设备和管道必须保持严密，杜绝跑、冒、滴、漏现象发生。

㉒ 经常检查油压机系统运行情况，防止泄漏造成伤人事故。在给电解槽密封上压或泄压时，一定要按照操作规程步骤执行。多台电解槽运行时，油项逆流压力一定要一致，防止发生超压或泄漏。

㉓ 开车前或停车后，氢气系统必须用氮气置换，置换后系统中的氧含量小于1%为合格，然后才能进行下一步的操作。

㉔ 电解系统发生大量氢气泄漏时，操作人员应及时通知相关单位和领导，保障系统压力，立即切断气源，进行通风置换，必要时可采用蒸汽或氮气稀释等方法进行现场施救，防止氢气积聚形成爆炸性气体。

㉕ 电解系统的氢气必须保证正压，一旦着火，应立即切断气源，采用干粉或二氧化碳灭火器灭火，也可用氮气或水蒸气灭火，还可用浸湿的石棉布或衣被覆盖灭火。为了避免造成系统负压，禁止采用停或降供直流电的方法，防止回火。氢气火焰不易察觉，要注意防止扑救人员烧伤。

㉖ 氢气管道、阀门及水封出现冻结时，处理时应使用热水或蒸汽加热的方法进行解冻，禁止使用明火烘烤。

㉗ 氯气是有毒有害的气体，操作时必须做到：设备密封严密，操作现场空气中的最大含氯量不得超过$1mg/m^3$。操作人员必须会正确使用和维护防毒面具，如遇氯气外溢，能够及时排除。一旦吸入氯气，轻微的，可服用止咳糖浆或解氯药水。严重的，应立即移至新鲜空气处，必要时吸氧或送医院救治。

㉘ 高纯盐酸具有强腐蚀性、强刺激气味，溅到人体会引起灼伤，操作时必须做到：进入现场要戴好眼镜、安全帽和耐酸手套。一旦皮肤或眼睛溅到盐酸，应立即用大量冷水冲洗30min以上，严重者就医。

㉙ 液碱具有强腐蚀性，操作时必须做到：进入现场要穿戴好防护用品。一旦溅到皮肤、眼睛，应立即用大量冷水冲洗30min以上，或用硼酸水进行中和冲洗，严重者送医院治疗。

㉚ 检修时，必须认真执行安全操作证（票）、切断电源和挂警示牌制度，工作现场必须有相应的安全防范措施，必须严格按规定穿戴相应的防护用品。

㉛ 氢气系统检修前必须切断气源，必要时实施加盲板操作，并用氮气进行置换，氢气含量低于0.4%，方可动火。有氢气爆炸危险环境内的设备、管道的拆卸，必须采用防爆工具，严禁用金属物品敲打设备及管道。

㉜ 检修酸、碱设备或管道时，必须先切断物料来源泄至常压，放净危险物品，并冲洗处理干净后，方可进行。

㉝ 凡采用聚四氟乙烯或塑料作衬里、填料、垫片的复合型设备和管道，严禁用明火加热、切割拆卸。

㉞ 行车载物或运行时，必须有专业人员进行指挥和操作，行车下严禁站人或通过。检修电解槽用行车时，必须在吊钩（吊具）与电解槽接触的部位设置电气绝缘件，以防止电解直流电回路接地而烧坏电解槽等设备。

㉟ 在电解槽使用除槽链条断槽时，必须按规定将密封挤压力降低后，再进行断槽操作，防止反冲力造成人身伤害事故。在绷紧链条时，必须使单元槽活动托架侧的上下两根链条比另一侧的链条绷得稍紧些，以免单元槽密封错位而造成设备损坏事故。

㊱ 因接触直流电导体而发生触电事故时，应迅速使人员脱离电源，边进行施救（人工呼吸、心脏按压等），边上报调度室联系医务人员进行抢救。

㊲ 所有的安全警示标识应由专人管理，并严格遵照标识的提示执行。

第四章　碱液蒸发

通过本章节的学习，要了解食盐的性质和来源；原盐的选用标准；饱和食盐水的制备方法；熟悉盐水质量对电解的影响；盐水一次精制的原理；盐水一次精制的工艺流程和操作规程；掌握盐水一次精制的主要设备知识。

第一节　离子膜碱液蒸发的基本原理及特点

一、碱液蒸发工序的原理

（一）碱液蒸发原理

碱液蒸发与所有的蒸发过程一样，是借加热作用（一般用蒸汽）来提高碱液的温度，使溶液中所含的溶剂（水）部分汽化，以提高溶液中溶质碱的浓度的物理过程。

工业上的蒸发过程是典型的传热过程。这个过程可由传热方程式来表示：

$$Q=KF\Delta t$$

式中　Q——传热速率，kJ/h；

F——传热面积，m^2；

Δt——传热温差，℃；

K——传热系数，kJ/(m^2·h·℃)。

由传热基本方程式可知，传热速率与传热面积、传热温差及传热系数有关。也就是说增大上述三要素是提高传热速率，提高蒸发能力的基本条件。下面分别进行讨论。

1. 传热面积 F

增大传热面积是提高蒸发能力的重要途径，但也意味着同时要增加设备的投资费用。因此，传热面积的增加受到投资费用的约束，在实践中，在投资确定时（材质不变）设计者就要考虑如何寻找最大的传热面积，即在传热管管径、薄厚的选择上做文章。

2. 传热系数 K

传热系数 K 是影响传热的重要因素，它是由一系列因素决定的（图 4-1)。

$$K=\frac{1}{\frac{1}{\alpha_i}+\frac{b}{\lambda}+\frac{1}{\alpha_o}+R_i+R_o}$$

式中　α_i，α_o——传热壁面两侧流体的传热系数，kJ/(m^2·h·℃)；

b——传热壁面的厚度，m；

R_i，R_o——传热壁面两侧的热阻，m^2·h·℃/kJ；

λ——传热壁面的热导率，kJ/(m·h·℃)。

因此，如果要提高传热系数，就要采取以下措施。

① 提高传热壁面两侧流体的传热系数（α_i和α_o）一般的方法是提高流速，采用强制循环的方式。

② 减小传热壁面的厚度 b，目前国外在蒸发器中大量选用薄壁管，其厚度仅为国内的1/2～3/5。

③ 增大传热壁面的热导率，这就是说选择既有较大的热导率，又有较好的耐腐蚀性的

材质，如镍合金钢等。

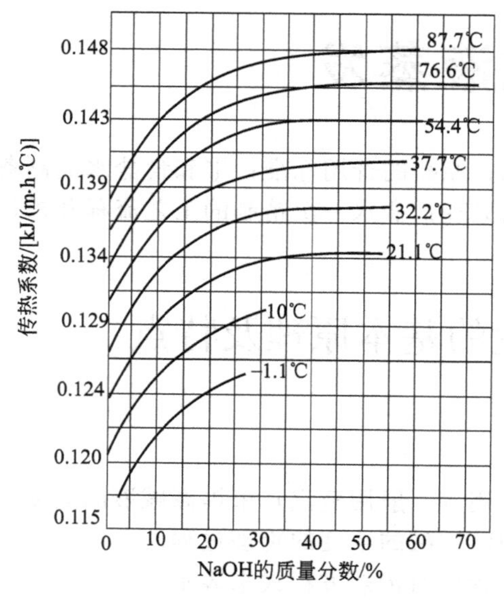

图 4-1 NaOH 溶液的传热系数

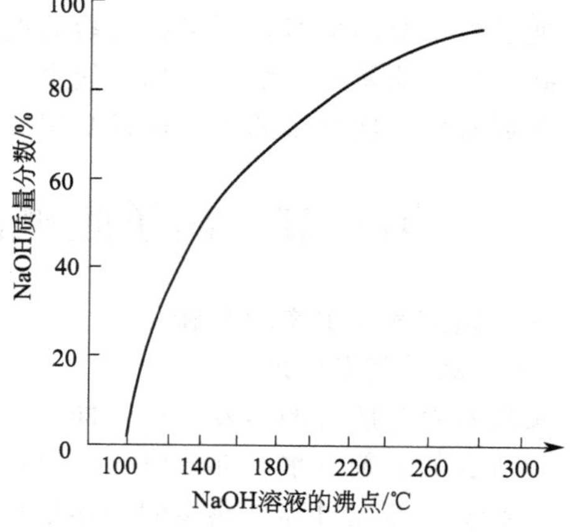

图 4-2 大气压下 NaOH 溶液的沸点

④ 减小传热壁面两侧的热阻（R_i和 R_o），即要清除壁面两侧上的污垢，工业上一般采用定期清洗的办法。

3. 传热温度差 Δt

蒸发过程的传热温度差 Δt 是第一效加热室蒸汽的饱和温度 t_0与末效冷凝器的蒸汽饱和温度 t_n之差，即 $\Delta t = t_0 - t_n$，所以，提高传热温差的途径有以下两点。

① 提高加热蒸汽的温度，即使用较高压力的饱和蒸汽。但是，它受到企业公用工程条件的限制，一般企业使用的蒸汽压力都不超过 0.8MPa（表压）。

② 降低末效冷凝器的蒸汽饱和温度，一般采用提高真空度的方式来实现。

（二）离子膜电解碱液蒸发过程的几个特性

1. 溶液的沸点升高

在一定压力下，溶液处于沸腾状态的温度即为该溶液在此压力下的沸点。碱液的沸点随着氢氧化钠浓度的增大和蒸发压力的升高而升高（图 4-2）。鉴于离子膜碱液是高纯度的碱液，其所含的杂质量都在 $1/10^6$量级上，所以可视为是纯净的碱液。此种碱液在不同浓度和不同压力下的沸点如图 4-3 所示。常压下不同浓度离子膜碱液的沸点升高值见表 4-1。

表 4-1 离子膜碱液的沸点升高值

离子膜碱液浓度/%	20	30	40	50	60
沸点升高值(Δt)	8	16.5	28	43	60

2. 电解碱液的黏度

衡量流体流动时产生的内摩擦力大小的物理量称为黏度。电解碱液的浓度提高时，它的黏度也随之提高。一定浓度的碱液，它的黏度又随着温度的升高而降低。

3. 蒸发过程的温差损失

在蒸发过程中，由于存在着温差损失。因此在计算有效温差时，必须用总的温差减去温差损失。蒸发过程的温差损失有以下几方面。

① 溶液沸点升高而引起的温差损失，其值可查图 4-2、图 4-3 或表 4-1，即 $\Delta_1 = t_{实} - t_{水}$（Δ_1 为溶液沸点升高而引起的温差损失）。

② 由液体静压引起的沸点升高。在蒸发器内进行蒸发的过程中，由于需要维持一定的液位，因此碱液在蒸发器底部进入加热室内时所受到的压力要比液面上的压力大，从而形成了由于静压引起的沸点升高。由于实际情况比较复杂，因此一般选用经验值，$\Delta_2 = 2 \sim 3℃$（Δ_2 为液体静压所引起的沸点升高）。

③ 流体阻力所引起的温差损失。在多效蒸发中，蒸汽在进入下一效系统时，由于流体阻力的原因使蒸汽压力下降，温度下降，形成温差，其温差损失一般为 0.5～1.5℃。设 Δ_3 为流体阻力所引起的温差损失。所以，蒸发过程的总温差损失为：

$$\Delta_{总} = \Delta_1 + \Delta_2 + \Delta_3$$

压力/MPa
0.4
0.3
0.2
0.1
真空度/×1330Pa
0
10
20
30
40
50
60
65
70
75
76
0%
10%
20%
30%
40%
50%
60%
70%
75%
40 50 60 70 80 90 100 110 120 130 140 150
沸点/℃

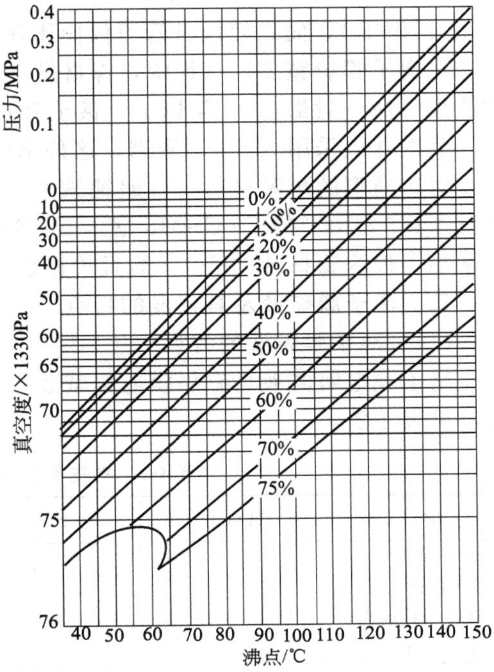

图 4-3　不同压力下的碱液沸点

4. 离子膜电解碱液蒸发的传热系数

离子膜电解槽所生产的碱液，由于纯度高，杂质含量少，可近似视为烧碱水溶液的蒸发。因其没有蒸发过程中的结晶盐析出，所以在同样的状态下，蒸发的传热系数要比隔膜碱液蒸发的传热系数高。

5. 离子膜碱液的腐蚀性

虽然离子膜烧碱杂质含量较少，氯酸盐含量很低（一般在 5×10^{-5} 以下），但由于烧碱本身的苛化腐蚀性质，因而对蒸发的设备及管道仍产生强烈的腐蚀，所以，对离子膜碱蒸发所用的材质，还是要有严格的要求（见图 4-4）。

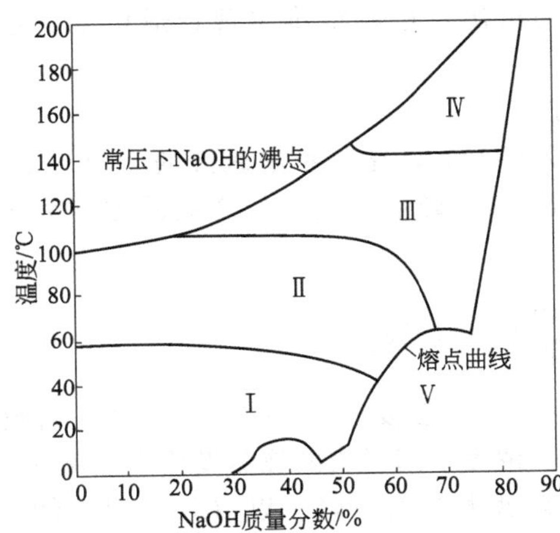

温度/℃
200
180
160
140
120
100
80
60
40
20
0
常压下NaOH的沸点
Ⅰ
Ⅱ
Ⅲ
Ⅳ
Ⅴ
熔点曲线
0 10 20 30 40 50 60 70 80 90
NaOH质量分数/%
Ⅰ— 碳钢,铸铁,大部分塑料,不锈钢,镍,铜镍合金,蒙耐尔400,橡胶衬里,环氧材料聚乙烯,聚氯乙烯;
Ⅱ— 镍、蒙耐尔400,哈氏合金BC,不锈钢,镍铁合金,橡胶衬里,镍合金,铬钢;
Ⅲ— 镍,蒙耐尔合金,镍铬铁合金,哈氏合金;
Ⅳ— 镍,银,镍铸铁,超纯铁不锈钢;
Ⅴ— 碳钢,不锈钢,蒙耐尔合金,镍,银,超纯铁不锈钢

图 4-4　NaOH 生产用材质的选择图

据资料报道，近几年来有些企业在离子膜碱蒸发装置中，由于选用了一般的不锈钢（1Cr18Ni9Ti），而致使设备管道仅使用几个月就发生严重腐蚀、泄漏，而不得不更换。

在离子膜烧碱蒸发过程中，镍材是首选的材质。由镍制的设备及管道所组成的蒸发系统的使用寿命一般都在 10 年以上，甚至有超过 20 年的报道。

其次建议采用 316L 不锈钢，这种钢材也被广泛用于离子膜蒸发系统的设备及管道。

对于新型的耐碱材料——超纯铁素体不锈钢（含 26%～30%Cr，1%～5%Mo，C+N 含量<1.5×10^{-4}的 Fe-Cr-Mo 钢），虽然这种钢对氯酸盐有较好的耐腐蚀性能，但由于其热导率小（仅为镍材的 30%），而且价格也不低，目前尚未被广泛推广。

二、离子膜碱液及其蒸发的特点

（一）离子膜碱液的特点

离子膜电解碱液具有隔膜电解碱液所无法比拟的优点，这可以从电解碱液的质量指标得知，见表 4-2。

表 4-2　各主要公司离子膜电解碱液质量一览表

指　　标	旭硝子公司	ICI 公司	旭化成公司	迪诺拉公司	伍德公司	西方公司
NaOH 浓度/%	33～35	32	30～33	33～35	33	33
NaCl 含量/(mg/L)	≤40	≤50	≤30	<50	30	40～50
$NaClO_3$/(mg/L)	≤15	≤15		≤20	—	5～15
Fe_2O_3/(mg/L)		—		≤3	—	

由表 4-2 可以看出，离子膜电解碱液具有以下特点：

① 碱液浓度高，NaOH 含量在 29%～35%；

② 碱液中 NaCl 含量少，NaCl 含量一般在 30～50mg/L；

③ 碱液中氯酸盐含量低，$NaClO_3$含量一般在 15～30mg/L。

离子膜法电解碱液的这些特点，为其蒸发创造了良好的条件。

（二）离子膜法碱液蒸发的特点

1. 流程简单，简化设备，易于操作

由于离子膜碱液仅含极微量的盐，所以，在其整个蒸发浓缩过程中，即使是生产 99%的固碱，也无需除盐。这就极大地简化了流程设备，即隔膜碱蒸发所必须有的除盐设备及工艺过程都被取消了（如旋液分离器、盐沉降槽、分离机、回收母液贮罐等），而且，由于在蒸发过程中没有盐的析出，也就很难出现管道堵塞、系统打水等问题，使操作容易进行。

2. 浓度高，蒸发水量少，蒸汽消耗低

离子膜法碱液的浓度高，一般在 30%～33%，比隔膜法碱液的 10%～11%要高很多，因而大量地减少了浓缩所用的蒸汽。若以 32%碱液为例，如产品的浓度为 50%，则每吨 50%成品碱需蒸出的水量为：

$$\frac{1000}{32\%}-\frac{1000}{50\%}=1125\text{kg(水)}$$

隔膜法电解碱液若同样浓缩至 50%，则一般要蒸出约 7.5t 的水（隔膜碱液浓度按 10.5%计）。也就是说，浓缩至同样的 50%浓度，离子膜碱液蒸发比隔膜碱液蒸发少蒸出约 6.4t 水。由于蒸发水量的减少，蒸汽消耗就大幅度下降。以双效流程为例，一般仅耗汽 0.73～0.78t/t（100%碱），另外蒸发的空间也相应减少，使设备投资相应降低。国内的高纯氢氧化钠标准见表 4-3。

表 4-3　国内高纯氢氧化钠标准　　质量分数：%

<table>
<tr><td rowspan="4">项　　目</td><td colspan="8">型　号　规　格</td></tr>
<tr><td colspan="2">HS</td><td colspan="6">HL</td></tr>
<tr><td colspan="2">Ⅰ</td><td colspan="2">Ⅰ</td><td colspan="2">Ⅱ</td><td colspan="2">Ⅲ</td></tr>
<tr><td colspan="8">指　　标</td></tr>
<tr><td></td><td>优等品</td><td>一等品</td><td>优等品</td><td>一等品</td><td>优等品</td><td>一等品</td><td>优等品</td><td>一等品</td></tr>
<tr><td>氢氧化钠(以 NaOH 计)　≥</td><td>99.0</td><td>98.5</td><td colspan="2">45.0</td><td colspan="2">32.0</td><td colspan="2">30.0</td></tr>
<tr><td>碳酸钠(以 Na_2CO_3 计)　≤</td><td>0.50</td><td>0.80</td><td>0.1</td><td>0.2</td><td>0.04</td><td>0.06</td><td>0.04</td><td>0.06</td></tr>
<tr><td>氯化钠(以 NaCl 计)　≤</td><td>0.02</td><td>0.04</td><td>0.008</td><td>0.01</td><td>0.004</td><td>0.007</td><td>0.004</td><td>0.007</td></tr>
<tr><td>三氧化二铁(以 Fe_2O_3 计)　≤</td><td>0.002</td><td>0.004</td><td>0.008</td><td>0.001</td><td>0.003</td><td>0.0005</td><td>0.0003</td><td>0.0005</td></tr>
<tr><td>二氧化硅(以 SiO_2 计)　≤</td><td>0.008</td><td>0.010</td><td>0.002</td><td>0.003</td><td>0.0015</td><td>0.003</td><td>0.0015</td><td>0.003</td></tr>
<tr><td>氯酸钠(以 $NaClO_3$ 计)　≤</td><td>0.005</td><td>0.005</td><td>0.002</td><td>0.003</td><td>0.001</td><td>0.002</td><td>0.001</td><td>0.002</td></tr>
<tr><td>硫酸钠(以 Na_2SO_4 计)　≤</td><td>0.01</td><td>0.02</td><td>0.002</td><td>0.004</td><td>0.001</td><td>0.002</td><td>0.001</td><td>0.002</td></tr>
<tr><td>三氧化二铝(以 Al_2O_3 计)　≤</td><td>0.004</td><td>0.005</td><td>0.001</td><td>0.002</td><td>0.0004</td><td>0.0006</td><td>0.0004</td><td>0.0006</td></tr>
<tr><td>氧化钙(以 CaO 计)　≤</td><td>0.001</td><td>0.003</td><td>0.0003</td><td>0.0008</td><td>0.0001</td><td>0.0005</td><td>0.0001</td><td>0.0005</td></tr>
</table>

注：① 表 4-3 中规定的 HL-Ⅰ、HL-Ⅱ、HL-Ⅲ规格的液体氢氧化钠应符合表 4-3 指标要求，对于其他规格（电解液蒸发后所生产的液体氢氧化钠）的质量指标应与表 4-3 中 HL-Ⅰ所列的质量指标成相同比例。

② HS 为高纯固体氢氧化钠，HL 为高纯液体氢氧化钠。

第二节　离子膜法碱液蒸发工艺流程

一、离子膜法碱液的蒸发流程

（一）单效蒸发流程

当蒸汽压力较低（<0.4MPa）、离子膜烧碱产量较小（<1 万吨/年）、产品浓度要求较低（如 42%～45%）以及蒸汽价格比较便宜时，可以考虑采用单效蒸发流程。在离子膜碱液蒸发中，常选用的单效蒸发流程有：

① 单效升膜蒸发流程（图 4-5）；

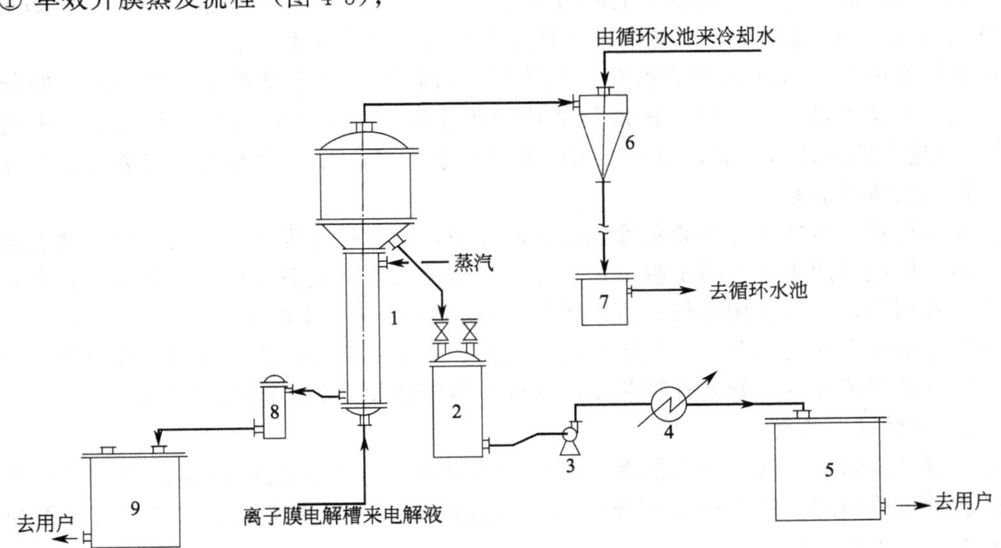

图 4-5　单效升膜蒸发流程示意图

1—升膜蒸发器；2—升膜出料贮罐；3—浓碱出料泵；4—热交换器；5—成品碱贮罐；6—水喷射器；7—冷却水贮罐；8—气液分离器；9—凝水贮罐

② 单效旋转薄膜蒸发流程（图 4-6）。

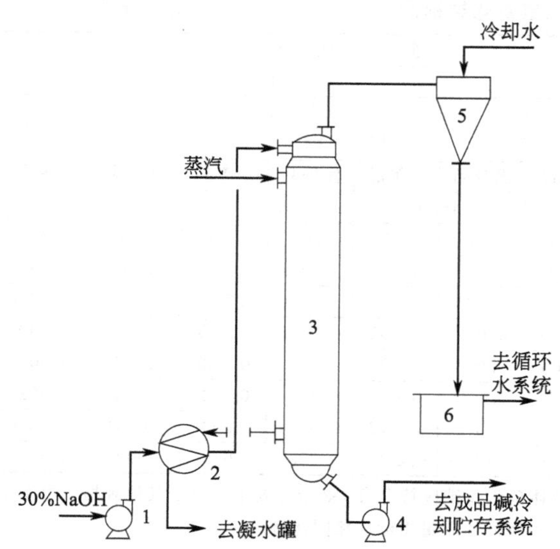

图 4-6　单效旋转薄膜蒸发流程示意图

1—碱液送料泵；2—热交换器；3—旋转薄膜蒸发器；4—成品泵；5—水喷射器；6—冷却水贮槽

1. 单效升膜蒸发流程

单效升膜蒸发流程具有流程简单、设备容易制造、容易操作控制等特点，除主要设备升膜蒸发器的材质宜选用镍材外，其他设备及管路可用 316L 不锈钢，其流程见图 4-5。

离子膜法碱液由电解室内碱泵直接送至升膜蒸发器 1 入口，在升膜蒸发器中，碱液在管内受到管外蒸汽的加热，温度升高达到沸点，并沸腾，然后进入蒸发室蒸发，浓碱液依靠重力流入升膜出料贮罐 2。蒸发出来的水蒸气，由水喷射器 6 真空抽出。并经水冷凝进入冷却水贮罐 7。出料贮罐交替使用，碱液装满后切换至另一贮罐，然后解除真空，启动泵将热碱经热交换器 4 冷却后送至成品碱贮罐 5。蒸汽冷凝水依靠压力排入气液分离器 8，经气液分离后蒸汽冷凝水送至凝水贮罐 9。

2. 单效旋转薄膜蒸发流程

旋转薄膜蒸发器是国内新近开发的在真空下进行降膜蒸发的一种高效蒸发器。继瑞士的 LUWA 公司，美国 BLAWKNOX CHEMTROM PLANDER 公司，日本日立制作所、日南机械、三洋机械等公司之后国内自行开发并现已形成了系列产品。

目前，国内已有多个工厂使用旋转薄膜蒸发器进行离子膜烧碱的浓缩，其基本流程如图 4-6 所示。

加热蒸汽由旋转薄膜蒸发器 3 上部的夹套进入并加热碱液，冷凝液由蒸发器底部出口依靠自身压力进入热交换器 2，与碱液进行热交换后的凝水去凝水贮罐。

由电解来的 32％碱液经热交换器 2 预热后，由旋转薄膜蒸发器 3 上部加入；经分配成降膜下流，与蒸汽进行热交换，碱液经加热沸腾蒸发，蒸发出来的二次蒸汽进入水喷射器 5，被上部进入的冷却水冷凝，冷却下水送至循环水系统。浓缩后的碱液在蒸发器下部由成品泵 4 抽出去成品碱系统。

由流程可见，单效旋转薄膜蒸发流程比较简单，所需设备也较少，而且由于蒸发器传热系数较高，因此可用于小型离子膜工厂。尽管单效流程具有设备简单、投资少等特点，但因其仅为一效蒸发，蒸汽利用率低，所以相对汽耗仍较高［一般在 1.15～1.3t/t(100％碱)］，在能源价格不断上涨的情况下，从经济效益出发，企业更多的是使用多效蒸发流程，以降低成本，所以单效蒸发（不管是升膜蒸发还是旋转薄膜蒸发）的使用受到限制。

（二）双效蒸发流程

为了更好地利用蒸汽，节约能源，在离子膜碱液蒸发中比较广泛地采用了双效蒸发流程，目前所被采用的双效流程又可分为双效顺流流程、双效逆流流程以及降膜双效逆流流程。下面逐一予以介绍。

1. 双效顺流蒸发流程

双效顺流流程是目前国内较常使用的流程，其特点是设备材质要求不高、造价投资相对较低、工艺易于操作控制等，其流程见图 4-7。

从离子膜电解槽来的碱液被送入Ⅰ效蒸发器 4，在外加热器中由大于 0.5MPa（表压）

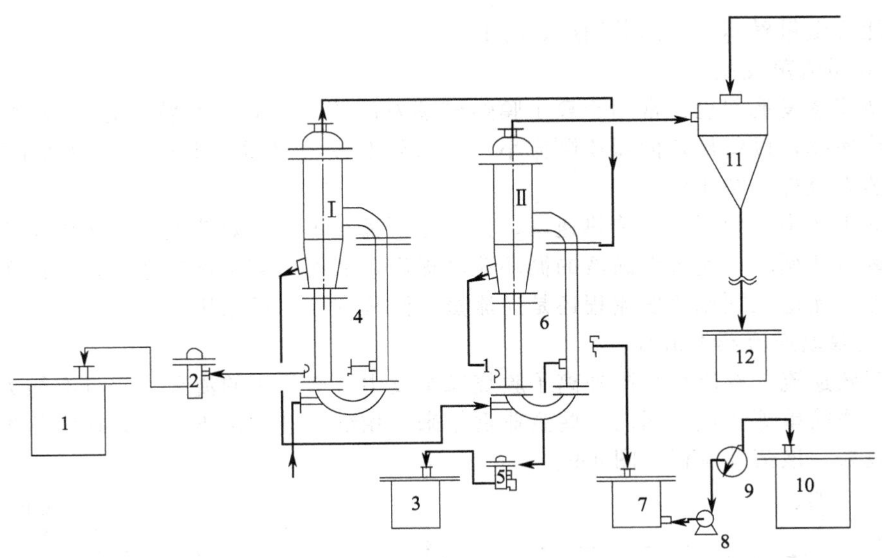

图 4-7　双效顺流蒸发流程示意图

1—Ⅰ效冷凝水贮罐；2,5—气液分离器；3—Ⅱ效冷凝水贮罐；4—Ⅰ效蒸发器；6—Ⅱ效蒸发器；7—热碱贮罐；8—浓碱泵；9—换热器；10—成品碱贮罐；11—水喷射器；12—冷却水贮罐

的饱和蒸汽进行加热，碱液达到沸腾后在蒸发室中蒸发，二次蒸汽进入Ⅰ效蒸发器 4 的加热室，Ⅰ效蒸发器中的碱液浓度控制在 37%～39%，碱液依靠压力差进入Ⅱ效蒸发器 6 中，在加热室被二次蒸汽加热沸腾，蒸发浓缩至产品浓度（42%、45%、50%）。

Ⅱ效的二次蒸汽进入喷射冷凝器后被冷却水冷凝，然后冷却水进入冷却水贮罐 12。达到产品浓度的碱连续出料至热碱贮罐 7，然后由浓碱泵 8 经换热器 9 冷却后送入成品碱贮罐 10，最后销往用户。

Ⅰ效蒸汽冷凝水经气液分离器 2 进入Ⅰ效冷凝水贮罐 1，Ⅱ效蒸汽冷凝水经气液分离器 5 分离后凝水进入Ⅱ效冷凝水贮罐 3。由于Ⅰ、Ⅱ效冷凝水的质量不同（Ⅱ效冷凝水温度较

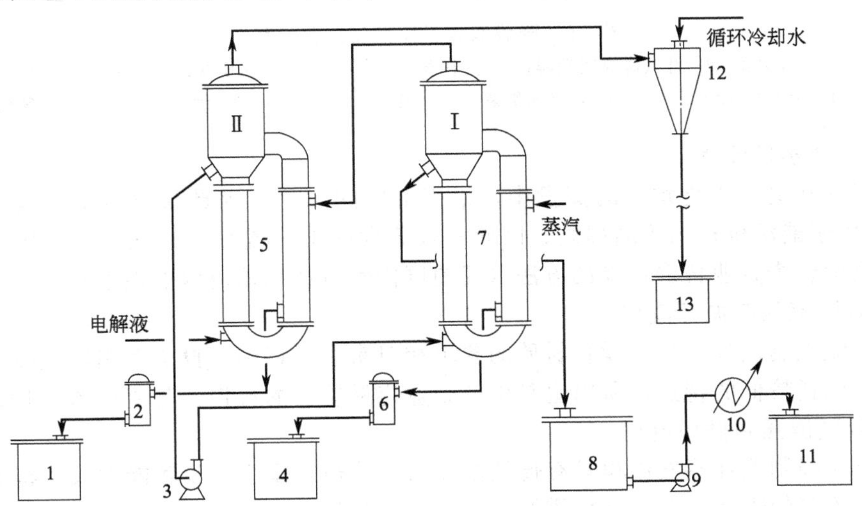

图 4-8　双效逆流蒸发流程示意图

1—Ⅰ效冷凝水贮罐；2,6—气液分离器；3—Ⅰ效过料泵；4—Ⅰ效冷凝水贮罐；5—Ⅱ效蒸发器；7—Ⅰ效蒸发器；8—热碱贮罐；9—浓碱泵；10—换热器；11—成品碱贮罐；12—水喷射器；13—冷却水贮罐

低，且可能含微量碱），应分别贮存及使用。

2. 双效逆流蒸发流程

双效逆流蒸发流程也是常用于离子膜烧碱蒸发的流程。其流程特点是：各效温差较大，提高了传热速率，设备传热面积比顺流小，但末效对设备材质要求较高，增加了设备投资。双效逆流蒸发流程见图 4-8。

在实际生产中，为了提高传热速率，很多工厂都在Ⅰ、Ⅱ效蒸发器循环中采用了强制循环泵来代替自然循环，使多效碱液的循环速度提高，从而提高了传热系数，提高了传热速率及蒸发能力，无论在顺流蒸发流程还是逆流蒸发流程均被广泛采用。

3. 降膜双效逆流蒸发流程

降膜双效逆流蒸发流程是国外离子膜烧碱蒸发中常被采用的流程。它具有能力大、强度高、工艺操作简单等特点。国内一些企业近年来已相继引进了该流程，并在实际生产中取得了较好的效果，该蒸发流程见图 4-9。

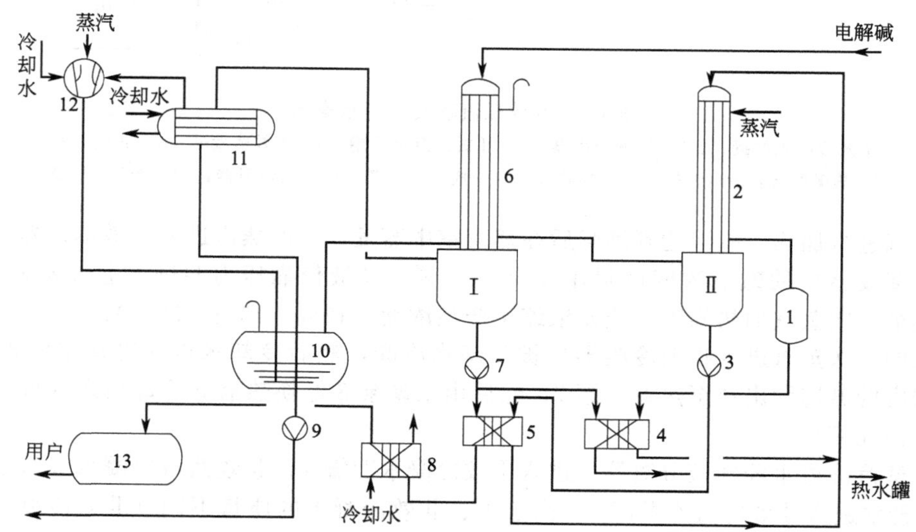

图 4-9 降膜双效逆流蒸发流程示意图

1—气液分离器；2—Ⅱ效降膜蒸发器；3—出料泵；4,5,8—板式热交换器；6—Ⅰ效降膜蒸发器；7—过料泵；9—冷却水泵；10—冷却水贮罐；11—表面冷却器；12—蒸汽喷射泵；13—成品碱贮罐

（三）三效蒸发流程

尽管目前在离子膜烧碱液的蒸发中，采用最广的工艺流程是双效蒸发流程（顺流或逆流），但是由于能源价格的不断提高，因此三效蒸发的工艺流程开始逐渐被采用，预计该流程今后会成为各个企业普遍选择的方法（目前国内鲜有使用该流程的报道）。

1. 三效顺流强制循环流程

三效顺流强制循环流程对设备材质的要求相对来说不苛刻，投资费用较低而又具有蒸汽利用率高、汽耗较低的特点，所以也是生产企业容易接受的流程，其流见图 4-10。

2. 三效逆流强制循环流程

三效逆流强制循环蒸发流程具有传热温差大、传热效率高、设备能力大的特点，由于末效高温、高浓碱的需要，对设备材质要求也较高，其流程见图 4-11。

3. 三效降膜逆流蒸发流程

这是一种在国外能耗费用较高地区推荐使用的流程，在国内目前尚没有引进该流程，相信该流程能耗低、设备能力大的特点会引起生产企业的兴趣，其工艺流程见图 4-12。

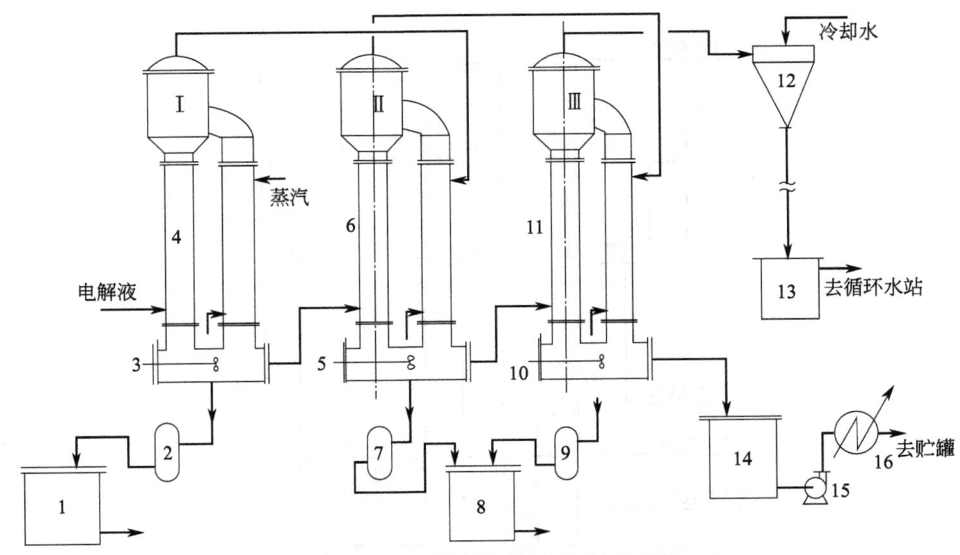

图 4-10 三效顺流蒸发流程示意图

1—Ⅰ效冷凝水贮罐；2,7,9—气液分离器；3—Ⅰ效循环泵；4—Ⅰ效蒸发器；5—Ⅱ效循环泵；6—Ⅱ效蒸发器；8—Ⅱ、Ⅲ效冷凝水贮罐；10—Ⅲ效循环泵；11—Ⅲ效蒸发器；12—水喷射器；13—冷却水贮罐；14—浓碱贮罐；15—浓碱泵；16—换热器

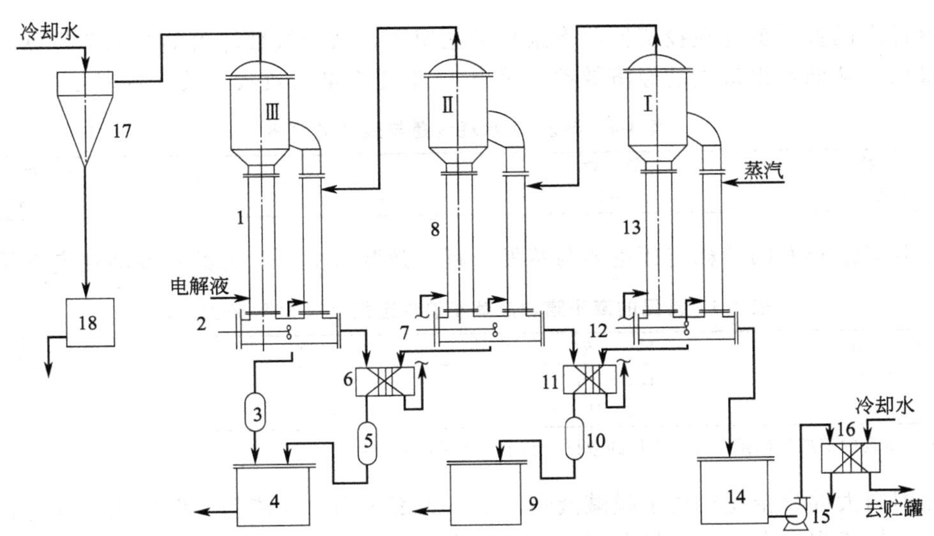

图 4-11 三效逆流蒸发流程示意图

1—Ⅰ～Ⅱ效蒸发器；2,7,12—循环泵；3,5,10—气液分离器；4—热水贮罐；6,11,16—板式热交换器；8—Ⅱ效蒸发器；9—Ⅰ效冷凝水贮罐；13—Ⅰ效蒸发器；14—热碱贮罐；15—浓碱泵；17—水喷射器；18—冷却水贮罐

二、流程选择的依据和比较

对于离子膜法碱液的蒸发流程，可以大体上从效数、蒸发器形式、顺逆流工艺、碱液循环方式几个方面进行选择。

1. 效数的选择

在确定蒸发流程时，首先要确定采用的蒸发器的效数。从理论上来说，蒸发器的效数越多，蒸汽被利用的次数也就越多，汽耗也就越低，从而使生产运转费降低，产品成本下降。但效数越多，蒸发器的增加越大，这就使一次投资相应增加，相应提高了折旧及产品成本。

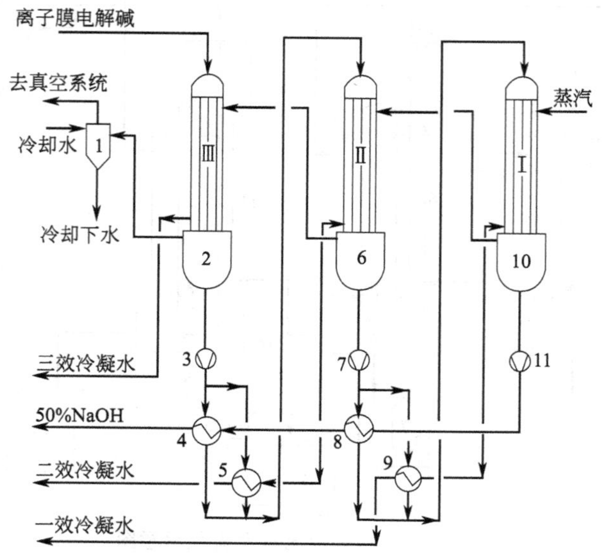

图 4-12 三效降膜逆流蒸发流程示意图

1—大气冷凝器；2—Ⅲ效降膜蒸发器；3,7,11—碱泵；4,5,8,9—换热器；6—Ⅱ效降膜蒸发器；10—Ⅰ效降膜蒸发器

因此，设计者的责任就是在投资回收率最佳的情况下，选用效数尽可能多的蒸发器，以求产品成本最低，从而获得最大的经济效益。蒸发 1t 水耗汽量与效数的关系见表 4-4。

表 4-4 蒸发 1t 水耗汽量与效数的关系

效 数	单 效	双 效	三 效
汽耗/t	1.1～1.15	0.6～0.65	0.4～0.45

离子膜碱液蒸发的消耗定额主要与蒸发流程的效数有关，常见的蒸发消耗定额见表4-5。

表 4-5 常见的离子膜碱液蒸发消耗定额（以 50%碱为例）

项 目	单 效	双 效	三 效
蒸汽/t	1.1～1.2	0.7～0.8	0.5～0.6
水/t	12～15	7～9	5～6

注：表中所列的消耗定额是一些生产厂的数据，其中三效是国外的数据。

虽然国内大部分企业在离子膜碱液蒸发中，大都采用双效流程，但是认真分析后就会发现，采用三效流程，在经济上是合理的。下面进行粗略的估算：以 2 万吨/年离子膜碱液蒸发为例，一台镍蒸发器的价格约为 100 万元，由于三效蒸发比双效蒸发 1t 水可节约约 0.2t 蒸汽，因此对于从 32%浓缩至 50%的烧碱可节约的蒸汽为：

$$\left(\frac{1000}{32\%}-\frac{1000}{50\%}\right)\times 0.2=0.225\text{t}$$

设蒸汽价格为 60 元/t，则 2 万吨/年离子膜碱液蒸发所节约的蒸汽价值为：

$$20000\times 0.225\times 60=27\ 万元$$

若投资贷款的利率为 12%，则 6 年左右可以回收全部投资。如果考虑到镍蒸发器的寿命在 10 年以上，那么选择三效蒸发还是适宜的（用 316L 不锈钢材质也可得到类似的结果）。

2. 蒸发器类型的选择

常用蒸发器的类型很多，根据循环方式的不同来进行分类，大致如下：

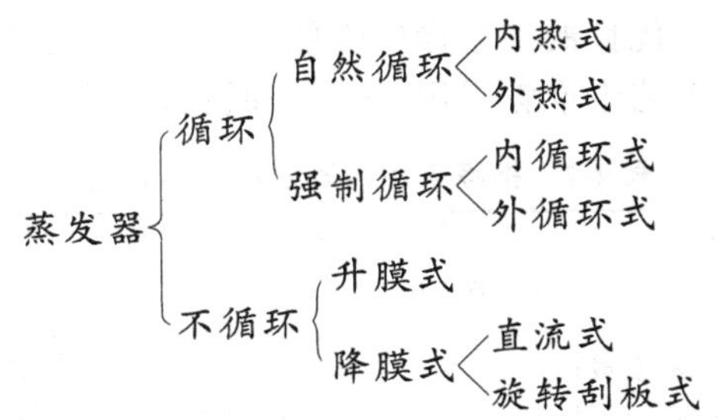

在这些蒸发器中，对于循环的蒸发器以自然循环的外热式蒸发器与强制循环的外循环式用得较多，而不循环式蒸发器则是近几年开始逐渐广泛使用的蒸发器，主要原因是这些蒸发器都具有较高的传热效率，另外，设备的加工制造及维修也都比较容易。在选择蒸发器时，要根据具体情况及条件来进行全面考虑，以便取得最佳的经济效益。几种常见的蒸发器的主要性能情况见表 4-6。

表 4-6　几种常见的蒸发器的主要性能对照

类型 项目	标准蒸发器	悬筐蒸发器	外热蒸发器	列文蒸发器	强制循环蒸发器	升膜蒸发器	降膜蒸发器	旋转刮板蒸发器
循环速度/(r/min)	0.3～0.5	1～1.2	1.2～1.5	1.5～2.0	1.8～2.5	不循环	不循环	不循环
传热系数/[W/(m²·℃)]								
Ⅰ效	1200～1400	1500～1700	1800～2000	300～2400	180～2000(顺) 200～2200(逆)	2000～2300	1400～1600	2300～2500
Ⅱ效	800～900	1000～1200	1000～1200	120～1500	180～2200(顺) 900～2100(逆)	—	2400～2600	—
Ⅲ效	400～500	600～800	800～900	800～1000	180～2000(顺) 800～2000(逆)	—	—	—
蒸气压	低	低	较低	高	较高	较低	较高	较低
耗材投资	少	较少	较多	多	多	少	少	较少
蒸发能力	低	低	较低	较低	较高	高	高	较高

3. 顺逆流工艺的选择

在选择顺逆流工艺时，设计人员会更多地趋向于选择逆流工艺，其理由如下。

① 采用逆流蒸发较顺流蒸发可以更充分地利用加热蒸汽的热量，这是由于逆流次级效蒸发器的碱液沸点较低（浓度低），可以利用前效加热器的蒸汽冷凝液预热进本效的碱液，并可使其闪蒸蒸发产生二次蒸汽，用于次级效加热，这样相应增加了各效的加热蒸汽量。此外，末效排出的蒸汽冷凝液温度，逆流较顺流要低，因此也增大了温差，从而提高了蒸汽的热利用率。

② 碱液与蒸汽逆向流动，这样可以使低黏度的碱液在低温下沸腾，高浓度、高黏度的碱液在高温下沸腾，从而提高了传热系数，减小了设备的加热面积，减少了投资。

在选择顺逆流工艺时，还要受到材质的制约，这同时也是一次投资的约束。因为，对于逆流流程，浓效蒸发器处于高温、高浓度碱的恶劣条件下，蒸发器的材质就必须选用优质金属材料，如镍材或优质低碳不锈钢。这样，也相应提高了设备的投资。

所以，虽然从理论上讲，逆流工艺优于顺流工艺，但在实际生产中，当投资较少时仍可采用顺流工艺，其传热系数不足的缺点，常用强制循环来弥补。当然，在一般的情况下，建议采用逆流工艺。

4. 碱液循环方式的选择

如前所述，为了得到较高的传热系数，在自然循环与强制循环蒸发器的选择上，推荐采用强制循环蒸发器。近年来出现了多种类型的不循环蒸发器，如升膜、降膜或旋转薄膜蒸发器，而这些新型蒸发器都具有优良的工艺操作性能，因此越来越被广泛采用。

综上所述，离子膜蒸发工艺中推荐采用的流程和设备如表 4-7 所示。

表 4-7　推荐采用的蒸发流程和设备

序号	项目名称	内　容	备　注	序号	项目名称	内　容	备　注
1	采用效数	双效或三效	以三效为佳	2	蒸发器	强制循环蒸发器、升膜蒸发器、降膜蒸发器、旋转薄膜蒸发器	
	循环方式	采用强制循环蒸发或不循环的膜式蒸发		3	真空设备	水喷射器、蒸汽喷射泵	
	顺逆流方式	尽可能采用逆流工艺		4	换热器	板式换热器	
					循环泵	轴流式循环泵	

第三节　蒸发工序设备的结构、原理、操作

一、主要设备及原理、操作

蒸发器是碱液蒸发浓缩的主要设备，它的分类如前所述，可分为循环蒸发器与不循环蒸发器，也可将蒸发器按照沸腾区在加热管内或管外而划分为内沸式或外沸式蒸发器，但不管是哪种类型的蒸发器，其主要结构和工作原理是相同的。

1. 蒸发器的基本结构

蒸发器由蒸发室、加热室和循环系统三部分组成。

（1）蒸发室

蒸发器的蒸发室一般都呈圆柱形筒体，它的作用是提供蒸发空间、对蒸发出来的二次蒸汽进行气液分离，为此，在筒体上部，一般要根据表面汽化强度来确定分离空间的大小，而其又与蒸发能力有关。表面汽化强度一般为 1200～1600kg(水)/(m^2 • h)，二次蒸汽的流速应取小于 5m/s，而气相空间的高度则取决于分离装置的能力，通常气相空间的有效高度一般都在 2.5m 左右，但随着分离装置性能的提高，气相空间的高度相应降低。如引进 Bettrams 公司的降膜蒸发器，由于采用了先进的镍丝网捕集器，设备的分离空间仅有 0.5m。

气液分离装置的形式很多，这里介绍常用的几种。

① 惯性式分离器。惯性式分离器是通过改变二次蒸汽的方向和速度来实现气液分离的目的。常使用的有折流板式或球形式等，由于其分离效果不好，阻力降也比较大，在新制造的蒸发器中已经不常使用了。惯性式分离器见图 4-13。

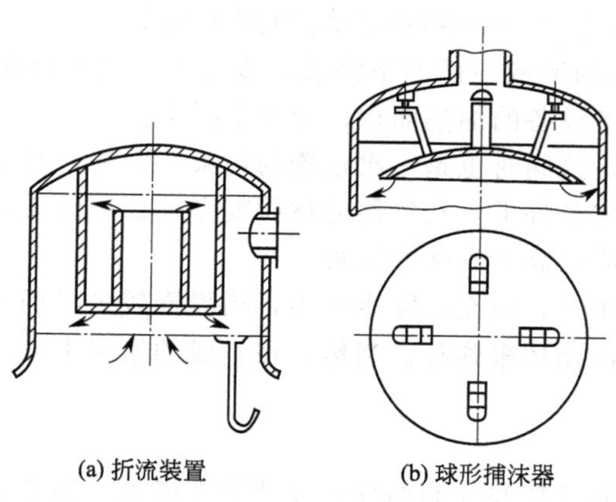
(a) 折流装置　　(b) 球形捕沫器

图 4-13　惯性式分离器

② 旋流板式分离器。旋流板式分离器是使通过该装置的二次蒸汽获得较高的旋转速度，依靠离心力来进行气液分离的。这种分离器是由旋流板、盲板、托架等组成的（见图 4-14）。旋流板的穿孔负荷因子 F 常取 8～14，旋流板内径 D_0（即盲板直径）为外径 D 的 1/2，板片仰角为 25°～30°。旋流板式分离器结构简单，分离效果好，操作弹性大，适应性强。其阻力降一般为 2.7～4.0kPa，新的蒸发器大都采用这种分离装置。

③ 表面型分离器。最典型的表面型分离器是丝网分离器，它又可分为两种形式：盘形网

及条形网。盘形网是由很细的金属丝（镍或不锈钢）编织成连环状的圆筒形网套，再压平为具有双层折皱形的网带结构。这种丝网具有很大的自由体积，又有很大的比表面积。条形网是用丝网一层一层地平铺，铺至规定层数，用定距杆与钩使其成为一整块。丝网分离器一般高度选用 100～200mm，其分离效果可达 99%以上。

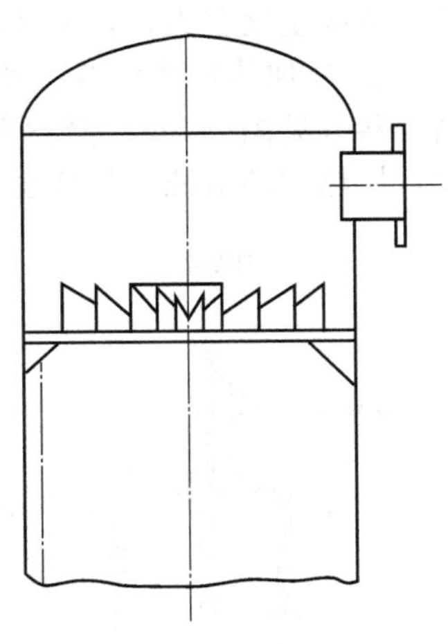
图 4-14 旋流板式分离器

由于离子膜碱液不含盐，因此，不会出现在隔膜碱蒸发时经常发生的结垢现象，这样，丝网分离器在离子膜碱液蒸发中便得到了广泛的使用，是推荐采用的气液分离装置。

（2）加热室

加热室通常是列管加热器，其作用是把加热蒸汽的潜热（冷凝热）传递到冷凝水出口，上部有蒸汽进口管及不凝气体出口管。蒸发器加热室列管的内径，一般在 38～60mm，加热列管的长度与蒸发器类型有关。

加热室花板（管板）与列管的连接方式有两种：胀接与焊接。在离子膜碱的蒸发器中，加热管的材料多采用镍材或者低碳不锈钢（316L 不锈钢），而不与碱液接触的壳体则采用普通碳钢。

（3）循环系统

循环系统是指自然循环或者强制循环蒸发器中的循环管和循环泵。蒸发器的循环系统是使需要蒸发浓缩的料液达到要求的循环速度，改善传热状况的重要部件。尤其是循环泵，对提高蒸发器的传热系数具有重要作用。

2. 各种类型的蒸发器及其特性

（1）自然循环蒸发器

常见的自然循环蒸发器有：标准式蒸发器、悬筐式蒸发器、外热式蒸发器。自然循环蒸发器由于其传热系数较低、温差小，国内在离子膜蒸发中已经很少使用，这里进行扼要介绍。

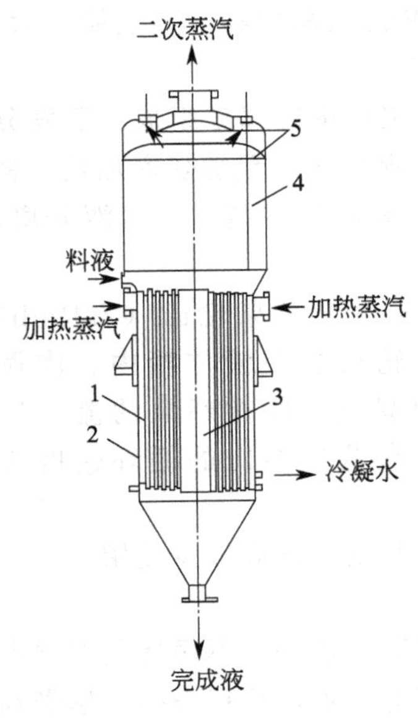

图 4-15 标准式蒸发器

① 标准式蒸发器。标准式蒸发器也称为中央循环管式蒸发器，是一种内热式自然循环蒸发器（见图 4-15）。在通常情况下，中央循环管的截面积应不小于加热管截面积的 35%，一般为 40%～50%。标准式蒸发器具有结构简单、制作方便、投资省等特点。缺点是循环速度低（为 0.4～0.5m/s），更换和检修加热室较不容易。

② 悬筐式蒸发器。悬筐式蒸发器也是一种内热式自然循环蒸发器（见图 4-16）。其结构特点是：加热室依靠一根从顶部插入的加热蒸汽管悬吊在蒸发器中，因此称为悬筐式。悬筐式蒸发器中的液体是通过壳体和加热室之间的环形间隙，按其密度差使料液向下流动，形成循环的。由于间隙面积通常为加热管总截面积的 1.0～1.5 倍，所以，其循环速度比标准式蒸发器大。此外，由于加热室采用悬吊结构，其检修和更换比较方便，缺点是结构比较复杂。

③ 列文蒸发器。列文蒸发器（见图 4-17）是一种外热式蒸发器，属外热式自然循环蒸发器，它的加热室与循环管都较

长，造成重度差大，使液体的循环速度加大，列文蒸发器的循环速度比内热式蒸发器大。

④ 外加热室蒸发器。外加热蒸发器是将加热室移至蒸发器体外的一种外热式自然循环蒸发器（见图4-18）。蒸发室通过导管和循环管与加热室相连接，这种蒸发器循环速度比较大，加热室的清洗、检修也比较方便，缺点是结构比较复杂，散热损失较大。

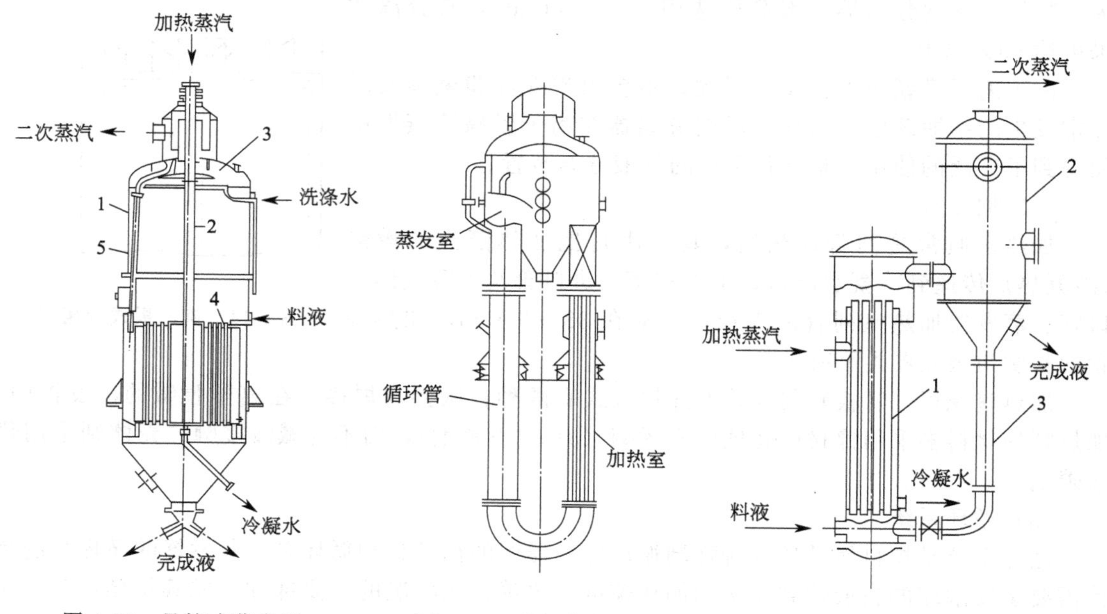

图4-16 悬筐式蒸发器
1—外壳；2—加热蒸汽管；3—除沫器Ⅰ；4—加热室；5—液沫回流管

图4-17 列文蒸发器

图4-18 外加热室蒸发器
1—加热室；2—蒸发室；3—循环室

（2）强制循环蒸发器

强制循环蒸发器是离子膜碱液蒸发中常被选用的一种蒸发器，通常可分为强制外循环蒸发器与强制内循环蒸发器，其区别在于强制循环泵在蒸发器的主体外还是在体内，前者为强制外循环蒸发器，后者为强制内循环蒸发器。强制循环蒸发器的传热系数高，蒸发能力大，但金属用量较大，增加了循环系统，也增加了设备的泄漏维修点。

① 强制外循环蒸发器。强制外循环蒸发器如图4-19所示，主要由四部分组成：蒸发分离室、加热室、循环管、循环泵。料液进入蒸发器后经循环管由循环泵送至加热室加热，料（碱液）与加热蒸汽进行热交换，温度升高，至沸腾，然后进入蒸发室中蒸发，气液分离，二次蒸汽由顶部出口送出，蒸发后的碱液由料液出口送出。

② 强制内循环蒸发器。典型的强制内循环蒸发器（见图4-20）如柴伦巴（ZaRmb）蒸发器，由蒸发室、加热室、液体箱三部分组成。轴流泵叶轮安装在液体箱内。内循环蒸发器无循环节和膨胀节，因此结构紧凑，加热室管程为双程，使循环泵的流量比外循环蒸发器少了一半，因而也减小了循环泵的功率。碱液在蒸发器内的循环速度为1.8～2.5m/s。

内循环蒸发器的缺点是结构较复杂，安装维护检修较困难，目前国内尚较少使用。

（3）不循环蒸发器

不循环蒸发器常见的有升膜蒸发器、降膜蒸发器、旋转薄膜蒸发器等，不循环蒸发器由于具有传热系数高、流程简单、设备少、投资省、容易操作控制等特点，近年来越来越受到关注，尤其在离子膜碱液蒸发中得到了广泛的运用。

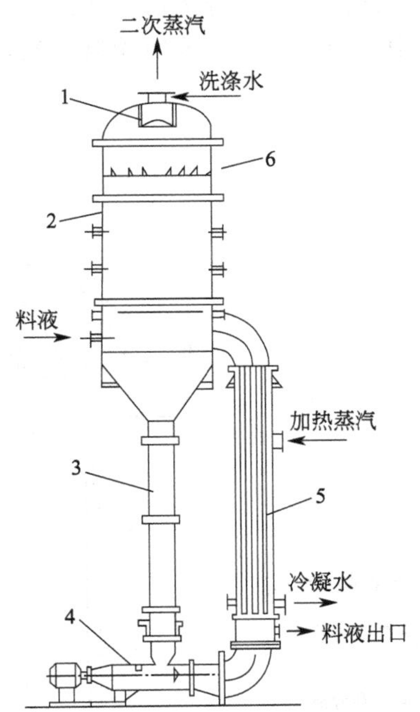

图 4-19　强制外循环蒸发器

1—液沫捕集器；2—分离室；3—循环管；4—循环泵；5—加热室；6—旋流板

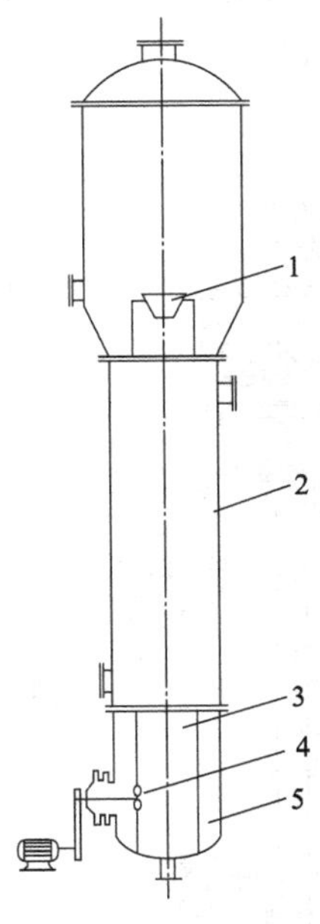

图 4-20　强制内循环蒸发器

1—分布器；2—加热室；3—上升通道；4—轴流泵；5—下降通道

① 升膜蒸发器。升膜蒸发器由加热室和蒸发分离室两部分组成（见图 4-21）。

蒸发器下部为加热室，上部为蒸发分离室。碱液从蒸发器底部进入加热室，加热蒸汽从加热室的上部进入走管间，冷凝水从加热室下部排出，碱液在加热室膜状上升过程中被加热至沸腾，然后进入蒸发室蒸发，并实现气液分离，浓碱从蒸发室的底部排出，二次蒸汽经上部分离室（旋流板分离器及丝网除雾器）分离后从顶部排出。

在通常情况下，用于离子膜碱液蒸发时，加热室的加热管的材质必须选用镍材，蒸发室宜采用钢内衬镍或镍复合板。

升膜蒸发器具有传热系数高、结构紧凑等特点，在国内得到了广泛的运用。

② 降膜蒸发器。降膜蒸发器分为加热室与蒸发室两部分，加热室在上部，蒸发室在下部，如图 4-22 所示。碱液从上部进入管内在膜状下降过程中与管壁外的蒸汽进行热交换，由于降膜层很薄，再加上气体的湍流作用，传热效果极佳。到达加热室下部的液体已呈沸腾状态，在蒸发室中蒸发并进行气液分离，浓碱从底部排出，二次蒸汽经高效丝网捕集器分离后排出，蒸汽冷凝液则从加热室底部排出。

降膜蒸发器在国外离子膜碱液蒸发中运用得相当普遍，国内只有引进装置使用，主要原因是丝网捕集器不能满足要求以及降膜管壁较厚不能适合高效传热的需要。

降膜蒸发器具有传热系数高、蒸发强度大、设备紧凑、容易操作控制等特点，是值得推荐的一种高效蒸发器。

③ 旋转薄膜蒸发器。旋转薄膜蒸发器是一种新型的蒸发装置，主要由加热圆柱形筒体、分离器、转子刮板三部分组成，如图 4-23 所示。操作原理是：碱液在加热器上方进入蒸发器，借助于布料环均匀地分布在器壁上，转子上的叶片刮板遂即将碱液在加热面上刮成高度湍流的薄膜层，被刮成薄膜的碱液沿着加热面螺旋地向下流动，与此同时，碱液中的水分不

断地被蒸发，蒸发出来的二次蒸汽逆流上升至上部的离心式分离器。在此处所夹带的液滴被分离器的高速叶片所分离而落回到加热蒸发区中，蒸汽则向上经冷凝器冷凝，浓缩的浓碱由蒸发器的下部流出。

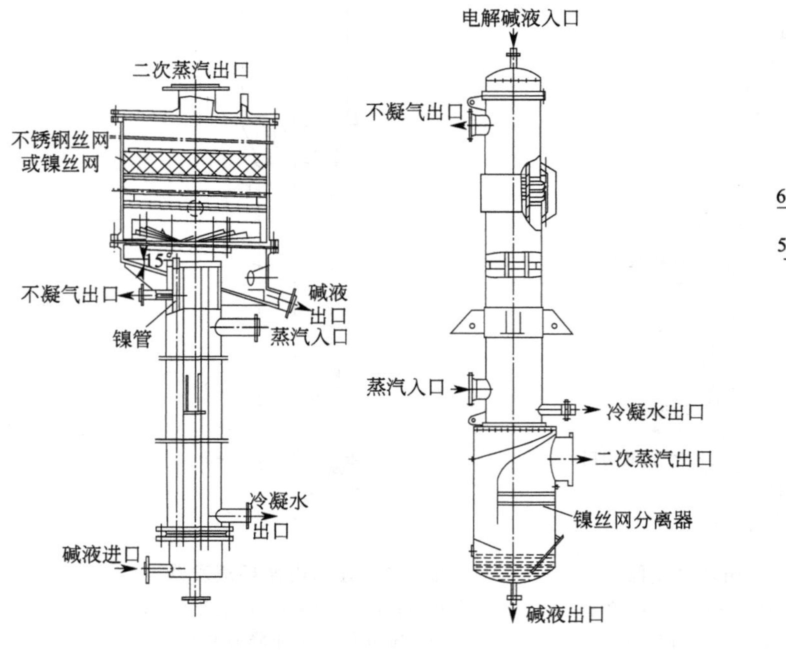

图 4-21　升膜蒸发器　　　　图 4-22　降膜蒸发器

图 4-23　旋转薄膜蒸发器

1—浓碱出口；2—转子下轴承；
3—加热夹套；4—转子；5—加热蒸汽；
6—碱液入口；7—分离器；8—转子上轴承；
9—转子驱动；10—二次蒸汽出口；
11—冷凝水出口

旋转薄膜蒸发器通常在真空下操作，蒸发效率高，生产能力大，其蒸发强度可达 150～300kg/(m^2 · h)。该类型的蒸发器国内已有系列产品（见表 4-8）。

旋转薄膜蒸发器是国内近年开发的一种高效蒸发装置，与常规的蒸发器相比，它具有以下特点：

表 4-8　旋转薄膜蒸发器产品系列

参数 \ 型号	GXZ-2	GXZ-4	GXZ-6	GXZ-8	GXZ-12	GXZ-16
蒸发面积/m^2	2	4	6	8	12	16
内筒真空度/kPa	90.7	90.7	90.7	90.7	90.7	90.7
蒸发能力/[kg(水)/h]	300	600	900	1200	1800	2400
夹套压力/MPa	0.4	0.4	0.4	0.4	0.4	0.4
电机功率/kW	1.5	3.0	7.5	7.5	15	20
内筒温度/℃	＜100	＜100	＜100	＜100	＜100	＜100
夹套温度/℃	151	151	151	151	151	151
内筒介质	物料	物料	物料	物料	物料	物料
夹套介质	饱和蒸汽	饱和蒸汽	饱和蒸汽	饱和蒸汽	饱和蒸汽	饱和蒸汽
内筒直径/mm	400	400	600	800	800	1000
总高度/mm	4829	6630	6782	7150	8960	9860

a. 传热系数大［最大可达 2500W/(m^2·K)］，蒸发强度高［150～200kg(水)/(m^2·h)］；

b. 物料在蒸发器内停留时间短，(数秒至十多秒）不结焦、无污垢；

c. 适用的黏度范围广（最高黏度可达 10Pa·s 左右)；

d. 可进行连续生产，操作弹性大，浓度调节范围广并且无需洗罐；

e. 可在较低的温度条件下蒸发（工作温度为 78℃），解决或减缓了浓碱对设备的腐蚀问题，可选用普通的奥氏体不锈钢制作，降低了设备的投资费用；

f. 可使用二次蒸汽或余热（使用蒸汽压力 0.1～0.2MPa）从而降低了能耗。

由于旋转薄膜蒸发器具有上述特点，该设备有可能成为蒸发设备新的替代产品。

二、辅助设备结构、原理及操作

1. 真空设备

在碱液蒸发中，为了使溶液降低沸点，增大有效温差，广泛地使用了真空蒸发工艺。常用的产生真空的设备有以下几种：大气冷凝器、机械真空泵、水喷射器、蒸汽喷射泵等。

由于蒸发工艺要求真空系统不仅要排除系统的不凝气体，而且更重要的是使二次蒸汽冷凝，以便获得较高的真空度。所以在生产实践中，为了得到比较理想的真空度，往往在真空系统中安装两种真空设备。例如，大气冷凝器与机械真空泵组成的真空系统或大气冷凝器与蒸汽喷射泵组成的真空系统。

在实际工业生产中，当需要 80.0～88.0kPa 的真空度时，一般多选用水喷射器，当需要＞88.0kPa 的真空度时，多选用组合式真空系统，尤其是选用大气冷凝器与蒸汽喷射泵组成的真空系统。因为这个系统设备结构简单，维护方便，并可根据用户的要求而选用一级或多级蒸汽喷射泵，以获得更高的真空度。蒸汽喷射泵与真空度的关系见表 4-9。

表 4-9 蒸汽喷射泵级数选择表

级 数	单 级	二 级	三 级	四 级	五 级
吸入压力范围/kPa	12.0～13.3	2.7～13.3	0.67～4.0	0.067～0.67	0.009～0.13

(1) 水喷射器

水喷射器（见图 4-24）是具备冷凝和去除不凝气两种功能的真空设备，广泛用于烧碱蒸发的真空系统。其结构是由水室、喷嘴、汽室、喉管和尾管组成的，正常操作时，水室压力为 0.2～0.3MPa，其形成的系统真空度，通常在 80.0～88.0kPa。这种设备结构比较简单，但在实际生产中喷嘴往往容易堵塞，需经常处理。

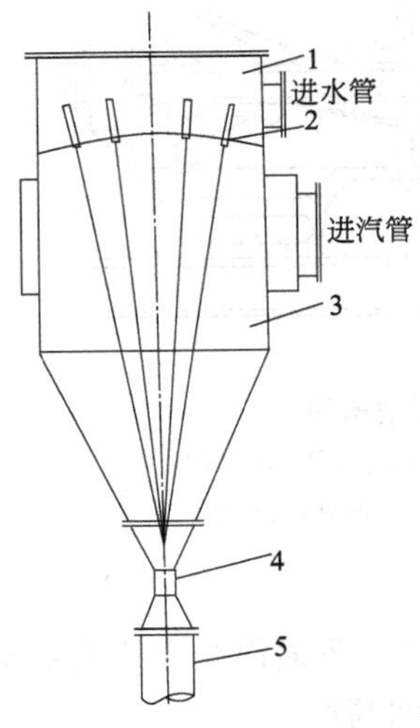

图 4-24 水喷射器
1—水室；2—喷嘴；3—汽室；4—喉管；5—尾管

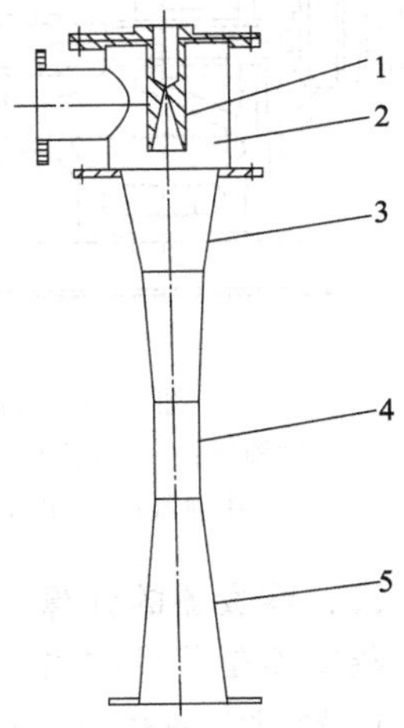

图 4-25 蒸汽喷射泵
1—喷嘴；2—吸入室；3—混合段；4—喉管；5—扩压段

(2) 蒸汽喷射泵

蒸汽喷射泵（见图 4-25）是一种高效的真空设备，它由吸入室、喷嘴、混合段、喉管、扩压段等部分组成。蒸汽喷射泵结构简单，易于操作控制，维修方便，并能获得较高的真空度，是值得推广使用的真空设备。其缺点是如制造或选用不当，会使蒸汽消耗增加。正常操作的蒸汽压力为 0.25～0.35MPa，真空度一般单级可达 90.7～93.3kPa。

(3) 机械真空泵

机械真空泵的类型很多，如往复真空泵、水环真空泵等，由于其在蒸发工艺中的运用越来越少，这里不作介绍。

2. 循环泵

常用的循环泵大都采用卧式轴流泵或卧式混流泵。因为在蒸发工艺中，设计要求选用大流量、低扬程的循环泵。这种泵的典型结构见图 4-26。

强制循环泵的扬程一般为 3～5m 液柱，其扬程是保持液体的循环速度在 1.8～2.5m/s，一般是选用料液经过加热器温升为 3℃时的流体。循环泵可悬臂支承也可两端支承，循环泵的轴封常采用双端面机械密封，其材质一般为镍材或钢衬镍。

3. 换热器

换热器是蒸发工艺过程的一种重要的辅助设备，它是降低能耗，充分利用余热的主要设备之一。常用的换热器主要有三种类型：列管式换热器、螺旋板式换热器及板式换热器。

列管式换热器传热系数比较低，体积也比较庞大，但加工、维修尚不复杂。螺旋板式换热器传热系数高，但加工制造复杂，维修极为困难。而板式换热器传热系数高，制造、安装、维修都较容易。由于板式换热器具有这些特点，因此在离子膜烧碱蒸发中得到了广泛的应用，是值得推荐的热交换设备（见图 4-27）。

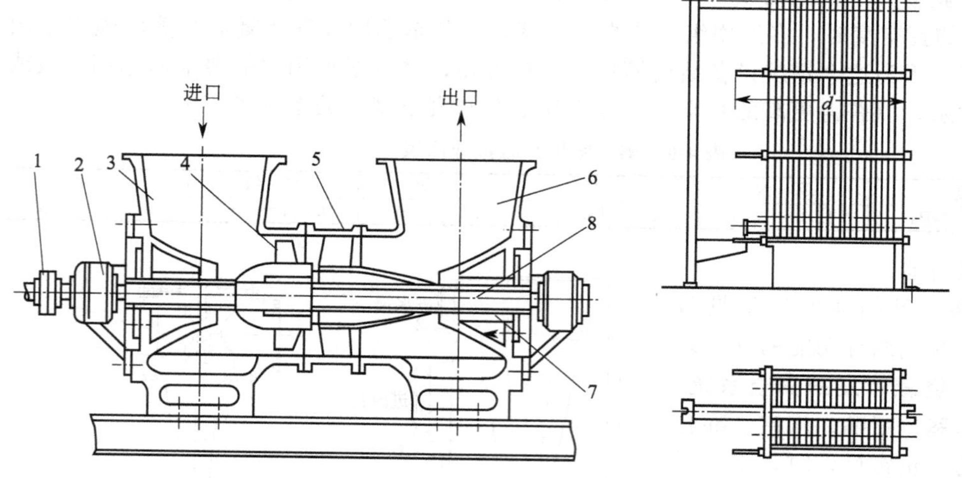

图 4-26 循环泵结构图

1—联轴器；2—轴承支架；3—进口段；4—叶轮；5—中间段；6—出口段；7—轴封；8—轴

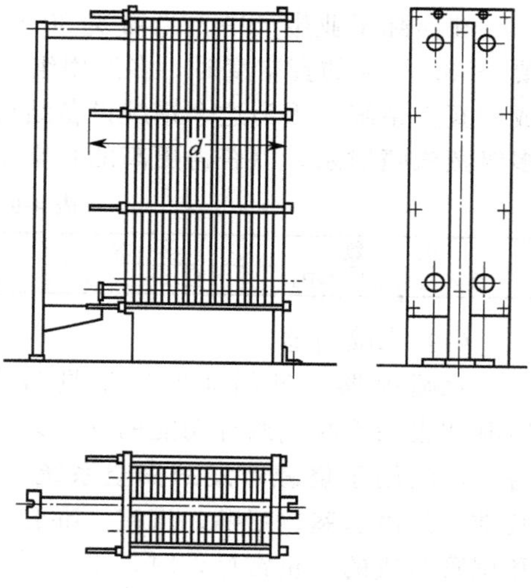

图 4-27 板式换热器

三、蒸发器的计算

蒸发器是蒸发的主体设备，下面简要介绍蒸发器设计计算的方法和步骤。

1. 蒸发室内径与气相空间高度

(1) 蒸发室内径计算

$$D=\sqrt{\frac{4W}{\pi A}}$$

式中 D——蒸发室内径，m；

W——蒸发水量，kg/h；

A——蒸发室的允许表面汽化强度，kg/(m^2 · h)，此值可取 1200～1600。

(2) 气相空间高度计算

$$H=\frac{4q_V}{\pi BD^2}$$

式中　q_V——蒸发器中汽化蒸汽的体积流量，m^3/s；

B——蒸发室的体积汽化强度，$m^3/(m^3 \cdot s)$，此值可取 1～1.6，常取 1.2；

D——蒸发室内径，m。

(3) 蒸发室分离空间的设计

主要选用经验数据，参考所选用的除雾器类型及特性要求，决定分离空间的高度：

蒸发室的高度＝气相空间高度＋分离空间高度

2. 加热室

在离子膜烧碱蒸发中，根据设计或厂家所选用的蒸发器类型、需要的传热面积，就可以初步选定加热室的管径、管长及根数。表 4-10 列出几种常见的蒸发器加热管特性规格。

表 4-10　几种常见的蒸发器加热管特性规格

蒸发器类型	管径/mm	管长/m	管内流速/(m/s)	材　质
标准式	33～57	2～2.5		低碳不锈钢,镍
列文式	50～60	3～6	0.4～0.5	低碳不锈钢,镍
强制外循环式	50～70	4～7	2～3	低碳不锈钢(316L),镍
升膜式	38～57	5～6	1.8～2.1	低碳不锈钢(316L),镍
降膜式	45～70	6～7		低碳不锈钢,镍

对于自然循环蒸发器，还需要选用与加热管总截面积成比例的循环管截面积，才能获得物料在加热室内的循环速度。

对于强制循环蒸发器，要依据所要求的过热度，即溶液经过加热室后的温升，来设计加热室，一般温升取 3℃左右，这也是一个重要的设计参数。在实际设计中需先计算出循环量，再根据选定的加热管总截面，核算管内流速，然后再进行管径、管长的适当调整，以得到所要求的管内流速。

在多效蒸发装置中，各效的传热量可视为相等，温升均要求 3℃左右，则各效的循环量也应大致相等。另外，加热室还必须设置不凝气体的排出口，因其对蒸汽的给热系数影响很大（见表 4-11)。

表 4-11　加热蒸汽中不凝气体含量对冷凝给热系数的影响

水蒸气中空气含量(质量分数)/%	0	1	2	3	4	5	6	7
混合气与纯蒸汽给热系数之比	1.0	0.45	0.3	0.24	0.19	0.175	0.166	0.16

3. 传热面积与传热系数

无论是单效、双效或多效蒸发流程，蒸发器传热面积的计算，均按公式 $F=Q/(K\Delta t)$，在系统物料衡算和热量衡算的基础上进行，下面简要分述其计算步骤。

(1) 单效计算

① 计算有效温差。

② 计算总热负荷。

③ 选取传热系数 K 经验值。

④ 按公式计算传热面积。

(2) 双效或多效计算

① 计算总蒸发水量。

② 计算有效温差。

③ 有效温差的比例分配。

④ 传热面积之比的分配。

⑤ 选取各效传热系数的经验值。

⑥ 计算各效热负荷。

⑦ 计算各效温差及沸点。

⑧ 计算各效的传热面积。

4. 循环管

循环型蒸发器为获得一定的循环速度，需选用合适的循环管。强制循环蒸发器的循环管，还要求有足够的高度，以满足真空操作泵入口对灌注高度的要求。各类蒸发器循环管截面与加热管截面的比值见表 4-12（经验值）。

表 4-12　蒸发器循环管截面与加热管截面的比值

类　型	比　值	类　型	比　值
标准式蒸发器	0.35～0.5	列文蒸发器	2～3.5
悬筐式蒸发器	1～1.0	强制循环蒸发器	1～2.2

5. 循环泵的流量及扬程

在选定循环泵的流量及扬程时先决定过热度（一般为 3℃左右），求得碱液循环量，再将其换算成体积流量，即可求得循环泵的流量。

确定扬程则需先求出溶液在循环系统中的流动阻力，可按下式计算：

$$\sum h = h_{加} + h_{循} + h_{沸}$$

式中　$\sum h$——总阻力降，m；

$h_{加}$——加热管内阻力降，m；

$h_{循}$——循环管内阻力降，m；

$h_{沸}$——沸腾管内阻力降，m。

由于总阻力降主要是由加热管内的阻力降所决定的，所以选定管内既有利于传热又不增加泵的功率的流速是很重要的，一般选用 1.8～2.5m/s。由此计算各分阻力降得出总阻力降，最后选取循环泵的扬程。

四、影响碱液蒸发的因素

1. 一次蒸汽压力

蒸汽是碱液蒸发的主要热源，一次蒸汽（或称生蒸汽）的压力高低对蒸发能力有很大的影响。通常，较高的一次蒸汽压力，使系统获得较大的温差，单位时间所传递的热量也相应增加，因而也使装置具有较大的生产能力。

当然，蒸汽压力也不能过高，因为过高的蒸汽压力容易使加热管内碱液温度上升过高，造成液体在管内剧烈沸腾，形成汽膜，降低了传热系数，反而使装置能力受到影响。

蒸汽压力偏低，则经过加热器的碱液不能达到需要的温度，减少了单位时间内的蒸发量，使蒸发强度降低。因此，选择适宜的蒸汽压力是保证蒸发强度的重要因素。另外，保持蒸汽的饱和度也是至关重要的，因为，饱和蒸汽的冷凝潜热是其可提供的最大热量。再则，保持蒸汽压力的稳定也是保持操作平稳的主要因素之一，因为，加热蒸汽压力波动，就会使蒸发过程很不稳定，从而直接影响进出口物料的浓度、温度，甚至影响液面、真空度、产品质量等。

2. 蒸发器的液位控制

在循环蒸发器的蒸发过程中，维持恒定的蒸发器液位是稳定蒸发操作的必要条件。因为液位高度的变化，会造成静压头的变化，使蒸发过程变得极不稳定，液位过低，蒸发及闪蒸剧烈，夹带严重，使冷凝器下水带碱，甚至跑碱；液位过高，会使蒸发量减小，进加热室的料液温度增高，降低了传热有效温差，另外也降低了循环速度，最终导致蒸发能力下降。因此，稳定液位是提高循环蒸发器蒸发能力，降低碱损失，降低汽耗的重要环节。

3. 真空度

真空度是蒸发过程中一个重要的控制指标，它是在现有装置中挖掘、提高蒸发能力的重要途径，也是降低汽耗的重要途径。因为真空度的提高，将使二次蒸汽的饱和温度降低，从而提高了有效温差，除外，也降低了蒸汽冷凝水的温度，因而也就更充分地利用了热源，使蒸汽消耗降低。

真空度的高低与大气冷凝器的下水温度有关（该温度下的饱和蒸气压），也与二次蒸汽中的不凝气含量有关。所以，提高真空度的途径之一是降低大气冷凝器下水温度，即降低其饱和蒸气压，但水温过低，耗水量过大，会造成成本升高。一般控制水温在28～40℃（见表4-13)。提高真空度的另一途径就是最大限度地排除不凝气体，通常的办法是：

表 4-13　与下水温度相平衡的真空度

下水温度/℃	30	35	40	45	50
真空度/kPa	96	95	93	91	88

① 采用机械真空泵；

② 采用蒸汽喷射泵；

③ 采用水喷射器。

这三种办法中以方法①、②较佳，方法③因为受水压力的影响，很难获得较高的真空度。

采用蒸汽喷射泵排除不凝气体，这种方法在国外蒸发流程中被广泛地运用，真空度一般可达到90.7～96.0kPa。水喷射大气冷凝器在国内蒸发流程中被广泛地使用，其真空度仅在80.0～88.0kPa。真空度与蒸汽饱和温度之间的关系见表4-14。

表 4-14　真空度提高时的蒸汽饱和温差

真空度/kPa	85	87	90	93
蒸汽饱和温度/℃	55	52	47	41.5
相对温差/℃		3	5	5.5

4. 电解碱液浓度与温度

由于离子膜电解碱液的浓度较高，所以对其浓缩蒸发非常有利，其汽耗远比隔膜法低。我国从国外各公司引进的离子膜装置的电解碱液浓度略有差异，在30%～35%之间。实际上除日本旭化成等少数公司外，大部分公司离子膜电解碱液的浓度都控制在32%～33%。另外，尽管电解槽流出碱液的温度都在85～90℃，但许多工厂由于电解工序与蒸发工序不在一起，中间常设有中间贮罐，这样，使实际进入蒸发器的碱液温度下降，从而增加了能源消耗。

5. 蒸发完成液浓度

按照市场要求的商品规格，严格控制蒸发的完成液浓度，是在保证产品质量指标的前提下，减少蒸发汽耗的手段之一。同时也可适当降低高浓碱对设备的腐蚀。通常，国内的产品规格为42%、45%及50%三种。

6. 蒸发器的效数

如前所述，蒸发器的效数是决定蒸汽消耗的最重要的因素之一。采用多效蒸发是降低蒸发蒸汽消耗的重要途径，但是蒸发器的效数受到设备投资的约束。在离子膜电解碱液蒸发中，目前经常采用的是双效流程。但是，随着能源价格的不断上涨，将会有越来越多的企业选择三效蒸发的工艺流程。

7. 气液分离器

气液分离器也称疏水器，是蒸发过程的一种辅助设备，往往被人忽视，但其性能的好坏会对蒸发汽耗产生相当大的影响。在蒸发过程中，大量蒸汽在加热器内冷凝后需要及时排出，否则不但阻碍传热，而且还会造成水锤，影响安全生产。而使冷凝水能顺利排出又不带走蒸汽的设备就是气液分离器。

气液分离器性能的好坏，不仅影响蒸发器能力的发挥和正常使用，也直接与蒸汽消耗的高低有关。因为如果气液分离器分离不好，跑汽、漏汽现象经常发生，造成大量蒸汽流失，就会使汽耗升高。如果气液分离很好，但凝水排放不畅，将直接影响蒸发能力和安全生产。

所以设计选用合适的气液分离器是不容忽视的问题。目前常用的气液分离器类型有偏心热动式、浮子杆式、液面自控式三种，用于蒸发装置的大多为后两种。

8. 热损失

蒸发过程是一个传热过程，因此，不可避免会有热的损失。这种热损失主要是由系统内设备和管道的表面向外界散失热量以及蒸汽等物料的热能没有被充分利用就排出而造成的。通常，前者占供入热量的2%～5%，后者则占10%～20%，甚至更多。

因此，一方面选择优质价廉的保温材料（如玻璃毡、矿棉等）减少散热损失，另一方面，最充分有效地利用进入蒸发系统的所有热物料的能量，最大限度地加以利用，减少流失，使排出系统的各种物料带走最小的热量，这些都是降低蒸汽消耗的重要途径。

五、正常操作及故障处理

1. 正常操作

蒸发过程操作的要点是按照操作工艺条件，均衡平稳地进行操作，使装置的生产能力最大，汽耗最低。

正常操作的要点概括如下。

① 严格控制进入各蒸发器加热室的蒸汽压力，平稳而少波动，使蒸发器在规定的压力下运行。

② 保持各蒸发器的液面在设计规定值内，做到稳定，不过高、过低，或出现频繁大幅度的波动。

③ 严格控制真空效蒸发器的真空度，控制水压（或汽压）及下水温度符合设计要求，注意真空波动，如出现波动，则应及时查找原因并进行处理。

④ 严格控制进出蒸发器的碱液流量，注意观察并记录各蒸发器中碱液的浓度、温度。

⑤ 定时进行巡回检查：

a. 检查泵（电机）的温升、轴承的润滑状况；

b. 检查大气冷凝器下水是否有碱；

c. 检查并不定期排放加热室中的不凝气；

d. 检查各指示仪表的指示数据是否正常。

⑥ 按时填写岗位生产记录。

2. 故障处理

蒸发操作中异常现象的原因及处理方法见表 4-15。

表 4-15　蒸发操作中异常现象的原因及处理方法

异常现象	原　因	处理方法	异常现象	原　因	处理方法
突然停电	①外线电气设备故障 ②本装置电气设备故障	①迅速拉下各电门 ②迅速关闭各蒸汽阀门及各有关阀门 ③向值班班长、调度及领导汇报 ④找电工检查修复	真空度低	①二次蒸汽管道漏 ②蒸发器液面高 ③大气冷凝器堵 ④大气冷凝器下水温度高 ⑤水压低 ⑥蒸汽喷射泵的气压低	①检查漏处及时处理 ②降低液面，减少进料，加大出料 ③检查，停车检修 ④加大水量 ⑤提高水压 ⑥提高蒸汽压力
突然停汽	①供汽单位发生故障 ②蒸汽管、阀堵塞、破裂，严重泄漏	①关闭蒸汽阀门 ②关停各泵及关闭各有关阀门，停止蒸发操作 ③向值班长、调度及领导汇报	大气冷凝器下水含碱	①二效罐液面高 ②蒸发室内分离器堵塞	①降低液面 ②冲洗或停车检修
突然停水	供水单位因故障停止供水	①关闭蒸汽阀门 ②关闭各泵有关阀门及停泵 ③向值班长，调度及有关领导汇报	蒸发器响声及振动大	①加热器漏 ②满罐 ③凝水排不出去	①停车检修 ②降液面 ③检查管道及气液分离器，如堵塞，停车处理
电解液停供	①电解装置突然停车 ②电解液泵故障	①关闭各蒸汽阀门 ②关闭各泵有关阀门及停泵 ③关闭大气冷凝器上水 ④向值班班长、调度及有关领导汇报	一效二效蒸汽压力高	①一效加热蒸汽压力大 ②一效气液分离器失效 ③二效气液分离器堵塞 ④一效不凝气阀开得太大 ⑤二效加热室不凝气多	①降低加热蒸汽压力 ②更换气液分离器 ③检修气液分离器 ④及时关小或关闭阀门 ⑤及时排放不凝气

第四节　大锅熬制离子膜固体烧碱工艺

一、生产原理及工艺流程

1. 熬制过程是物理化学过程

大锅熬制固碱是用直接火加热脱水，在熬制过程中加入氧化还原剂去除杂质，制得熔融固碱的过程。熬制固碱的设备，一般采用特制的铸铁锅。通常碱液在固碱锅内受到锅下直接火的加热，达到沸点，常压蒸发，碱液中的水分被蒸发，碱液浓度升高，碱液温度也不断升高（沸点升高，见图 4-28）。同时，碱液中所含氯酸盐也随温度的升高而不断分解，在氯酸盐温度不断升高及分解的过程中，对铸铁熬制锅产生了腐蚀，由于在不同的温度，氧化、还原离子的价位及种类不同，因此导致碱液颜色发生了变化。为了去除杂质离子，得到纯净白色的氢氧化钠结晶，在熬制后期，停火后，还要加入硫黄，使其与杂质铁、锰等离子反应，生成沉淀。再经降温、沉降，沉淀于锅底，上部熔融碱经包装即得成品固碱。

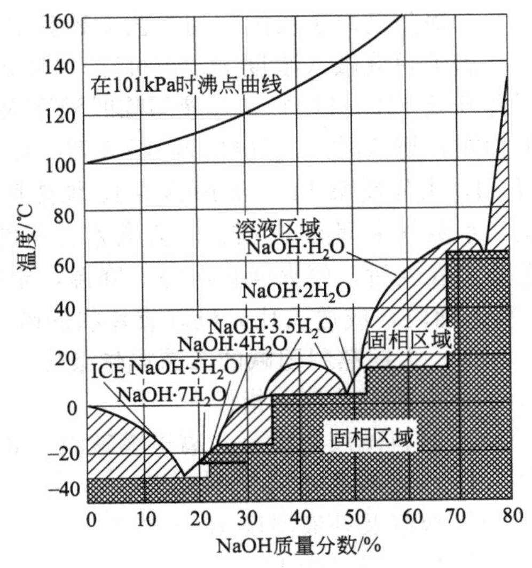

图 4-28　NaOH 溶液及沸点曲线

因此，碱液在熬制过程中既有物理过程，又有化学反应过程。前者是碱液中的水蒸发、碱液浓缩的过程，后者是去除微量杂质，使其形成沉淀的过程。

2. 主要除杂质的化学反应

在碱锅熬制固碱过程中，主要影响碱液颜色的杂质是铁、锰等离子。下面分别予以叙述。

（1）除铁反应

$$Fe+2H_2O \longrightarrow Fe(OH)_2+H_2$$

$$10Fe(OH)_2+2NaNO_3+6H_2O \longrightarrow 10Fe(OH)_3+2NaOH+N_2\uparrow$$

$$2Fe(OH)_3 \xrightarrow{\text{脱水}} Fe_2O_3\downarrow+3H_2O$$

$$6NaOH+4S \longrightarrow 2Na_2S+Na_2SO_3+3H_2O \quad \text{（加硫反应）}$$

$$8Fe(OH)_3+9Na_2S \longrightarrow 8FeS\downarrow+4H_2O+Na_2SO_4+16NaOH$$

为了要得到颗粒大而容易沉降的三价铁及四价锰，在实际生产中采用硝酸钠氧化再用硫还原的工艺，即在熬制开始时便加入硝酸钠，它既能使铸铁锅表面钝化，缓解并减少腐蚀，又能使溶于碱液中的金属离子氧化。

（2）除锰反应

$$Na_2S+4Na_2MnO_4+4H_2O \longrightarrow Na_2SO_4+8NaOH+4MnO_2\downarrow$$

$$Na_2SO_3+4Na_2MnO_4+3H_2O \longrightarrow 2Na_2SO_4+6NaOH+4MnO_2\downarrow$$

在加硫“调色”过程中，首先要控制好温度，一般调色都在420～440℃进行。若加硫过量（熔融碱呈粉红色），则可再用硝酸钠（或氯酸钾）进行反调，其反应为：

$$5Na_2S+4MnO_4+4H_2O \longrightarrow \underset{\text{（粉红色）}}{4MnS}+Na_2SO_4+8NaOH$$

$$2NaNO_3+MnS \longrightarrow MnO_2\downarrow+N_2+Na_2SO_4$$

若加硫不足，则溶液颜色呈蓝绿色，这是铁酸钠（Na_2FeO_4）所呈颜色，此时需补加硫黄，直至碱液呈白色为止。

3. 工艺流程

大锅熬制离子膜固碱的工艺流程基本上与隔膜固碱类同（见图4-29）。

离子膜液碱（浓度32%、45%、50%均可）送入预热锅1内，被炉膛内烟道气预热，碱温升至130～170℃，碱液用临时液下泵送入清洗干净的熬碱锅2之内，锅内碱液被直接火加热：烧氢时，氢气经沙砾阻火器10、水封罐11至喷嘴16燃烧；烧油时，重油经过滤器13，由齿轮泵14经油预热器15加热后至喷嘴16燃烧。碱液被加热后升温沸腾，水分蒸发，水蒸气由烟囱17排出，随着水分不断被蒸发，浓度升高，碱液温度也不断升高，升温至止火温度后，停火静止沉降，降温，至出料温度时，用移动出锅泵抽出上部清液，经流槽4装入桶内，或送入片碱机制成片状固碱后装入袋内。锅底碱及洗锅液送至贮罐。

二、大锅熬制固碱的工艺操作条件

1. 主要工艺控制指标

① 原料碱液的成分，离子膜碱液NaOH的浓度32%、45%、50%均可。

② 预热锅温度130～180℃。

③ 分解及补液温度230～280℃。

④ 反应期温升10～15℃/h。

⑤ 止火温度450～460℃。

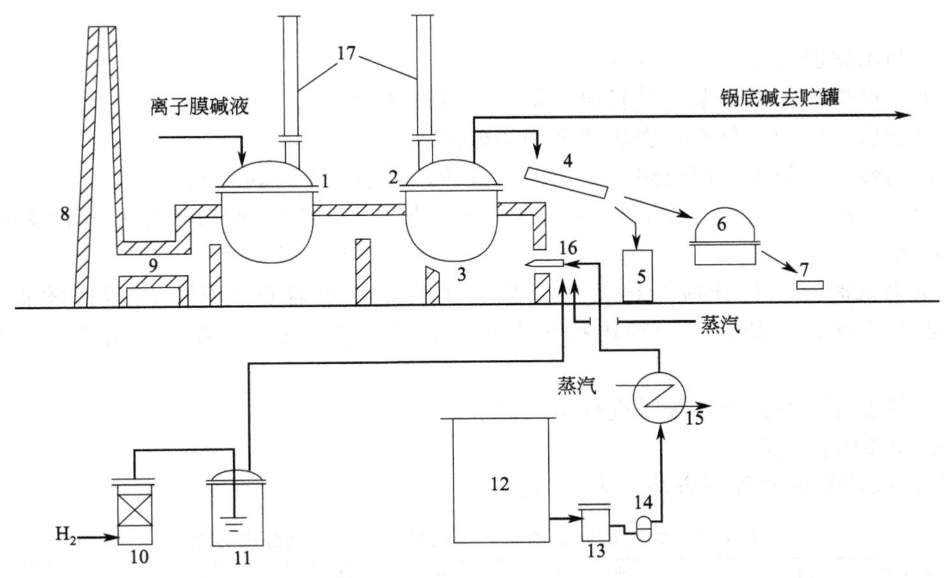

图 4-29 大锅熬制离子膜固碱工艺流程示意图

1—预热锅；2—熬碱锅；3—加热炉膛；4—出碱流槽；5—固碱桶；6—片碱机；7—袋装片碱；8—烟囱；9—烟道；10—沙砾阻火器；11—水封罐；12—重油贮罐；13—过滤器；14—齿轮泵；15—油预热器；16—喷嘴；17—烟囱

⑥ 止火后沉降时间＞12h。

⑦ 固碱桶包装温度 340～355℃。

⑧ 燃氢喷嘴压力 400～500Pa。

⑨ 燃油压力 0.2～0.3MPa。

⑩ 油预热温度 70～80℃。

⑪ 雾化蒸汽压力 0.2～0.3MPa。

⑫ 片碱装袋温度＜60℃。

2. 主要消耗定额

主要消耗定额（以吨碱为单位计）见表 4-16。

表 4-16 大锅熬制固碱主要消耗定额（以 50%碱原料为例）

项目名称	耗用量
燃油/kg	160～180
动力电/kW·h	2～4
蒸汽/t	0.3～0.5

三、正常操作及故障处理

1. 正常操作

① 在点火前，应先加入定量的硝酸钠。

② 严格按照升温曲线进行操作，尤其是在 230～280℃阶段，此时补液和分解反应同时剧烈进行，一般控制升温不大于 12℃/h。

③ 严格控制止火温度在 450～460℃。

④ 调色操作的温度一般在420～440℃，一次性加入硫，避免反复调色。在加硫前先取小样试验。

⑤ 控制出锅温度在350～360℃。

⑥ 出锅前先放入液下泵，并打出少量浓碱以清洗管道。

⑦ 出锅后，应加入热水，多次清洗锅底碱渣。

⑧ 定期转锅，防火局部过热，延长使用寿命，一般三个月转一次。

⑨ 严格控制燃油预热温度，注意观察炉膛火焰燃烧情况，调节油量和蒸汽雾化配比，防止冒黑烟。

⑩ 在烧氢时点火操作应严格按操作规程进行，先点着点火棒，然后使软管点着火焰后再插入喷嘴，严禁直接向炉内排氢点火（在喷嘴上点火）。首次点火应先分析氢气纯度。

⑪ 定期进行巡回检查，按时进行岗位记录。

2. 故障原因及处理

常见的故障原因及处理方法见表4-17。

表4-17　大锅熬制固碱工艺常见的故障原因及处理方法

故障及异常现象	原因分析	处理方法
液下泵抽不上液或量小	①电机反转 ②泵轮腐蚀严重	①找电工处理 ②换泵
加液后锅碱呈淡红色或棕红色	洗锅不干净	①多向锅里加硝酸钠 ②提高止火温度
反应期泡沫大，有跑锅危险	①温升太快 ②原料液氯酸盐浓度大	①减慢温升，停止补料 ②必要时加化学除泡剂
烟囱冒黑烟	油汽比例不当	①调小油量 ②调大汽压
氢气爆炸	①氢气纯度不合格 ②氢气和空气混合物在爆炸范围内	①按规定分析合格后再点火 ②不要在炉内点火
火焰闪动有爆鸣声	氢气中含水多	查原因，清除积水
包装时桶内起火	桶内有油	去除油分(擦干)
桶内碱液四溅并大量冒汽	桶里有水	检查空桶
桶焊缝漏碱	弧焊不严	①小漏用水浇桶 ②大漏立即停止装碱放入回收池
轧盖不严	①桶盖周围有碱结晶 ②桶盖、桶口配合不好 ③压紧小轮磨损	①清除干净 ②换桶盖或修理 ③换小轮
产品碳酸钠含量高	①锅台上冒黑烟，锅盖不严 ②碱液放置时间长 ③后锅锅边挂碱多	①堵好锅圈，扣严锅盖 ②适时倒锅 ③清洗后锅

第五节　片状离子膜固体烧碱生产工艺

一、生产原理及工艺流程

（一）概述

膜式法生产片状固碱是使碱液与加热源的传热蒸发过程在薄膜传热状态下进行。这种过程可在升膜或降膜情况下进行，一般采用熔盐进行加热。

膜式法生产固碱可分为两个阶段。

① 碱液从45%～50%浓度浓缩至60%，这可在升膜蒸发器也可在降膜蒸发器中进行。加热源采用蒸汽或双效的二次蒸汽，并在真空下进行蒸发。

② 60%的碱液再通过升膜或降膜浓缩器，以熔融盐为载热体，在常压下升膜或降膜将

60%的碱液加热浓缩成熔融碱，再经片碱机制成片状固碱。

（二）升（降）膜的沸腾传热过程

当液体进入升（降）膜蒸发器中垂直的加热管时，液体被管外的加热源（蒸汽或热载体）所加热，达到沸腾。在沸腾的流体中，液体和蒸汽是两相混合流动的，故是两相流动的沸腾给热过程。对于两相流动沸腾给热过程，凡是影响单相对流给热的因素如液体的黏度、密度、热导率、比热容、体积膨胀系数和加热面的几何形状等都对两相流动有影响。由于液体沸腾产生相变时要吸收大量的热，故它的给热系数比单相对流要大很多。另外，其他因素如加热面的材质、液体的表面张力、蒸发压力、蒸汽密度等都对其有重要影响。同时，由于升（降）膜蒸发在传热过程中，在管子的加热面要产生气泡，因此，在传热过程中，任何与气泡的生成、长大和分离有关的因素，都与升（降）膜蒸发的沸腾传热有着密切的关系。在升（降）膜蒸发的过程中，当液体的加热面上有足够的热流强度或壁面温度超过液体温度一定值时，在液体和加热面之间会产生一层极薄的液层（滞流热边界层），从而形成温差。此极薄的液层受热发生相变，吸收潜热而蒸发，这样，管内液体不必全部达到饱和温度，就能在加热面上产生气泡而沸腾。这时气泡的过热度超过从膜内传热的温差，所以蒸发完全是在膜表面进行的。这种沸腾称为表面沸腾或过冷沸腾。表面沸腾的蒸发应具备以下两个要素。

1. 液体必须过热

在表面沸腾蒸发时，液体从壁面获得热量来升高温度。而达到气泡形成的过热度时，紧贴在加热面上的薄层液体内存在着很大的温度梯度，此时液体就汽化，蒸发生成气泡。所生成气泡内的压力随壁面过热度的增大而增大，从而使气泡不断地从壁面产生、长大和脱离，形成表面沸腾。

2. 产生汽化核心

汽化核心产生的原因是，加热面上存在细小凹坑所形成的空穴，及在空穴中存在密封的气体或蒸汽。当液体被加热面加热时，空穴中的液体汽化形成蒸汽泡。一定的过热度对应一定的直径，只有大于一定直径的空穴上才能产生气泡。这个直径称为对应这个过热度的临界直径。随着过热度的增大，汽化核心所需的临界直径变小，更小的空穴或划痕上也能形成汽化核心，使沸腾变得更为剧烈。

汽化核心在加热面上产生时总是很小的，开始成长时，受惯性效应和表面张力效应的支配，气泡长大的速度较慢。随着壁面热流强度的增大，过热度加大，气泡的黏度、表面张力和惯性的作用变弱，气泡迅速增大，这时气泡的传热因素起主要作用。长大后的气泡，受它周围液体传热强度的支配，加剧了气液交界面上的蒸发和传热程度。这是因为生成气泡的压力和温度始终大于周围液体的压力和温度。如果周围液体达到了饱和温度，这时的沸腾就转为饱和泡核沸腾。

在升（降）膜蒸发浓缩过程中，由于形成的二次蒸汽的流速很高，将液体拽拉成一层薄膜，流动速度很快，故环状流中有一个高速的蒸汽中心和一个流体环，气液界面上受到高流速蒸汽的干扰，紊流程度剧烈，使壁面的传热机理由泡状流的泡核沸腾传热转变为通过液膜的强制对流传热。此时，热量的传递方式也变为通过薄液层在液膜表面产生强烈的蒸发，其给热系数很高，因此又称为薄膜蒸发。这时，通常在液膜内不再有气泡产生，热量主要通过液膜的导热和液膜表面的蒸发进行传热。

无论是升膜蒸发过程还是降膜蒸发过程，都要避免出现壁面液膜的断裂变干现象。如果出现，将使给热系数大大下降，另一方面也要避免出现因流量太大而致使液体过热度不足，达不到沸腾，不能形成薄膜蒸发的现象。因此，控制好进入蒸发器中液体的流量及加热源的温度，在膜式蒸发中是至关重要的。

此外，在实际生产中，为了降低液体的沸点，提高温差，加速二次蒸汽的逸出，升（降）膜蒸发器常常在负压下进行工作。

（三）工艺流程

目前世界上比较典型的膜式片状固碱工艺流程，大体上有三种。即升膜降膜浓缩流程、双效降膜浓缩流程及升膜闪蒸浓缩流程。

1. 升膜降膜浓缩流程

国际上以法国尼罗公司（NiRO）的升膜降膜浓缩流程为代表，国内也有一些企业使用该流程（如上海氯碱总厂电化厂），其流程见图 4-30。

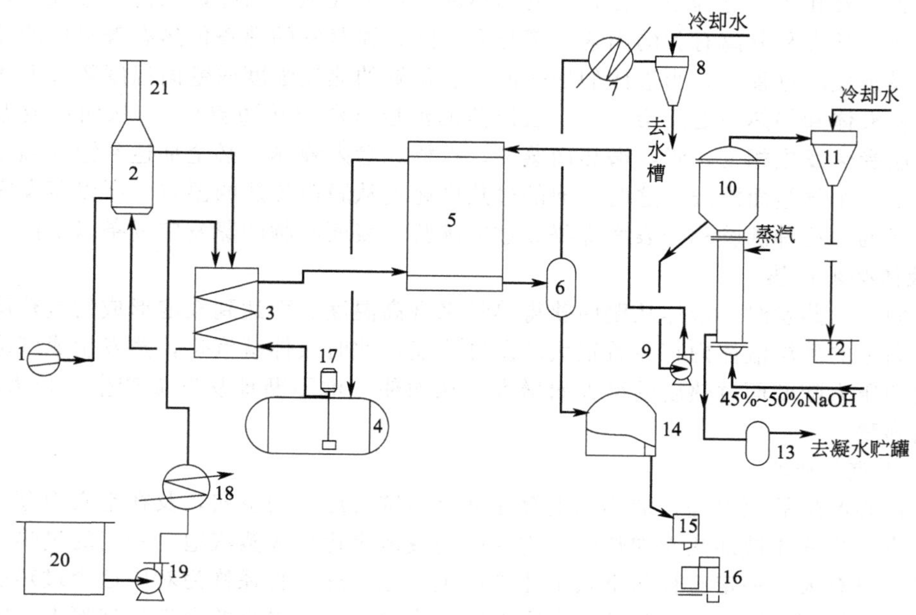

图 4-30　升膜降膜浓缩流程示意图

1—鼓风机；2—余热交换器；3—熔盐炉；4—熔盐贮罐；5—降膜浓缩器；6,13—气液分离器；7,18—热交换器；8,11—水喷射器；9—浓碱泵；10—升膜蒸发器；12—冷却水槽；14—片碱机；15—包装秤；16—封口机；17—液下泵；19—油输送泵；20—重油贮罐；21—烟囱

由蒸发工序来的 45%～50%液碱由升膜蒸发器 10 进入，经蒸汽加热至沸腾，蒸发得 60%液碱，再由浓碱泵 9 送入降膜浓缩器 5，液体在降膜管中被高温熔盐加热，沸腾、浓缩，得熔融浓碱。经气液分离器 6 分离后熔融碱进入片碱机 14，然后制得片碱。片状固碱经包装秤 15 称量后包装入袋，经封口机 16 封口即得成品。

熔盐在熔盐贮罐 4 中，由液下泵 17 抽出，经熔盐炉加热后进入降膜浓缩器的降膜管外侧，与管内液体进行热交换，冷却后的熔盐返回熔盐贮罐。

燃烧空气由鼓风机 1 送入余热换热器 2，与熔盐炉燃烧尾气进行热交换，尾气经冷却后由烟囱 21 排出，加热后的空气去熔盐炉助燃。重油则由油输送泵 19 从重油贮罐 20 抽出，经蒸汽热交换器 18 加热后送入熔盐炉中燃烧。

从气液分离器 6 分离出的二次蒸汽，经热交换器 7 冷却后进入水喷射器 8。由升膜蒸发器 10 蒸发出的蒸汽，经水喷射器 11 冷却，冷却水去循环水系统。

尼罗公司的流程基本上与上述流程相同，但其升膜蒸发器热源不用蒸汽，而是利用从降膜浓缩器出来的熔盐，再进入升膜蒸发器进行热交换，然后熔盐再返回熔盐贮罐（见图4-31）。

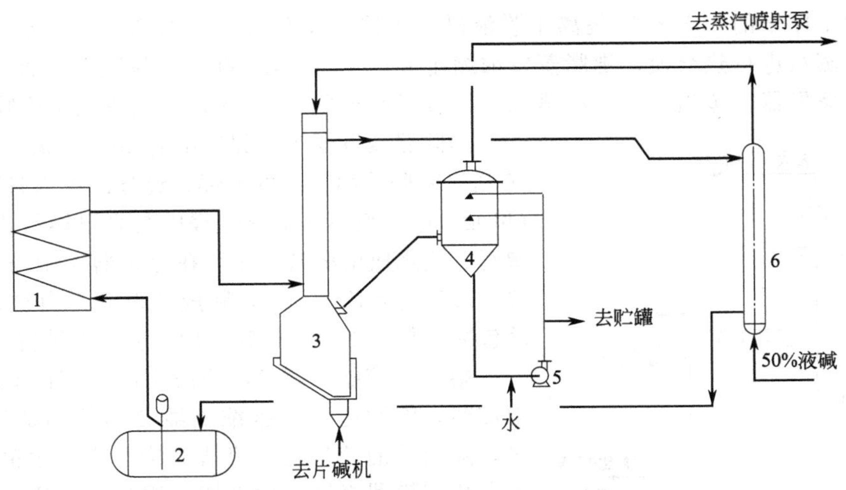

图 4-31 升膜降膜浓缩流程示意图（法国尼罗公司）

1—熔盐炉；2—熔盐贮罐；3—降膜浓缩器；4—碱雾洗涤罐；5—循环泵；6—升膜蒸发器

升膜降膜流程的特点是：操作控制比较容易，但因其对二次蒸汽没有利用，所以耗能较多。

2. 双效降膜浓缩流程

双效降膜浓缩流程在国外被广泛使用，其代表是瑞士的布特拉姆斯公司（Bertrams），国内已有多家离子膜工厂引进了该公司的生产技术，其工艺流程见图 4-32。

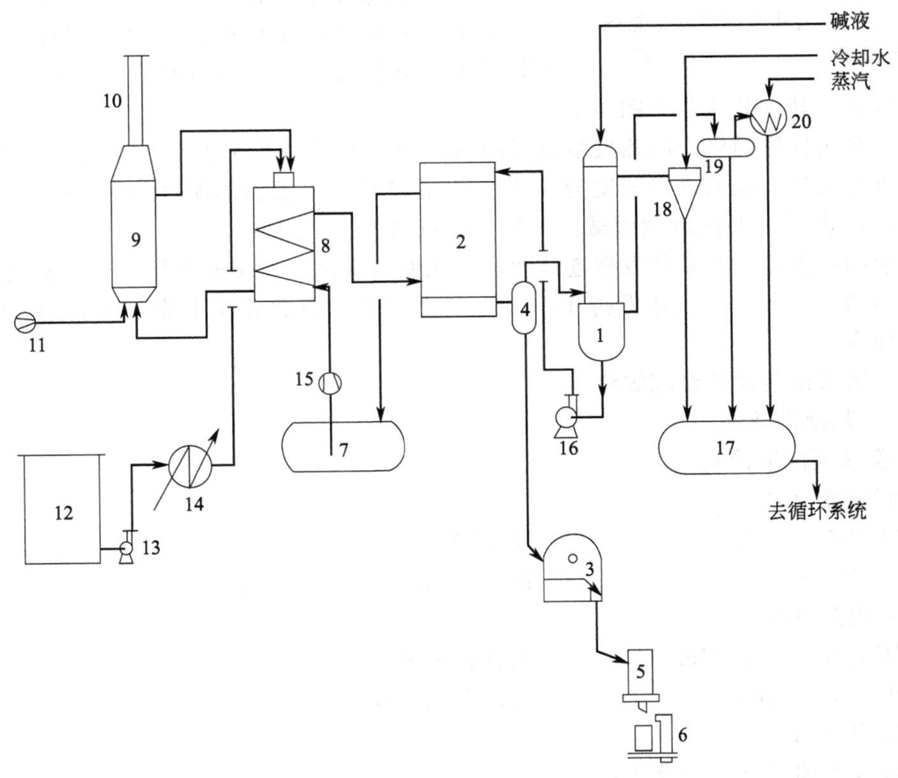

图 4-32 双效降膜浓缩流程示意图

1—降膜蒸发器；2—降膜浓缩器；3—片碱机；4—分离器；5—包装秤；6—封口机；7—熔盐罐；8—熔盐炉；9—余热交换器；10—烟囱；11—鼓风机；12—重油贮罐；13—油泵；14—热交换器；15—液下泵；16—过料碱泵；17—冷却水罐；18—直接冷却器；19—表面冷却器；20—蒸汽喷射泵

从蒸发工序来的45%～50%离子膜液碱，由降膜蒸发器1的顶部进入，经与降膜浓缩器来的二次蒸汽进行热交换，沸腾蒸发浓缩至60%，加热后的二次蒸汽进入直接冷却器18冷凝，降膜蒸发器1蒸出来的二次蒸汽，经表面冷却器19冷却，尾气进入蒸汽喷射泵20。

由降膜蒸发器1下部流出的60%液碱，由过料碱泵16送至降膜浓缩器2的上部，经分配进入各降膜浓缩管（单元）中，液膜在下降过程中与高温熔盐进行热交换，沸腾、脱水成熔融碱。然后在分离器4中与二次蒸汽分离，最后进入片碱机3，制成片碱，再由包装秤5计量后包装入袋，由封口机封口后得成品去销售。

熔盐由熔盐贮罐7，经液下泵15抽出送入熔盐炉中加热，然后送入降膜浓缩器2与管内欲浓缩的碱换热，降温后的熔盐返回熔盐贮罐。空气由鼓风机11送入余热交换器至熔盐炉助燃。锅炉尾气则由烟囱10排入大气。燃油在重油贮罐12中由油泵13抽出，经热交换器14加热后送入熔盐炉燃烧。

两段双效降膜制片碱流程是瑞士布特拉姆斯公司（Bertrams）的典型流程，该流程设备紧凑，热利用率高，是值得推荐使用的片碱生产流程。

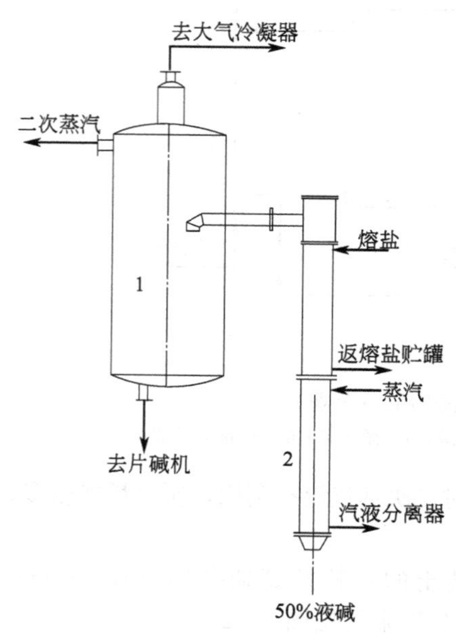

图4-33 升膜闪蒸浓缩流程示意图
1—闪蒸罐；2—两段升膜蒸发器

3. 升膜闪蒸浓缩流程

升膜闪蒸流程是以美国BTC公司流程为代表的浓缩液碱制片状固碱流程，国内离子膜生产厂也有引进该流程的报道，其工艺流程见图4-33。

该流程采用连体两段升膜蒸发器进行蒸发浓缩，下段用蒸汽进行加热，上段则用熔融盐作为热源进行加热。碱液进口浓度为50%，出上段升膜蒸发器的温度达到98.5℃。进入闪蒸罐闪蒸，得到99.5%的熔融固碱，再经片碱机制得片状固碱。

该流程的特点是：升膜蒸发器连体两段一次制得成品，便于操作控制；闪蒸罐装置较特殊，为双层结构；大气冷凝器保持13.3kPa的真空度；但能源尚不能多次利用，能耗比双效降膜流程高。

二、工艺操作条件及影响因素

（一）工艺操作条件

1. 升膜降膜浓缩流程

（1）原料液成分

NaOH 45%～50%　　$NaClO_3$ <30mg/L

NaCl <50mg/L　　Fe <10mg/L

（2）升膜蒸发器

蒸汽压力 0.3～0.4MPa　　出料碱浓度 >60%

真空度 >80.0kPa　　冷却下水温度 <38℃

出料碱温 约110℃

（3）降膜浓缩器（国产设备）

① 熔盐。

组分：KNO_3 53%，$NaNO_2$ 40%，$NaNO_3$ 7%

熔盐进浓缩器温度 500～530℃　　熔盐出浓缩器温度 460～490℃

② 碱液。

进降膜浓缩器温度 120～140℃　　出降膜浓缩器温度 360～380℃

(4) 片碱机

碱液进料温度 340～350℃　　进口冷却水温度 25～28℃

片碱出料温度 60～80℃　　出口冷却水温度 32～36℃

2. 双效降膜浓缩流程

(1) 原料液成分

同升膜降膜浓缩流程。

(2) 二效降膜蒸发器

二次蒸汽压力 0.1MPa　　出料碱液浓度 ＞60％

真空度 86.7～90.7kPa　　下水温度 ＜36℃

出料碱温 96～98℃　　喷射泵进口蒸汽压力 0.3～0.4MPa

(3) 降膜浓缩器

① 熔盐。

组分：KNO_3 53％，$NaNO_2$ 40％，$NaNO_3$ 7％，S＜0.025％，Na_2O＜1.5％

进降膜浓缩器温度 430℃　　出降膜浓缩器温度：410℃

② 碱液。

进降膜浓缩器温度 96～98℃　　出降膜浓缩器温度 413～416℃

(4) 片碱机（引进设备）

碱液进料温度 400～405℃　　冷却水进口温度 25～28℃

片碱出料温度 55～60℃　　冷却水出口温度 32～36℃

3. 升膜闪蒸浓缩流程

(1) 升膜蒸发器

碱液进升膜蒸发器浓度 50％　　碱液出升膜蒸发器浓度 98.5％

熔盐成分：同升膜降膜浓缩流程。

熔盐进升膜蒸发器温度 430～440℃　加糖溶液浓度 1％～15％

熔盐出升膜蒸发器温度 410～420℃　蒸汽进升膜蒸发器压力 ＞0.7MPa

(2) 闪蒸罐

碱液出闪蒸罐浓度 99.5％　　大气冷凝器真空度 13.3kPa

二次蒸汽温度 360～370℃

(3) 片碱机

同双效降膜浓缩流程。

（二）原料液的处理

在固碱生产中，高温的浓碱对镍设备有一定的腐蚀性，腐蚀的原因主要是碱液中所含氯酸盐在 250℃以上时会逐步分解，并放出新生态氧与镍材发生反应，生成氧化镍层。氧化镍易溶于浓碱中而被带走，这样的过程在浓碱蒸发中反复进行，从而导致镍制设备的腐蚀损坏。对于隔膜电解碱，由于其含有 0.3～0.6g/L 的氯酸盐，如果不进行处理，则镍制设备的寿命甚至不足一个月。离子膜碱虽然含氯酸盐仅有 20～30mg/L，但为了保持设备的长期运转，仍需要将其处理除去。常用的处理方法是原料液中加入糖溶液。这种方法比其他方法如离子交换法、亚硫酸钠法等要优越得多，其主要原因是操作简单，无需增加许多设备，另外糖资源易得，而且价格低廉。

其反应机理为：

$$C_{12}H_{22}O_{11}+8NaClO_3 \longrightarrow 8NaCl+12CO_2+11H_2O$$

生成的二氧化碳立即与 NaOH 反应：

$$2NaOH+CO_2 \longrightarrow Na_2CO_3+H_2O$$

生产中实际加入的糖量为理论量的 2 倍，也有的甚至是建议值的 6～8 倍。这样做会使反应进行得很完全。由于在反应过程中产生二氧化碳，因此在产品中碳酸钠的含量会增加一些，当然同时也会增加产品中的氯化钠含量。

（三）熔融载热体

降膜浓缩器的载热体通常采用熔盐，这是一种由纯硝酸盐组成的混合物。它的成分为 40% $NaNO_2$，7% $NaNO_3$，53% KNO_3。这种熔融碱金属硝酸盐混合物具有均热性、导热性、流动性及化学稳定性等优点，在工业上普遍采用。这一特定配方又称为 HTS。

HTS 熔盐的熔融热为 74.986kJ/kg，平均分子量为 89.2，在 150～530℃范围内，熔盐的重度 $G_{熔}$（kg/m^3）可按下式计算：

$$G_{熔}=1972-0.745(T-150)$$

在固体状态时熔盐的比热容为 1.34kJ/（kg·℃）

在 175～530℃内呈液状态时的比热容为 1.42kJ/(kg·℃)

熔盐的热焓 I 为：$I=[78+0.34(T-142)]\times 4.18$(单位为 kJ/kg)。

液体熔盐的热导率 $\lambda=0.23\sim0.47$W/(m·K)，并随温度的升高而减小。

250℃以上的热导率可按下式计算：

$$\lambda=\lambda_0\left(1-0.15\times\frac{t-250}{100}\right)$$

$$\lambda_0=0.426\text{W/(m·K)}$$

熔盐 HTS 的熔点为 142.2℃，温度的升高会加速熔盐的分解以及容器材料的反应。熔盐的分解反应主要是亚硝酸钠的分解：

$$5NaNO_2 \longrightarrow 3NaNO_3+Na_2O+N_2$$

单盐的分解温度为：KNO_3 550℃，$NaNO_3$ 535℃，$NaNO_2$ 430℃。而混合盐的热稳定性则优于单盐。HTS 在 427℃下非常稳定，可使用多年而不变质。并且对碳钢或不锈钢的腐蚀较轻。450℃以上开始有缓慢的分解，550℃以上分解速度加快，600℃以上则明显分解，同时熔点升高，颜色从透明的琥珀色液体变成棕黑色液体。

国外装置（国内已引进装置）为减少熔盐中 $NaNO_2$ 的氧化分解，主要控制以下两点：

① 熔盐温度尽可能控制在 427℃以下；

② 熔盐贮罐用氮气密封。

采取这些措施后，熔盐的使用寿命较长，一般可达 3～5 年不更换。国内装置由于熔盐加热温度高，而又不使用氮封，因此 $NaNO_2$ 分解较快，一般半年至一年就必须全部更换。如果不更换，由于组分发生变化，熔盐的熔点就会上升，甚至可达 210℃以上，引进装置规定使用的熔点应低于供应加热熔化蒸汽温度 10℃。

HTS 熔盐的热分解与表面材料互有影响，它在碳钢和低合金钢、不锈钢设备中的分解更为明显，因为铁能夺取硝酸盐中的氮。在温度过高时，硝酸盐分解放出氧气，会加速反应腐蚀管道与设备。当 KNO_3 过热时，它与铁或铸铁产生剧烈的放热化学反应，有引起爆炸的危险。由此可见，熔盐系统的管道，一般宜采用不锈钢。如使用碳钢（低碳钢）应控制温度在 450℃以下。熔盐是一种强氧化剂，使用中不得混入煤粉、焦炭、木屑、布片、纸张、有机物及铝屑等，否则会引起燃烧，甚至发生爆炸。

（四）影响降（升）膜工艺的因素

膜式蒸发浓缩固碱生产装置的传热效率及产品质量，除受到升、降膜蒸发器或浓缩器的传热系数 K 的影响外，还受到其真空度、加热蒸汽压力、有效温差等的影响。因此，强化膜式蒸发、浓缩器的传热效率，是提高装置生产能力的重要手段。下面就如何提高传热效率的几个问题进行分析讨论。

1. 平均温差

（1）升、降膜蒸发器

① 提高蒸汽的压力，一般控制蒸汽压力在 0.35～0.45MPa。

② 提高真空度。为了提高有效温差，一般升、降膜蒸发器都采用真空操作，真空度较高，对于升膜蒸发器，真空度一般在 80.0kPa，而对于降膜蒸发器，则控制在 90.7kPa。

（2）升、降膜浓缩器

由于是采用熔盐加热，所以主要是控制熔盐的温度，国内的流程及设备，一般控制熔盐温度较高，通常为 500～530℃，而引进的流程一般则控制熔盐温度在 430～440℃，而循环量较大。引进流程熔盐温度控制比较低，主要是为了减缓熔盐因高温而产生的分解，另一方面也减少了降膜管的高温腐蚀。

2. 传热面积

（1）升、降膜蒸发器

对于使用一次蒸汽的蒸发器，传热面积较小，而对于使用二次蒸汽作加热源的蒸发器，就需要加大蒸发器的面积，这是因为二次蒸汽的压力一般很低，温差很小，要提高单位时间的传热量，增加传热面积是一个重要手段。

（2）升、降膜浓缩器

升、降膜浓缩器增大传热面积的方法有两种。一种是增加管子的根数，但随之而来的就是要安排好熔盐的分布及碱液量的分配。否则，不但影响传热，而且会直接影响产品质量的稳定。另一种方法是对管子口径进行调整。加大管子的尺寸可以增加面积，但管子加大后，液体的分配及成膜就不好控制，成膜不好，反过来又影响了传热。因此对于浓缩器的降膜管，一般选用 75～100mm 口径，而对于浓缩器的升膜管，则选用 60～80mm 口径。

3. 传热系数

传热系数 K 可按以下公式计算：

$$K=\frac{1}{\frac{1}{\alpha_1}+\frac{\delta_1}{\lambda_1}+\frac{\delta_2}{\lambda_2}+\frac{\delta_3}{\lambda_3}+\frac{1}{\alpha_2}}$$

式中 α_1——加热源对管壁的给热系数，W/(m^2·℃)；

α_2——内管壁对碱液膜的给热系数，W/(m 2·℃)；

λ_1——降膜管管材的热导率，W/(m·℃)；

λ_2——管内壁垢层的热导率，W/(m·℃)；

λ_3——管外壁垢层的热导率，W/(m·℃)；

δ_1——管壁厚度，m；

δ_2——内垢层厚度，m；

δ_3——壁外垢层厚度，m。

由公式可知，K 值的大小取决于四个因素，而在离子膜液碱蒸发中，由于碱液中杂质很少，含盐很低，而加热源蒸汽或熔盐也不易结垢，因此，结垢不是 K 值的主要影响因素，这里不作讨论。下面就其他几个影响因素分别进行讨论。

(1) 管材的热导率 λ_1 和壁厚 δ_1

国内由于加工制造质量等方面的原因，一般很少引起注意。在发达国家，对管材的 λ_1 和 δ_1 的选择则极为慎重。一般均选择优质的低碳镍作为管材，由于其优异的导热及耐腐蚀性，管子可以加工得比较薄，对于蒸发器用管，一般为 1.5mm 左右。这比国内的同类管要薄 1mm 以上。即使是腐蚀比较严重的浓缩器管，也只有 3mm 厚。这样做一方面大大提高了传热系数，另一方面也降低了设备的贵金属用量，降低了设备的造价成本。

(2) 碱液的 $1/\alpha_2$ 值

碱液的 $1/\alpha_2$ 值是由液体在管内成膜状态的好坏决定的，只要控制好液体的流量及分配，使碱液成膜均匀，就能保持较高的给热系数 α_2，使碱液的 $1/\alpha_2$ 值减小。

(3) 加热源对管壁的给热系数 α_1

以蒸汽（或二次蒸汽）为加热源，对管壁的给热系数，在蒸发时已讨论过，所以这里只对降膜浓缩器中熔盐对管壁的给热系数 α_1 进行分析。对流给热系数的经验公式为：

$$\alpha_1 = 0.023\frac{\lambda}{d}\left(\frac{dv\rho}{\mu}\right)^{0.8}\left(\frac{3600C_PV_g}{\lambda}\right)^m$$

对于一定的流体，在一定的温度下，各物理量可合并成一个常数 A，则上式可简化为

$$\alpha_1 = \frac{Av^{0.8}}{d^{0.2}}$$

式中 A——常数；
v——流速，m/s；
d——管径，m。

从上式可知，提高熔盐的流速，缩小管径可以增大给热系数 α_1 值。在实际使用的降膜浓缩器中，这两种方法都被采用，因为熔盐对管壁的给热系数 α_1 值及 K 值的影响很大。因此要尽可能地提高 α_1 及 K 值。

4. 碱液成膜情况

在膜式（无论是升膜还是降膜）蒸发或浓缩过程中，液体在管中成膜均匀与否、液膜的薄厚情况等都直接影响传热的效果，下面讨论影响均匀成膜的因素。

(1) 流体进料量

无论是升膜过程还是降膜过程，要保持良好的对流沸腾传热，必须严格控制液体的均匀进入、均匀成膜。如果控制不好，进料量太小，就会使液膜太薄甚至断裂，出现干壁区。这种情况往往在接近出口段最易产生。因为随着液体中水分的不断蒸发，越接近出口处，液膜就越薄，这样当流量小到某一个量时，就很容易出现液膜的断裂。所以，必须控制好液体进料的最小流量。

相反，如果液体的进料量过大，使液体不能成膜或成膜很厚，那么在升、降膜过程中，液体往往不能得到完全充分的热量传递，液体达不到对流沸腾所需要的温度，不能或不完全蒸发，浓缩过程就不可能很好地进行，甚至无法进行。

由此可见，控制最佳的进料量，保证最佳的成膜条件，在膜式蒸发浓缩过程中是至关重要的。

(2) 热流强度

在膜式蒸发、浓缩过程，当液体密度小时，允许其热负荷增大。但如果超过了极限热负荷，就会引起剧烈的鼓泡液膜沸腾，造成二次蒸汽对液膜的剧烈夹带，使液

体脱离壁面产生飞溅现象。这样就会将表面蒸发的液膜吹散到管中心，而被二次蒸汽带走，出现二次蒸汽带液现象。因此控制好热流强度是稳定膜式蒸发、浓缩传热的重要环节。

(3) 设备（管子）垂直度

膜式蒸发器或浓缩器在安装过程中，设备（管子）的垂直度对成膜的均匀性有较大影响。如果管子安装不垂直，碱液在管内会形成偏流，这种情况在降膜过程中表现得更为明显。如果偏流，就会造成成膜厚薄不均，容易出现个别断膜的情况，从而严重影响传热。

(4) 管径大小

前面已讨论过，当管径过大时，容易造成液体分配不均匀，使成膜情况变坏，引起干壁。如果形成干壁，由于其与非干壁区的温差很大，造成应力，会使管子弯曲变形。所以在末段降膜浓缩器中，管径往往不大于100mm。

相反，如果管径过小或热流强度过大，当二次蒸汽流速超过某一极限数值时，也能进一步造成液膜破坏和壁面带走液滴的现象。另外，管径过小，由于不适宜增加再分配器，熔盐炉的加热盘管在炉内外侧，共有两层。燃烧的燃料由上部燃料入口进入，燃烧后气体经下部燃烧气出口导出，熔盐由熔盐入口先进入内盘管，加热后经外盘管从熔盐出口导出，盘管是用15Mo_3管盘制再经热处理而成的。

这种炉型的最大特点是体积小，热利用率高，在国内较为少见。

三、主要设备

1. 大锅

在国内，熬碱大锅目前仍然是普遍使用的主要设备，熬碱大锅的结构见图4-34。

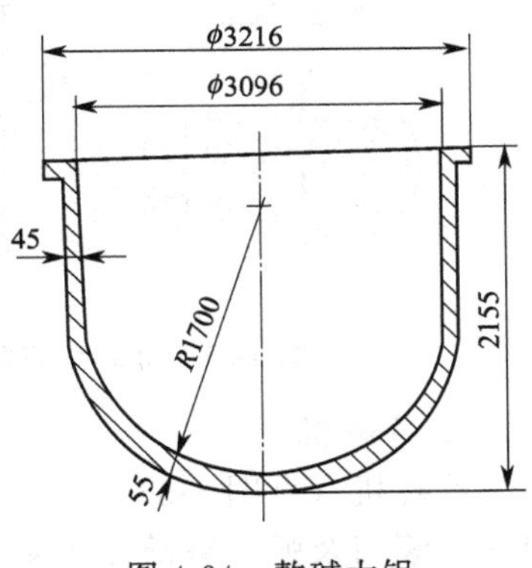

图4-34　熬碱大锅

目前国内熬碱大锅的主要规格：

生产能力 18t/台；

运转寿命 120～150次；

容积 11m^3；

外形尺寸 ϕ3096mm、高 2155mm。

2. 蒸发器

升膜蒸发器见图4-21，降膜蒸发器见图4-22。

3. 降膜浓缩器

降膜浓缩器的基本结构见图4-35和图4-36。

降膜浓缩器是由降膜单元组成的，每个单元均由两层套管所组成，外层走熔盐，内层走碱液，两种流体逆流进行传热，加热管一般采用镍管或超纯铁素体高铬钢管，管径一般为ϕ50～ϕ100mm。长径比一般采用$L/D<120$。国产单元日产碱能力为12.5t/(单元·日)。可根据所要求的生产能力来选择由几个单元组成一套浓缩器。

当碱液经分配器进入每一个单元管后，受到夹套高温熔盐的加热，碱液沸腾、浓缩蒸发，然后经底部汇总管至气液分离器进行分离。

由于高温烧碱具有强腐蚀性，所以对设备材质及介质有比较严格的要求。国产单元管一般寿命在6～8个月，进口装置单元的寿命则为4～5年。为了延长单元的使用寿命，通常都在碱液中加入少量糖溶液来还原氯酸盐，以减少其对设备的腐蚀。白糖加入量是理论量的6～8倍。

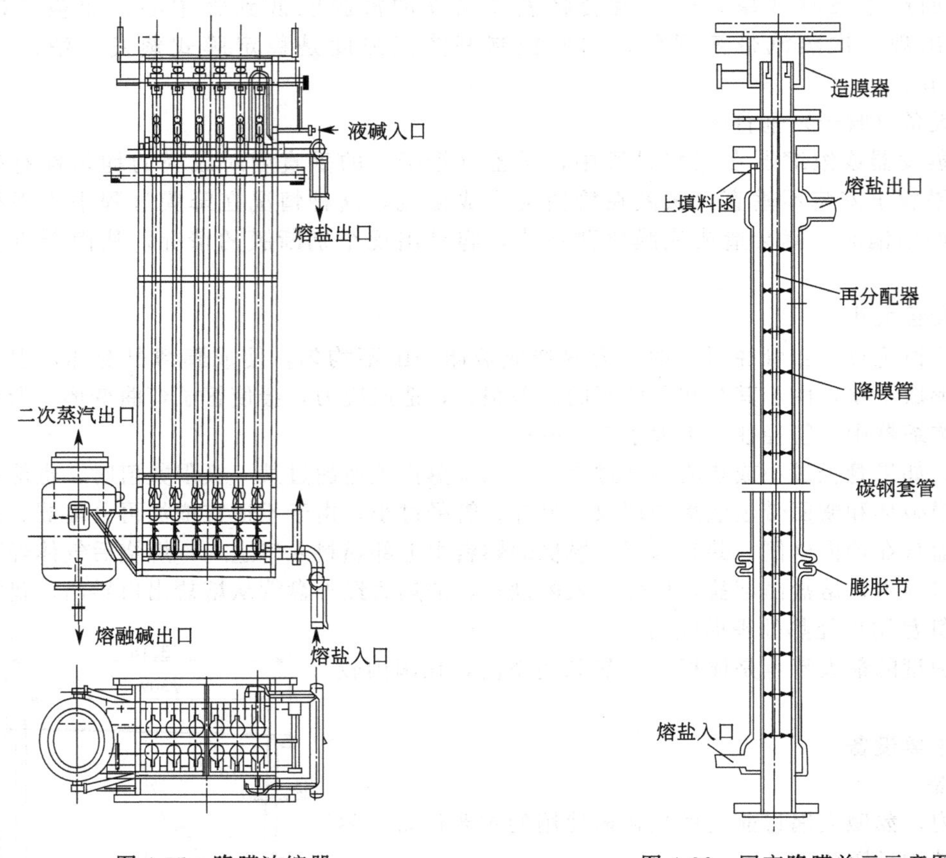

图 4-35　降膜浓缩器　　　　图 4-36　国产降膜单元示意图

4. 片碱机

片碱机（见图 4-37）由滚筒（带水冷却）、刮刀、弧形碱槽以及外壳及传动装置等部件组成。滚筒及弧形碱槽接触碱的部分由镍材制成，刮刀则由特种合金制成。滚筒表面开燕尾

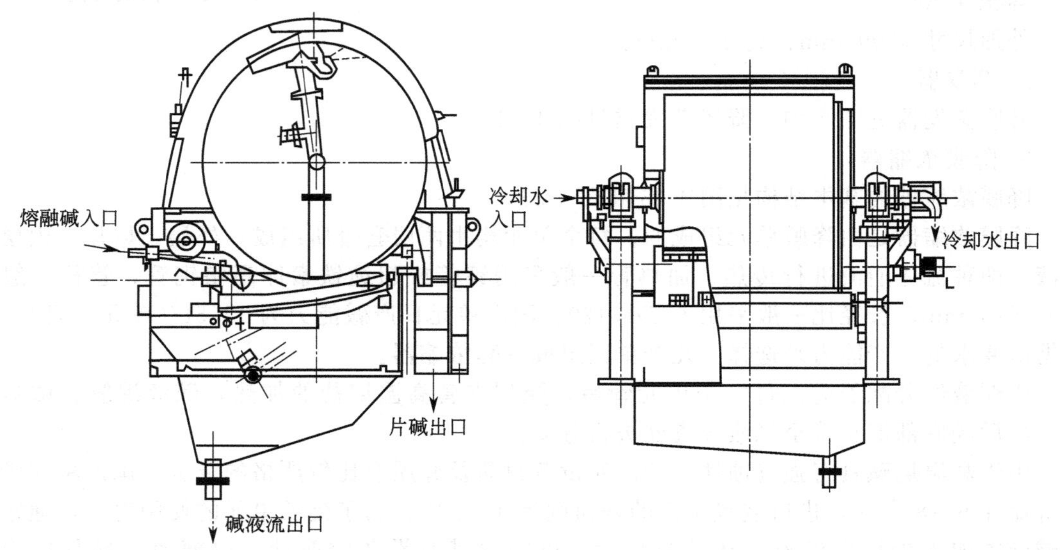

图 4-37　片碱机

槽，槽上宽 4.5mm，下宽 6mm，深 3mm，目的是使碱膜能较好地附着在滚筒表面上，难于鼓起，因而有利于冷却。

片碱机内的冷却水供给方式采用喷淋式。冷却水从滚筒中心引入，至管上的喷嘴，呈 120℃ 的扇形喷出，在滚筒内壁形成一层持久的连续冷却膜，从而提高了冷却液膜的给热系数。

片碱机的冷却滚筒是一个回转的圆筒，一般采用下给料方式，这主要是因为它比上给料方式有更长的冷却时间及更大的有效冷却面积。此外片碱机的密封性要好，避免进入空气，使二氧化碳与碱反应，从而使成品中碳酸钠含量升高，或者吸入水分，使产品容易潮解，影响产品质量。

5. 熔盐炉

熔盐炉的类型很多，这里仅介绍一种引进的高效立式熔盐炉（见图 4-38）。

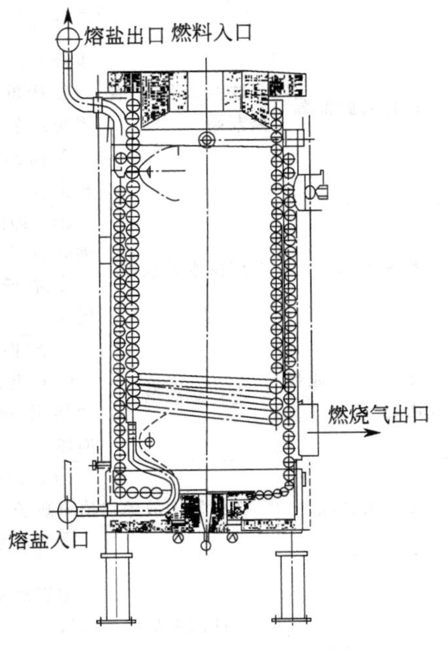

图 4-38　熔盐炉

四、正常操作及故障处理

1. 正常操作

① 严格按规定控制碱液加入量。

② 控制蒸汽压力在规定的范围内。并保持压力平稳。

③ 控制调节真空度，使其在规定的范围内。当真空度发生波动时，检查并调节以下各参数：

a. 水喷射器的压力和水量；

b. 下水温度；

c. 蒸汽喷射泵的蒸汽压力和汽量。

④ 严格控制燃油及空气（蒸汽）进量，保持完全燃烧，不冒黑烟。控制调节熔盐炉的火焰及炉膛温度，使出口的熔盐温度在规定的范围。调节熔盐的回流量、熔盐的循环量，保持进、出降膜浓缩器的熔盐温度在规定的范围。

⑤ 注意调节片碱机的进口冷却水温度和冷却水量，控制调节熔融碱的进料量，使片状碱进行包装时达到规定的温度和厚度。

⑥ 按规定量向降膜浓缩器的碱液中加入配制好的 10%～15%糖溶液。

⑦ 按规定的路线及控制点进行巡回检查，并按时做好岗位记录。

2. 异常情况及故障处理

异常现象、故障原因及处理方法见表 4-18。

表 4-18　异常现象、故障原因及处理方法

异常现象及故障	原因分析	处理方法	异常现象及故障	原因分析	处理方法
蒸发器突然停止进料	送碱泵故障蒸发碱液贮罐空	①立即启用备用泵 ②请求检修 ③向调度及值班班长汇报 ④立即进行系统停车	熔盐温度低	火焰不足，喷嘴堵 输油泵故障	①立即更换喷嘴，启动备用泵 ②立即报告调度及值班班长 ③如无法恢复，则应准备系统停车

续表

异常现象及故障	原因分析	处理方法	异常现象及故障	原因分析	处理方法
熔盐管路泄漏	法兰口泄漏，管路断裂	①轻度泄漏立即抢修 ②严重则立即进行系统停车 ③向调度及值班班长报告	液位仪表不显示，主要仪表失灵	仪表损坏	①立即更换备用仪表 ②无法修复则要考虑系统停车 ③立即报告调度及值班班长
系统停水	厂供水站故障	①立即向调度汇报，询问原因 ②进行系统停车操作	无氮气供应	空分站故障	①立即报告调度、值班班长，查询原因 ②短时间(2h)内可继续运转
熔盐阀不通畅或堵塞	电伴热故障	①立即找电工修理 ②在此期间不要开动熔盐阀防止密封损坏	真空度低	水喷射器水压不足、水温高、孔眼堵塞	增大水压 增加水量 减少水量
				蒸汽喷射泵气压低、气量小、下水温度高	提高气压 增加水量 降低水温
无一次蒸汽	汽源发生故障	①立即报告调度及值班班长 ②着手系统停车	碱片出口温度高	①入口冷却水量小 ②循环水温高 ③泵不上水	①加大水量 ②通知循环水岗位调节 ③启用备用泵
无糖液供应	①糖液泵故障 ②配料槽空 ③无蔗糖	①启动备用泵，请求检修 ②立即进行配料 ③在2h之内可继续开车，否则应着手停车	浓碱管泄漏	法兰未紧固好，管路腐蚀	①停泵进行处理 ②如泄漏严重，立即向值班班长及调度汇报 ③进行系统停车

【阅读材料】

一、固碱的种类

1. 桶状固碱

指用0.5mm薄铁皮制成的容器装入离子膜固碱而得，一般每桶净重200kg，其大多由熬碱锅熬制而成。桶状固碱外包装材料价格较高，使用时需要破碎桶，既麻烦又不安全。目前桶状固碱仍是国内一种主要的固碱生产包装方式。

离子膜桶状固碱质量指标目前尚未有国家标准，多以企业标准来进行控制。表4-19介绍了某企业桶状固碱标准。

表4-19　离子膜桶状固碱质量标准

项目名称	规格			项目名称	规格		
	Ⅰ级	Ⅱ级	Ⅲ级		Ⅰ级	Ⅱ级	Ⅲ级
NaOH含量/%	99	98	97	Fe_2O_3含量/%	0.005	0.005	0.005
NaCl含量/%	0.04	0.04	0.044	颜色	白色	白色	白色
Na_2CO_3含量/%	0.5	0.5	0.5				

2. 片状固碱

锅式法和膜式法生产的熔融烧碱，通过片碱机均可生产片状固碱。片状固碱的厚度与温度随片碱机刮刀调节的距离及冷却水的冷却状况不同而改变。一般碱片的厚度维持在0.5～1.5mm，温度控制在60～90℃。而进口片碱机制的碱片厚度为0.8～1.2mm，块状大小为0.3cm×1.2cm，温度则小于60℃。

片状固碱包装的材料因厂而异，有用小桶包装的，净重多为50kg。有用一层牛皮纸内衬一层聚丙烯塑料袋的。如果使用引进的片碱机，由于出口碱片温度较低，可用一层聚乙烯塑料袋进行包装，净重一般是25kg或50kg。也有用聚乙烯塑料外衬聚丙烯编袋的等。使用包装材料的简与繁，主要取决于贮运的方法及碱片出口的温度，而以前者为主。在贮运安全可靠的前提下，尽可能选择价廉、耐用的材料，以降低包装成本。国内片状固碱没有统一的国家标准，目前主要按企业标准进行出厂产品控制。这里介绍一个企业标准及引进装置的质量标准，分别见表4-20及表4-21。

表 4-20　片状固碱质量标准（企业标准）

指标名称	规　　格	指标名称	规　　格
NaOH(含量)/%	>98.7	NaCl(含量)/%	<0.012
$NaCO_3$(含量)/%	<0.15	Fe(含量)/%	<0.0015

表 4-21　某引进装置片状固碱的质量标准

指标名称	规　　格			指标名称	规　　格		
	一级	二级	三级		一级	二级	三级
NaOH 含量/%	99	98	97	Na_2SO_3含量/%	0.07	—	—
NaCl 含量/%	0.04	0.04	0.04	Cu 含量/%	0.003	—	—
Na_2CO_3含量/%	0.5	0.5	0.5	Ca 含量/%	0.008	—	—
Fe_2O_3含量/%	0.005	0.005	0.005	颜色	白色	白色	白色
SiO_2含量/%	0.006	—	—				

3. 粒状固碱

粒状固碱是将熔融碱通过造粒塔制成$\phi0.25\sim\phi1.3$mm的小粒，使其自由落下，与塔底进入的干燥空气逆向流动，冷却凝固而得的。

粒状固碱的工艺流程如图4-39所示。造粒塔是制造粒状固碱的关键设备，其体积较大，一般直径都在3m以上，高度为20～25m。其喷嘴为多孔板结构，制作加工复杂，且使用贵金属铂合金，所以设备造价较高。目前国内尚没有见到有引进或生产离子膜粒碱的报道。但是，由于粒状固碱作为一个固碱品种，本身具有小包装、方便使用的特点，仍有一定的市场需求，特别是一些小用户，更适合使用，因此，相信在不久的将来，就会有粒状固碱的生产，以填补国内市场的空白。

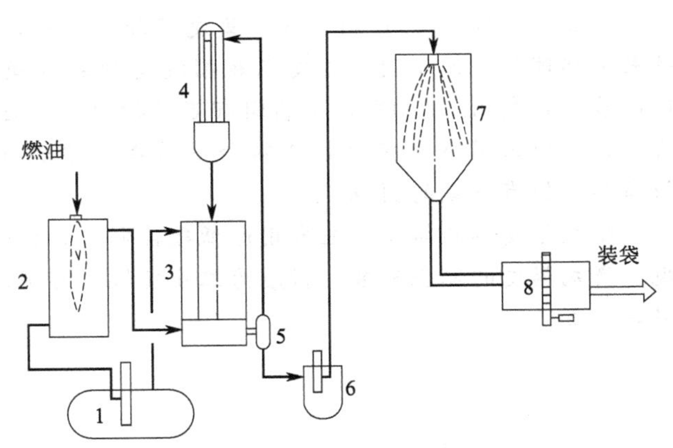

图 4-39　粒状固碱的工艺流程示意图

1—熔盐罐；2—熔盐炉；3—降膜浓缩器；4—降膜蒸发器；5—气液分离器；6—熔碱中间罐；7—造粒塔；8—冷却滚筒

二、液碱蒸发设备的腐蚀与防护

1. 液碱蒸发设备

离子膜烧碱由30%浓缩至50%的蒸发工艺，一般有双效蒸发和升膜蒸发两种。蒸发设备防腐的关键在加热汽箱材料的选用。对双效逆流工艺而言，一效汽箱加热管，由于金属壁温均在150℃以上，管材采用工业镍N6；极少数厂家使用超低碳纯铁素体不锈钢。二效汽箱加热管的金属壁温较低，普遍使用0Cr17Ni14Mo2（316L）或0Cr19Ni10（304L）代用。一效蒸发罐体的液相部分用镍（N6），气相部分采用超低碳奥氏体不锈钢。一效罐体用0Cr19Ni10（304L）。双效顺流工艺则一、二效均需用镍材。

2. 膜式法固碱设备

大锅熬制固碱，即所谓的锅式法，是历时多年的陈旧落后的生产方法。在我国由于新的固碱生产工艺膜式法（升、降膜蒸发），尚有技术问题待以解决，所以大锅熬制仍在盛行。但膜式蒸发以其工艺的先进性，必将取代锅式法。目前升、降膜蒸发主要存在两个技术问题，从而导致膜式蒸发的应用至今未形成规模：一是材料腐蚀问题，二是液膜连续、均匀分布问题。下面就材料腐蚀进行探讨。

膜式蒸发制固碱操作温度在450℃左右，NaOH 中的 $NaClO_3$（离子法中含 $NaClO_3 \leqslant 0.005\%$）分解，生成［O］并有 Cl^- 出现，这是氧化性强的腐蚀性介质。镍在苛性碱中是耐蚀的，但对氧化性的［O］、Cl^- 不稳定。尽管在工艺操作上采用加蔗糖的措施，可除掉［O］，这对减轻设备的腐蚀有效果，但是氧化性介质总要存在，腐蚀是不可避免的，寻求性能优良的耐蚀材料非常必要。

国外以盐浴法加热的降膜蒸发器加热管材料为 Inconel 600（美国）、NCF600（日本）。该种合金是早期研制的在高温下耐蚀性能良好的镍基合金。因含有14%～17%的铬，抗氧化性能强，这一点优于镍。力学性能、工艺性能好，可进行各种加工与焊接。在650℃的高温下仍具有很高的强度。对苛性碱及大多数有机酸是耐腐蚀的，在 Cl^- 存在时不易腐蚀出裂纹。但在高温、高浓度的苛性碱或高温水银存在时，易产生应力腐蚀。因此消除应力的热处理是必要的。美国 BTC 公司烧碱降膜蒸发器上的加热管，其材料即为 Inconel 600，使用效果较好。

用工业纯镍（N6）制作膜式蒸发器加热管时，由于高温下镍的抗氧化性能不佳，使用结果不够理想，因而膜式蒸发在我国没有形成规模。工业纯镍 N6（$C \leqslant 0.10\%$）不属于超低碳镍，在高温（450℃）下晶间有石墨析出，导致镍的性能变脆，影响使用。限于目前的条件，即使采用镍也应为超低碳含量的镍。按现行标准 N4（$C \leqslant 0.01\%$）属于超低碳镍，但商品化仍有一定的困难。

膜式蒸发器的罐体，应采用超低碳镍制造，保证在高温下不脆化，国外公司对此十分重视。膜式蒸发的配套碱泵，材质为工业纯镍，可满足耐蚀要求。为防止碱液凝固或外溢而选用液下泵。

第五章　氯氢处理工段

通过本章节的学习，要了解氯氢处理的工艺原理；掌握氯氢处理的工艺流程；熟悉氯氢处理的操作规程和氯氢处理的主要设备。

第一节　氯气处理工艺路线分析

一、氯气处理的目的

氯气处理工段是氯碱生产厂中联系电解槽与用氯部门的工序，起着承上启下的作用，也是稳定电解槽正常运行、确保安全生产的重要环节。食盐水溶液电解的阳极产物是温度较高、并伴有饱和水蒸气及夹带一定盐雾杂质的湿氯气，每吨气相的含湿量可达 0.3381t 以上。这种湿氯气对钢铁及大多数金属有强烈的腐蚀作用，只有少量的稀土及贵金属或非金属材料在一定的条件下才能抵御湿氯气的腐蚀，这就使得氯产品的生产和氯气的输送发生困难。而干燥脱水的氯气在通常条件下对钢铁等常用材料的腐蚀是比较小的。氯气对钢铁的腐蚀速率详见表 5-1。

表 5-1　氯气对钢铁的腐蚀速率

气相中的水分含量/%	年腐蚀速率/(mm/a)	气相中的水分含量/%	年腐蚀速率/(mm/a)
0.00567	0.0107	0.0870	0.114
0.01670	0.0457	0.1440	0.15
0.0206	0.051	0.330	0.38
0.0283	0.061		

由表 5-1 可知，对湿氯气的脱水干燥是生产、输送、使用氯气过程所必需的。氯气处理的目的就在于除去湿氯气中的水分，使之成为含湿量甚微的干燥氯气，以适应氯气输送和氯产品生产的需要。由此可见，氯气处理的任务就是将电解槽阳极析出的饱含水蒸气的高温湿氯气进行冷却除沫、干燥脱水、除雾净化处理，再压缩输送到各用氯部门，经过处理后，氯气中的含水量降至 0.01%以下，基本不含酸雾，成为合格的氯气。除此之外，还应调节湿氯气出电槽总管时的负压以及在紧急故障情况下将事故氯气进行处理，不使其外泄。

二、氯气处理工艺的原理

处理氯气的内容是脱水，就是通过处理将氯气的含水量降到 0.01%以下。脱水方法一般有如下几种。

1. 冷却法

就是将氯气降低温度，从而达到降低氯气含湿量的目的。这种方法只消耗冷却水与冷冻水，本身不与其他介质接触，也不会混入其他介质，也称为冷冻干燥法。

2. 吸收法

吸收法脱除水分，即高温湿氯气在干燥塔中通过浓硫酸介质，一方面浓硫酸吸收了氯气中的水分，另一方面也降低了氯气的温度，实现了氯气的干燥。该方法使用设备较多，工艺较复杂，但水分脱除率高。

3. 冷却吸收法

冷却吸收法综合上述两者之长，为各个厂家广泛采用的方法。例如：第一阶段先用冷却法，将 80～90℃的氯气温度降为 20℃左右，第二阶段用浓硫酸吸收残余水分，这样既减少了硫酸消耗，又保证了工艺指标，方法比较可靠。

因此，完整的氯气处理工艺应包括冷却除沫、干燥脱水、除雾净化、压缩输送和事故氯气处理五个部分。用通俗的话来讲就是“先冷却、后干燥”工艺过程。

氯气处理方式与湿氯气中饱和水蒸气含量及温度有着密切的关系，详见表 5-2。由表5-2可见，在具有相同工作压力的工况条件下，气相温度每下降 10℃，湿氯气中所含水分几乎减少近一半。若湿氯气温度由 90℃下降至 15℃，气相中的水分可以去除掉 99.2%。因此通过冷却可以除去气相中绝大部分的水分，从而可以大大降低干燥负荷，不仅降低了硫酸作为吸收剂的用量，更可以大大减少硫酸吸收水分后释放的稀释热。这就是氯气处理工艺中采用“先冷却、后干燥”工艺流程的依据。

表 5-2　不同温度下湿氯气中的水蒸气分压和含湿量

温度/℃	水蒸气分压/mmHg①	水蒸气含量/[g/m³(湿氯气)]	水蒸气含量/[g/kg(湿氯气)]	温度/℃	水蒸气分压/mmHg①	水蒸气含量/[g/m³(湿氯气)]	水蒸气含量/[g/kg(湿氯气)]
10	9.2	9.4	3.1	55	118.0	104	46.2
15	12.8	12.8	4.3	60	149.4	130	61.6
20	17.5	17.5	5.9	65	187.5	161	82.5
25	23.8	23.0	8.1	70	233.7	198	112
30	31.8	30.0	10.8	75	289.1	242	115
35	42.2	39.6	14.7	80	355.1	293	219
40	55.3	51.2	19.8	85	433.6	354	338
45	71.9	65.4	26.2	90	525.8	424	571
50	92.5	83.1	34.9	95	633.9	505	1278

① 1mmHg=133.322Pa。

由此可见，氯气处理工艺的原理就是采用“先冷却、后干燥”的工艺流程，将来自电解槽阳极的高温湿氯气首先进行“工业水和冷冻氯化钙盐水”的两段冷却，除去气相含水量的 98.4%，余下的水分用硫酸干燥脱除，这样可以大大降低干燥的负荷，减少稀释热量的产生，也降低了硫酸的单耗，从工艺流程的合理性、经济性和节能降耗来看，都是十分可取的。

第二节　氯气处理工艺流程的组织

我们知道氯气处理工艺的要求应该包括五部分，因此其工艺流程也是如此。流程包括：冷却除沫、干燥脱水、除雾净化、压缩输送和事故氯气处理等。工艺流程图见图 5-1。

下面依据流程特点逐一进行介绍。

一、冷却除沫

本操作单元是依据“先冷却、后干燥”的基本原理设定的。鉴于通过湿氯气的冷却实现除去所含水蒸气量的 98%以上的目的，必须将来自电解槽阳极的温度在 80～90℃、饱含水蒸气的湿氯气尽可能分阶段进行深度冷却，使冷却后的气体温度降至 12℃左右，除去夹带的水沫、液滴，为进一步对氯气进行干燥脱水做好准备。

常见的氯气处理冷却工艺主要分为直接冷却和间接冷却两种。

1. 直接冷却工艺

直接冷却方式就是将电解槽阳极来的湿氯气直接进入氯气洗涤塔，采用工业冷却水或者冷却以后的含氯洗涤液与氯气进行气、液相的直接逆流接触，以达到降温、传质冷却的目

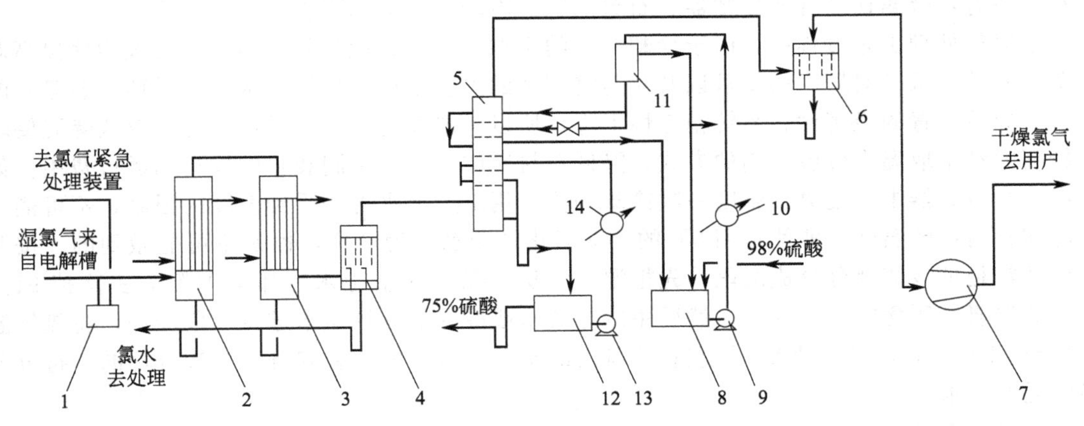

图 5-1　氯气处理工艺流程

1—安全水封；2—第一钛管冷却管；3—第二钛管冷却管；4—硫酸过滤器；5—氯气泡沫干燥器；6—硫酸除雾器；7—氯气离心式压缩机；8—浓硫酸贮槽；9—浓硫酸泵；10—浓硫酸冷却器；11—浓硫酸高位槽；12—稀硫酸贮槽；13—稀硫酸循环泵；14—稀硫酸冷却器

的，使气相的温度降至60℃左右，并除去气相夹带的盐粒、杂质。在氯气洗涤塔中气、液相直接接触，既进行传热，又进行传质，目前，此方法在氯碱工业上运用得十分广泛，其优点也是十分明显的。

首先，气、液两相直接在洗涤塔中接触传热、传质，因此传热的效果十分好，气流始终处于高度的湍流状态，传热系数 K 也要比间接冷却更高些，可以说间接冷却的效果无法与之相比。

其次，直接冷却采用的是气、液两相的直接接触，可以去除气相中所夹带的杂质。对于离子膜法制碱工艺来说，其阳极湿氯气所夹带的盐粒杂质要比隔膜法金属阳极电解制碱工艺所产生的阳极湿氯气所夹带的盐粒杂质多将近10倍。不经过洗涤去除的话，湿氯气过滤器和干氯气过滤器的滤网将会被堵塞，使氯气无法通过。经过直接洗涤之后，氯气更为洁净，有利于深处理。

直接对氯气进行洗涤，可除去气相中所含的三氯化氮，使液氯的生产更为安全、可靠。

但是采取直接冷却方式也有难以克服的缺点。由于气、液两相直接接触冷却和去除气相中所含的水蒸气，使出洗涤塔的气相氯气夹带着较多的游离水，必须在进一步冷却过程中将其去除掉，这样就使后道冷却装置的负荷有所增加。另外，气、液相直接接触冷却，使气相中的氯气溶解损失增加。尽管氯在水中的溶解度不大，但是在直接洗涤过程中，由于动态扩散，氯气的溶解损失就很大。如果直接采取工业上水作为洗涤剂的话，氯气的溶解损失将更大。此外，氯水量的增加会给“淡盐水脱氯工序”的真空脱氯增加压力。

2. 间接冷却工艺

间接冷却工艺就是将来自电解槽阳极出口的高温湿氯气（或者是将直接洗涤冷却过的湿氯气）直接引入列管式冷却器的管程或“壳程”，用工业上水、冷冻淡水或冷冻氯化钙盐水对氯气进行间接传热冷却，达到使气相中所含的水蒸气冷凝下来的目的。这样的冷却方式，在氯碱工业中是普遍采用的，几乎不管用什么方法制碱，都采用此类冷却方式。

氯气直接冷却包含了传热和传质过程，常见的氯气直接冷却设备有：填料洗涤塔、泡沫洗涤塔、湍球洗涤塔、喷淋洗涤塔等。而氯气间接冷却主要进行传热过程，常见的氯气间接冷却设备有：金属钛列管式冷却器、石墨列管式冷却器、玻璃列管式冷却器等。

在氯气处理工艺过程中，由于冷却介质的影响，会导致设备的大型化，会人为地提高对设备材质的要求、对厂房的要求以及对与之配套的工艺条件（如循环水量、循环水温等）的要求，导致装置的经济性、系统稳定性下降，所以一般在化工工艺设计时对升温或降温要求比较高的都采取温度分段控制的方式，降低对材质的要求，控制装置的投资和运行费用。如果在一个冷却器中将湿氯气温度一次冷却到位，用工业上水更是受到温度的限制，不可能一次冷却到指定的温度，即使是用5℃的冷冻氯化钙盐水作为冷媒，也是不可能做到的。按照惯例经常是把冷却部分分成两段，先把湿氯气从80℃用工业上水冷却至40℃，去除掉91%左右的湿氯气所含的水蒸气量。然后用冷冻淡水或冷冻氯化钙盐水进行二段冷却，将氯气温度降至11～14℃，去除掉8.2%左右的氯内的水分，这样的工艺安排是比较合理的，符合节能降耗的要求。

3. 冷却流程

常见的氯气处理工艺的冷却流程，按照流程的方式可分为：立式间接冷却流程、卧式间接冷却流程、直接冷却结合间接冷却流程、间接冷却结合直接冷却流程等几种。

综观国内外的氯气处理冷却工艺基本上采用以下五类冷却流程。

(1) 直接冷却＋间接冷却

来自电解槽阳极的湿氯气（80～90℃）→氯气洗涤塔（出塔气相温度＜35℃）→列管式盐水冷却器（出冷却器气相温度＜15℃）→湿氯气除雾器。

这套冷却流程国内用得较普遍，流程比较简单，但是氯气洗涤塔的负荷很重，因为进、出口的气体温度差太大，似乎无法适应满负荷、大流量的生产需要。

(2) 直接冷却＋加压风机＋间接冷却＋间接冷却

来自电解槽阳极的湿氯气（80～90℃)→氯气洗涤塔（出塔气相温度＜60℃）→钛鼓风机（气相加压后压力上升至1700mmH_2O)→列管式工业水冷却器（出冷却器气相温度＜35℃)→列管式盐水冷却器（出冷却器气相温度11～14℃)→湿氯气除雾器。

这套冷却流程是荷兰阿克苏公司首创的，后演变成为日本旭硝子公司输出技术的一部分，目前国内引进流程中多有采用。由于采用了三段冷却，因此冷却负荷比较均匀、合理；冷却设备可以做得较小，比较经济。中间用了鼓风机，给气相进行加压，这是为后面的压缩输送创造条件，起到一级压缩的作用，并使后系统成为正压，以防泄漏发生。

(3) 间接冷却＋间接冷却

来自电解槽阳极的湿氯气（80～90℃)→列管式工业水冷却器（出冷却器气相温度＜40℃)→钛列管式盐水冷却器（出冷却器气体温度＜11～14℃)→湿氯气除雾器。

这套冷却流程比较经济实用。但是需要注意的是，在离子膜法制碱的工艺流程中，因为不采用直接洗涤形式，使得离子膜法电解阳极出口氯气中所含有的大量含盐雾沫、杂质无法除去，另外对于采用卤水制碱的工艺来说，三氯化氮问题无法消除。

(4) 间接冷却＋直接冷却

来自电解槽阳极的湿氯气（80～90℃)→列管式工业水冷却器（出冷却器气相温度＜40℃)→冷冻氯化钙泡沫洗涤塔（气体温度＜15℃）→湿氯气除雾器。

这套冷却流程的采用，考虑到在温度降低的情况下进行氯气洗涤，可以减少氯气的损失，洗涤所产生的氯水量也较少，设备也可以做得较小，比较经济。但是采用板式塔后，气相的阻力降增大，另外采用真空脱氯的氯水处理（负压、加温）难度增加。这种冷却工艺目前在国内外并不多见。

(5) 直接冷却＋加压风机＋直接冷却

来自电解槽阳极的湿氯气（80～90℃）→湿氯气洗涤塔（出洗涤塔的气相温度＜45℃）→钛鼓风机（压力上升至 1700mmH_2O）→湿氯气洗涤塔（出洗涤塔气相温度＜15℃）→湿氯气除雾器。

4. 除沫

由于氯气冷却过程中，冷凝下来的水蒸气液滴沿着冷却器的管壁或利用自身的重力降落于设备的底部，聚集起来流出容器，也有一部分雾状液滴游离于氯气的气流之中，因此湿氯气除水雾过滤也是一项降低硫酸单耗、减少气相游离水滴的重要措施。对于采取直接洗涤的冷却工艺来说，这一步尤为重要。

常见的水沫除雾工艺采用的是重力除沫、捕集除沫等方式。重力除沫就是采用旋风式重力除雾器，但是除沫的效果是很差的；而更多的是采用捕集除沫方式，即选用一定材料的填料层，将气体中所夹带的液滴、雾沫进行滞留、捕集等以实现除沫的目的。常用的捕集除沫是用丝网过滤和玻璃纤维除雾方式。

它们的捕集机理如下。

① 当带有液滴的气相混合物以垂直方向进入容器（或者侧面进入）时，与疏水性过滤物质相接触，游离态的悬浮液滴以惯性与过滤层相撞、凝聚后富集于容器的底部而从气相主体中被分离出来。

② 滞留于气流中的细小液滴在与过滤层接触碰撞后被截留下来。

③ 气流中更为细微的液滴，经扩散也与过滤层接触而被捕集下来。

使用最多的捕集除沫方法就是宽度为 150mm 的聚乙烯丝网过滤，以及含氟硅油浸渍过的玻璃纤维过滤（疏水性处理）。一般认为捕集层高度越高，气流通过时的压力降就越大，同时捕集回收的液沫也越多。

二、干燥脱水

在湿氯气经过冷却除沫之后，气流中所含的水蒸气含量已经减少到不足 2%。依据“先冷却、后干燥”的工艺原理，干燥脱水是氯气处理的主要单元操作，也是氯气处理工艺成功的关键。干燥脱水采用成熟的 H_2O-H_2SO_4系统的气体吸收传质操作方式，气、液相在一个或若干个容器中，气相所含的水蒸气与不同浓度的硫酸溶液互相接触，从而完成气相中的水蒸气被硫酸所吸收的脱水任务。干燥脱水后，气相最终的含水量往往取决于最后一个接触容器硫酸液面上的水蒸气分压，就是说取决于进入最后一个传质吸收容器的干燥剂硫酸的浓度和温度。经过干燥脱水的氯气中的最终含水量在 0.01%以下。

随着氯气处理工艺的日臻完善，对干燥脱水的要求以及氯气中的含水分指标的要求越发严格，甚至于苛刻，因此氯气干燥脱水的能力也越发强化。例如，以往的单个干燥设备纷纷被组合干燥设备、串联干燥设备所代替，就是单个的干燥设备也在强化干燥上做出了改进。一系列的强化措施反映在工艺参数上有了惊人的进步，如干燥出口的氯气温度不会超过 20℃；干燥出口的氯气含水量降低到 50mg/kg 以下，甚至 15mg/kg 以下。

综观干燥脱水流程，大致可以分成两大类，即以填料塔为主的多台干燥塔串接流程和强化型的板式塔流程。

三、除雾净化

由于在硫酸干燥脱水工艺中氯气流与硫酸是呈湍流状态进行接触传质的，硫酸液滴也呈雾沫状态夹带于气流之中，必须在除雾净化工序中将其除去，这对采用离心式压缩机组来进行氯气压缩输送的工艺来说尤为重要。因为确保压缩机的流体通道内不结垢、流体通道畅通，使输送气量不受影响是十分重要的。而对于采用液环式压缩机（纳希泵）的流程来说，除雾净化工序就应该放在纳希泵压缩之后，或者在纳希泵压缩工序前后均设捕雾器。目前国内外的除雾净化工艺普遍采用自净式玻璃纤维酸雾过滤器（又称布林克除雾器），即采用含氟硅油浸渍处理过的玻璃纤维作为过滤酸雾的介质。

玻璃纤维酸雾过滤器的除雾机理是考虑出干燥塔的气相氯气中夹带有一定的酸雾沫和细粒，含量大致为 20～100mg/m^3，主要成分是硫酸、硫酸钠、硫酸铁和有机氯化物等；绝大部分的酸雾粒直径小于 10μm，含量大约为 70mg/m^3。夹带着酸雾细粒的氯气径向通过玻璃纤维床层，直径大于 3μm 的雾粒沫具有较大的动能，冲击到过滤层纤维床以后立即被分离掉。粒径小些的雾粒，被气体分子碰撞，就往不同的方向移动，接触纤维床层表面被拦截下来，气流的流向使细小酸雾液滴继续水平方向移动，重力使酸雾液滴增大，并往下移动，由于浸渍过的玻璃纤维具有优良的疏水性能，使液滴迅速增大，当重力克服向上的拉力时，酸雾液滴便落入容器的底部（这就是自净的机理，见图 5-2）。

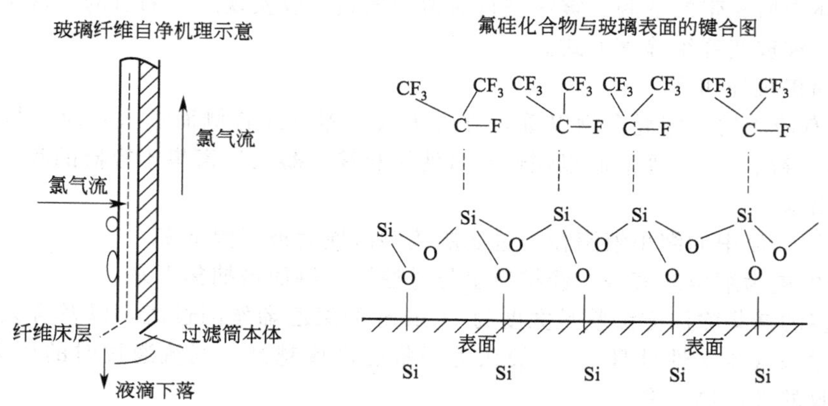

图 5-2　玻璃纤维自净机理示意

常见的玻璃纤维浸渍用的有机处理剂有：甲基硅油、含氟硅油，如 7305（氟氯烷基三氯硅烷）。玻璃表面极性很高，其表面有一层游离的羟基，能与空气中的水分结合形成一层结合力很牢的“水皮”，厚度可达 750Å（1Å=10^{-10}m）。含氟硅油（氟硅化合物）通过硅氯键（—S—Cl—）与玻璃表面的游离羟基结合，失去了一个氯化氢和一个水分子（这种作用是在浸渍加工过程中进行的）后，就形成化学键和玻璃牢牢结合在一起（详见图 5-2 中键合图）。

由图可见，这种作用使玻璃纤维的表面完全改变了性质，适当的加热熟化，就能使氟硅分子整齐地排列在玻璃的表面上，双三氟甲基暴露在最外面。氟-碳化合物具有极好的疏水、疏酸性，抵御了外来液滴（酸性）对玻璃表面的作用。如果酸雾粒与玻璃纤维发生碰撞，就迫使它停留在过滤层的外面。

这种只允许气体通过纤维床层，而不让酸雾通过的过滤方式，起到了去除酸雾的作用。此类自净式酸雾过滤装置去除酸雾的效果可达 98%以上，常见的是美国孟山都公司的布林克除雾器。如果浸渍或加工质量差，在玻璃纤维的表面就无法形成整齐的疏水、疏酸的纤维床层，会致使酸性液滴侵蚀玻璃纤维；或者玻璃纤维的表面成为亲水、亲酸性，根本就无法过滤去除掉气相中夹带的酸雾，使除雾效果大为降低。

另外，如果气相中夹带有大量的固体悬浮颗粒，对玻璃纤维过滤器来说将是灾难性的。因为玻璃纤维过滤床层只对酸雾的过滤有效，根本不具备过滤固体悬浮颗粒的功能（因为失去了自净的作用）；使用时间稍长，就会使玻璃纤维床层产生堵塞，阻力降骤增，最终使气体无法通过，只能停车处理（这就是采用离子膜法制碱，不采用洗涤方式所造成的恶果)。

四、压缩输送

氯气的压缩输送方式很多，可以采用离心式鼓风机、液环式压缩机泵、透平压缩机等。

1. 液环式压缩机流程

纳希泵（Nash Pump，又称为纳氏泵）借助于浓硫酸作为液环、密封介质，利用硫酸进行冷却循环，以带走氯气压缩时产生的热量，其流程如图 5-3 所示。

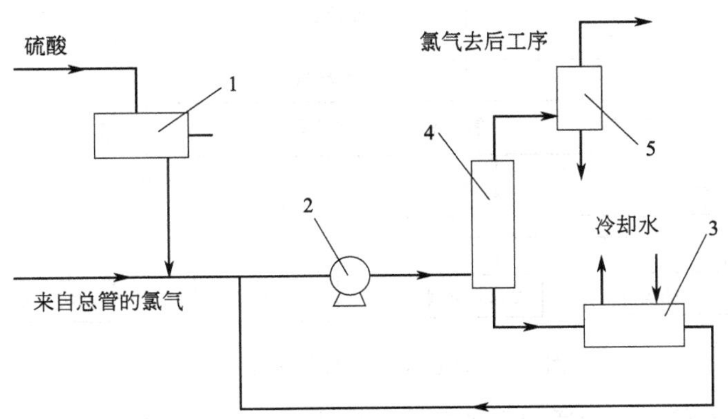

图 5-3 液环式压缩机流程示意

1—硫酸高位槽；2—液环式压缩机；3—硫酸冷却器；4—气液分离器；5—氯气除雾器

来自硫酸高位槽的 98%的浓硫酸经过节流进入液环式压缩机，在压缩机的运转作用下在叶轮周围形成密封的液流环，使进口总管中的常温氯气被抽吸进入压缩机；在压缩机的压缩作用下，氯气得到增压（0.15MPa)；同时夹带着硫酸的氯气流一起进入气液分离器。在气液分离器中，氯气被旋风离心分离，往上进入氯气出口总管。而硫酸被分离后，往下由分离器底部进入硫酸冷却器，被工业上水冷却至常温后再回返进入压缩机，如此反复循环。

因为液环式压缩机的工作压力不高，压缩产生的热量又大部分被硫酸所带走，硫酸冷却器执行着将硫酸冷却至常温的任务。一般来讲压缩机出口的氯气温度不会超过 80℃（实际气相温度为 60℃以下)，对于使用材质为碳钢的设备和管道来说是安全的，因而液环式压缩机流程中不设置氯气冷却器。

在液环式压缩机流程中，要求硫酸浓度不低于 92%，以减少压缩机在高温下的腐蚀。另外由于氯气脱水干燥的不完全，气相中尚含有一定量的水分，在压缩机内被硫酸所吸收，因此，循环液硫酸的浓度会有所降低，需要补充 98%的浓硫酸去更换已经被稀释的循环密封溶液。

国产纳希泵一般适合单套能力在 10 万吨/年以内的装置。

2. 离心式压缩机流程

氯气离心式压缩机（Turbine CornPressor，又称透平压缩机）是适用于氯气大流量、中低排出压力场合，高效实用的压缩机。它是适应氯气处理工艺不断进步、技术要求不断提高的要求而诞生的新型压缩机。由于经过处理净化的气相氯气中所含水分已经低于 100mg/kg，又不含酸雾，完全适用于氯气的压缩输送。其运行的流程是：经过处理净化的氯气在压力大于 0.085MPa（绝压）的情况下，被抽吸进入离心式压缩机的一级进口，经过叶轮压缩以后，气相的温度上升，同时静压能增加，被引出进入级间冷却器，将氯气温度冷却至常温；然后再次被抽吸进入第二级进口，经过叶轮压缩以后，气相的温度上升，同时静压能再次增加，再次被引出进入级间冷却器，将氯气温度冷却至常温。如此经过几段压缩，直至气相出口排出压力达到额定要求（额定压力依设计要求而定），然后由分配台控制送往各用氯部门（详见图 5-4）。

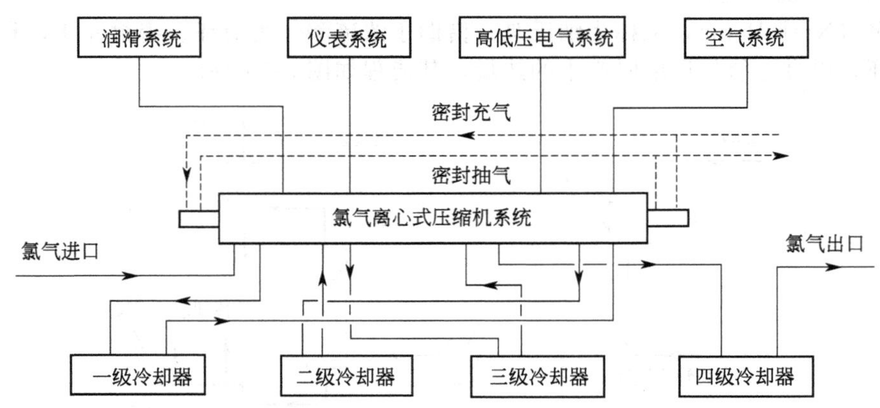

图 5-4　离心式压缩机系统流程示意

在此压缩输送流程中，为适应电解负荷的变化，设置有自控变速或自控回流气量调节的控制手段。就是将离心式压缩机组的出口气体进行回流至压缩机一级进口或者干燥系统的进口或者氯气洗涤塔出口（如果是间接冷却流程，则回流至工业上水钛冷却器进口），以确保电解槽阳极出口氯气总管的压力保持恒定。

离心式压缩机一般适合单套能力在 10 万吨/年以上的装置。

五、事故氯气处理

完整的氯气处理工艺过程中必然要将事故氯气处理系统包括在内。事故氯气处理系统顾名思义是氯气处理工艺过程中的应急处理系统，是确保整个氯气处理工序、电解槽生产系统以及整个氯气管网系统安全运行的有效措施。

国内外的氯碱企业都十分重视在故障状态下如何防止氯气外溢和妥善处理事故氯气的问题。随着环保法规的日益健全、控制环境污染手段的日益改进以及人类对生存环境更深层次的要求，事故氯气处理系统更为人们所重视，对于事故氯气处理系统给予了更为人性化的称呼“除害塔”。尤其是在不为人们所预料的突发性、灾难性事故（如跳闸、断水等）来临时，事故氯气处理系统能够从容地发挥作用，将有可能泄入大气、危害生命的氯气全部吸收掉。随着烧碱、氯气生产系统的工艺技术越来越先进，生产过程的控制手段越来越现代化，事故氯气处理系统在人们心目中的地位也就会越来越高。

如果把氯气处理工序比作联系电解槽和氯气管网的一座桥梁的话，那么这座桥所承载着的是整个企业生产系统的安全运行重任。而支撑这一重任、担负电解和氯气管网连通输送的是氯气压缩机。随着引进制碱新技术，如复极式自循环的离子膜电解槽，引进新工艺、新设备（如板式蒸发装置、降膜蒸发器等），使烧碱品种从单一发展到 32％、48％、73％以及 99％等多品种以后，烧碱部分生产的安全重要度明显上升。确保烧碱生产，尤其是离子膜电解槽正常运行十分重要，因此在电解槽的氯气、氢气出口总管上均设有恒定的压力保护措施。氯气压缩机一旦发生故障，除了会造成电解同步降低负荷或者停车以外，基本上不会发生电解槽氯气大正压事故。当然对于以前不设防的烧碱生产工艺来说，影响就要大得多了。下面对事故氯气处理工艺流程（图 5-5）进行简单叙述。

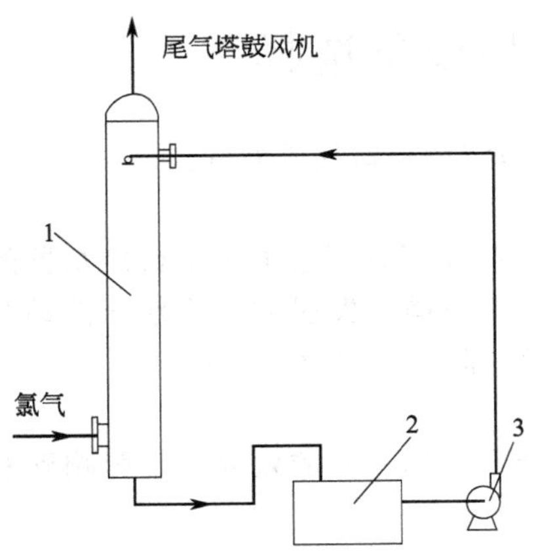

图 5-5　事故氯气处理工艺流程示意
1—喷淋吸收塔；2—碱液循环槽；3—碱液循环泵

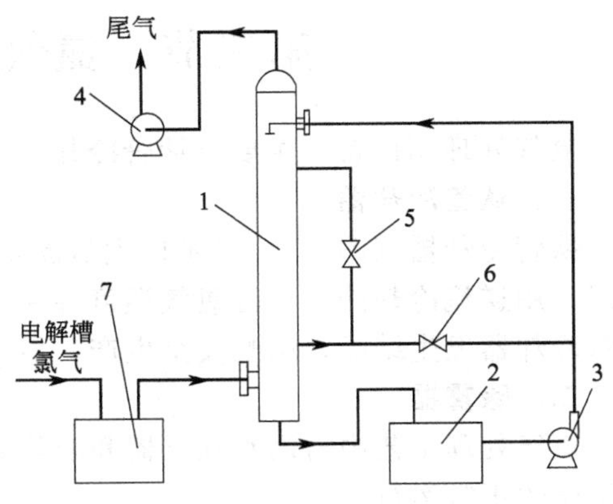

图 5-6　事故氯气处理装置工艺流程示意
1—喷淋吸收塔；2—碱液循环槽；3—碱液循环泵；4—鼓风机；5—自控阀；6—止回阀；7—水封

上述的事故氯气处理装置包括：碱液循环槽、碱液循环泵、喷淋吸收塔以及尾气鼓风机等设备。这套装置一般专门供给氯气压缩机及其氯气管网泄压、排放使用。来自氯气离心式压缩机或者氯气管网中的压力较高的氯气，经自控的排气阀门进入氯气喷淋吸收塔，与来自碱液循环槽经过碱液循环泵压送来的碱液逆流接触，被吸收掉，而气相中的惰性组分（尾气）则由鼓风机抽吸后排空。这套事故氯气处理装置一般安装在氯气离心式压缩机组之后，可以使用一系列联锁控制手段对这套装置进行监控。

由于离子膜法制碱越来越流行，因此国内的新建烧碱项目或者烧碱改造项目纷纷将原来的隔膜法电解槽淘汰，采用国外引进的离子膜电解技术。而离子膜复极式电解槽的输出氯气压力必须是恒定的，因此所谓的事故氯气处理装置（除害塔）就成了电解系统和氯气预处理系统的专用处理装置，需要 24h 连续运行处理。但是目前国内的金属阳极电解槽制碱方式仍然占据着半壁江山。那么就可按图 5-6 事故氯气处理装置工艺流程来进行处置。来自电解槽的微正压氧气冲破水封，进入氯气喷淋吸收塔与来自碱液循环泵的碱液进行逆流接触，被吸收后经过尾气鼓风机的抽吸排空。该套装置包括了：进口水封、氯气喷淋吸收塔、烧碱高位槽、碱液循环槽、碱液循环泵以及配备的自控阀和止回阀。这套事故氯气处理装置是专门供电解槽使用的，可以采用一系列的自动控制手段对这套装置进行监控操作。

在过程中要注意以下安全事项。

① 氯氢处理工序为防火区域，未经办理动火手续，不得动火，室内严禁吸烟。

② 浓硫酸是一种强腐蚀性酸，不得溅及皮肤，操作时一定要穿戴好劳保用品。

③ 氯气是一种毒气，不得使氯气溢出设备、管道，必须提高设备、管道、阀门等静密封可靠性。

④ 严格按照工艺规定和岗位操作规定操作。

⑤ 做好稀酸的收集工作，防止三废污染环境。

⑥ 做好氯水的处理工作，搞好文明生产。

⑦ 开停车时，要做好氯系统的置换工作，防止爆炸。

⑧ 如遇氢系统爆炸，要立即关掉送出氢气阀门，立即报告调度室。

第三节　氯气处理典型设备选择

氯气处理用设备，主要有钛管冷却器、填料塔、泡沫塔和氯气压缩机。

一、钛管冷却器

钛管冷却器（图 5-7）已被广大氯碱企业认同，现在大部分厂家采用单台冷却器的冷却方式，用逆流冷却法，保证氯气温度在 12～15℃，但出现操作失误或冷冻水压波动时，易使钛冷却器发生结晶，影响安全生产，最好采用两段冷却方式，平衡冷却。

二、除雾器

氯气处理工艺中需用水除雾器和酸除雾器。除雾器（图 5-8）的效果直接影响到氯气处理工序的正常运行。

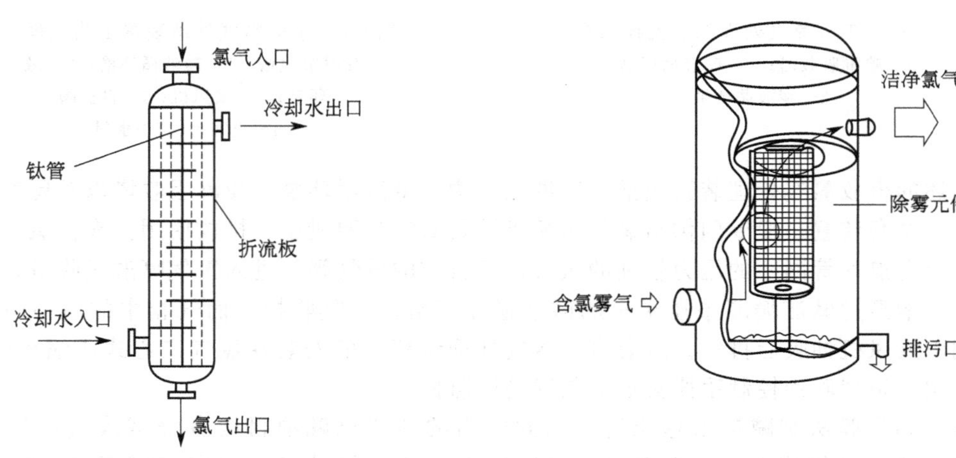

图 5-7　钛管冷却器的结构　　图 5-8　除雾器结构

除雾器依据下面机理中的一种或几种实现分离。

(1) 惯性碰撞

当雾沫靠近除雾标靶时，气流散开绕过标靶流动。根据气速和气液的物理性质，大于一定尺寸的液滴将由于惯性和对标靶的碰撞而离开气流（图 5-9）。硫酸装置中直径大于 5～10μm 的液滴依照该机理从气流中而脱除。该机理的除雾效率随着气速的增大和/或标靶直径的减小而提高。除雾器的使用寿命受两个主要因素的影响：堵塞和腐蚀。这两个因素通常都会在干燥塔内起作用。

(2) 直接拦截

较小的液滴继续随着气流运动，因为它们的惯性较小。如果这些液滴能够触及标靶（图 5-10），它们将被收集下来。在硫酸装置中，根据除雾器的设计，直径 5～10μm 的液滴和部分直径小于 1μm 的液滴可以通过该途径收集下来。标靶越小、越多，该机理的除雾效率就越高。

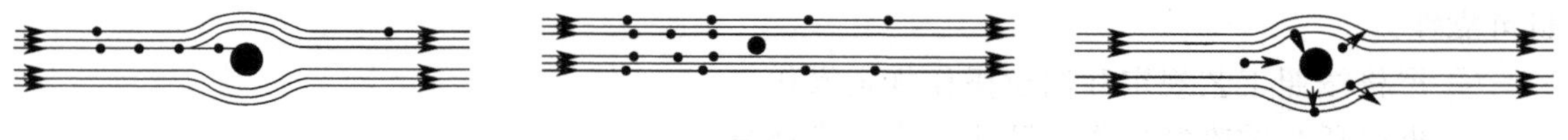

图 5-9　惯性碰撞机理示意　　图 5-10　直接拦截机理示意　　图 5-11　布朗扩散示意

(3) 布朗扩散

直径小于 1μm 的液滴不能被上述两种机理有效地收集。然而，由于这些液滴质量小，它们会因与气体分子的碰撞而产生无规则的布朗运动（图 5-11），这一无规则的运动增加了液滴与标靶碰撞的可能性。标靶越多、越小，停留时间越长（流速越低），布朗扩散机理的除雾效率就越高。

除雾器中上述机理的除雾效率对保护后续设备是非常重要的。任何从塔中带到下游的雾沫都极可能产生如下操作和维修问题。

① 腐蚀。根据装置的布置，管道和风机都对从干燥塔带出来酸雾的危害很敏感。特别是干燥塔和一吸塔带出的酸沫会对后续换热器造成严重的腐蚀。

② 排放。从二吸塔带出来的酸沫进入大气。

③ 风机危害。当风机设置在干燥塔下游时，酸对风机旋转叶片的腐蚀和磨损会使风机失去平衡，这些问题需要花费昂贵的停车时间和维修费用来解决。

三、泡罩塔及填料塔

现在填料塔大多采用 PVC 加 FRP 塔和循环酸箱一体的结构。填料采用比表面积更高的泰勒花环或 PVC 鲍尔环，硫酸分布器也都采用分布效果更好的喷淋管式分布器取代分布不均的槽式分布盘，硫酸循环泵有哈氏合金泵、高硅铸铁氟合金泵和陶瓷泵等。

泡罩塔也都采用 PVC 加 FRP 材质塔和循环酸箱一体的结构。采用 1 层循环塔板加 3 层或 4 层溢流塔板的组合，循环塔板硫酸换热器采用哈氏合金板式换热器。部分氯碱企业为节省占地面积，采用泡罩塔、填料塔一体结构。这样不但对塔器的加工质量要求严格，同时要求塔高达到 16～18m，吊装和检修难度增大。另外，一旦填料塔运转不正常，由于泡罩塔没有循环板层，含水高的氯气直接进入泡罩塔将影响安全生产。

填料塔是一个空塔，内装耐酸填料如陶质环等。塔的上部为进酸口，酸通过分布器，均匀地湿润填料表面，吸收氯气中的水分后，在底部排出，其结构如图 5-12 所示。

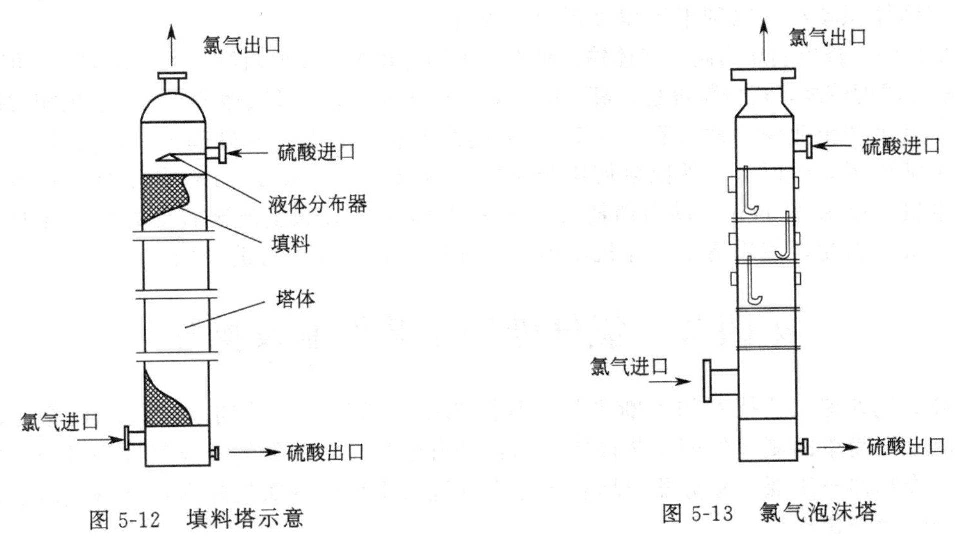

图 5-12　填料塔示意　　图 5-13　氯气泡沫塔

四、泡沫塔

泡沫塔也是一种高效率的气液接触设备，广泛地应用于氯气冷却和干燥，其结构如图 5-13 所示。

泡沫塔具有设备紧凑，占地面积小，生产能力大的特点。但是泡沫塔有酸雾夹带多、阻力降大和负荷弹性小、生产不够稳定的缺点。

泡沫塔外壳由聚氯乙烯焊制而成，间隔一定距离有一块泡沫板，板上钻有小孔供气体通过，泡沫板是泡沫干燥的关键，其中小孔的开孔率参数，对干燥的程度影响很大。

板的开孔率 a 取决于孔径（d）和孔距（t），如果 t/d 过小，则通过孔眼的酸泄漏量增加，泡沫层降低，干燥效果不好。相反，则孔速大，压力降也增大，而且夹带雾沫的情况更为严重，一般推荐的范围为 $t/d=2\sim4$，$a=10\%\sim18\%$。

五、氯气压缩机

目前国内氯碱生产企业中使用的氯气压缩机主要有氯气纳氏泵和氯气透平压缩机。

1. 纳氏泵的工作原理及特点

纳氏泵是一种液环气体压缩机。它的外壳略似椭圆形，内有一旋转叶轮，壳体内贮有适量的液体（氯气压缩用浓硫酸），叶轮旋转时，其叶轮带动液体一起运动，由于离心力的作用，液体被抛向壳壁形成椭圆液体。由于在运动中各个角度上的液体量是相同的，在椭圆的长轴两端有两个较短轴方向大的月牙形空间。当叶轮旋转一周时，叶轮每个间隔中的液体轮流地趋向和离开叶轮的中心，仿佛许多液体活塞在椭圆长轴方向使气体体积缩小。气体被压缩并排出，气体的吸入与压出通道为壳体及不运动部分。由于液体泵内的旋转摩擦会产生热，气体的压缩也将机械能转变为热能，在气体的压缩过程中，部分液体被带到出口通道随气体压出，所以，压出的气体及液体的混合物需要在气液分离器中分离。液体（硫酸）需经冷却后返回纳氏泵吸入口循环使用。

纳氏泵运行过程中不单纯是氯气的压缩，而是硫酸和氯气一起压缩，消耗的机械能部分使用在硫酸的吸入与排出过程中，所以功率消耗大。

2. 透平压缩机

透平压缩机是一种具有涡轮的离心式气体压缩机，借助叶轮高速转动产生的离心力使气体压缩，其作用与输送液体的离心泵或离心式风机相似。气体的压缩使透平压缩机的机械能转化为热能，所以透平压缩机的每一段压缩比不能过大，级间需要有中间冷却器以移走热量，使气体体积减小，以利于压缩过程的逐级进行。

透平压缩机排出的压力高，气体输送量大，工作过程中不需要硫酸，所需动力小，但在压缩过程中氯气温度较高，机械精度也较高，所以对氯气含水（酸）及其他杂质的要求也相对提高。

从氯碱生产企业使用效果看，一套 10 万吨烧碱生产装置，氯处理工序需安装 8～9 台纳氏泵，正常使用 6 台以上，纳氏泵使用寿命短，维修频繁，需 2～3 台备用泵。每台纳氏泵的配套电机功率为 110kW，动力消耗大。而一套 10 万吨烧碱生产装置氯处理工序只需 1 台透平压缩机。因此，使用透平压缩机不但占地面积小，而且动力消耗低。

第四节　氯气处理工艺控制及操作

随着氯气处理工艺技术的不断进步，其控制手段已经逐步趋向多样化、程序化、自动化。下面介绍简单的氯气处理工艺控制指标：来自电解总管的氯气→氯气洗涤塔→一段冷却器→二段冷却器→湿氯气除雾器→填料干燥塔→泡罩干燥塔→氯气除雾器→氯气离心式压缩机组→分配台→氯气用户。

一、氯气处理工艺的控制

1. 原料氯气（湿氯气）

氯气纯度＞96%（离子膜法制碱的氯气纯度＞97%，干基体积分数）

氯内含氢＜0.4%（离子膜法制碱的氯内含氢＜0.05%，干基体积分数）

含二氧化碳＜2%（离子膜法制碱的含二氧化碳＜0.6%，干基体积分数）

氯内含氧＜1.0%（离子膜法制碱的氯内含氧＜1.0%，干基体积分数）

H_2O（设计按最大值，水饱和考虑）

2. 干燥氯气

氯气纯度＞96％（离子膜法制碱的氯气纯度＞97％）

氯内含氢＜0.4％（离子膜法制碱的氯内含氢＜0.05％）

含二氧化碳＜2％（离子膜法制碱的含二氧化碳＜0.6％）

氯内含氧 ＜1.0％（离子膜法制碱的氯内含氧＜1.0％）

H_2O 含量≤100×10^{-6}（体积分数）

3. 氯气冷却

电解槽出口氯气总管温度 80～90℃

电解槽出口氯气总管压力－0.15～－0.40kPa（离子膜法电解出口氯气总管压力 0.3kPa）

氯气洗涤塔出口氯气温度 60℃

一段冷却器出口氯气温度 30～40℃

二段冷却器出口氯气温度 11～14℃

冷冻氯化钙溶液盐水温度 5～10℃

4. 氯气干燥

进干燥塔硫酸温度 10～15℃

进干燥塔硫酸含量 98％

出干燥塔硫酸温度　＜25℃

出干燥塔硫酸相对密度 1.62～1.66

出干燥塔氯气温度　＜20℃

干燥塔总阻力降 5.5～6.5kPa

出干燥塔氯气含水分 20mg/kg

5. 压缩输送

透平压缩机进口氯气压力 0.085MPa（绝压）

透平压缩机出口氯气压力 0.38MPa（表压）

透平压缩机进口氯气温度　＜38℃

各级出口氯气温度　＜90℃

6. 其他指标

工业上水温度 30℃

工业回水温度 38℃

工业上水压力 0.4MPa（表压）

事故处理碱液含量 17％～20％

7. 有关的联锁控制

氯气处理工序是联系电解装置与各氯气用户之间的桥梁，氯气处理工序的任何故障都会影响整个电解与氯气系统的正常生产和安全。为了确保整个氯气处理工序的安全运行，很有必要用一整套的联锁装置进行监视。同时在电解槽的氯气总管出口和氯气离心式压缩机的出口分别设置了事故氯气处理装置。

常备的联锁控制如下。

① 氯气离心式压缩机组与电解直流电联锁（机组停运，直流电供电自动联锁停止）。

② 氯气离心式压缩机组与事故氯气处理装置联锁（机组停运，事故氯气处理装置自动开启运行）。

③ 氯气离心式压缩机组与润滑油系统联锁（油压不能维持、副油泵启动不起作用，则联锁停机）。

④ 氯气离心式压缩机与轴振、轴位移联锁（即主机的轴向或径向发生振动、位移，则联锁停机）。

⑤ 氯气离心式压缩机与喘振联锁（即主机发生喘振，则联锁停机）等。

当然还有不少液面、温度、压力等参数的监视和报警。有关的联锁与报警可以结合DCS计算机集散控制系统一起监控、调节。

二、氯气处理的操作

1. 开车前的准备

① 检查设备、管道、阀门等是否完好，有无泄漏，转动是否灵活，仪表是否完好。

② 检查贮槽中酸的量是否超标，检查冷却水是否畅通。

③ 启动透平压缩机油泵，运转5min，油量、油温、油压达到设计要求。

④ 检查氯水贮槽和氯水洗涤塔的液位。

按生产调度指令，开启一、二级填料塔循环硫酸冷却用水和氯水冷却器冷却水阀，开启氯水循环泵和硫酸循环泵，确定开启纳氏泵或透平压缩机台数，在电解送电前30min内开启纳氏泵或透平压缩机，打开循环酸阀和透平压缩机进口阀、回流阀及跑氯阀，开启一、二段钛管冷却器用水。刚开始送电时，为确保生产系统平稳，仪表使用手动调节。

2. 开车操作流程及步骤

按生产调度指令，当接到已送电通知后，立刻开启纳氏泵进出口阀门和透平压缩机出口阀，适当调节透平压缩机进口阀和回流阀，关闭纳氏泵回流阀和透平压缩机跑氯阀，根据透平压缩机一、二级蜗壳出口压力，适当调节一、二级蜗壳氮气气封阀和一、二级换热器冷却水阀，当总管压力稳定时，开启仪表调节阀，仪表调节由手动转为自动调节。

密切注视两个系统总管负压和分配台压力，调整两个系统回流量，使系统压力平衡。

检查两个系统干燥塔鼓泡和填料塔酸分布情况，调整进酸量。

调整两个系统氯水洗涤塔氯水循环量和氯水冷却器冷却水量，根据两个系统一、二段钛管冷却器出气温度调整钛管冷却器用水量，使进塔气温符合工艺操作指标。

3. 正常操作及辅助操作

密切注视氯气总管压力，保持压力的稳定。

随时检查干燥塔，保持塔负压的稳定。

密切注视氯气压缩机的运行情况，保持压缩机的正常、稳定运行。

密切注视专用水泵的运行情况，保持泵的正常、稳定运行。

密切注视硫酸循环槽、氯水循环槽液位，防止液位超高导致氯气压力波动。

4. 正常停车操作步骤

按生产调度指令，关闭其他不需用氯部门的阀门，抽空待停车。

接停车指令后，关闭透平压缩机出口阀，打开透平压缩机跑氯阀和回流阀，关闭纳氏泵进口阀和透平压缩机进口阀，开纳氏泵回流阀和关闭出口阀，停透平压缩机油泵电机，停透平压缩机管道泵，停氯水循环泵，停硫酸循环泵，关闭透平压缩机所有冷却水阀门，拉下电闸，关闭氯气分配台和新安装仪表调节阀。

泵全停后，报告生产调度停车完毕。关闭所有冷却用水阀和塔用硫酸阀。

第五节　氯气处理的生产特点、不正常情况的处理

一、生产特点

氯气处理工序是个有毒、有害、接触腐蚀性化学物品、接触高压供电、高速运转的

工段。

1. 有毒、有害，易中毒

氯气是一种具有窒息性的毒性很强的气体，生产过程中确保设备、管道的气密性，防止氯气外泄是至关重要的。在氯气离心式压缩机组由于突发原因而停运时，氯气发生倒压而伴随正压泄向大气，危害人体，污染环境。主要通过呼吸道和皮肤黏膜对人的上呼吸道及呼吸系统和皮下层发生毒害作用。其中毒症状为流泪、怕光、流鼻涕、打喷嚏、强烈咳嗽、咽喉肿痛、气急、胸闷，直至支气管扩张、肺气肿、死亡，因此维持和确保氯气处理系统处于负压状态和相当好的气密性是尤为重要的。

2. 腐蚀性化学物品的灼伤

在氯气处理工序中常接触浓硫酸、烧碱、氯水等有强腐蚀性的化学物品。在湿氯气干燥脱水过程中采用硫酸作为干燥吸收剂。硫酸是具有强氧化性和强吸湿性的无机酸，特别在浓度变稀以后，腐蚀碳钢的速率是惊人的。使用硫酸的设备、管道的泄漏是很难避免的。浓硫酸的危害在于溅在人体皮肤上以后，对表皮细胞可产生脱水性的灼伤；若溅入眼睛中危害更大，会使眼结膜立即发生红肿，严重的会使眼睛的晶状体萎缩，直至渗入视网膜，导致眼球肿大失明。另外还需指出的是，千万不能将水冲入浓硫酸，否则将发生爆破性喷溅，极容易伤害人体。在拆除硫酸管道设备时一定要戴好安全用品。

烧碱也是一种危害极大的腐蚀性化学物品，具有典型的强无机碱的化学腐蚀性。烧碱与人体皮肤接触后能迅速渗入皮下细胞，使其脱水僵硬坏死，造成深度化学灼伤。灼伤处有火灼样的刺痛，在剧烈疼痛时灼伤处会渗出腐烂的液体。还会引起休克，重症则可以发生昏迷死亡。如溅入眼睛，极易发生失明，其可能性远远大于硫酸。

氯水的腐蚀性相对小些，但含有盐酸、次氯酸，对人体皮肤也会产生腐蚀和影响。

3. 高压电及高转速运转

在生产过程中电气系统常见的危害莫过于触电，而高压电对人体皮肤的电击、灼伤更是危害甚大。高压电击灼伤还会使血液和其他液体分解，并导致死亡。氯气离心式压缩机采用6kV高压电源，另外主机运转速度可达10407r/min，运行中如发生机械故障，后果不堪设想。所以要求安全联锁灵敏可靠，每次机组大修必须对此进行校验。另外操作人员要精心操作、一丝不苟。

二、安全操作要点

1. 确保事故氯气处理装置完好

氯气是有毒、有害的气体，杜绝氯气外泄是防止发生氯气中毒的最有效的手段。整个氯气处理工序设置了两套事故氯气处理装置。一套设置在电解槽出口，与湿氯气水封相连；另一套设置在氯气离心式压缩机出口，与机组排气管相连。设置在电解槽出口的事故氯气处理装置的运转启动与电槽出口总管的压力联锁，即当电解槽总管刚呈正压时，该处理装置的碱液循环泵及抽吸的鼓风机便自动开启，流程详见图5-14。碱液（配制成浓度16%～20%）经液下泵6压送进入喷淋吸收塔2，在不同高度的截面上喷淋而下，与正压冲破水封1进入喷淋吸收塔，由下而上的氯气进行传质吸收，未能吸收的不含氯的尾气被鼓风机4抽吸放空。设置在氯气离心式压缩机出口的事故氯气处理装置的运转启动与机组的停机信号及电槽直流供电系统联锁，即当机组因故停机时，该处理装置的碱液循环泵及抽吸鼓风机便自动开启，将氯气管网（输出）中倒回的氯气经排气管抽吸入事故氯气喷淋吸收塔进行吸收，惰性气体放空。由此可见，确保事故氯气处理装置的完好，就能在紧急情况下迅速启动使用，变正压为负压，从而能相当有效地防止氯气的外逸。这就需要在平时经常进行各种联锁试验，以确保联锁灵敏可靠。另外，保证碱液浓度合格，氯气的中毒事故也会得到相当有效的预防。

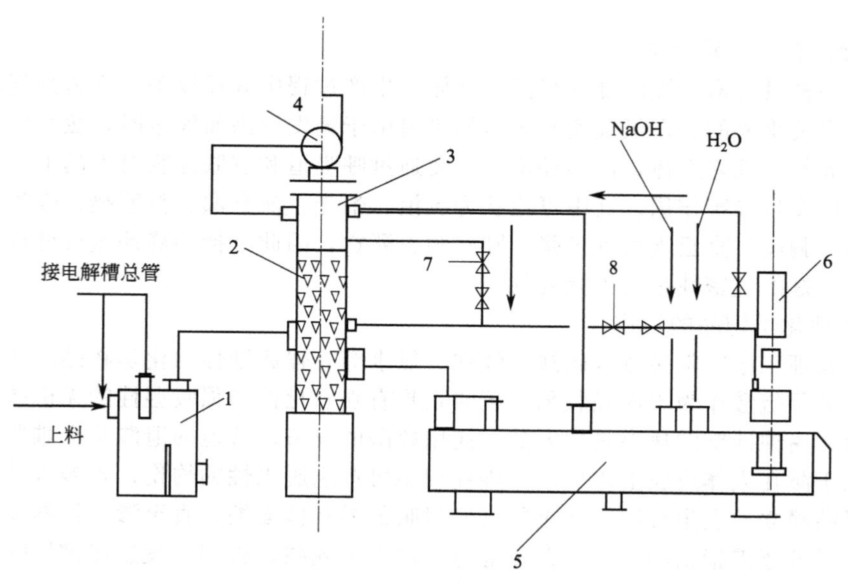

图 5-14 电解槽出口事故氯气处理示意图

1—水封；2—吸收塔；3—NaOH 高位槽；4—鼓风机；5—NaOH 循环槽；6—液下泵；7,8—止逆阀

2. 确保氯气离心式压缩机运行的安全

国内的氯气处理工艺过程仅采用氯气离心式压缩机这单一动力源，一旦机组发生故障，会影响本工序乃至全厂的生产秩序和安全。确保机组运行正常、安全是至关重要的。

① 氯气预处理质量可靠、有效。对进机组前的氯气有着极为严格的质量要求。一些厂家因氯气不合格造成机组转子腐蚀的教训是深刻的。氯气预处理相当重要，干燥脱水效果要得到保证，就需要干燥的液气分配比例适当；泡沫干燥塔有一定的有效阻力降；吸收液的浓度和温度均需控制得当，使干燥脱水达到气相含水分少于 100×10^{-6} 的要求。此外，除雾净化装置要处于完好状态，确保进机组的是干燥、净化的氯气。

② 轴振、轴位移指标正常。机组运行中径向的轴振动以及轴向的平衡力位移是衡量氯气离心式压缩机运行状况完好与否的标志。对轴径向振动（轴振）来说，除了要求主轴轴线有较好的同心度外，还要求主轴挠度要小，另外还需确保前后轴承有良好的油膜形成，这样轴的径向振动就很小。对轴向位移来说，其止推轴承的油膜必须保证承载良好，另外必须保证轴向力的平衡以及主机出口排压不超标，这样转子的轴向位移才会正常。

③ 确保主机运转工况在稳定区范围内，机组绝对不允许在小流量、高排压的工况下运行。确保机组有足够的运行气量，使运行工况始终处于稳定工况范围之中，不使主机发生喘振。

④ 确保主机密封可靠，严格控制密封室充、抽气压力的比例，使冲淡比在正常范围内，并能有效密封氯气，不让其污染润滑油和外逸入大气。

⑤ 确保润滑油的强制循环，将系统油泵用作运行和备用（互为主副），运转油泵的系统油压低于 0.3MPa 即报警，并自动联锁启动备用油泵。当系统油压低于 0.2MPa 时，由自控联锁装置实施自动停主机，因此，为确保机组安全运行，一定要确保油压联锁灵敏、可靠。

3. 开、停车注意事项

透平氯压机氯气带量化工开车一般有三种情况可以采用，即透平氯压机与液环式氯压机对切带量开车；直接并网与电解同步带量开车；两台透平氯压机带量对切开车。无论是以上任何一种情况，都要求配合默契，操作平稳、熟练。既要保证电解负压不变动，又要确保透平氯压机在稳定工况范围之内，以免发生喘振。开、停车及两机对切带量的，开、停车成功与否都与全厂系统生产正常与否密切相关。

（1）开车前的注意点

① 整个生产过程的装置、管系均要经过气密性试验或称试压。对负压部分的设备和管系来说要防止外界空气吸入，正压部分的设备和管系要防止气态氯气泄入大气。当确认管系设备无泄漏时，方可开车。

② 整个系统的电器、仪表、自控系统，均动作灵敏、准确无误、处于正常可控状态。

③ 各种联锁，包括油压联锁、轴位移联锁、常用电与备用电联锁、自动停机脱离联锁试验、停机与事故氯气处理装置联锁等调试合格，动作灵敏可靠。

④ 氯气预处理部分将冷却水、冷冻水、硫酸、碱液等进行循环，有关浓度合格，循环量适中。

⑤ 检查中间冷却器的气相，确认无任何泄漏状况，再用空气进行气密试验，合格为止。

⑥ 严格按开车前程序，对各系统认真做好各类检查和准备工作。

（2）开机注意点

① 确认准备工作就绪后，通知有持高压操作证的电工送6000V高压电源，合上、下开关（操作人员绝对不允许进高压室）。

② 在允许合闸信号灯亮后，主机点动启动，要求自由转时间在1min 30s以上，并在分闸后15s无振动响声。

（3）开车注意点

① 在建立氯干燥与氯气离心式压缩机之间大回流时，先把安全水封注满水，以保证外界空气不能抽吸入系统。

② 防止机组进入小流量、高端压的不稳定工况，在湿氯气浓度未达标前，主机排气需适度打开，防止出现出口排压增高的情况。

（4）停车注意点

① 在机组进口阀关闭前，必须先将电解槽总管与事故氯气处理装置通连，以防止电解槽及总管出现正压，发生氯气外逸。

② 主机停车后，机组内的剩氯要置换干净。

③ 凡发生下列情况，可联系后实施停车：氯气含水分超标并且无下降趋势；中间冷却器渗漏；电机电流超过额定值，电流上下波动；轴封漏气、处理无效等。

④ 凡发生下列情况，可实施紧急停车：严重轴向位移、机身振动，严重喘振，调节无效；轴承温升报警；突然断水等。

三、不正常情况的处理

1. 泵发生振动

① 原因：机泵中心不对；处理方法：需重新校正。

② 原因：联轴器不正；处理方法：需调整联轴器。

③ 原因：弹性圈不起作用；处理方法：需装好弹性圈。

④ 原因：地脚螺钉松动；处理方法：需固紧地脚螺钉。

⑤ 原因：泵内循环酸过多产生冲击；处理方法：需调节酸量。

⑥ 原因：泵轴承损坏；处理方法：需停泵更换。

⑦ 原因：叶轮辊不均匀，轴弯曲；处理方法：需拆泵校正平衡。

⑧ 原因：设备机座损坏；处理方法：需加固修复机座。

2. 泵体温度高

① 原因：酸循环量小；处理方法：需增加酸量。

② 原因：酸冷却不好；处理方法：需加大冷却水。

③ 原因：酸浓度过低；处理方法：需换酸处理。

④ 原因：进泵氯气含水高；处理方法：需控制氯气温度。

⑤ 原因：泵出口压力高；处理方法：需联系平衡氯气。

3. 泵有响声

① 原因：酸循环量过大；处理方法：需减少酸量。

② 原因：有固体杂物；处理方法：需停泵检查。

③ 原因：叶轮破碎；处理方法：需停泵换叶轮。

4. 泵填料问题，有漏酸、漏气现象

① 原因：酸循环量波动；处理方法：需调整好循环量。

② 原因：填料太少或时间过长；处理方法：需补充或更换填料。

③ 原因：出口压力过高；处理方法：需平衡氯气降低压力。

④ 原因：出口阀故障；处理方法：需停泵换阀。

⑤ 原因：叶轮与小盖处磨损，填料附近呈正压；处理方法：需换泵检修。

⑥ 原因：轴承被蚀；处理方法：需更换轴承。

⑦ 原因：轴弯曲；处理方法：需停泵修轴。

⑧ 原因：停泵过急发生倒压；处理方法：需按工艺规定顺序停泵。

5. 电流突然升高

① 原因：酸循环量太大；处理方法：需调小酸量。

② 原因：氯压突然升高；处理方法：需调小压力。

③ 原因：轴承损坏；处理方法：需停泵更换。

④ 原因：叶轮坏、碎；处理方法：需停泵更换

6. 泵抽气能力降低

① 原因：硫酸循环量波动；处理方法：需调整循环酸量并使之稳定。

② 原因：填料漏气；处理方法：需压紧填料。

③ 原因：泵维修质量低；处理方法：需重新检修。

④ 原因：内部串通或堵塞；处理方法：需拆阀检查。

7. 电解槽突然正压，U形压力表冒氯气

① 原因：泵进酸管被堵；处理方法：需换泵清洗。

② 原因：泵前严重漏气；处理方法：需检查接头并使之密封。

③ 原因：冷却系统结冰；处理方法：需检查温度情况。

④ 原因：泵入口阀芯脱落；处理方法：需停泵检修。

⑤ 原因：电压过低跳闸停泵；处理方法：需重新启动并检查电源电压。

⑥ 原因：电解电流突然升高；处理方法：不能调节时需增开氯气泵。

⑦ 原因：用氯部门停用；处理方法：需紧急联系调度处。

8. 氯气压缩机紧急跳闸

① 原因：联锁失灵，电解装置未停车，造成倒压；处理方法：需确认电解是否联锁停车，否则人工紧急停车。

② 原因：氯气压缩机停车；处理方法：需关闭氯气压缩机出口阀门、入口阀门、总管

阀门（同时加水封）、氯气压缩机出口到氯气干燥系统的阀门。

③ 原因：自控阀门关闭不严；处理方法：需关闭与自控阀门对应的现场阀。

④ 原因：氯气压缩机瞬间开启，可能造成离子膜损坏；处理方法：需立即将氯气压缩机开关置于停车位。

⑤ 原因：氯水结晶；处理方法：需关闭钛冷却水阀门。

⑥ 原因：系统余氯过多；处理方法：需检查确认事故氯塔是否正常；

⑦ 原因：防止氯气外泄；处理方法：需打开氯气压缩机出口去事故氯气处理装置的阀门、酸雾捕集器去事故氯气处理装置的阀门，关闭进泡罩塔下酸阀。

9. 氯气入口真空增大，U形管向里吸水

① 原因：电解电流突然降低；处理方法：需开大回流阀或关小进口阀。

② 原因：氯气总管积水；处理方法：需检查并排水。

10. 干燥塔积水

① 原因：筛板孔眼堵塞；处理方法：需停塔清洗筛板。

② 原因：溢酸管堵塞；处理方法：需清理溢酸管。

③ 原因：氯气流量过大；处理方法：需换塔处理。

④ 原因：加酸量过大；处理方法：需调整加酸量。

11. 泡沫塔不起泡沫层

① 原因：氯气流量过小；处理方法：需开大回流量。

② 原因：硫酸量不够；处理方法：需调整进酸量。

③ 原因：筛板不平；处理方法：需拆塔检修。

12. 氯中水分超标

① 原因：干燥酸浓度低；处理方法：需检查并更换。

② 原因：加酸量不稳定；处理方法：需调整加酸量。

③ 原因：泡沫层不稳定；处理方法：需调节回流稳定泡沫层。

④ 原因：进塔氯温度高；处理方法：需降低温度调整冷却水量。

⑤ 原因：分析不准；处理方法：需重复分析。

13. 泡沫塔积酸

① 原因：泡沫塔筛板孔眼堵塞；处理方法：需调备用塔，并拆塔清洗筛板。

② 原因：进酸量过大；处理方法：需调整加酸量，使之适度。

③ 原因：排酸管堵塞；处理方法：需暂停干燥塔用酸，疏通排酸管道。

④ 原因：氯气流量过大，超过干燥塔设计负荷；处理方法：需通知调度室降低负荷。

⑤ 原因：溢流管堵塞或液封杯损坏，塔酸不能从塔板上流下去；处理方法：需调用备用塔，疏通溢流管线或更换液封杯。

14. 二段钛冷却器结冰

① 原因：冷冻水温过低；处理方法：需适当提高水温。

② 原因：冷冻水量过大；处理方法：需适当关小进水阀门。

15. 进塔氯温度过高

① 原因：冷却用水流量小；处理方法：需开大进水阀门。

② 原因：冷却器结垢；处理方法：需停车清洗。

③ 原因：冷却水温度过高；处理方法：需降低水温。

④ 原因：冷却器已结冰；处理方法：需暂时减小水量或暂时降低负荷。

16. 干燥塔断酸

① 原因：进酸阀门堵塞；处理方法：需疏通或更换阀门。

② 原因：贮槽内无酸；处理方法：需向贮槽内补充酸。

17. 油冷却器冷却水管堵塞或供水量不足

原因：油温上升超过允许值（>55℃）；处理方法：需检查冷却器管路，加大冷却水供水量，油温超过55℃时，应加强检查，必要时停机处理。

18. 出冷却塔氯温度过高

① 原因：冷却水温度高；处理方法：需联系降低水温。

② 原因：冷冻水量不足；处理方法：需开大冷却水。

③ 原因：冷冻水温过低，氯水结冰；处理方法：需提高水温，并稳定温度。

④ 原因：冷却器结垢；处理方法：需停车时清洗。

第六节　氢气处理

一、氢气处理流程的组织

对氢气的处理主要是洗涤与冷却，而这两者是在同一设备中进行的，如常用的处理设备为喷淋式钢质冷却塔，用工业水进行喷淋，洗去了碱，同时又冷却了氢气。冷却后的氢气进入氢气压缩机，压缩后在氢分配台上分配送出。

氢气虽然经过冷却，但压缩后，温度在40℃左右（甚至更高），这时氢气中仍含有该温度下的饱和水蒸气。在输送时，由于外管中温度降低，势必有冷凝水排出来，所以外管必须注意排水，尤其是爬高处，更容易排水，如管道积水，输送不畅，会造成压力波动，甚至影响其他生产的稳定性。如在冬天，易结冰的地区，则更应引起重视。氢气处理流程如图5-15所示。

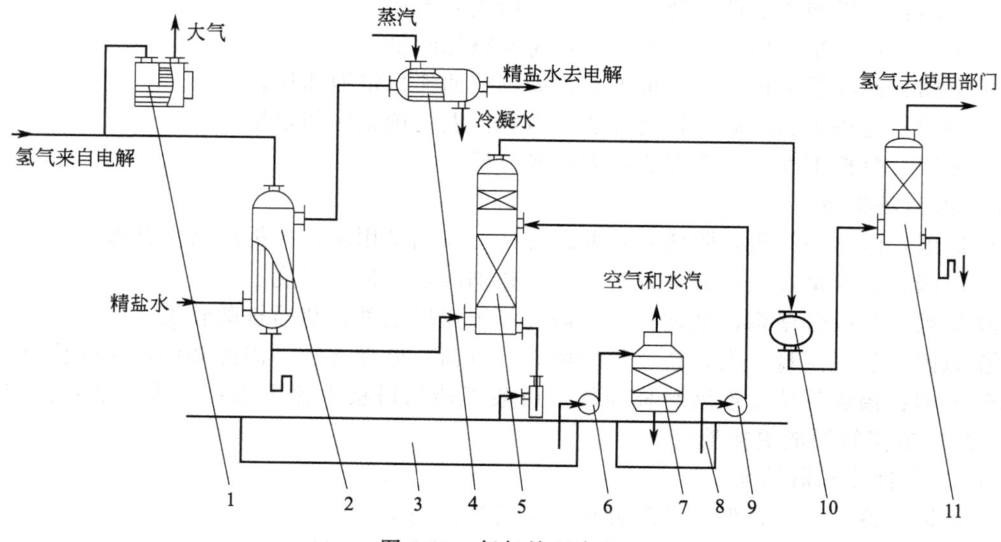

图 5-15　氢气处理流程

1—氢气安全水封；2—盐水氢气热交换器；3—冷却水热水池；4—盐水加热器；5—氢气直接冷却器；6—热水泵；7—凉水塔；8—冷却水池；9—冷却水泵；10—罗茨鼓风机；11—除雾器

二、氢气处理的主要设备

常用的输氢设备有如下两类。

1. 罗茨鼓风机

这类设备的结构如图5-16所示，它的原理是通过两个工作转子的转动，产生吸气和排气，使气体被压缩送出。

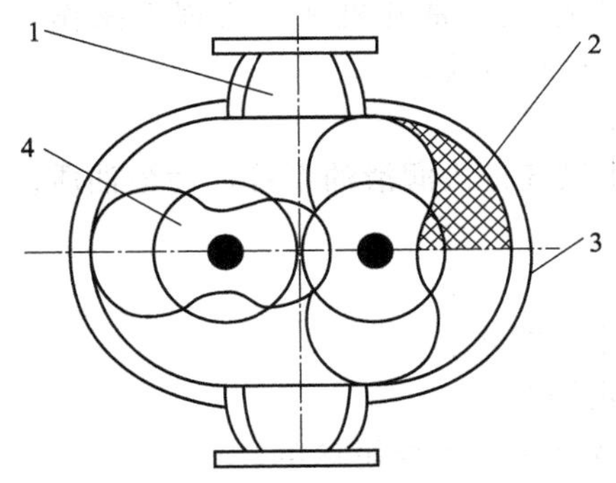

图 5-16　罗茨鼓风机

1—吸（排）入口；2—容积腔；3—外壳；4—转子

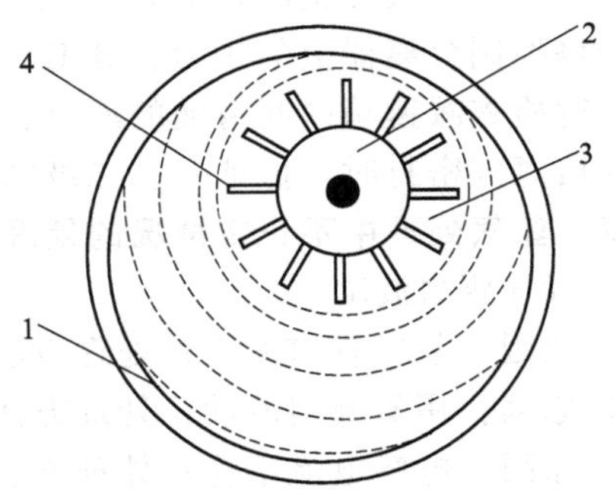

图 5-17　水环泵工作原理

1—外壳；2—叶轮；3—容积腔；4—叶片

它的工作特点是排气大、均匀、稳定、动力消耗少，不足之处是输送压力不高、噪声大。这种输氢设备如果用于生产盐酸，则它的工作压力足够，如果用于生产 PVC，则压力不足。

2. 液环式输送机

常用的为水环泵，其工作原理与氯气压缩机相类似，其结构如图 5-17 所示。也有用氯气压缩机作为输氢设备的，一般来说，输氢压力比输氯压力要低，这样可用旧送氯机（即压力达不到要求的）作为输氢机使用，其好处是具有通用性。新氯气压缩机作为输氢机使用时，还可以加速（如由 735r/min 提高到 975r/min），这是由于输氯时以相对密度为 1.83 的硫酸作液环，而输氢时却以水作为液环。

三、氢气处理操作

1. 开车前的准备

首先用氮气对氢系统管道、设备进行置换，直至氮气纯度合格（氮气纯度≥98%）。

检查水封情况是否符合要求。

检查自动化控制 DCS 系统是否完好，开启两组氢气冷却器进、出水阀。

与生产调度联系后在送氢气前 10min 开启液环式真空泵（注：开启液环式真空泵必须严格按照开机程序进行）。

2. 开车操作程序

工序人员在接到生产调度指令，经过分厂确认并取得质检部门取样合格报告数据后，经安全人员确认，最后由片区人员及当班班长组织协同开车或复车。

开车中应先开电解，等氢气产生后，先排空，直至分析人员分析氢气纯度>98%。

与盐酸岗位联系，打开盐酸的放空阀并打开分配台上的送氢阀门。

打开真空泵冷却器进、出口阀门，开启液环式真空泵回流阀、吸气阀，启动电机后立即打开补充液阀门，当真空泵压力高于系统压力 0.01～0.02MPa 时，打开排气阀、调节吸气阀及回流阀，另一人去排掉水封送气室内的水，同时打开放空室的加水阀门，使放空转入送气，并根据电流合理调节水封上蝶阀的开度。

密切注意氢气总管负压波动，自动调节回流量，保持氢气总管压力平衡后，转入自动操作。

3. 正常停车程序

经生产调度室同意，先打开电解槽来氢气在分配台放空，当各组电解槽断电停车后，根据生产调度指令，对整个系统抽空置换，置换合格后，停真空泵，关闭氢气冷却器、氢气洗涤塔加水阀，打开真空泵所有排空阀排净工作液，关闭排空阀，报告生产调度。

4. 操作过程中的安全注意事项

在正常开机或停机时，必须先通知生产调度，严格按正常开机和停机程序操作。运行时，严格控制分离器上的压力、分离器的液位、泵的运行电流。

随时检查减速箱内润滑油的液位、润滑油的油质。

开启氮气密封时，保证一、二级轴封压力，防止氯气进入润滑油系统，污染油质。

四、氢气处理中不正常情况的处理

1. 氢气压力波动

① 原因：氢气管道积水；处理方法：需检查滴水管排水。

② 原因：用氢部门波动；处理方法：需调度稳定用氢。

③ 原因：电解电流不稳；处理方法：需要求总调度室配合稳定送电。

④ 原因：氢气压缩机抽力不稳定；处理方法：需检查分离器液位，必要时调换氢气压缩机。

⑤ 原因：水封通气室积水；处理方法：需检查通气室排水阀，排出积水。

⑥ 原因：仪表调节间故障；处理方法：需检修仪表。

2. 氢气泵跳闸

① 原因：雷击；处理方法：需迅速复合或紧急放空。

② 原因：断动力电；处理方法：需立即放空。

③ 原因：泵故障；处理方法：需换泵检查。

3. 氢放空管着火

原因：雷击静电作用；处理方法：需开氯气阀灭火，报告调度，不准降电流或停车，否则将引起回火。

4. 氢气罐爆炸

① 原因：氢气管漏入空气；处理方法：需保持现场，检查事故原因。

② 原因：未置换动火；处理方法：立即关死送氢间和通知用氢部门，同时听取处理通知。

③ 原因：开停车时管道未经 N_2 置换；处理方法：需关死送氢间和通知用氢部门。

5. 氢气纯度低于指标

① 原因：负压系统有泄漏；处理方法：需调节氢气系统压力在允许范围内，检查泄漏点，并采取堵漏措施。

② 原因：泵进口开度过大，使电解槽呈负压，进入空气；处理方法：需适当调节进口，使电解槽氢气压力为 0～50Pa。

③ 原因：分析误差；处理方法：需重新取样分析。

6. 氢气出口压力高

① 原因：压缩机前的设备、管路泄漏，大量空气进入系统；处理方法：需检查泄漏点，并采取堵漏措施。

② 原因：用氢部门突然停止用氢或减少用氢；处理方法：需与调度联系，配合稳定送氢。

③ 原因：洗涤塔冷却洗涤效果差，出塔气温高，气体膨胀，超过了压缩机的输氢负荷；处理方法：需检查管路，排除堵塞或排放积水。

7. 真空泵工作液温度高

原因：冷却水量不够或冷却器结垢；处理方法：需增大冷却水量或清洗冷却器。

8. 真空泵工作液液位异常

原因：溢水系统或补水系统泄漏或阻塞；处理方法：需检查溢水系统或补水系统，处理泄漏或阻塞。

第六章　高纯盐酸及氯化氢工段

通过本章节的学习，要了解盐酸及氯化氢的基本性质和用途，盐酸生产方法；掌握盐酸生产的工艺生产流程，盐酸生产主要设备的结构及工作原理；熟悉盐酸生产的操作规程，生产中常见事故及预防措施。

第一节　高纯盐酸及氯化氢生产工艺路线分析

一、本工段的任务

盐酸又称氢氯酸，是氯化氢的水溶液，是氯碱企业中最基本的无机酸和化工原料之一，也是氯碱厂做好氯气产品生产能力平衡的关键产品和大宗的化学合成法产品。本工序除了生产一次成酸达到合格浓度作为商品的盐酸外，还需提供高纯氯化氢气体以满足电石法生产聚氯乙烯树脂的需要。

本工段的任务是将来自氢处理工段，纯度大于98%、含氧小于2%的合格氢气，与来自氯处理工段，纯度大于95%、含氢小于0.4%（或液化尾气纯度大于75%，含氢小于3.5%）的氯气，在合成炉内燃烧合成为氯化氢，经冷却至常温后，用水吸收制成31%的商品盐酸。另外将一部分冷却后的氯化氢冷冻脱水，使其含水量降至0.06%以下，用纳氏泵压送至聚氯乙烯车间，供乙炔合成氯乙烯使用。

二、高纯盐酸的基本性质及用途

1. 物化性质

高纯盐酸顾名思义，就是纯度高的盐酸。它所含的杂质要比普通的工业盐酸少得多。其物理性质与普通工业盐酸基本相同，化学性质方面其具备一切强酸的特性。

（1）外观

无色透明的液体，具有刺激性的臭味。

（2）沸点

盐酸溶液的沸点见表6-1。氯化氢和水可形成共沸物，在101.3kPa压力下，氯化氢和水的共沸点是110℃，其浓度为20.24%。在不同的压力下，氯化氢和水共沸混合物的组成见表6-2。

表6-1　在大气压下盐酸溶液的沸点

HCl浓度(摩尔分数)/%	温度/℃	HCl浓度(摩尔分数)/%	温度/℃	HCl浓度(摩尔分数)/%	温度/℃	HCl浓度(摩尔分数)/%	温度/℃
0	100	6	105.3	12	109.0	18.5	82.7
2	101.8	8	108.0	14	105.2	26.3	69.0
4	103.3	10.5	109.7	17	92.0		

（3）扩散系数

在0℃及101.3kPa压力下，氯化氢在空气中的扩散系数为0.156cm^2/s。氯化氢在水中的扩散系数随温度、浓度的变化而发生变化，可查阅相关工具书。

（4）密度

氯化氢在标准状态下的密度为1.6391kg/m^3，相对密度（与空气密度之比）为1.2679。

在不同的压力下，$HCl+H_2O$ 共沸物的组成见表 6-2。

表 6-2　在不同的压力时 $HCl+H_2O$ 共沸物的组成

压力/kPa	HCl 浓度/%	压力/kPa	HCl 浓度/%	压力/kPa	HCl 浓度/%	压力/kPa	HCl 浓度/%
6.65	23.2	93.1	20.4	172.9	19.3	266.0	18.5
33.3	22.9	101.3	20.24	186.2	19.1	279.3	18.4
26.6	22.3	106.4	20.2	199.5	19.0	292.6	18.3
39.9	21.8	119.7	19.9	212.8	18.9	305.9	18.2
53.2	21.4	133.0	19.7	226.1	18.8	319.2	18.1
66.5	21.1	146.3	19.5	239.4	18.7	332.5	18.0
79.8	20.7	159.6	19.4	252.7	18.6		

（5）溶解度

氯化氢在水中的溶解度见表 6-3。

表 6-3　在不同的温度和 101.3kPa 下氯化氢在水中的溶解度

温度/℃	溶解度(质量分数)/%	温度/℃	溶解度(质量分数)/%	温度/℃	溶解度(质量分数)/%	温度/℃	溶解度(质量分数)/%
−24	50.3	−10	47.3	12	43.28	30	40.23
−21	49.6	−5	46.4	14	42.83	40	38.68
−18.3	49.0	0	45.15	18	42.34	50	37.34
−18	48.9	4	44.36	23	41.54	60	35.94
−15	48.3	8	43.83				

（6）比热容

盐酸的比热容见表 6-4。在 15℃时，常压下氯化氢的比热容为 0.8124kJ/(kg·K)，$c_p/c_V=1.41$。在 0～170℃范围内氯化氢的比热容可按下式计算：

$$c_p=a+bT\text{（计算误差 1.5\%）}$$

式中　c_p——比热容，kJ/(kg·K)；

a——系数，为 0.75575；

b——系数，为 11.2505×10^{-5}；

T——热力学温度，K。

表 6-4　盐酸的比热容（在 18℃和 101.3kPa 压力时）

浓度(H_2O 与 HCl 物质的量之比)	25	50	100	200
比热容/[kJ/(kg·K)]	3.68	3.90	4.04	4.11

2. 用途

高纯盐酸除了用于离子膜制碱工艺外，还广泛用于染料、医药、食品、印染、皮革、冶金等行业。盐酸能用于制造氯化锌等氯化物（氯化锌是一种焊药），也能用于从矿石中提取镭、钒、钨、锰等金属，制成氯化物。

随着有机合成工业的发展，盐酸（包括氯化氢）的用途更广泛。如用于水解淀粉制葡萄糖，用于制造盐酸奎宁（治疗疟疾病）等多种有机药剂的盐酸盐等。

三、盐酸的生产原理

盐酸的生产方法主要有两种，一种是直接合成法，另一种是生产无机或有机产品时的副产品法。此处仅就直接合成法叙述其生产原理。

1. 反应方程式

$$H_2+Cl_2 \longrightarrow 2HCl \quad \Delta H=-18421.2\text{J}$$

2. 氯化氢的吸收

氯化氢溶于高纯水或者说用高纯水吸收氯化氢就成了高纯盐酸。这个吸收过程本质上是氯化氢分子越过气液两相界面向水中扩散的过程。

影响吸收过程的因素有以下几个方面。

（1）温度的影响

氯化氢是一种极易溶于水的气体，但其溶解度与温度密切相关，温度越高溶解度越小。另一方面，氯化氢在水中溶解时会放出很大的溶解热，1mol 氯化氢分子溶于 $n$mol 水分子中放出的热量可按汤姆逊（Thomsen）公式计算：

$$Q=\left(\frac{n-1}{n}\times 11.98+5.375\right)\times 4.184$$

式中 n——相对于 1mol 氯化氢分子的水分子的物质的量。

由于溶解热的放出，会使溶液温度升高，从而降低氯化氢的溶解度，其后果是吸收能力降低，不能制备浓盐酸。因此为了确保酸的浓度和提高吸收氯化氢的能力，除了对从合成炉出来的氯化氢加强冷却外，还应设法导走溶解热使吸收过程在较低的温度下进行。

（2）氯化氢纯度的影响

要使气体中某一组分与溶剂接触而被吸收，则该组分的气体分压必须高于溶液面上该组分的平衡分压。气体分压是气体组成（即气体纯度）和气体总压力的函数，平衡分压则是液体组成和温度的函数。显然在一定的温度下，溶解过程取决于气相中氯化氢的分压即氯化氢的纯度。在同样的温度下，氯化氢纯度越高，制备的盐酸浓度也越高。

（3）流速的影响

根据双膜吸收理论，气液两相接触的自由界面附近，分别存在着看作滞流流动的气膜和液膜，即在气相一侧存在气膜，液相一侧存在液膜。氯化氢分子必须以扩散的方式克服两膜阻力，穿过两膜而进入液相主体，对于氯化氢一类易溶于水的气体来说，分子扩散的阻力主要来自气膜，而气膜的厚度又取决于气体的流速。流速越大，气膜越薄，其阻力越小，因而氯化氢分子扩散的速度越大，吸收效率也就越高。

（4）气液接触相界面的影响

气液接触的相界面越大，溶质分子向水中扩散的机会越多，因此在吸收操作中尽可能提高气液相接触面积是十分重要的。如膜式吸收器的气液分配和成膜状况、填料塔中填料的比表面积、润湿状况都将直接影响吸收效果。

第二节 盐酸生产工艺流程的组织

高纯盐酸的生产，目前国内主要有三种流程。第一种是三合一石墨炉法；第二种是用铁制合成炉或石墨炉合成氯化氢，通过洗涤再用高纯水吸收的方法；第三种是用普通工业盐酸进行脱吸，再用高纯水吸收的方法。这三种生产方法各有其优缺点，主要是根据各厂的实际情况而定。

下面针对这三种不同的生产方法，分别叙述其生产流程、生产控制点及操作要点。

一、三合一合成炉法

1. 流程简述

三合一石墨炉法流程见图 6-1。由氯碱处理来的氯气和氢气分别经过氯气缓冲罐、氢气缓冲罐、氯气阻火器、氢气阻火器和各自的流量调节阀，以一定的比例（氯气与氢气之比为 1∶1.10）进入石墨合成炉顶部的石英灯头。氯气走石英灯头的内层，氢气走石英灯头的外层，两者在石英灯头前混合燃烧，化合成氯化氢。生成的氯化氢向下进入冷却吸收段，从尾气塔来的稀酸也从合成炉顶部进入，经分布环成膜状沿合成段炉壁下流至吸收段经再分配流入块孔式石墨吸收段的轴向孔，与氯化氢一起顺流而下。与此同时，氯化氢不断地被稀酸吸收，浓度变得越来越低，而酸浓度越来越高，最后未被吸收的氯化氢经三合一石墨炉底部的封头，进行气液分离，浓盐酸流入盐酸贮罐，未被吸收的氯化氢进入尾气塔底部。高纯水经转子流量计从尾气塔顶部喷淋而下，吸收逆流而上的氯化氢而成稀盐酸，并经过液封进入三合一石墨炉。从尾气塔顶出来的尾气用水喷射器抽走，经液封罐分离后，不凝废气排入大气。下水经水泵再打往水喷射器，往复循环一段时间后可作为稀盐酸出售，或经碱性物质中和后排入下水道，或作为工业盐酸的吸收液。三合一石墨炉内生成氯化氢的燃烧热和氯化氢溶于水的溶解热被冷却水带走。

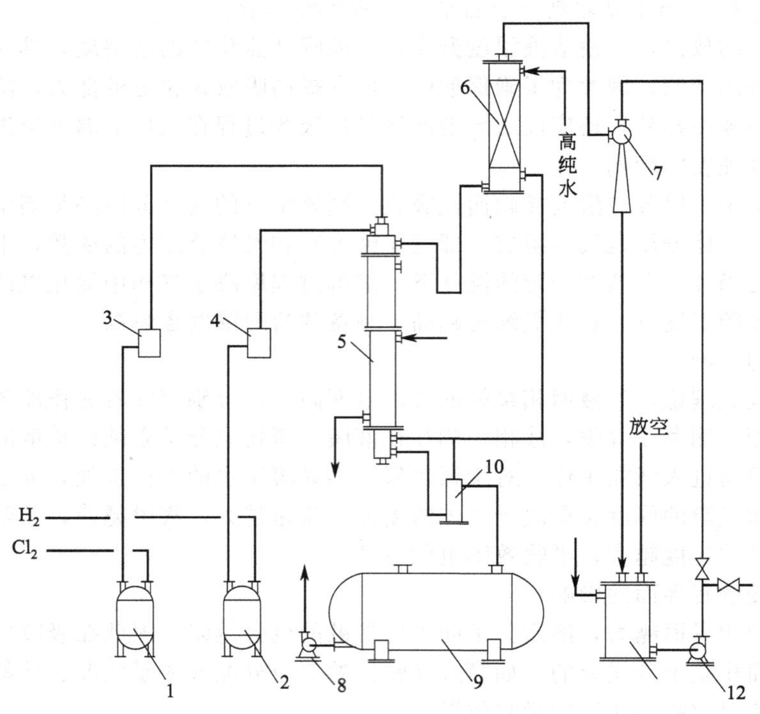

图 6-1　三合一石墨炉法流程

1—氯气缓冲罐；2—氢气缓冲罐；3—氯气阻火器；4—氢气阻火器；5—三合一石墨炉；6—尾气塔；7—水喷射器；8—酸泵；9—酸贮罐；10—液封罐；11—循环酸罐；12—循环泵

2. 生产控制点

(1) 合成炉点火控制指标

氢气纯度≥98%，含氧≤0.4%，压力 0.03～0.08MPa。

(2) 正常生产控制指标

① 氢气纯度≥98%，炉中含氢≤0.067%。

② 氢气含氧≤0.4%，工业水压力≥0.25MPa。

③ 氢气压力 0.03～0.08MPa，水喷射器进口氯气纯度≥70%。

④ 氯气含氢≤2%，Fe^{3+}≤0.1mg/L。

⑤ 氯气压力 0.04～0.08MPa，Si≤0.1mg/L。

⑥ 氯气与氢气物质的量比 1∶1.05，Ca^{2+}≤0.3mg/L。

⑦ 合成炉出口尾气负压 1.3～2.0kPa，流速≤1×10^{-3}m/s。

⑧ 尾气塔温度≤60℃，Mg^{2+}≤0.07mg/L。

⑨ 三合一炉出口酸温≤55℃。

3. 操作要点及注意事项

① 由于三合一石墨炉是一次成酸，不仅纯水的质量一定要合格，还必须注意氯化氢中含铁不能高。如果采用氯氢处理来的氯气，要求氯气含水≤0.03%，含硫酸要低。如果氯气含水高或者硫酸分离不好，会腐蚀输送氯气的碳钢管道，造成氯气中含铁高，合成的氯化氢含铁也就高，造成成品酸不合格。

② 三合一石墨炉的操作一定要十分注意观察火焰，以青白色火焰为佳。要根据火焰的颜色来调节氯、氢配比，切不可只根据流量计的显示来调节氯、氢的比例而忽视对火焰颜色的观察。因为，虽然流量没有变化，但有时氯气纯度或氢气纯度发生了变化，实际配比也就发生了变化。当氢气纯度低，含氧高时，火焰会发红发暗，当氯气纯度低时，火焰发白有烟雾，此时若不及时根据火焰颜色来调节配比是很危险的。

③ 成品酸要求不含游离氯，因此氢气过量多一些为好，这一方面可以防止成品酸含游离氯，另一方面也可以避免产生尾气含氧高而形成氢氧爆炸性混合气体的条件。特别是采用液氯生产的废氯来合成盐酸时，更要提高氢、氯配比，使氯气中的氧亦能与氢气充分地化合生成水，以减少尾气中的含氧量，避免尾气系统发生爆炸。氧在尾气中的含量小于5%时，氢气由于缺乏最低的氧需要量，因而不会爆炸。如果操作不当，氢气过量不足，就会使尾气中氧含量大于5%，由于静电或闪电就可能导致尾气系统爆炸。

二、石墨合成炉和膜式吸收法

1. 流程简述

石墨合成炉和膜式吸收法流程见图 6-2。

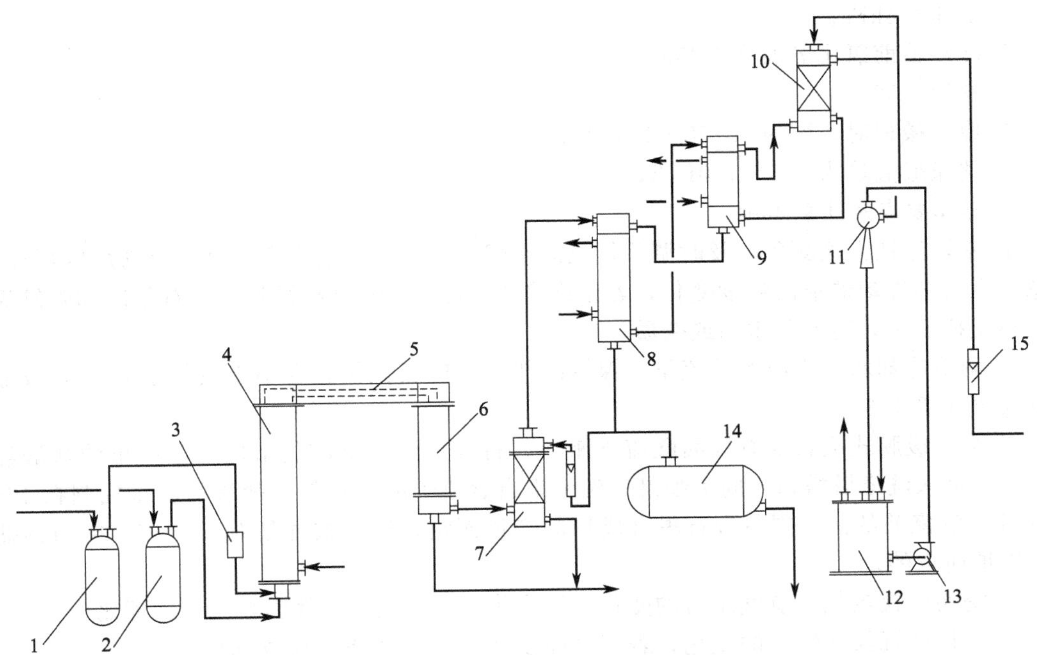

图 6-2　石墨合成炉和膜式吸收法流程图

1—氢气缓冲罐；2—氯气缓冲罐；3—阻火器；4—石墨炉；5—冷却水槽；6—石墨冷却器；7—洗涤器；8—一级石墨吸收器；9—二级石墨吸收器；10—尾气塔；11—水喷射器；12—循环酸罐；13—循环泵；14—酸贮罐；15—转子流量计

原料氢气由电解氢气站送来，经氢气缓冲罐、压力调节阀调节到50kPa，再经孔板流量计、止回阀、阻火器进入石墨合成炉底部的石英灯头。原料氯气可为氯氢处理来的氯气，也可为液化后的废氯，其经缓冲罐，压力调节阀调节到压力为50kPa，然后经过孔板流量计进入石墨炉底部的石英灯头。该石英灯头为双层石英玻璃套筒式，氯气走里层，氢气走外层。氯气和氢气以1∶1.15～1∶1.20的比例在石英灯头上方燃烧，生成的氯化氢自石墨炉顶部离开，经浸在水里的石墨冷却管冷却后进入石墨冷却器。从石墨冷却器底部出来的氯化氢（温度≤60℃）进入洗涤器的底部，用一级膜式吸收器出来的部分31%的高纯盐酸进行洗涤。这部分高纯盐酸自洗涤器顶部进入，与氯化氢呈逆流接触，洗涤氯化氢后成浓酸从底部流出（浓度可达36%以上），流入浓酸贮槽后作为试剂酸出售。经过洗涤的氯化氢通过洗涤器顶部的丝网除雾器后依次进入一级石墨降膜吸收器、二级吸收器、尾气塔，最后经水喷射器抽吸后，由分离罐分离后排空。吸收水是高纯水，用不锈钢管道输送来，经玻璃转子流量计计量后首先进入尾气塔，吸收大部分氯化氢尾气后成稀酸，再依次进入二级降膜石墨吸收器、一级石墨吸收器。在降膜石墨吸收器中顺流吸收氯化氢。从一级降膜吸收器中出来的31%以上的高纯盐酸，小部分去洗涤器，绝大部分高纯盐酸作为成品流入酸贮罐，然后送往离子膜工序。

整个高纯盐酸的冷却水由冷却塔水池用泵送到水分配台。然后分别进入石墨合成炉夹套、石墨冷却器和一、二级膜式吸收器，然后利用位差回到冷却塔进行再循环。水喷射器用水是工业水，循环吸收废气后，可作为工业盐酸的吸收水用。

2. 生产控制点

① 氯气：纯度≥70%，含氢≤3%，压力0.05MPa。

② 氢气：纯度≥98%，含氧≤0.4%，压力0.05MPa。

③ 氯气与氢气物质的量比为1∶1.15～1∶1.20。

④ 炉压≤4kPa。

⑤ 冷却器前氯化氢温度≤250℃。

⑥ 酸温≤50℃。

⑦ 成品酸相对密度为1.158～1.163（15℃）。

⑧ 洗涤酸流量为100～150L/h。

3. 操作要点及注意事项

① 密切注视火焰颜色，及时调节氯氢流量配比，保持火焰为青白色。控制炉压≤4kPa，注意进入石墨冷却器前的温度变化，若温度高于250℃，则说明石墨炉及石墨冷却管结垢严重，热交换变差，需要除水垢或杂质。

② 调节冷却水、吸收水的流量，保持冷却器出口氯化氢温度小于或等于60℃，成品酸浓度大于或等于31%。

③ 当一级膜式吸收器有成品酸流下来后，打开进洗涤塔前的节门，让产出的盐酸经转子流量计进入洗涤塔塔顶，向下喷淋以洗涤来自合成炉的氯化氢。盐酸的流量控制在100～150L/h（洗涤酸的流量视单台石墨合成炉的产量而定，以上数据是对日产25t的31%盐酸的石墨炉而言的）。

④ 密切注视氯气、氢气压力的变化，因为压力的变化会直接影响流量的配比。

⑤ 密切注视氢气纯度的变化，若氢气纯度降到90%以下，应立即停车。

⑥ 如遇突然停冷却水，应做紧急停车处理。若遇到停水，但在短时间内可恢复供水时，可不必停炉，应酌情降低氯气和氢气的流量，维持石墨炉不熄火，同时密切注意炉温、炉压的变化，待恢复正常供水后再缓慢增大氯、氢流量。在此，千万注意要交替降低氯、氢流量

并且不可以将流量降得太低，因为流量太低，氯、氢流速太小后，火焰喷不上去，会造成石英灯头温度升高，将石英灯头的石墨底座烧坏。也不可在冷却水恢复后，一下子就将氯气、氢气流量提到正常流量，因为流量提得太快，会在短时间内造成氯气或氢气过量太多，而造成危险。

三、铁合成炉、洗涤和膜式吸收法

1. 流程简述

铁合成炉、洗涤和膜式吸收法流程见图 6-3。来自电解车间氯氢处理工段的氢气经由氢气缓冲罐、阻火器、孔板流量计、止逆阀进入合成炉。原料氯气可以是从氯氢处理来的氯气，也可以是液氯的废氯，经氯气缓冲罐、孔板流量计进入合成炉。合成炉为碳钢空冷式双锥形炉，合成炉灯头为多层套管式，材质也为碳钢。从里往外数一、三、五层走氯气，二、四、六层走氢气。先将灯头中通入氢气并点燃，然后通入氯气，这样氢气在氯气中均衡燃烧生成氯化氢。500℃左右的氯化氢离开合成炉经空气冷却管冷却到 120℃，进入石墨冷却器，被冷却到 60℃，然后进入湍流板塔的塔底。31％的盐酸经转子流量计从湍流板塔顶喷淋而下，洗涤自下而上的氯化氢。被洗涤过的氯化氢再进入一个洗涤罐。该罐里盛有成品盐酸并放有很多聚丙烯小球。氯化氢在洗涤罐里以鼓泡的方式被进一步洗涤。洗涤后的氯化氢通过丝网除雾器再依次进入一级膜式吸收器、二级膜式吸收器和尾气塔，被从尾气塔顶喷淋而下的高纯水吸收，成为高纯盐酸，除一部分进入湍流板塔和洗涤罐外，大部分送入酸贮罐以备离子膜电解之用。未被吸收的废气经水喷射器抽走，通过分离罐分离后排空。

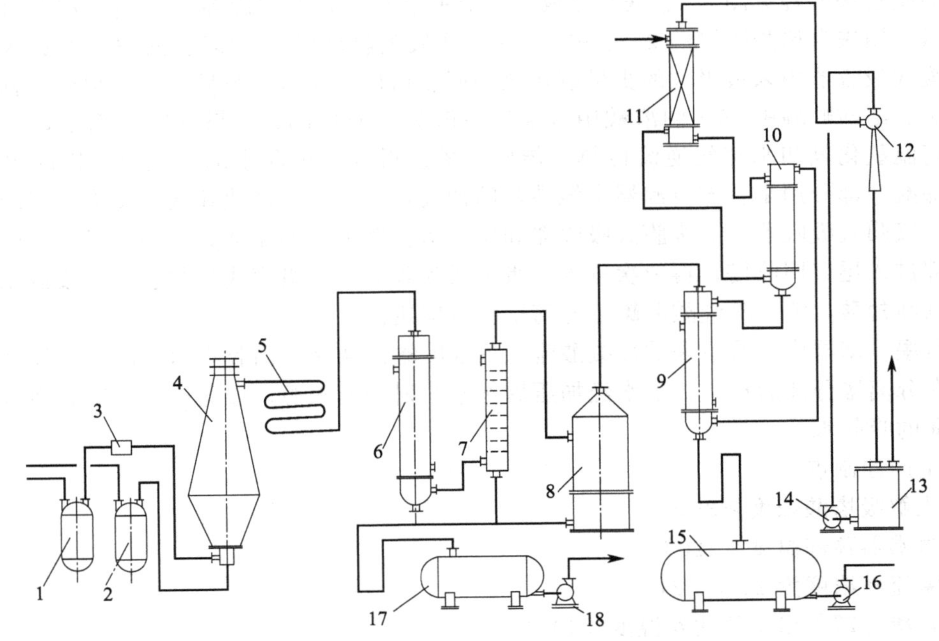

图 6-3　铁合成炉、洗涤和膜式吸收法流程图

1—氢气缓冲罐；2—氯气缓冲罐；3—阻火器；4—合成炉；5—空气冷却管；6—石墨冷却器；7—湍流板塔；8—洗涤罐；9—一级石墨膜式吸收器；10—二级石墨膜式吸收器；11—尾气塔；12—水喷射器；13—分离罐；14—循环泵；15—成品罐；16—成品酸泵；17—浓酸罐；18—浓酸泵

2. 生产控制点

① 氯气：纯度≥65％，含氢≤3％，压力 0.05～0.12MP。

② 氢气：纯度≥98％，含氧≤0.4％，压力 0.05～0.12MPa，炉压＜20kPa。

③ 炉温为450～550℃。

④ 空冷后温度为120～180℃。

⑤ 石墨冷却器后温度≤60℃。

⑥ 稀酸温度≤80℃。

⑦ 氯氢进料物质的量比为1∶1.20～1∶1.25。

⑧ 氯化氢纯度≥70%。

3. 操作要点及注意事项

① 氯氢进料配比比石墨合成炉大，也比生产工业盐酸大，氢气过量较多，这是为了防止游离氯的产生，因为即使短时间的氯气过量，也会造成铁合成炉的剧烈腐蚀，氯化氢中含氯化铁就会高，进而使成品酸含铁高。

② 由于氢气过量较多，一般采用正压操作，而不宜采用负压操作，以防止空气进入系统形成氢与氧的爆炸混合物，而造成爆炸的危险。

③ 要坚持每班更换一次洗涤罐内的洗涤酸。如果鼓泡洗涤罐内的洗涤酸更换不及时，洗涤效果就会不佳，同样会造成成品酸含铁不合格。

根据经验，用这种方法生产出的盐酸一般含铁都能达到0.2mg/L以下，但达到0.1mg/L以下较困难，这对于要求含铁小于1mg/L的离子膜来说足够了。

四、盐酸脱吸法

1. 流程简述

盐酸脱吸法流程见图6-4。铁制合成炉生成的氯化氢，经空冷器、石墨冷却器后进入膜式吸收器，用来自稀酸贮罐的20%～21%的稀盐酸吸收制成35%以上的浓盐酸送入浓酸贮罐。在膜式吸收器中未被吸收的少量氯化氢经回收塔用工业水吸收后排空，得到的稀酸流入稀酸贮罐。浓酸贮罐中35%的浓酸用酸泵送往解吸塔的顶部，从塔顶喷淋而下，与来自再沸器的高温氯化氢和水蒸气逆流传热、传质，塔顶得到含饱和水的氯化氢，塔底得到恒沸酸。恒沸酸一部分用来补充再沸器中恒沸酸的消耗，另一部分经块孔式石墨冷却器冷却后依次进入一级膜式吸收器、二级膜式吸收器和尾气塔。高纯水的流动方向则相反，经转子流量计从顶部进入尾气回收塔，再依次进入二级膜式吸收器、一级膜式吸收器，吸收氯化氢生成31%的高纯盐酸，流入高纯酸贮罐以备离子膜电解用。

在石墨冷却器中冷凝下来的冷凝酸流入浓酸贮罐。从尾气回收塔出来的废气经水喷射器抽吸，在分离罐分离后放空，下水经加压后作水喷射器的水源，如此循环一段时间后可作为工业盐酸的吸收水。

2. 生产控制点

① 入解吸塔酸浓度≥35%。

② 再沸器顶部温度＜120℃。

③ 溢流酸浓度为20%～21%。

④ 石墨冷却器出口氯化氢温度＜40℃。

⑤ 解吸塔出口气体温度为60～70℃。

⑥ 成品酸温度≤50℃。

⑦ 解吸塔出口气体压力为0.04～0.053kPa。

⑧ 成品盐酸相对密度为1.158～1.163（15℃）。

⑨ 再沸器进口蒸汽压力为0.21～0.24kPa。

3. 操作要点及注意事项

（1）解吸塔出口气体温度控制

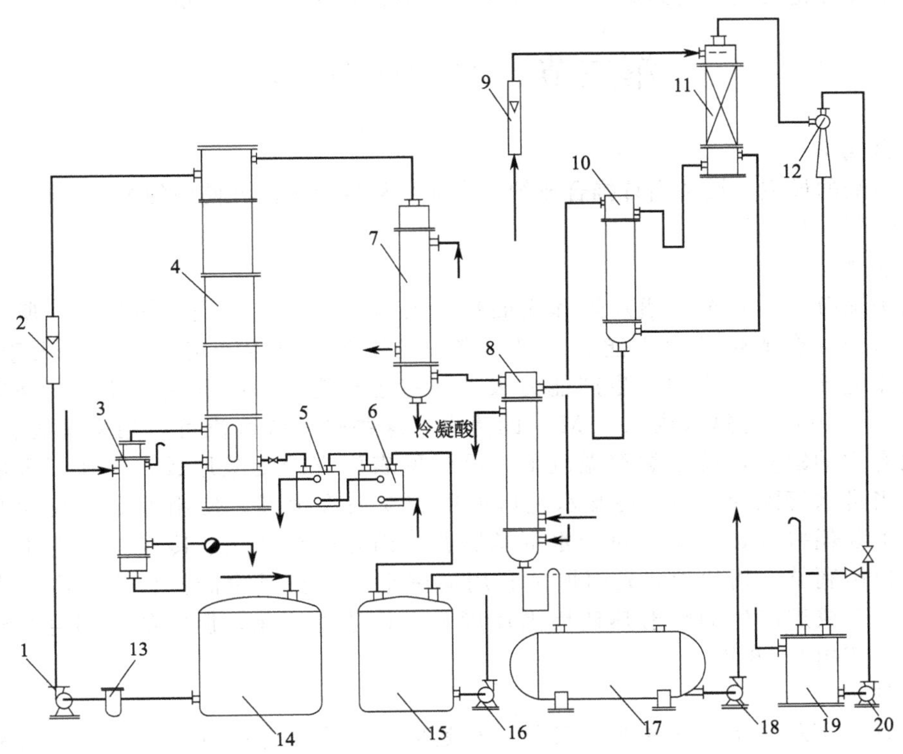

图 6-4　盐酸脱吸法流程图

1—浓酸泵；2,9—转子流量计；3—再沸器；4—解吸塔；5,6—稀酸冷却器；7—氯化氢冷却器；8—一级石墨吸收器；10—二级石墨吸收器；11—尾气塔；12—水喷射器；13—过滤器；14—浓酸贮罐；15—稀酸贮罐；16—稀酸泵；17—高纯酸贮罐；18—高纯酸泵；19—循环罐；20—循环泵

解吸塔氯化氢出口温度直接反映了解吸塔的操作状况，同时也影响氯化氢带出的水量及冷却器冷凝酸的量。当进酸浓度一定，出塔气体温度过高时，则使塔内解吸段上移，当出塔气体温度超过进塔酸的沸点时，将使部分解吸段移出塔外，这相当于降低了进塔酸的浓度，从而能耗增大。由于出塔的氯化氢是被水蒸气饱和的气体，所以其温度越高，在氯化氢冷却器中被冷凝下来的水量越大，形成的冷凝酸也就越多，氯化氢的损耗越大。同时气体的冷却显热也增多，所需冷却面积加大。当冷却器面积一定时，就会使氯化氢在夏天时温度过高，氯化氢中含水量大，从而影响高纯酸的质量。

当解吸塔气体出口温度过低时，会使解吸段下移，填料不能充分发挥作用，溢流酸浓度变高，生产能力下降。一般控制塔顶气体出口温度在70℃左右为宜。

（2）解吸塔液面控制

解吸塔液面控制是系统稳定操作的重要因素之一。液面维持在再沸器气液混合物出口附近最为适宜，如果液面高于或低于上述范围，不仅影响再沸器内稀酸的循环，降低再沸器的传热系数和生产能力，而且还会造成操作不稳定。当液面太高时，可能浸没部分填料造成解吸段上移，阻力增大；而液面太低时，可能使解吸气体从稀酸溢流口逸出。

（3）再沸器加热蒸汽压力与解吸塔喷淋量的关系

再沸器的热负荷必须与解吸塔的喷淋量相适应，从而决定了解吸塔的生产能力。实践证明，在塔的操作范围内，提高蒸汽压力和增大喷淋量有利于提高产量。

第三节　典型设备选型

一、合成炉

合成盐酸的最主要设备当首推合成炉。合成炉从目前国内外使用的炉型来看，主要分两大类——铁制炉和石墨炉。

1. 铁制炉

铁制炉又分为夹套炉、翅片炉和光面炉。因为合成氯化氢是放热反应，所以及时导走反应热可提高合成炉的生产能力。同等容积的铁制炉其生产能力夹套炉大于翅片炉，翅片炉大于光面炉。夹套炉除生产能力大外，它还有能量综合利用的功效。利用反应热可以产生80～100℃的热水或0.05MPa的蒸汽。这些热水或蒸汽可以用来采暖、洗澡等。夹套炉也有它的缺点，就是炉壁温度低，沿炉壁表面有冷凝酸形成，增加了合成炉的腐蚀，尤其当进水管配置不当，冷却水进口处很容易被腐蚀坏，使用寿命一般为2～3年。另外夹套炉要耗费大量的水，对于水资源紧张，而且热量有余、冷量不足的生产厂家来说要仔细权衡利弊。翅片炉和光面炉是利用周围空气进行风冷的。合成反应产生的热白白浪费了。合成炉产生的辐射热使周围环境及操作条件恶化。但它的使用寿命较长，一般一台炉可使用5～6年。

2. 石墨炉

石墨炉又分为二合一石墨炉和三合一石墨炉。所谓二合一石墨炉是将合成和冷却集为一体的炉子，而三合一石墨炉是将合成、冷却、吸收集为一体的炉子。一般石墨合成炉是立式圆筒形石墨设备，它由炉体、冷却装置、燃烧反应装置、安全防爆装置、吸收装置、以及物料进出口、视镜等附件组成。石墨合成炉与铁制合成炉比较，它的优点是耐腐蚀性好，使用寿命长（一般可达20年），生产效率高，制成的氯化氢含铁低等。由于石墨具有优异的导热性，炉内的燃烧反应热可迅速地传到炉壁外由冷却水带走，因而氯化氢出口的温度较低，在进入吸收器前，无需用大的冷却器冷却，又由于没有高温炉体的辐射热，改善了操作环境。除此之外，其最突出的优点是耐腐蚀，因而对进入合成炉的原料氯气和氢气的含水量无特殊要求（当然这仅是对生产普通工业盐酸而言），从电解槽来的氯气和氢气不必经过冷却和干燥处理，可直接送给石墨炉去合成盐酸。这对于仅有合成盐酸作为耗氯产品的小厂来说可大大简化工艺，减少占地面积。石墨炉的缺点是制造较铁制炉复杂，检修不如铁制炉方便，工艺操作要求严格，一次投资费用大，运输和安装要仔细，否则容易损坏等。

(1) 二合一的石墨合成炉

根据其冷却方式的不同可分为浸没式和喷淋式两种。

① 浸没式合成炉。浸没式合成炉的整个石墨炉体完全被一个钢制的冷却水套套住，故又称为水套式，见图6-5。冷却水自水套下部进入，从上部出口排出。操作时水套中充满冷却水，整个石墨炉体浸没在水中。炉体是圆筒形半透性石墨制成，冷却水可以微渗进炉内，润湿炉内表面，所以炉壁温度低，一般不会超过100℃。其优点是：操作环境好，设备周围没有汽化的水雾、不潮湿；操作安全可靠，如遇突然停水，由于炉体浸没在水中，炉壁温度在较长时间内维持在允许温度之下，而不至于急骤升高损坏设备；当生产能力变化时，其适应性较强；其热能可综合利用，如可利用水套中的热水作液氯包装的加热用。

② 喷淋式合成炉。喷淋式合成炉系炉顶盖上装设冷却水分布器，布水器周边有锯齿形溢流堰，见图 6-6。冷却水由炉顶均匀分布到炉子外表面，成水膜流下，炉子的中部设有硬聚氯乙烯制的再分布器，向外飞溅的冷却水重新汇集到炉外壁上，底部有钢衬橡胶的集水槽。为了防止喷淋下来的冷却水溅出，炉子外围还装有用硬聚氯乙烯制成的敞口式的圆筒形防护罩，它与集水槽内径相同并连为一体。这种炉型的特点是：传热效率高，炉外壁的冷却水膜，由上而下以较高的速度流动，液膜不断更新，强化传热，而且有一部分水被汽化，是相变化的传热，给热系数大，因而用水量可较浸没式少；节省钢材；用水量少，但环境不好，周围潮湿；生产操作要求严格，如遇系统停冷却水，必须立即停车，否则炉温急剧上升，易使炉体烧坏。

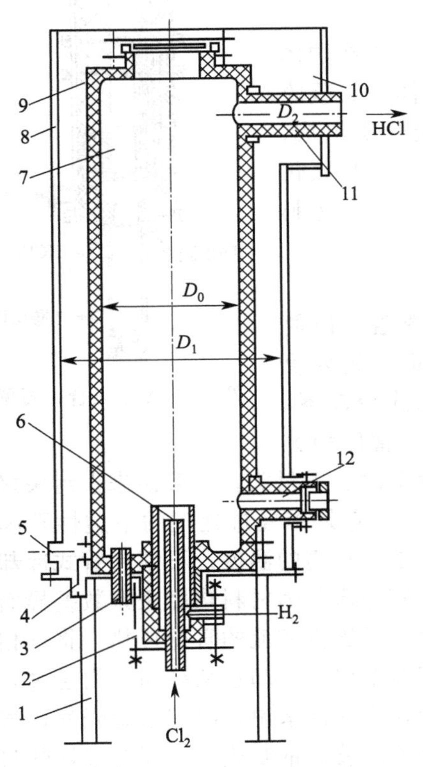

图 6-5　浸没式石墨合成炉示意

1—支架；2—灯头座；3—排酸孔；4—排污口；5—冷却水出口；6—石英灯头；7—石墨炉体；8—钢壳体；9—防爆膜；10—U 形槽；11—氯化氢出口；12—视镜孔

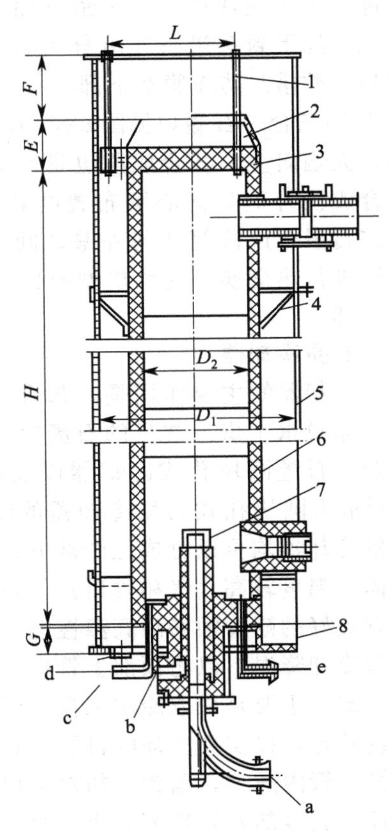

图 6-6　喷淋式石墨合成炉示意

1—防爆盖滑杆；2—冷却水喷淋装置；3—安全防爆盖；4—硬聚氯乙烯防护壳体；6—炉体；7—石英燃烧器；8—冷却水收集槽；a—氯气入口；b—氢气入口；c—保护水入口；d—冷却水入口；e—稀盐酸入口

(2) 三合一石墨炉

将合成、冷却、吸收三个单元操作集为一体，因而结构较之二合一石墨炉更为紧凑，占地面积小，工艺流程短，加上石墨具有优良的耐盐酸腐蚀性，生产出的盐酸质量高而日益受到广大用户的青睐。根据三合一炉灯头设置位置的不同，其可分为 A 型和 B 型两大类。

① A 型三合一石墨炉见图 6-7。A 型炉灯头安装在炉的顶部，喷出的火焰方向朝下。合

成段为圆筒状，由酚醛浸渍的不透性石墨制成，外面有夹套，用冷却水冷却。炉顶有一环形稀酸分配槽，其内径与合成段筒体内径相同。稀酸从分配槽溢流出，沿内壁往下流，一方面起到冷却炉壁的作用，另一方面与氯化氢接触形成稍浓一点的稀酸作为吸收段的吸收剂。与合成段相连的是吸收段，它一般由6块相同的圆块孔式石墨元件组成。轴向孔为吸收通道，径向孔为冷却水通道。为了强化吸收效果，增大流体扰动程度，每个块体的轴向孔首末端均被加工成喇叭口状，而且在每个块体上表面加工有径向和环形沟槽，经过上面一段吸收的物料在此重新分配进入下一块块体，直至最下面一块块体。最后，未被吸收的氯化氢经下封头进行气液分离后去尾气塔，成品酸经液封流入成品酸贮槽。防爆膜在下部。

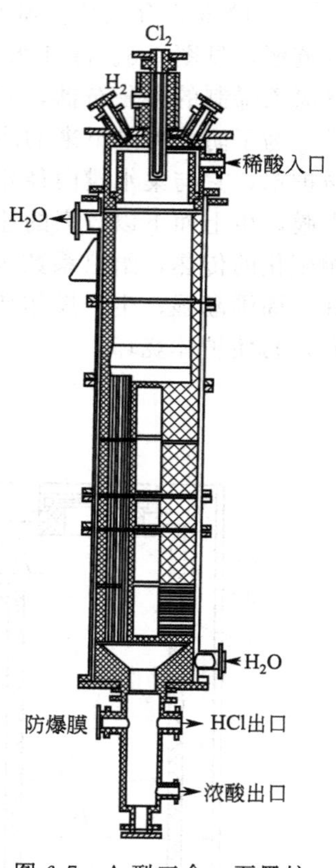

图 6-7 A型三合一石墨炉

② B型三合一石墨炉见图6-8。B型炉的特点是灯头在炉体的下部，火焰向上。其合成段也是不透性石墨圆筒体，其吸收段由在合成段外面呈同心圆布置的若干不透性石墨管所组成，冷却水在石墨合成段筒体与外壁之间的石墨管间流动，与氯化氢和盐酸进行热交换。这种炉型要比A型炉粗大得多。防爆膜在炉体上部。

二、石墨冷却器

石墨冷却器的主要作用是冷却合成气氯化氢至常温，以便制酸或冷冻脱水干燥。常见的石墨冷却器有三类，即石墨列管式冷却器、石墨圆块孔式冷却器以及石墨矩形块孔式冷却器。图6-9所示为圆块孔式石墨冷却器的结构示意图。不管何种类型，石墨冷却器均可以分成三个部分，即上封头、冷却段、下封头。一般说来上封头接触氯化氢气体，温度较高（气相进口）。冷却器是整个砌块，它是用经过处理的不透性石墨制成的，具有极好的耐腐蚀和耐高温性能，因此完全能够承受较高的温度。石墨列管式冷却器则需用水箱冷却降温，以防顶部上管板与列管交接处的胶黏部分因材料热膨胀系数差异而胀裂损坏。冷却段主要是采取冷却水自下而上、气体自上而下进行逆流的管壁传热，将气相中所带的热量移走，以实现冷却的目的。对于块孔式冷却器来说，冷却水从径向管内通过，而气相则由纵向管内通过，因此冷却效果很好。对于列管式冷却器来说，冷却水走壳程，气相只能走管程，其冷却效果就不如块孔式。下封头由钢衬胶或玻璃钢制成，保证有极好的防腐蚀性能。

圆块孔式石墨冷却器用酚醛树脂浸渍石墨制作。

技术特性：

① 许用温度－20～165℃；

② 许用压力纵向为0.4MPa，径向为0.4～0.6MPa，与石墨列管式冷却器相比，圆块孔式石墨冷却器更能经受压力冲击（列管式许用压力仅0.2MPa），更能耐高温而不损坏。

冷却水压力过高会使石墨列管断裂，使冷却水涌入气相，若出水不畅还会使石墨冷却器气相出口封堵造成合成炉熄火；反过来，一旦发生冷却水来源中断，列管极容易烧坏。而圆块孔式可以承受短时间的断水，一旦恢复供水，可照常正作。

三、吸收塔

目前在我国合成盐酸生产厂家普遍采用的吸收器是石墨制降膜吸收塔。降膜式吸收塔是

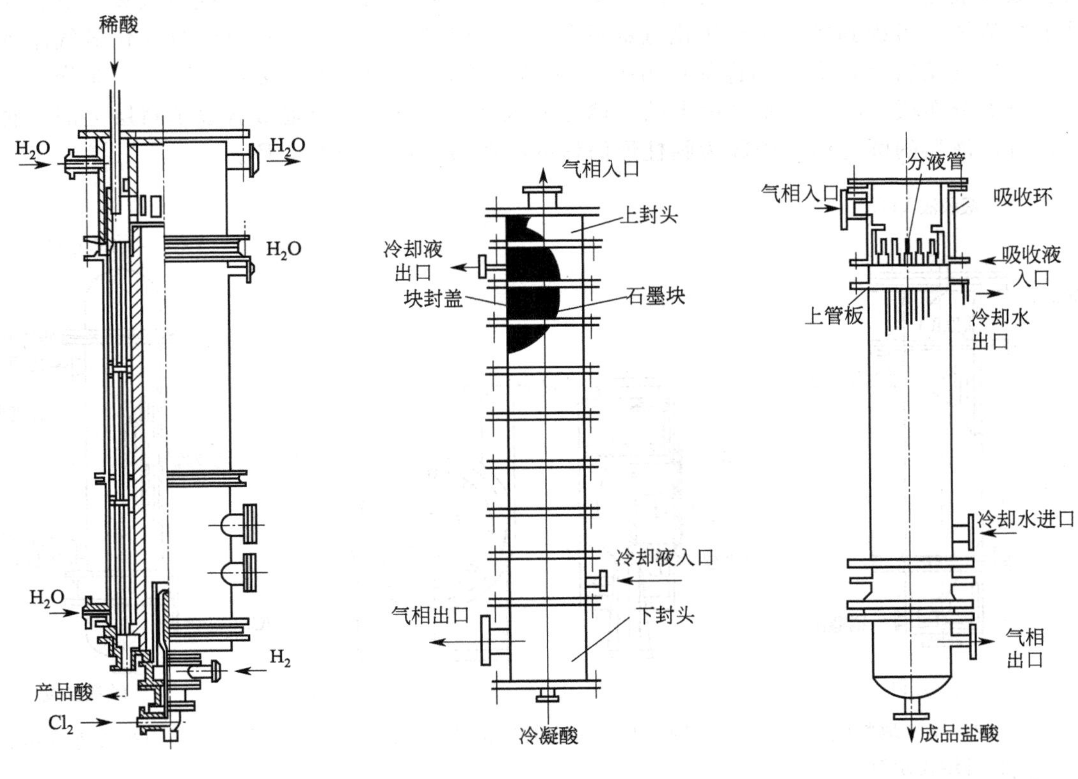

图 6-8　B型三合一石墨炉

图 6-9　圆块孔式石墨冷却器结构示意

图 6-10　降膜式吸收塔结构示意

由不透性石墨制作的，是取代绝热填料吸收塔的换代升级设备。其基本结构与一般浮头式列管冷却器相似，详见图 6-10，其作用在于将经过冷却至常温的氯化氢气体用水或稀盐酸吸收，成为一定浓度的合格的商品盐酸。降膜式吸收塔之所以优于绝热式填料吸收塔，是因为氯化氢气体溶于水所释放的溶解热可以经过石墨管壁传给冷却水带走，因而吸收温度较低，吸收效率较高，一般可以过到 85%～90%，甚至可达 95%以上，而出酸浓度相应较高。而填料塔的吸收效率仅 60%～70%。降膜式吸收塔同样可分成三部分。

上封头是个圆柱形的衬胶筒体，在上管板的每根管端设置有吸收液的分配器，在分配器内，由尾气吸收塔来的吸收液经过环形的分布环及分配管再分配。当进入处于同一水平面的分液管 V 形切口时，吸收液呈螺旋线状的自上而下的液膜（又称降膜），分液管下端是螺纹，连接在石墨制的螺母上。降液管构造详见图 6-11。其下端螺纹可以将每根分液管调整到同一水平高度，以保证各分配管逐根调整，使其吸收液流量均匀。上、下封头材料为钢衬胶，而中间筒体材料为碳钢，此吸收塔的安装要求是很高的，塔体必须垂直，误差小于千分之二。

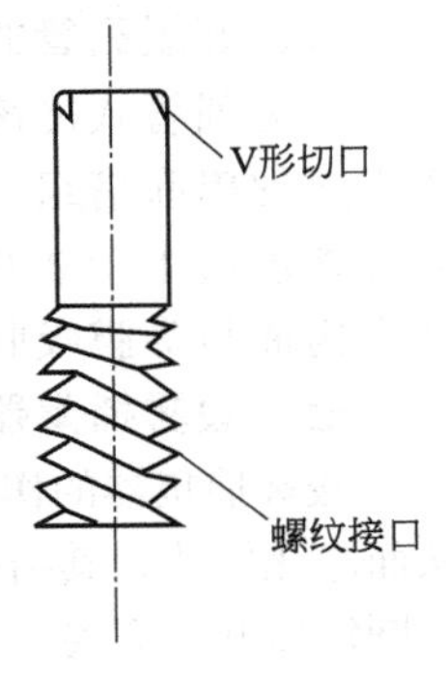

图 6-11　降液管结构示意

技术特性：

① 许用温度，气体进口温度不得超过 250℃；

② 许用压力，壳程 0.3MPa，管程 0.1MPa。

四、尾气吸收塔

尾气吸收塔的作用在于将膜式吸收塔未吸收的氯化氢气体再次吸收，使气相成为合格尾气。吸收液是一次水或脱吸后的稀酸。常见的尾气吸收塔为绝热填料塔或膜式吸收塔、大筛孔的穿流塔。考虑到尾气中含氯化氢量不多，采用绝热吸收是可以将这部分氯化氢气体吸收掉的。尾气填料吸收塔结构详见图 6-12。从结构看，尾气吸收塔也可分为三个部分。上部为吸收液分布段，将同一水平面上的玻璃管插入橡皮塞子中，直通吸收段填料层上部；底部是带有挡液器的圆柱体；中部为圆柱形筒体的吸收段，内填充有瓷环。

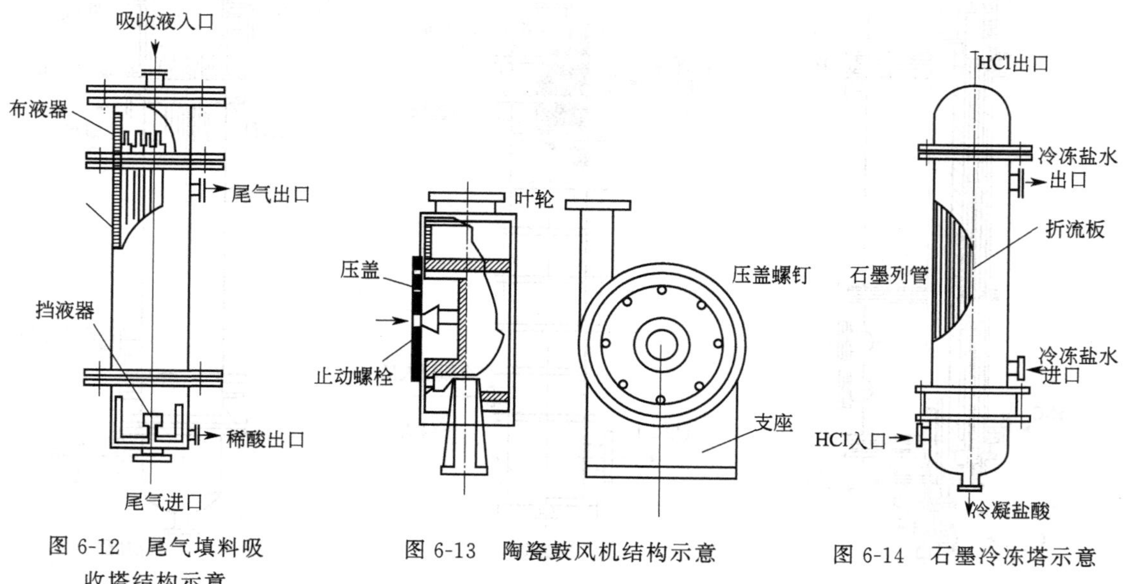

图 6-12　尾气填料吸收塔结构示意　　图 6-13　陶瓷鼓风机结构示意　　图 6-14　石墨冷冻塔示意

五、陶瓷尾气鼓风机

尾气鼓风机的作用在于将来自尾气吸收塔的合格尾气进行抽吸排空。水资源丰富的地区可采用水喷射器来代替尾气鼓风机。陶瓷制的尾气鼓风机耐腐蚀、运行稳定，是较为可靠的鼓风抽吸设备。在其进口配有调节蝶阀或闸板以调节风量，另外还可以在进出口管间装上回流管，其结构详见图 6-13 所示。其外壳为钢制，内衬陶瓷，叶轮将过去的陶瓷改为玻璃钢。前端有塑料压盖，并由 8 颗压盖螺钉固定；机身置于支座上，用地脚螺栓固定住；叶轮用止动螺栓固定在悬臂梁上。

六、石墨列管式冷冻塔

石墨列管式冷冻塔位于圆块孔式冷却器及缓冲器之后，是由两组各三个石墨列管式冷冻塔组成的串联塔组。其作用是用－25℃的冷冻氯化钙溶液将氯化氢气体进行冷冻脱水，使其成为含水量小于 0.06％的干燥氯化氢气体，便于输送。石墨冷冻塔的结构详见图 6-14。其基本构造与降膜吸收塔相同，所不同的是其顶部分布板上并没有分液管。

七、酸雾捕集器

酸雾捕集器的作用是以氟硅油浸渍处理的憎水性玻璃纤维把气流中的酸雾截留、捕集下来，从而净化气体，其结构详见图 6-15。整个容器也可分为三个部分。上部为圆筒形锥体端盖；中间为圆筒体并带有夹套通冷冻盐水，内部是若干个玻璃纤维滤筒；下端是圆锥体，有个带有 45°开口的气体导入管及底部出酸口。气流自下锥体进入，经滤筒成为气溶胶，夹带的酸雾被玻璃纤维捕集、截留下来，净化后的气体由滤筒上部引出。整个容器可用钢衬胶及塑料制成。

八、纳氏泵

纳氏泵（Nash pump）是主要的压缩、输送气体的设备。其作用是将干燥脱水后的 HCl 气体进行压缩、输送至氯乙烯合成，排压为 0.0～0.1MPa，其构造详见图 6-16。

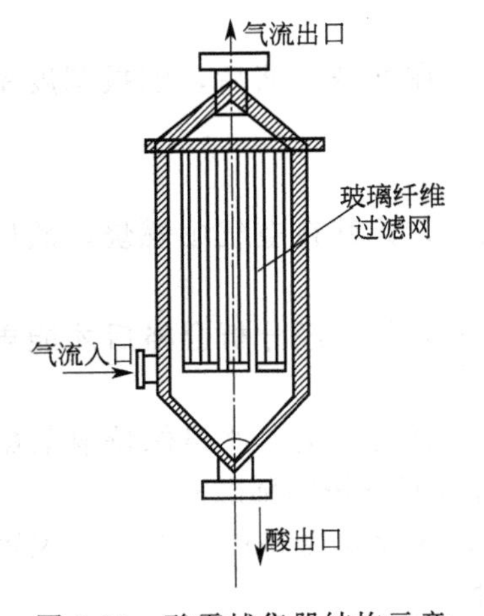

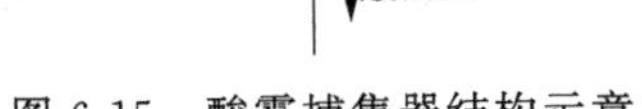

图 6-15　酸雾捕集器结构示意

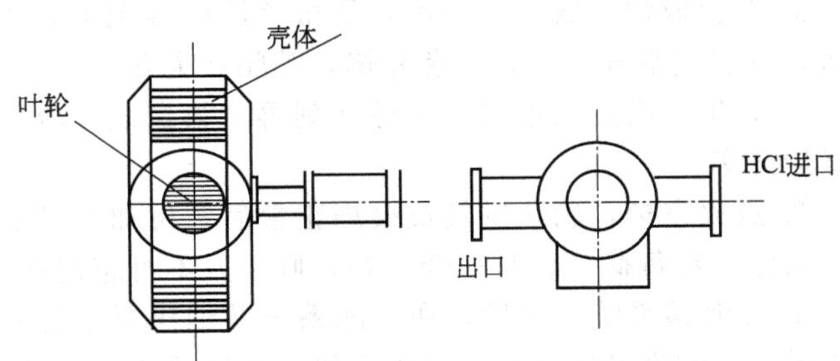

图 6-16　YLI-750 型纳氏泵结构示意

纳氏泵分为三个部分：

① 内壁呈椭圆形的壳体；

② 带有爪形的转子；

③ 两端轴封的端盖。

三部分全是浇铸件。纳氏泵运行时借助浓硫酸作为液体密封、密封，利用运转时所产生的离心力使气体受到压缩。叶轮每旋转一周，吸气、排气各两次，从而确保气体不间断输送。

第四节　氯化氢生产过程控制

一、正常生产控制

① 严格控制氯化氢合成火焰颜色为青白色。严格控制氯氢配比在正常操作控制范围，防止游离氯产生。

② 流量。根据生产负载的需要和原料气压力情况经常调节氯气、氢气流量。

③ 按时分析。按时分析氯气、氢气及氯化氢纯度，稀酸、浓酸的浓度，尾气中的氯化氢，含氧及含氢。

④ 根据各种温度、压力及时调节。调节冷却上水、冷冻盐水流量以适应不同生产负载的需要。

⑤ 每小时准确记录温度、压力、流量以及各种分析数据，认真定时、定点、定路线进行巡回检查。

二、正常开停车

1. 开车前的准备工作

① 按流程顺序，认真检查氯气、氢气、氯化氢、盐酸、冷却水、冷冻盐水等各系统的管道、阀门、各设备、泵、风机等是否完好，确认其完好可用。尤其是燃烧器、防爆膜一定要完好。同时保证流程畅通。

② 确认各电气、仪表、流量计、温度计、压力计等全处于完好状态。

③ 用空气或氮气冲洗设备管道，在停车后不论短期还是长期，必须在开车前将剩气置换干净以保证安全。可开启水流泵、鼓风机或防止氯化氢外逸装置，抽拉干净。

④ 分析氢气、氯气纯度及氯内含氢是否符合标准要求。特别是在全厂停车后进行开车，分析尤为重要。若在正常生产过程中开停炉，只需将剩气抽拉干净即可。当有关气体达标

后，可准备点炉。

⑤ 不论是合成法，还是脱吸法制备氯化氢，总是先制酸。在准备就绪后，汇报调度室和值班主任请求开车。

2. 开车操作

① 在合成炉（或三合一炉）呈微负压的情况下，先点氢气，让其在空气中燃烧，然后通氯，以氯代空气，呈青白色光焰，关闭点火孔。

② 如果一次点火不成功切忌立刻再点第二次。应抽拉炉内剩气，经分析合格后才能再次点炉开车。

③ 点火完毕，确认供气及火焰正常后，再加大进炉氢气、氯气流量，严格保持氯氢配比，确保一定负荷。若是三合一炉，则千万不可忘记在点炉时打开进炉的稀酸阀。

④ 在制酸系统正常后，在冷冻系统及纳氏泵系统具备输送氯化氢条件的情况下，关闭制酸系统，改送冷冻干燥，成为合格氯化氢后压送至氯乙烯合成。

⑤ 在盐酸脱吸工艺中，待制酸系统正常后，在具备脱吸条件的情况下，将浓酸送往解吸塔进行脱吸，然后经处理为合格氯化氢再送往氯乙烯合成装置。

3. 停车操作

① 系统停车，原则上“先断氢、后断氯”，但后断氯容易发生余氯过量外泄污染环境。而反过来先断氯、后断氢，则容易发生富氢爆炸，使防爆膜爆破，均不安全，因而一般几乎是两种气源同时切断。

② 在炉子火焰熄灭后，水流泵或鼓风机继续抽拉炉内剩气。停炉立刻打开点火孔补充空气，对炉外点火来说，则不能立即拔掉氯气管去补充空气，否则的话，容易发生防爆膜爆破（突然补充的空气与炉内剩余氢气形成爆炸所致）。另外，急冷、急热时，石英燃烧器显然无法承受热胀冷缩作用，容易碎裂。

③ 停炉后，抽拉一段时间，然后补充空气，直至抽完剩气。若停炉时间较长，对于三合一炉，停下炉子后可停送稀酸；若时间不长（即可能又会点炉的），可以不停泵，稀酸进行循环。

④ 对于下列情况之一，需实施设备停车停电：冷却液或吸收液少于正常量、原料气体突然燃爆、严重的设备泄漏。

第五节　氯化氢安全生产技术

一、常见事故及预防

1. 合成炉火焰变色

产生原因：合成炉正常火焰颜色为青白色，除此之外均为不正常的火焰，即进炉的氯气、氢气配比不当造成，若火焰发黄、发红，则说明进炉氯气量增多。

预防措施：严格控制氯气、氢气配比。

2. 合成炉看火视镜发黑、看不清

产生原因：看火视镜发黑、看不清会严重影响操作者的视线，乃至影响进炉氯气、氢气配比的控制。造成视镜看不清原因是氢气长时间过量或视镜处漏入空气。

预防措施：适度减少进炉氢气量或补漏。

3. 合成炉火焰微红、摆动不稳定

产生原因：火焰颜色突然微红（非经过黄色转红色）、火焰晃动说明输氢有问题，氢气纯度突然降低，这是十分危险的，时间一长，炉顶防爆膜爆破不可避免。

预防措施：立即通知电解检查，若一时不能处理好，只能紧急停车。

4. 合成炉出口压力渐增或突然增高

产生原因：

① 进炉的氯气、氢气量增加，这会使合成炉出口压力升高，因为氯化氢流量增加，这是正常的炉压上升，直至满负荷生产，炉压达到极大值；

② 出酸系统不畅，比如氯化氢冷却器出酸（冷凝盐酸）不畅，首先可能是冷凝酸阀未开，其次可能是出酸口被异物堵塞，又比如膜式吸收塔出酸阀未开，或塔堰处有阻力（气体不能吸收掉，阻力增加）；

③ 尾气鼓风机故障或出口处积水；

④ 空气冷却导管或石墨块式冷却器顶部有二氯化铁或氯化铁阻塞；

⑤ 石墨冷冻塔盐水温度过低，冷凝酸结冰，造成氯化氢气体通过困难；

⑥ 纳氏泵跳闸或泵抽气不足，使炉压突然上升；

⑦ 合成炉去氯化氢冷冻总管结酸。

一般来说，炉子出口压力突然增高危险较大，甚至会造成炉子突然火焰熄灭，防爆膜爆破。对操作者来说，往往来不及调节流量炉火就熄灭了，具有较大的突发性，所以需要高度重视。

预防措施：

① 迅速清理出酸系统，确保其畅通，若冷却器或吸收塔冷却水漏入气体的话，排液会增加，而且冷却水吸收了氯化氢气体，因而排液温度升高，确保出酸畅通，更为重要；

② 紧急减小进炉的氯气、氢气流量，以小火维持，迅速排除鼓风机故障或积液；

③ 清除空气冷却导管及冷却器顶部的铁氯化物；

④ 冷冻盐水温度升高；

⑤ 调开纳氏泵，增加泵的抽送气量或紧急减少进合成炉的气量；

⑥ 放掉总管中的冷凝积酸；

⑦ 最为重要的是提高操作者的技术水平，提高应变能力，一旦发现炉压突然上升，立即紧急减量，以争得处理故障的时间。

5. 氯气压力突然升高

产生原因：主要是氯气透平机出口管网氯气不平衡或液氯尾气夹带液体氯冲出，使尾气缓冲器结霜，0℃的 1kg 液氯可以汽化成 390L 氯气，使氯气的体积流量一下子增加了许多，瞬间使各台合成炉氯气进炉量骤增，使火焰颜色一下子发红，严重时压熄炉子。

预防措施：

① 液氯尾气阀门不能开启过大，否则易在尾气中夹带液氯；

② 需经常检查原料氯气稳压装置是否失灵；

③ 通知调度或值班主任紧急降低电解槽负荷；

④ 紧急减少进炉氯气量，以小火维持生产，等氯压降低后，再增加进炉氯气。

6. 点炉时，炉子发生爆鸣

产生原因：炉子点火时发生爆鸣，是炉子内有剩余氢气所致，这很可能是由于进炉的氢气阀泄漏（更可能未关）。这是相当危险的，炉内有氢，一旦遇火就会发生爆炸。

预防措施：在点炉前，认真检查进氢阀门是否关严，关不严的阀门进行更换，也可以分析炉内含氢量。

7. 氯化氢纯度不高

产生原因：

① 氢气过量较多，这是氯氢配比未控制好的缘故；

② 原料氯气纯度低，这是因为管网系统（尤其是电解槽及其出口有空气漏入）有泄漏，或液氯尾气混入原氯，氯化氢纯度低，造成氯乙烯合成得率降低。

预防措施：

① 增强操作者的责任感，认真控制好氯氢配比，提高纯度；

② 提高氯气纯度，使合成得率提高。

8. 盐酸浓度不合格

合成盐酸浓度通常应保持在31%以上，但浓度有时也会低于31%。

产生原因：

① 吸收水加得太多，这是操作不当造成的，吸收水加得太多会使盐酸浓度降低，从而进吸收塔的稀酸浓度也太低（从稀酸温度低可以看出，对于绝热吸收来说，此温度高，表示稀酸浓度高）；

② 冷却塔或吸收塔冷却水进入气体（发生石墨管泄漏），冲淡了成品浓度；

③ 膜式吸收塔分液管根部有裂缝，使吸收水走短路，而不是在一个水平面上进分液管，分液不均匀，使气体走短路，致使浓度不合格，另外分液管不水平，也会发生上述现象；

④ 吸收水温度较高或冷却水温度较高，对于尾部采用绝热吸收方式来说，吸收水温度较高，氯化氢在水中的溶解度就小，而进入膜式塔中的稀酸温度就更高，这对吸收传质是不利的；

⑤ 尾气塔的气相进口挡液器破裂，造成稀酸直接经进气管到膜式塔下封头，而不经吸收就排出膜式塔，使浓度很低。

预防措施：

① 严格控制稀酸温度，降低吸收水流量；

② 处理石墨管泄漏；

③ 分液管重新粘接，校正水平；

④ 降低吸收水温度；

⑤ 检修挡液器。

9. 尾气排空冒白烟

产生原因：

① 吸收量太少，造成部分氯化氢气体未经吸收就排空；

② 膜式吸收塔吸收效果差，要检查分液管；

③ 炉子流量增大，而吸收水未及时跟上；

④ 尾气塔分液盘布水不匀，使部分气体走短路。

预防措施：

① 增加吸收水量；

② 检查膜式吸收塔分液管；

③ 尾气塔分液盘检查，校正水平。

10. 合成炉防爆膜爆破

产生原因：

① 停炉时爆破，炉内剩余氢气较多，未置换掉；

③ 生产过程中爆破，主要是防爆膜使用时间长，或炉压突然升高，气体倒压所致；

③ 点炉时爆破，主要是进炉阀漏入氢气，炉内含氢达到爆炸极限。

预防措施：

① 停炉时，氯、氢一起切断，切勿先断氯、后断氢，并及时用风机抽空；

② 定期更换防爆膜，发生倒压及时减少进炉氯气、氢气量；

③ 点炉前认真检查氢系统阀门，发现泄漏及时更换。

11. 水冷却合成炉漏水

产生原因：水冷却合成炉发生漏水，主要是泄漏处受到高温湿氯化氢腐蚀，主要原因是氢气中含水量较多，炉温控制过低，一般在108.64℃以下，腐蚀加剧。

预防措施：

① 氢气脱水干燥；

② 炉温最低处控制在108.64℃以上。

12. 石墨冷冻塔冷凝酸增多

产生原因：石墨冷冻塔内石墨管断裂，盐水进入冷凝酸，使之增多。

预防措施：停车、停送盐水、查漏、堵漏。

13. 氯化氢含水分偏高

必须严格按照操作规程来做好开车的准备工作，尤其是要检查进炉系统的氯气、氢气阀门、旋塞是否严闭。

在点火作业前，一定要取合成炉内气体样品分析，分析合格后，才能点火。

产生原因：

① 盐水温度控制太高；

② 酸雾捕集器氟玻璃棉失效。

预防措施：

① 降低盐水温度；

② 更换新的玻璃棉。

14. 纳氏泵故障

(1) 纳氏泵漏酸漏气

产生原因：泵出口压力过高，机械密封断酸或端面粗糙拉毛。

预防措施：限压控制，不让泵出口压力超过额定压力；调新泵并调节酸量，更换端面。

(2) 纳氏泵壳或连轴结发热

产生原因：酸循环量少，连轴结太紧或不正，泵酸浓度太低，泵质量差。

预防措施：加大酸循环量，校正或放松连轴结，更换泵酸，换泵。

(3) 氯化氢含氧过高

产生原因：纳氏泵进口管路有空气抽入，纳氏泵负压过高，泵连轴结漏气。

预防措施：查漏，堵漏，开大回流，降低负压，换新泵。

二、生产操作过程中的安全要求

1. 开停车的安全要求

合成炉在开停车时，氢气管路均需用氮气置换。氯气、氢气等原料气分析合格。一次点火不成功，不允许继续点炉，应抽拉剩气后再点。

停车时，一定要防止因氢气过量发生爆炸。遵循“先断氢、后断氯”的规定，力求同时切断气源。停炉后不能立刻打开炉门置换空气，抽拉剩气后才能打开它。

2. 操作安全要求

① 定期检查、更换防爆膜，确保防爆有效。

② 氢气阻火器定期检查，确保阻火有效。

③ 加强中间控制，对氯化氢纯度、含氢、含氧、含游离氯定时分析，及时掌握生产

工况。

④ 定时、定点、定巡回路线进行巡回检查，可以随时发现生产过程的故障。

⑤ 设备检修一定要办好动火手续，有专人监护，有可靠的防护措施。拆管道、设备时一定要抽放掉剩气、剩酸，穿戴好必要的防护用品。拆卸法兰螺栓要遵循下列原则：先拆卸远离人体的螺栓，后拆卸靠近人体的螺栓；先拆卸下面的螺栓，后拆上面螺栓。总之，要有自我保护意识。

三、工业卫生及环保

1. 作业人员的防护措施

在氯化氢制备工艺过程中，作业人员接触的都是有毒、有害、有强腐蚀性的物料，必须购置劳动防护用品及采取相应措施。工作服、鞋、帽应定时发放，防腐手套、防护眼镜、防护面罩、防毒面具等均不可少。自动冲洗淋浴装置也应配备齐全。自动尾气及事故气体抽吸装置也应安装，以适应日益严格的环保要求。

各种防护药具用品（冲眼漏斗等）及防护药品（解氯药水、止咳糖浆及护肤用品等），也应放在作业现场固定位置上。工作场所应有良好的通风、透光、照明设施。作业人员应有保健食品，每天补充营养，定期做健康检查及定期安排休养。

2. 作业人员自我保健

作业人员长期接触有害物质，特别是在超过允许浓度的环境下作业，更应有自我保健意识和自我保健知识。

（1）严格遵守操作安全规程

作业人员都不喜欢在污染的环境下操作。而严格遵守操作安全规程是消除泄漏和消除环境污染的最好自我保健意识的体现。若遵守操作安全规程，即使工序处于异常控制状态之下，也不会发生泄漏。另外，一旦发现泄漏便及时堵漏，这样工作环境就可以大大改善，使作业人员处于良好的环境之中。

（2）急救及救护

氯气、氯化氢等一旦泄漏外溢，它能强烈刺激眼睛黏膜、上呼吸道、下呼吸道及肺部，造成人体中毒。一般空气中氯气浓度达到 90.6mg/m^3 时可引起急剧咳嗽，浓度达到 2500mg/m^3 时即可置人于死地（详见表 6-5）。

表 6-5 氯气中毒影响

氯气浓度/(mg/m^3)	吸入后中毒症状
1	可以辨出氯气臭味，长时间在其中停留能引起中毒
3	较长时间勉强能忍受的限度
10	感到氯气臭味，约可忍受 0.5～1h，但眼睛、鼻子均受刺激
40～80	因咽喉受刺激而发生咳嗽，超过 0.5～1h 即发生生命危险
100～150	经 0.5～1h 或一定时间后死亡
2500	立即死亡

发生氯气或氯化氢气体外溢，现场操作人员应屏住呼吸迅速带上防毒面具去处理故障，非工作人员应迅速撤往上风向。出现中毒应立即抬往上风向，给中毒者做人工呼吸或送往医院输氧急救。发生有毒气体外溢时，至关重要的是切断气源。若操作者全部离开现场不去处理，则危害更大。

在酸溅在皮肤、眼睛上时，应立即用大量清水冲洗（可在自动淋浴器下冲洗），千万不能停，并立即送往医院治疗。

3. 增强环保意识，减少污染源

随着环保法规的颁布，企业要树立不能让有害物质危害他人的意识，增强环保意识才是治理环境污染的根本。要控制有害物质，治理三废，减少乃至消灭污染源是关键。这可以从工艺过程的合理性、设备的完好可靠性、作业者中间操作控制的责任性等方面加强管理。一般氯气在空气中最高允许浓度应在 $1mg/m^3$ 以下，氯化氢最高允许浓度应在 $15mg/m^3$ 以下。所有设备、管道应密闭无泄漏点，定期进行设备大修，把泄漏消灭在萌芽状态。结合生产实际设置应急处理装置与措施，把污染控制在最低点，在许可范围之内。

第七章　乙炔生产

通过本章节的学习，要了解乙炔生产原料和产品的性质；掌握乙炔的生产方法及生产特点、常见事故原因及处理方法；熟悉乙炔生产中主要设备的结构和特点、生产工艺流程及操作要点。

第一节　乙炔生产工艺路线分析

一、原料、产品的性质和用途

1. 乙炔的性质和用途

乙炔是炔烃中最简单的一种化合物，其性质非常活泼，容易进行加成和聚合以及其他化学反应，因此乙炔在有机合成中得到了广泛的应用，现在已成为化学工业中的重要原料之一。

（1）物理性质

乙炔在常温常压下是比空气略轻、溶于水和有机溶剂的无色气体，工业乙炔因含有杂质（特别是磷化氢、硫化氢）而带有刺激性臭味。乙炔分子式是 C_2H_2，相对分子质量是 26.038，结构式是 $H—C\equiv C—H$ ，乙炔的沸点是－83.6℃，凝固点是－85℃。

（2）化学性质

由于乙炔分子中的三键键能很低，使乙炔气体很活泼，它可以和氢气、氯气、氯化氢、水等进行加成反应，还能在适当条件下发生二聚、三聚和四聚作用。此外，更主要的是乙炔还能进行乙烯基化和乙炔基化反应。

（3）用途

用于合成多种塑料、树脂、合成橡胶、合成纤维及溶剂，应用范围很广，工业上还用于烧焊，故乙炔在国民经济中占很重要的地位。

在氯碱企业中主要用于合成氯乙烯制造聚氯乙烯。

2. 原料电石的性质

电石是由碳（焦炭等碳素材料）和氧化钙（生石灰）在电阻电弧炉内于高温条件下化合而成的，所以它的化学名称为碳化钙：

$$CaO+3C \longrightarrow CaC_2+CO-465.99kJ/mol\ (111.3kcal/mol)$$

化学纯的碳化钙几乎是无色透明的结晶体，通常说的电石是指工业碳化钙，即除了含大部分碳化钙外，还有少量其他杂质。电石的颜色则随所含碳化钙纯度的不同而不同，有灰色、棕黄色和黑色的。电石还能导电，其导电性与温度和电石中的钙纯度有关，纯度越高导电性能越好。大多数工业碳化钙具有以下组成：CaC_2 75%～83%；CaO 7%～14%；C 0.4%～3%；SiO_2，FeSi，SiC 0.6%～3%；Fe_2O_3 0.2%～3%；CaS 0.2%～2%；$CaSO_4$ 0.2%～0.4%；$CaCN_2$ 0.2%～1%；Al，Al_4C_3，Al_2O_3 1.5%～4%；MgO_2，Ca，Ca_3N_2，Ca_3P_2，Ca_3As_2 少量。

电石的主要物化数据：相对分子质量 64.10，纯度 80%的碳化钙熔点为 2000℃。相对密度：纯度 80%的碳化钙为 2.324。堆积密度：粒度＜80mm 的为 1.1～1.3t/m^3。

二、乙炔的生产原理

1. 反应机理

电石与水作用生成乙炔气并放出大量热量，电石中有多种杂质，也与水反应，生成相应的杂质气体。

主要反应：

$$CaC_2 + 2H_2O \longrightarrow Ca(OH)_2 \downarrow + C_2H_2 \uparrow \quad \Delta H = -130\text{kJ/mol}\ (31\text{kcal/mol})$$

副反应：

$$CaO + H_2O \longrightarrow Ca(OH)_2 \quad \Delta H = -63.6\text{kJ/mol}\ (15.2\text{kcal/mol})$$

$$CaS + 2H_2O \longrightarrow Ca(OH)_2 + H_2S \uparrow$$

$$Ca_3N_2 + 6H_2O \longrightarrow 3Ca(OH)_2 + 2NH_3 \uparrow$$

$$Ca_3P_2 + 6H_2O \longrightarrow 3Ca(OH)_2 + 2PH_3 \uparrow$$

$$Ca_2Si + 4H_2O \longrightarrow 2Ca(OH)_2 + SiH_4 \uparrow$$

$$Ca_3As_2 + 6H_2O \longrightarrow 3Ca(OH)_2 + 2AsH_3 \uparrow$$

因此，发生器排出的粗乙炔气体中含有上述副反应产生的磷化氢、硫化氢、氨等杂质气体。由于水解反应生成大量的氢氧化钙副产物，使系统呈碱性，上述水解反应不完全。另外，由于硫化氢在水中的溶解度大于磷化氢，使粗乙炔气中含有较多的磷化氢（如每克含数百微克）及较少的硫化氢（每克含数十至数百微克），磷化物尚能以 P_2H_4 形式存在，它在空气中容易自燃。

另外，由于湿式发生器温度控制在 80℃以上，有双分子乙炔加成反应生成乙烯基乙炔及乙硫醚的可能，每克含这两种杂质一般可达到数十微克以上。

在 85℃反应温度下，由于水的大量蒸发汽化，使粗乙炔气夹带大量的水蒸气。一般水蒸气：乙炔≈1：1。有人对湿式发生器（反应温度较低，60～70℃）的粗乙炔杂质进行分析，计有下列杂质：氨 200×10^{-6}，磷化氢 400×10^{-6}，砷化氢 3×10^{-6}，乙硫醚 70×10^{-6}，乙烯基乙炔 70×10^{-6}。此外，还存在二乙烯基乙炔、丁间二烯基乙炔、丁二炔和己二炔等乙炔的热聚物。

2. 影响反应的主要因素

① 电石粒度。粒度越小，与水的接触面越大，水解速度也越快。但粒度过小，可能引起局部过热而发生分解爆炸；而当电石粒度过大时，水解速度缓慢，容易造成电石水解不完全而导致定额升高。因此，为防止事故和保证电石水解完全，对电石的粒度有一定的要求。

② 电石纯度。纯度越高，水解速度越快。

③ 水温及水量。水温高，水解速度快，乙炔溶解度低，损失少。但水温过高又有发生爆炸的危险，因此必须连续地通入新鲜水及时移出反应热和补充被乙炔气带走的水分，但水量不应过大，以免过分降低温度影响水解速度，增加乙炔损失。

④ 搅拌。搅拌的目的是破坏反应过程中生成的氢氧化钙对电石的包围，使接触面及时更新，提高水解速度，同时，搅拌可使料面均匀，防止局部过热。但搅拌速度要适中，速度过快反应不完全，易排出生电石，速度太慢反应时间长。

三、乙炔的清净

1. 反应机理

次氯酸钠清净剂的作用原理，是利用次氯酸钠的氧化性质，将乙炔中的硫化氢、磷化氢等杂质氧化成酸性物质而除去。

反应式：

$$4NaClO+H_2S \longrightarrow H_2SO_4+4NaCl$$
$$4NaClO+H_3P \longrightarrow H_3PO_4+4NaCl$$
$$4NaClO+H_4Si \longrightarrow SiO_2+2H_2O+4NaCl$$
$$4NaClO+H_3As \longrightarrow H_3AsO_4+4NaCl$$

反应中生成的酸，再用14%～17%的碱液中和，其反应式如下：

$$2NaOH+H_2SO_4 \longrightarrow Na_2SO_4+2H_2O$$
$$3NaOH+H_3PO_4 \longrightarrow Na_3PO_4+3H_2O$$
$$2NaOH+SiO_2 \longrightarrow Na_2SiO_3+H_2O$$
$$3NaOH+H_3AsO_4 \longrightarrow Na_3AsO_4+3H_2O$$

2. 影响反应的主要因素

① 次氯酸钠的有效氯含量。有效氯高即次氯酸钠含量多，则氧化能力强，硫、磷等杂质除去得彻底，清净结果好，但有效氯含量过高时，因氧化能力过强，反应过于激烈，副反应多，对乙炔反而有影响，生产操作也不安全。

② 次氯酸钠的 pH 值。pH 值高说明碱性大，次氯酸钠在碱介质中稳定性大，而氧化能力低，清净效果差，若 pH 值低于 7 呈酸性，次氯酸钠氧化能力强，硫、磷等杂质除去得彻底，但反应太激烈，对安全有威胁，同时乙炔中生成的氯化物的含量增高，影响乙炔的质量。

3. 次氯酸钠溶液配制

用氯气与稀碱液配制而成，即：

$$2NaOH+Cl_2 \longrightarrow NaCl+NaClO+H_2O$$

所用 NaOH 溶液浓度为 1.4%～1.7%，配制后酸碱度（pH 值）控制在 7～9。

次氯酸钠是强氧化剂，有强烈的刺激性，对人体有害。

第二节　乙炔生产工艺流程的组织

一、乙炔发生工段工艺流程

目前，国内生产聚氯乙烯有两种工艺路线，即乙烯氧氯化法和电石乙炔法。本章主要介绍电石乙炔法工艺路线，乙炔工段是聚氯乙烯生产中的头道工序。该工段分为电石加料、乙炔发发和清净三个岗位，图 7-1 示出了乙炔发生的工艺流程。

电石吊斗 2 内的电石，借电动葫芦 1 经第一贮斗、第二贮斗连续地加入发生器 4 内。电石水解生成的粗乙炔气由发生器顶部逸出，经喷淋预冷器 5、正水封 6 进入冷却塔 7 及气柜 8 中。电石水解反应所放出的热量，由冷却塔和清净塔回收废水或工业水，连续加入发生器移出，以维持发生器温度在 85℃左右。电石水解后的电石渣浆，从溢流管不断流出，浓渣浆及硅铁杂质被发生器内的耙齿耙至底部，定期排出。当发生器压力升高时，乙炔气由安全水封自动放空。当发生器压力降低时，乙炔气由气柜经逆水封进入发生器，以保持发生器正压。

二、乙炔清净工段工艺流程

乙炔清净工段工艺流程见图 7-2。

来自发生系统冷却塔顶的乙炔气，经水环泵 1 压缩后进入两台串联的清净塔 2、3，与含有效氯 0.085%～0.12%的次氯酸钠溶液直接接触反应，以脱除粗乙炔气中的磷、硫杂质。清净塔顶排出的气体进入中和塔 4 与塔顶喷入的 10%～15%液碱中和反应后，经冷却器 5 除去气相中过饱和的水分（以防冬季管道中积聚冷凝水），纯度 98.5%以上的精乙炔气

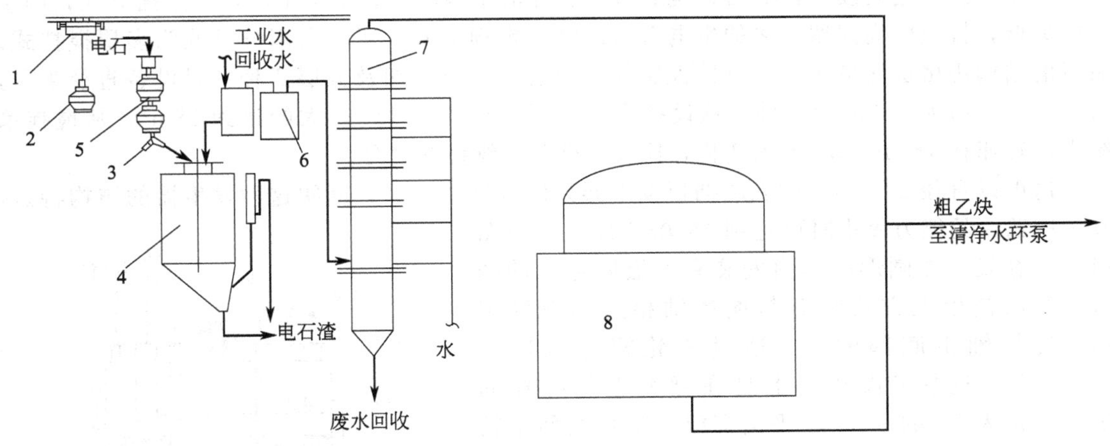

图 7-1　乙炔发生工艺流程图

1—电动葫芦；2—电石吊斗；3—电磁振动加料器；4—发生器；5—喷淋预冷器；6—正水封；7—冷却塔；8—气柜

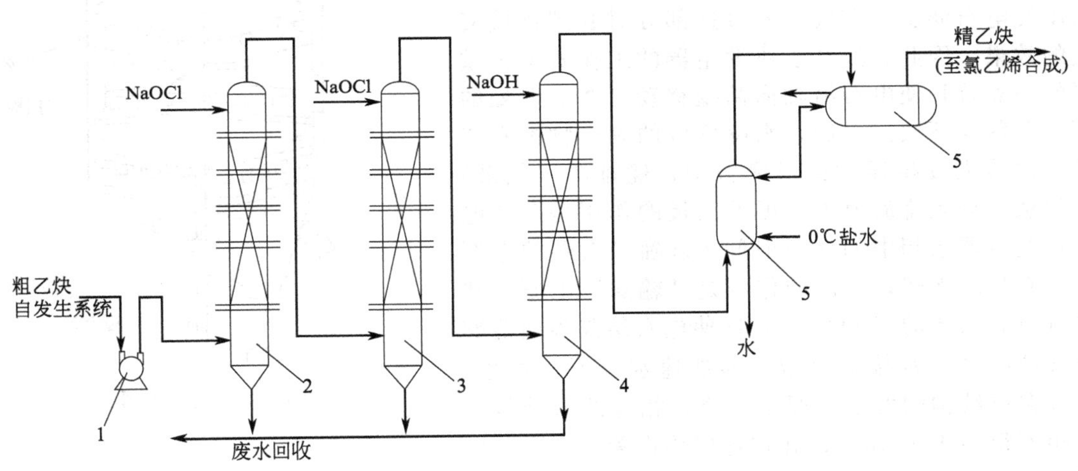

图 7-2　乙炔清净工段工艺流程图

1—水环泵；2—第一清净塔；3—第二清净塔；4—中和塔；5—冷却器

送至氯乙烯合成系统使用。清净塔的次氯酸钠清净剂，是由浓次氯酸钠（10%）或氢氧化钠、水和氯气三种原料，分别通过流量计计量连续送入文丘里反应器配制而成的。配制后的溶液进入配制槽内贮存待用，一般用泵送入淡次氯酸钠高位槽，再由第二清净塔 3 循环泵连续或间歇抽取使用，第二清净塔 3 排出的次氯酸钠作为第一清净塔 2 补充使用。第一清净塔 2 排出的废次氯酸钠利用位差流入废水回收槽，再由泵送入发生器作为工艺用水并回收部分溶解乙炔。中和塔以 10%～15%碱液循环使用。当氢氧化钠中碳酸钠含量达到 10%（冬天 8%）时或氢氧化钠含量小于 3%时，更换新鲜的碱液。

第三节　典型设备选择

一、乙炔发生工段主要设备

以电石水解反应工艺制取乙炔气的主要设备是乙炔发生器，目前国内多半采用的是湿式立式发生器。就这类发生器而言，也有各种各样的结构形式。小型工厂曾用过摇篮式，因生产能力低，排渣中尚残留较多的生电石而使电石定额上升，所以大部分已改为多层搅拌式。后者的结构规格也比较多，如以挡板层数来分有二、三、四及五层四种，以设备直径来分，有 1.6m、2m 和 2.8m 等几种；从设备容积上看，小的为 $4m^3$，大的达到 $28m^3$；从搅拌系统上，转速在 1～3r/min 范围变化，还有间歇和连续搅拌之分。

这里以直径 2800mm 的五层挡板发生器为例（见图 7-3），阐明这种发生器的结构特点，其生产乙炔的能力每小时可达到 $1800m^3$ 以上。由图可见，在发生器圆形筒体内安装有五层固定式的挡板，每层挡板上方均装有与搅拌轴相连的双臂耙齿，搅拌轴由底部伸入，通过蜗轮蜗杆减速至 1.5r/min。这些耙齿实际上是在耙臂上用螺栓固定，夹角为 55°的 6～7 块平面刮板，刮板在两个耙臂上的位置是不对称的，它们在耙臂上呈相互补位，以保证电石自加料管落入第一层后，立即由刮板耙向中央圆孔而落入第二层，第二层刮板的安装角度使电石润湿，在气体通过这部分时起到传质交换的效果。因此，提高乙炔发生器的工作效率很重要的一点就是使电石沿轴向筒壁移动，并沿壁处的环形孔落入下层。最后，水解反应的副产物电石渣及矽铁落入发生器的锥形底盖中，经排渣（气泵）阀间歇地排入排渣池中。可见挡板的作用是延长电石在发生器水相中的停留时间 t 以确保大颗粒电石得到充分的水解，耙齿的作用是“输送”电石，移去电石表面上的 $Ca(OH)_2$，促使电石结晶表面能够直接裸露并与水接触反应，即加速水解反应过程。这种多层结构的发生器便于检修，相邻两层挡板的间距不得小于 600mm，并在各层均设置有人孔，以供操作和检修人员在清理设备、更换刮板和检修耙臂时的进出。

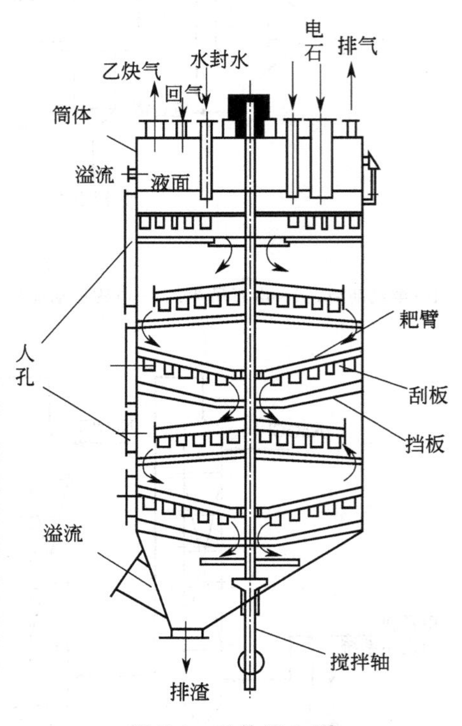

图 7-3　乙炔发生器

除了上述形式的发生器外，还有一种能处理大块电石的湿式发生器，其加料料口呈水壶嘴式形式。虽然这种发生器可以采用不经破碎的大块电石，并直接用皮带输送机供料，经加料嘴投入发生器水相中，但由于电石水解不安全，收率显著降低（乙炔总损失大）而限制了推广应用。

二、乙炔清净工段主要设备

1. 清净塔

清净系统的主要设备是清净塔。图 7-4 给出了典型的填料式清净塔结构。填料塔内装满填料，气液两相在填料表面上逆流接触进行传质过程。用作填料的材料和结构形式非常多，以满足各种物料和处理过程的工艺需要，选用时主要应考虑填料的腐蚀性、比表面积、空隙率（影响塔的阻力）、质量及强度等因素。清净塔常用的填料有拉西瓷环或鲍尔环，采用的瓷环尺寸越小，则接触表面积越大，空隙率越小。根据生产经验，一般使用 $\phi25$～$\phi50$mm 瓷环，每个塔充填高度 6～9m。

表 7-1 填料尺寸和接触面积的关系，其中总接触表面积是按塔径 200mm、填料高度 8m 的两台塔计算的。应当指出，填料塔效率主要取决于在实际操作时液体对填料表面的润湿程

表 7-1 填料尺寸和接触表面积的关系

瓷环规格/mm	比表面积/(m^2/m^3)	总接触表面积/m^2	空隙率/(m^3/m^3)
ϕ25×25×3	200	3620	0.74
ϕ35×35×4	140	2534	0.78
ϕ50×50×5	90	1630	0.785

度，假若液体循环量不足，部分填料表面未被润湿时，要保证塔内液体循环的流量，使塔处于较高的润湿率状态下操作。一般每平方米塔截面积上的液体喷淋量应在 15～20m^3/h。此外，当液体从塔顶分配盘喷入时，开始时塔中心填料部位的液体量多些，向下流动后因填料沿塔壁的空隙率较大，气体阻力较小而使液体逐渐偏流至塔壁。所以，为保证气液相在填料塔内流量分布均匀，一般填料塔内填料段的高度与塔径之比控制在 2～6，并通过加设集液盘，使偏流到塔壁的液体再聚集到塔中心部位。作为清净用的填料塔，推荐空塔气速在 0.2～0.4m/s，气体在塔内总停留时间在 40～60s，以保证化学吸收完全。由于乙炔清净属于化学吸收过程，清净效率除了与吸收剂浓度、pH 值以及吸收温度有关外，还与气液的接触时间，即上述的停留时间息息相关。有的工厂曾试图采用高空速的湍流塔来代替习惯用的填料塔，虽然可使塔径大大缩小，但终因气液接触时间太短促而达不到预期的效果。

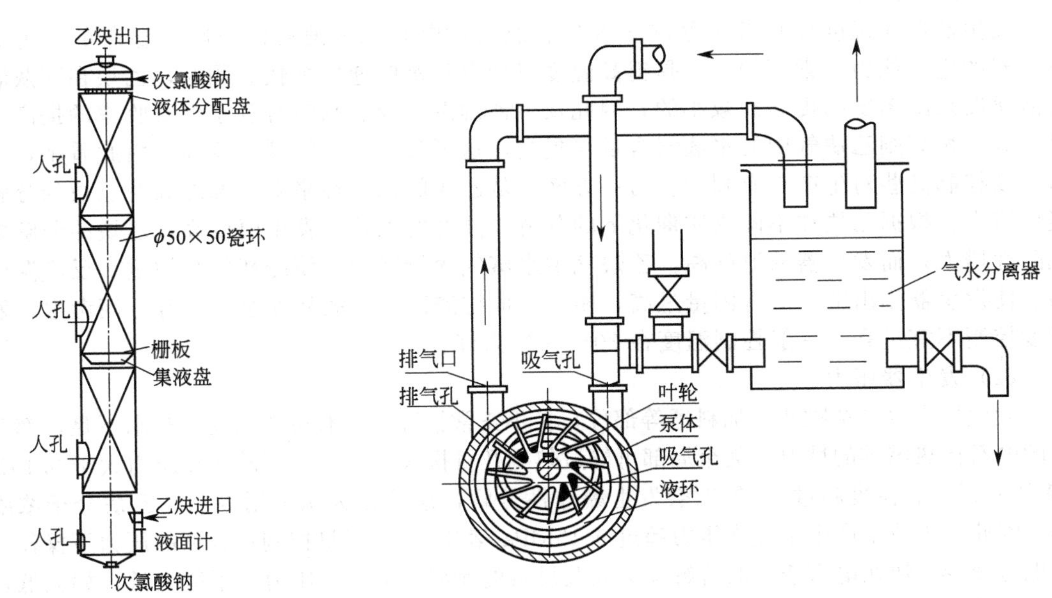

图 7-4 乙炔填料式清净塔结构

图 7-5 水环泵结构示意

2. 乙炔水环泵

选择乙炔气体的输送设备，首先要考虑乙炔的性质和对输送的要求，从乙炔的化学、物理性质来看，它是一种易燃易爆的气体，不宜在高压（不超过 0.15MPa）的条件下输送，以确保安全。从输送要求上看，乙炔要经过一系列的净化设备，必然产生压力损耗，为了克服压力损失，就要有一定的压头，同时又必须达到生产所需的气量，以保证生产平衡。为此，生产厂常选用水环泵来输送乙炔气体，其特点是叶轮与泵壳间隙较大，不易因碰撞而产生火花，对易燃易爆的气体输送安全可靠。泵内的工作液为水，使乙炔成湿气状态，抑制了乙炔的爆炸性质。水环泵又具有一定的抽吸能力（最高真空度达 85%），输送压力不很高（0.1MPa 表压），而排气量大（120～630L/min），所以对输送乙炔气体是相当适合的。

水环泵的构造见图 7-5。其工作原理是：水环泵的叶轮偏心地装在圆形的机壳里，在启动前壳内要灌上水，叶轮转动时，由于离心力的作用，水被甩到壳壁，形成一个旋转水环；叶轮沿箭头方向旋转，在右半周中，水环的内表面逐渐与轮轴离开，因此，各叶片间的空间逐渐扩大，形成低压吸入气体；当叶轮旋转至左半周时，水环的内表面逐渐与轮轴接近，各叶片间的空间逐渐缩小形成压力排出气体。气体是从大镰刀形吸气孔被吸入，从小镰刀形排气孔被排出的。叶轮每转一周，叶片与叶片间容积改变一次，这样反复运动连续不断地吸抽和排出气体。当输送乙炔时，操作中应注意乙炔在高温时易爆炸，所以泵内水温要求不超过 40～50℃。为了使水冷却和节约用水，减少乙炔气的溶解损失，在水环泵旁附有冷却装置的气水分离器，使水能闭路循环使用。

第四节　乙炔生产操作与控制

一、乙炔发生工段正常操作控制及故障处理

1. 操作控制条件

（1）反应温度

发生器反应温度控制指标为 80～90℃。温度对电石水解速度的影响是显著的，为提高发生器的生产能力，常用的方法是提高温度以使电石水解速度加快。同时，乙炔在石灰乳里的溶解度是随温度的提高而减小的，因此发生器的温度控制高时有利于电石收率的提高。再者，温度稍高则乙炔气中的水蒸气含量也提高，这可降低乙炔的爆炸危险。由此看来，发生器温度控制高些对生产是有利的。另一方面，从乙炔的稳定性来看，温度高使乙炔的分解可能性增大。根据乙炔在不同物质催化下的分解与温度的关系，发生温度高，乙炔的分解爆炸危险性增大，而发生器的温度高，乙炔气中水蒸气含量增加，使冷却负荷加重。反应温度过高，使发生器排出电石渣含固量过高，相应造成排渣困难。故从安全生产等方面考虑，发生温度控制不宜过高，一般控制温度在 80～90℃为好。

（2）发生器压力

发生器内（包括贮斗、加料器等部位）在不正常情况下，有可能出现冷却水不足，部分水解的电石传热困难的情况，甚至局部可能过热到几百摄氏度以上。而乙炔在压力大于 0.15MPa（表压）以上，温度超过 550℃时会发生爆炸性分解，这是因为压力增高后，乙炔分子浓缩密集。因此，工业生产中不允许压力超过 0.15MPa(表压)，而尽量控制在较低的压力下操作，这样也可减少乙炔在电石渣中的溶解损失以及设备的泄漏。但操作压力也不能太低，如太低可能造成压缩机入口为负压，设备有进入空气的危险。实际操作压力将由发生系统、冷却塔结构、气柜压力（钟罩压重）以及乙炔流量来决定，即是由发生器到水环泵之间的沿程压力降决定的。只要保证水环泵进口有一定的正压，发生器就可以在较低的压力下操作。对于乙炔生产能力为 1000～2000m^3/h 的装置，压力控制在 0.006～0.01MPa(600～1000mmH_2O）为宜。

（3）发生器液面

发生器液面控制在液面计中部（见图 7-5）为好。也就是说，保证电石加料管至少插入液面下 200～300mm。因为液面过高，使气相缓冲容积过少，易使排出的乙炔夹带渣浆和泡沫，还有使水向上浸入电磁振动加料器及贮斗的危险。液面过低，甚至低于电石加料管时，则易使发生器气相部分的乙炔气大量逸入加料器及贮斗，影响加料的安全操作。因此，无论是电石渣溢流管安装的标高，还是底部排渣的时间或数量，都要注意液面的控制。

（4）电石粒度

一般电石直径控制在 80mm 以下。对于 4～5 层挡板的发生器，可选用 50～80mm，而

2～3层挡板的发生器选用50mm以下。但是电石粒度也不宜过小，否则水解反应速度过快，使反应热不能及时移走，发生局部过热而引起乙炔分解和热聚，进而使温度过高而发生爆炸；粒度过大，则电石反应缓慢，在发生器底部排渣时容易夹带未反应的电石，造成电石消耗定额的上升。因此，电石粒度的选择对电石收率、安全均有影响。

(5) 加料时向贮斗通氮

加料前需向贮斗通氮气以排净贮斗内的乙炔气。在生产中，氮气管路上的压力应大于0.3MPa(表压)，氮气纯度应大于97.5%(体积分数)，含氧应小于3%(体积分数)，排气时压力为5.3～7.6kPa(40～60mmHg)，排气时间为1～2min。

2. 乙炔发生工段生产操作、不正常情况及处理方法

(1) 发生器的加料操作

湿式发生器的电石加料操作，应严格按照向第一和第二贮斗顺序排氮置换，然后将吊斗内的电石加入的顺序进行，其具体步骤如下。

① 向第一贮斗加料，步骤如下：

a. 检查第一贮斗内的电石是否全部放光；

b. 关闭下部加料（气泵）阀门，打开第一贮斗放空阀和氮入口阀，充入氮气，使贮斗内压力在7.9kPa(60mmHg) 左右，以排除贮斗内的乙炔气；

c. 用电动葫芦将装有电石的吊斗从底层吊至发生器顶部，经（电子）计量后，放至加料漏斗口上；

d. 第一贮斗排气1～2min后关闭氮进口阀，打开上部加料阀，使吊斗内的电石进入第一贮斗内；

e. 使氮气压力保持在2.0kPa(15mmHg) 左右；

f. 吊斗电石放完（无响声）后，再活动一下吊斗活门，关闭上部加料阀，开动电动葫芦将空吊斗送至原处。关闭放空阀及氮气进口阀。

② 向第二贮斗加料，步骤如下：

a. 当第一贮斗电石加好后，即打开下部加料（气泵）阀门，将第一贮斗内的电石加入第二贮斗；

b. 如气泵阀门打开后，电石不下去，用木锤或仓壁振动器敲击第一贮斗。

(2) 发生器加料操作中的不正常情况及处理方法

产生的不正常情况及处理方法见表7-2。

表7-2　发生器加料操作中的不正常情况及处理方法

序号	不正常原因	原　　因	处理方法
1	加料时燃烧或爆炸	①加料前贮斗内乙炔未排净 ②吊斗与加料斗碰撞或电石摩擦产生火花 ③电动葫芦电线冒火花 ④加料阀泄漏	①加强排气 ②开放空阀,用氮气或二氧化碳灭火,并发出警报 ③检修电气部件 ④发生器停车,检修加料阀
2	加料时漏乙炔气	①加料阀橡皮圈损坏 ②硅铁卡住 ③加料阀变形损坏	①停车调换 ②停车处理 ③停车检修
3	第一贮斗不下料	①电石块太大 ②硅铁等卡住	①调整破碎机间隙 ②木锤敲击,或发生器停车处理

(3) 发生器的开车、停车正常操作

① 开车步骤如下：

a. 检查各设备、阀门和仪表等；

b. 分别将发生器、安全水封、正水封、逆水封加好水，液面高度按中控工艺操作指标控制；

c. 开动清净、冷却系统的废水回收泵；

d. 开动发生器搅拌；

e. 启动电磁振动加料器，加电石并注意观察加料器的电流表；

f. 当发生器内温度达到82℃时，开始由废水回收泵（或工业水阀）向发生器加水，并维持发生器液面和温度。

② 停车步骤如下：

a. 停电磁振动加料器；

b. 约半小时后进行一次排渣；

c. 停止发生器耙齿搅拌器运转。

③ 正常操作按下述方法进行：

a. 按生产需要，调节好两台电磁振动加料器的电流；

b. 保持电石渣溢流管畅通，维持发生器的液面在液面计的中部；

c. 通过加水量、溢流量和排渣量控制发生器温度在（85±5)℃；

d. 定期检查第二贮斗内的电石量，并为加料准备好合格氮气；

e. 保持乙炔气柜在有效容积60%～80%；

f. 定期巡回检查；

g. 每班冲洗正、逆水封一次，冲掉由乙炔气夹带过来的电石渣，保持正、逆水封液位在规定位置上，放水考克应畅通。

（4）发生器的停车排气操作

① 用氮气置换乙炔气方法如下：

a. 贮斗电石用完后，发生器边加水边排渣数次，直至排出清水为止；

b. 关闭发生器回收废水加水阀和正水封回水阀，向正、逆水封内加水直到加满为止；

c. 开下部加料（气泵）阀、发生器放空阀和正水封上的放空阀；

d. 由加料贮斗通入氮气，分别从发生器顶部及正水封上部放空，排氮压力保持在8.0～10.7kPa(60～80mmHg)；

e. 在发生器出口处取样进行分析，当乙炔含量低于0.5%时（如需动火检修，则应将乙炔系统全部排气，直至乙炔含量低于0.23%)，才可以停止排气，之后，可通知加料系统打开上部加料（气泵）阀，使设备处于敞口状态。

② 在通入氮气的情况下，应把发生器内的水全部放尽。

③ 打开设备人孔进行清理检修时应注意：

a. 如操作工需进入发生器清理检修，应注意打开上下全部人孔，切断搅拌器电源（拔掉保险丝)，并要求有专人监护；

b. 配合检修时，应进行发生器清理工作，除去全部渣浆和硅铁。

（5）发生器的开车排气操作

单台发生器检修完毕后，向发生器内加水至视镜中部，以0.01MPa(100mmH_2O）氮气压力试压捉漏。检查发生器搅拌和电磁振动加料器等是否正常。由加料贮斗通入氮气，分别从发生器顶部和正水封上部放空，氮气压力保持在8.0～10.7kPa(60～80mmHg)。取样分析，当氮气含氧<3%时，停止排气，关闭氮气进口阀、发生器放空阀和正水封上部放空阀，开搅拌器，通知加料部门可以加入电石。用乙炔置换设备内的氮气（间断开电磁振动加料器、乙炔发生器放空阀和正水封上部放空阀)，待乙炔纯度达到80%时，将正、逆水封的水放至规定位置，打开回收废水加水阀，然后按发生器正常操作进行。

（6）乙炔气柜的开、停车排气操作

乙炔气柜不论开车前用氮气置换空气，还是检修前用氮气置换乙炔气，都应按下述步骤进行排气：

① 停车时为减少损失，气柜高度应尽量控制在10%以下；

② 通过水封加水封住气柜；

③ 打开气柜顶部放空阀，将气柜钟罩放平，然后关闭放空阀；

④ 打开气柜氮气进口阀，使气柜升高到10%～15%时停止充氮气，然后再打开放空阀，将气柜钟罩放平，关闭放空阀，如此重复几次，直到分析氮气中乙炔含量小于0.5%（需动火时小于0.23%或含氧量小于3%）；

⑤ 如需进行气柜放水清理，必须先用氮气置换合格后，才能打开顶部人孔（以防钟罩抽瘪）及下部人孔（以使空气对流扩散）。

（7）乙炔气柜用乙炔气置换氮气开车操作

① 先将气柜放平，保持正压。

② 发生器加料开车，使粗乙炔气进入气柜。

③ 当气柜上升10%时，停电磁振动加料器，打开顶部放空阀放空，使气柜降至5%高度，然后再关放空阀，让气柜顶起。如此重复数次，直至分析纯度在90%以上。

（8）乙炔操作系统在生产中的不正常情况及处理方法

乙炔发生系统操作常见的不正常情况及处理方法见表7-3。

表7-3　乙炔发生系统操作常见的不正常情况及处理方法

序号	不正常情况	原　因	处理方法
1	反应温度升高	①小块电石过多，反应速率快 ②工业水压低或水管堵塞 ③溢流管不畅通	①控制电石粒度规格 ②联系供水压力，检查和清理水管 ③加强排渣，并开大溢流管冲水阀
2	压力偏高，安全水封跑气	①气柜滑轮被卡住，或管道积水 ②正水封液面过高 ③冷却塔液面高于气相进口 ④加料时氮气压力过大或放空管堵塞 ⑤电石加料过多，反应速率快	①检修气柜滑轮，排除管道积水 ②调整正水封液面 ③调整冷却塔液面 ④调整加料氮气压力，清理放空管 ⑤调整电石粒度和电磁加料器电流
3	压力偏低或负压	①气柜滑轮不灵活 ②气柜管道积水 ③用气量过太，或电磁振动加料器能力小 ④电石质量不好 ⑤排渣速度过快，排渣考克关不死，逆水封液面过高 ⑥水环泵抽力太大 ⑦安全水封液面过低	①检修气柜滑轮 ②排除管道积水 ③减小流量或检修电磁振动加料器 ④减小流量 ⑤调整排渣量，检修排渣考克，调整逆水封波面 ⑥调整回流阀或泵的台数 ⑦调整安全水封液面
4	发现排渣中有生电石	①电石粒度过大 ②搅拌器刮板或耙臂松脱 ③电磁振动加料器加料速度过快	①调整电石粒度 ②停车检修搅拌器 ③调整电磁振动加料器电流

二、乙炔清净工段正常操作控制及故障处理

1．操作控制条件

（1）次氯酸钠的有效氯浓度

清净塔内有效氯一般不低于0.06%，补充的配制溶液有效氯应控制在0.085%～0.12%范围内，因为次氯酸钠有效氯含量的高低对清净效果有显著的影响。有效氯高即次氮酸钠含量多，则氧化能力强，硫、磷等杂质除去得完全，清净效果好。但有效氯含量过高，因氧化能力过强，反应过于激烈，副反应多，对乙炔纯度反而有影响，生产操作不安全。有人做过

试验：当有效氯在0.15%以上（特别在低的pH值下）时容易生成氯乙炔而发生爆炸，当有效氯在0.25%以上时，无论在气相还是液相，均容易发生氯与乙炔激烈反应而爆炸，且阳光能促进这一爆炸过程。当次氯酸钠溶液有效氯在0.05%以下时，则清净效果较差。

（2）次氯酸钠的pH值

正常控制下pH值为7～8，呈中性或呈弱碱性。若pH值高，说明碱性大，次氯酸钠在碱性介质中稳定性大，而氧化能力低，清净效果差。若pH值低于7，即呈酸性，次氯酸钠氧化能力强，硫、磷杂质除去得彻底，但反应激烈，易生成氯乙炔而产生爆炸危险；同时乙炔中生成的氯化物含量可能增高，从而影响乙炔的质量。

（3）清净塔的液面

清净塔的液面控制是填料塔和一般设备的操作要求。因为液面超过气相进口时，会引起系统压力波动（脉冲），甚至冲碎塔内瓷环，碎瓷环漏入循环泵会损坏叶轮而造成紧急停车。液面太低则易使乙炔气窜入循环泵，使泵压力不能升高，影响塔内正常循环和清净效果。

（4）中和塔内碱溶液的浓度

中和塔内的碱液NaOH含量直接影响中和效果，正常生产氢氧化钠浓度应在5%～15%。浓度过高对氢氧化钠来说是个浪费，浓度过低则中和效果不彻底，碱的使用周期短，换碱次数增多，不但增大乙炔的损失，同时使操作加重负担。配碱时，氢氧化钠含量应大于10%～15%，更换碱液时，Na_2CO_3 含量大于10%（冬天8%），NaOH含量不小于3%。

2. 乙炔清净工段生产操作、不正常情况及处理方法

（1）水环泵的开车、停车和换泵操作及注意事项

① 开车步骤如下：

a. 打开水环泵底部放水阀放水，打开气相循环阀，盘动转轴；

b. 打开气相进口阀，在水环泵内加入规定量的水，然后启动水环泵；

c. 水环泵一旦启动，就应立即开气相出口阀，开循环水小阀，关气相循环阀，关底部放水阀；

d. 按需要调节乙炔出口压力。

② 停车步骤如下：

a. 开大气相循环阀；

b. 停止水环泵运转，关闭气相出口阀及循环阀；

c. 关气相进口阀，关循环水小阀。

③ 换泵。当运转的水环泵需检修而系统不停车时，应进行换泵操作。换泵操作时应避免或减少乙炔压力的波动。

a. 按开车步骤将水环泵启动（除循环阀外一切按正常操作）。

b. 逐渐关小刚开启的水环泵气相循环阀，同时逐渐开大应停泵之循环阀。

c. 当应停泵循环阀开大时，按停泵法停止该水环泵运转。

④ 操作注意事项。水环泵在操作中，主要应注意两个控制点。

a. 水环泵循环水温度。为减少水环泵用水中溶解乙炔的排放损失，宜采用封闭循环流程，并利用循环水冷却器，用冷冻水将此循环水冷却到一定温度以下。循环水的温度对水环泵的送气能力影响较大，一般不应超过40～50℃。

b. 乙炔气压力稳定。泵出口的乙炔气压力是由乙炔流量和上述系统压力降所决定的，但一经氯乙烯合成确认后，送出压力一般要求越稳越好，这是因为瞬间的压力波动，实质上意味着流量波动，对合成催化剂的活性、氯化氢与乙炔的分子配比都有不利的影响。

（2）清净系统的开车、停车和正常操作

① 开车步骤如下：

a. 依次启动废水泵、冷却塔水泵、清净配制水泵、次氯酸钠高位泵、碱泵、次氯酸钠循环泵，使中和塔和清净塔保持循环并在配制槽中配制好次氯酸钠溶液；

b. 按操作法开水环泵，当压力上升时打开送氯乙烯的乙炔总阀及冷凝器盐水进口阀；

c. 配制次氯酸钠，调整好清净塔循环泵流量，控制好各塔液面；

d. 根据氯乙烯生产需要，调节乙炔出口压力。

② 当需要进行短期或临时停车时，按以下步骤停车：

a. 停水环泵，同时关闭出口总阀；

b. 停止配制次氯酸钠；

c. 停次氯酸钠循环泵、碱泵、次氯酸钠高位泵、清净配制水泵、冷却塔水泵；

d. 关闭冷凝器冷冻水进口阀。

③ 正常操作应注意：

a. 定期巡回检查；

b. 根据氯乙烯需要调节好乙炔出口压力；

c. 保持各塔液面在规定位置，保持水环泵及水分离器液面在规定位置，水环泵的循环水温度不得高于50℃；

d. 检查冷凝器的集水器液面，及时排放冷凝水；

e. 中和塔液碱根据分析数据，大约每3天更换一次，当液碱浓度低于3%或碳酸钠含量高于10%时应立即进行更换；

f. 每半小时用试纸检查一次清净效果，每2h分析一次配制槽及两塔的次氯酸钠有效氯含量和pH值，调节次氯酸钠循环量的大小，并根据分析结果调整好配制次氯酸钠各流量计的流量。

(3) 清净系统的开、停车排气操作

清净系统无论是停车后用氮气置换乙炔气体，还是开车前用氮气置换空气，以及用发生乙炔气置换氮气操作，一般都是和发生系统及氯乙烯合成系统共同配合进行的。若气柜不排气，可利用水封封住气柜，由发生器充氮，经水环泵抽至乙炔总管或氯乙烯合成的乙炔总阀前排空。

若发生器不排气，可关闭水环泵进、出口阀，自水环泵出口管道通入氮气排气，至乙炔总管或氯乙烯合成的乙炔总阀前排空。

(4) 清净系统操作中的不正常情况及处理方法

清净系统操作常见的不正常情况及处理方法见表7-4。

表7-4　清净系统操作常见的不正常情况及处理方法

序号	不正常情况	原　　因	处理方法
1	水环泵进口压力波动	气柜管道内有冷凝水积聚	排除冷凝积水
2	水环泵出口压力波动	①氯乙烯合成流量有波动 ②冷却器下部有冷凝水积聚	①调节出口总管回流阀 ②排除冷凝积水
3	水环泵进口压力低	①气柜管道积水 ②发生器供气量少 ③冷却塔液面过高(粗乙炔气中水蒸气冷凝)	①排除积水 ②调整电石加料速度 ③排放冷却塔废水,使液面至规定高度
4	水环泵出口压力低	①泵循环水量少 ②乙炔气流量高 ③泵的叶轮与机壳间隙大 ④泵的循环阀未关紧 ⑤冷却效率低,乙炔温度高	①增加循环水量 ②增加开泵台数 ③停泵检修 ④关紧循环阀 ⑤检查冷却塔及喷淋水量,降低乙炔气温度

续表

序号	不正常情况	原因	处理方法
5	清净效果不好	①乙炔处理量过大 ②电石中磷、硫杂质多	①增加次氯酸钠补充量 ②调整 pH 值在 7 左右
6	清净塔气相阻力大	①塔内填料结垢 ②塔底液面超过气相进口，使气液冲击填料，破碎	①停车更换填料或用盐酸洗涤 ②停车清理出碎填料，并注意塔底液面控制
7	中和塔液面不循环	冬天碱液中碳酸钠含量超过 10%	冬天适当多更换碱液

（5）乙炔发生和清净系统的中间控制指标

① 电石粒度 50～80mm。

② 氮气含氧＜3%。

③ 加料排氮压力 5.3～7.9kPa(40～60mmHg)。

④ 发生反应温度 (85±5)℃。

⑤ 发生器液面在液面计中部。

⑥ 发生器压力 0.006～0.01MPa(600～1000mmH_2O)。

⑦ 气柜高度 40%～90%。

⑧ 配制次氯酸钠有效氯含量 0.085%～0.12%。

⑨ 第二塔次氯酸钠有效氯含量＞0.06%。

⑩ 中和塔配制碱液含碱 10%～15%。

⑪ 换碱限值：碳酸钠＜10%(冬天＜8%)，氢氧化钠＜43%。

⑫ 乙炔纯度＞98.5%，乙炔含磷、硫杂质：$AgNO_3$ 试纸不变色。

⑬ 安全水封液面 12000mm(H_2O)，正水封液面 550mm(H_2O)，逆水封液面 650mm(H_2O)。

⑭ 乙炔总管压力＜0.1MPa。

⑮ 加料前 N_2 压力 0.2MPa。

第五节 乙炔生产的安全技术、卫生与环保

一、乙炔生产中的工业卫生

乙炔生产过程中的有毒、有害物质及其防护措施分述如下。

（一）乙炔

1. 乙炔的危害

（1）易燃易爆性

乙炔的爆炸极限范围很宽，最小点火能的数值很小，因此极易引起燃烧、爆炸。乙炔与空气或氧形成爆炸性混合物。与氯和氟也发生爆炸性反应。乙炔含磷化氢超过 0.15%时，遇空气容易自燃。乙炔聚合时放出热量，温度越高，聚合速度越快，如不加以控制，会因温度过高而发生乙炔分解爆炸反应。一般物质分解时是吸热的，而乙炔分解时却是放热的。常压下乙炔一般不会分解，加压时乙炔则极易分解。压力越高，越容易发生分解、爆炸，且分解温度随压力的升高而迅速下降。乙炔与多种金属接触能生成危险的金属炔化物。在一定条件下生成的乙炔银、乙炔铜或乙炔汞等，受到撞击摩擦或在干燥状态下升温都可导致强烈的分解、爆炸。

（2）毒性

乙炔具有弱麻醉作用。高浓度吸入可引起单纯窒息。暴露于浓度 20%的乙炔中时，出

现明显缺氧症状；吸入高浓度时，初期兴奋、多语、哭笑不安，后出现眩晕、头痛、恶心、呕吐、嗜睡症状；严重者昏迷、紫绀、瞳孔对光反应消失、脉弱而不齐。当混有磷化氢时，毒性增大。

2. 火灾、爆炸事故预防措施

① 生产区域应保持干燥，通风良好，并避免阳光直射。

② 按防爆规定配置电气设备及照明设施等，严格控制明火及其他火种。

③ 按规范设置安全阀、单向阀、水封及阻火器等安全装置，并应保持完好。

④ 要用惰性介质（如氮气）置换设备和管道，所有设备死角及管道末端均应有单独排放口，排放气体经分析含氧量小于3%时，方为合格。

⑤ 为防止生成有爆炸危险的乙炔铜、乙炔汞等，乙炔发生器上的附件及与乙炔接触的计量仪器、测温筒、自动控制设备等其含铜量都不得超过70%。为防止水银温度计破裂后有水银流出与乙炔生成乙炔汞，禁止使用水银温度计。

⑥ 采用电石法生产乙炔时，要严格控制电石加料量和电石的粒度，防止超压。加料过多过快，会使电石与水反应生成的乙炔量急剧增加；电石粒度过小，与水的接触面积增大，反应剧烈，容易引起局部过热而发生意外。

⑦ 乙炔发生器顶部的贮料斗及顶盖等处应内衬铝或橡皮，要经常检查，发现脱落应及时修补，以防铁器之间碰撞产生火花。向敞开式发生器投入电石时，勿使电石投入过剩，并防止电石碰到入口金属部分，以防产生火花。要使用专用工具，动作要轻、要慢。

⑧ 向乙炔发生器加料装置中加装电石时，应先通氮气充分置换，彻底除净料斗中的乙炔后，才能打开顶盖加料。

⑨ 严格控制乙炔发生器的工作压力和温度。既要防止压力过高，也要避免出现负压，以免空气漏入。发生器工作温度过高虽能使反应速度加快，减少耗水量，但会给生产带来不安全因素，发生器反应温度一般应控制在70℃左右，不应超过80℃。

⑩ 乙炔发生器排渣时，容易将乙炔带出。如排渣太快，发生器容易形成负压，吸入空气，形成爆炸性混合物。可在排渣管路上安设两个阀门，以有效控制排渣速度。排渣管发生堵塞可用水冲洗，严禁使用金属工具通凿。

⑪ 乙炔贮气柜的设计应严格执行《建筑设计规范》和《乙炔站设计规范》的要求。

⑫ 由于高压乙炔有易分解的特性，所以乙炔压缩有专用压缩机，不能用其他压缩机替代。防止负压和防止高压的限压装置及其他安全装置要齐备。

⑬ 乙炔压缩机开车前，应对整个系统用氮气吹扫，使系统内的含氧量小于3%。要确保压缩系统的密封，使压缩机既不会有乙炔逸出，也不会漏入空气。

⑭ 干燥处理后的乙炔，含水量很低，其危险性比干燥前增大，充装气瓶和使用时应注意安全。

⑮ 灌装乙炔前，应对乙炔气瓶进行认真检查。初次灌装时，应用乙炔气置换，直至瓶内乙炔浓度大于98%为止。

⑯ 灌瓶时，乙炔溶解于气瓶内的丙酮溶剂中是放热过程，溶解1kg乙炔约产生热量545kJ。必须严格执行最大灌装量和温度、压力控制标准。乙炔气瓶的充装体积流量应尽量小于$0.6m^3/h$。

⑰ 灌装后的乙炔气瓶必须用肥皂水逐个检查瓶阀和易熔合金的气密性。灌装后必须静置8h以上，并按国家标准检验乙炔质量，合格后方可出厂。

⑱ 乙炔钢瓶在运输时，应避免强烈冲击和碰撞，严禁摔、砸、滚、抛。

3. 预防中毒

乙炔虽然无毒，但含杂质的乙炔可危害健康。所以应对乙炔的成分加以检验。一般不要求使用呼吸防护用品，但当设备发生故障时会迅速出现高浓度乙炔，这时应备有自给式呼吸保护器，以供急救之用。

如接触乙炔后出现症状，则应将患者移至无污染的新鲜空气处。如呼吸已经停止，则必须进行人工呼吸，特别是乙炔从发生器逸出时，应考虑急性磷化氢中毒的可能。

（二）氯气

1. 氯气的危害

氯气是强烈刺激性气体，属高毒类。我国卫生标准规定的最高容许浓度为 $1mg/m^3$。氯气对人有急性毒性和慢性毒性影响，但未见致畸、致突变和致癌的报道。人对氯耐受的个体差异主要反映在低浓度阶段，高浓度长时间接触无一例外地会造成严重伤亡。

2. 安全措施

（1）重点预防大规模突发性液氯泄漏

企业氯存在量 20t 以上时，应作为重大危险源对待，要按国际公约和国家有关规定采取特殊的安全措施，如安全检查、安全运行、安全评价、应急计划和安全报告制度等等。

（2）预防化学爆炸

① 为防止三氯化氮大量形成和积蓄，必须严格控制精盐水总铵量低于 4mg/L，氯气干燥工序所用冷却水不含铵，液氯中三氯化氮含量低于 50×10^{-6}，与液氯有关的设备应定时排污且排污液内三氯化氮含量必须低于 60g/L，否则应采取紧急处理措施。有条件的企业最好增设三氯化氮破坏装置。

② 对于电解后的氯、氢输送防爆，应控制电解单槽氯中含氢不超过1%，氯总管氯中含氢不得超过 0.5%，氢气总管氢纯度必须保持在 98%以上且保持正压运行以严防空气窜（渗）入。为此，应在氯和氢的输送管线装设具有报警功能的防爆型压力和组合监控仪表。氢、氯输送系统均应使用防倒窜的单向阀。输送设备和管线保持良好的接地，接地电阻应小于 100Ω，防止静电积蓄引爆。

③ 在向液氯钢瓶中灌装液氯之前，钢瓶内一般存有残液（氯），在灌装前必须分析残液成分，有疑问时严禁灌装，必须抽空清洗之后方可灌装。

（3）预防物理爆炸

① 氯气干燥工序中，降低温度可提高干燥效率，但冷却温度不得低于－12℃，以防止形成 $Cl_2\cdot8H_2O$ 结晶堵塞管道，造成憋压。

② 液氯工序中，液氯充装压力均不得超过 1.1MPa(表压)。采用液氯汽化压送法充装时，不允许用蒸汽加热液氯汽化器，只允许用热水。严禁超装，规定任何容器（贮罐、钢瓶、槽车计量槽、汽化器）充装量不得超过 1.25kg/L，留出可压缩（膨胀）空间。若容器被液氯充满且无法卸压时，温升每上升 1℃，压力约上升 1MPa，必然引起物理爆炸。

③ 液氯贮罐、计量槽要有良好的保温措施，必须装设有超限报警功能的压力表、液位计、温度计和灵敏可靠的安全阀。

（4）防毒

应注意现场氯的跑、冒、滴、漏以及事故（含未遂事故）氯处理系统。

① 不符合设计规范要求和有质量缺陷的设备（含管件阀门）严禁用于生产。

② 应在电解、氯气干燥、液化、充装岗位合理布点安装氯气监测报警仪，现场要通风良好，备有氯吸收池（10%液碱池）、眼和皮肤清水喷淋设施、送风式或自给式呼吸器以及急救箱，有条件的企业应设气防站。

③ 大型氯碱企业最好增设事故氯处理系统，将氯总管、液氯贮罐及其安全阀通过缓冲

罐与可以吸收氯的液碱喷淋塔相连，紧急状况下可自动启动，平时可以起到平衡氯总管压力等安全生产控制作用。该系统可以实现远程计算机管理和控制。

（三）氮气

氮气是窒息性气体，短时间内可使人窒息死亡，因为它属于无毒气体而常被人们所忽视。进入排过氮气的发生器和气柜之前，应将人孔等打开，必要时用排风扇鼓风，使空气流通，或水冲洗后经检测含氧量在18％～21％时方能进行操作。

（四）氢氧化钠

氢氧化钠对皮肤有腐蚀和刺激作用。高浓度时引起皮肤及眼睛等灼伤或溃烂。操作或检修时必须戴涂胶手套、防护眼镜或面罩。如溅到皮肤或眼睛，应立即用大量水反复冲洗，或用硼酸水（3％）或稀醋酸（2％）中和，必要时敷软膏。

（五）次氯酸钠

次氯酸钠对皮肤和眼睛有严重腐蚀和刺激作用，高浓度液体引起皮肤灼伤及眼睛失明。操作或检修时应戴涂胶手套和防护眼镜。如溅在皮肤上可用稀的苏打水或氨水洗涤，或用大量水冲洗。

二、环保及“三废”治理

电石渣是电石水解反应的副产品，由于含有大量的$Ca(OH)_2$而具有强烈的碱性，并含有较高的硫化物及其他微量杂质。应该认识到，电石渣虽然作为副产物存在，但在数量上却大大超过产物PVC树脂，根据生产经验，每生产1t树脂可同时产生含固量5％～15％的电石渣浆9～15t，或含固量50％的干渣3～5t。因此，若忽视电石渣的处理甚至直接排放，必将导致严重的环境污染，成为聚氯乙烯工厂最大的“三废”。

目前，多数工厂只将发生器排出的电石渣浆经过一级沉降分离，对自然曝晒所得的干渣进行综合利用，而将分离后的“清液”直接排放是不妥当的。因为该澄清水即使达到“眼见不混”，但其pH值一般也高达14，水中硫化物等杂质含量均超过国家的“三废”排放标准，因此有必要对电石渣浆的澄清水进行中和及脱硫处理。根据各厂的经验，这两部分都可综合利用，现分述如下。

1. 沉降及脱水后得到的含水50％～60％的干渣

多数利用其氢氧化钙的成分，如和煤渣制作砖块或大型砌砖，用于铺设地坪和道路的材料；工业或农业中和剂，代替石灰浆用于生产漂白液，代替石灰浆用于生产氯仿；代替石灰浆用于生产二氯乙烯；代替石灰用于生产水泥；和煤渣、石膏、水泥制作质轻、强度高（可用于高层建筑）的粉煤灰加气混凝土砌块。

2. 沉降分离后“眼见不混”的清液

含固约为500mg/L的澄清水也开始得到综合利用，如用作氯化反应过程中含氯尾气的吸收剂溶液，并可获得有效氯5％的副产物漂白液；部分循环用作发生器用水（有人认为长期全部循环利用时，应注意渣浆中硫化物的积聚浓度问题）；澄清水经氯气处理氧化脱硫及中和处理后，全部循环用于发生器反应用水。

第八章　氯乙烯生产

通过本章节的学习，要了解氯乙烯生产原料和产品的性质；掌握氯乙烯的生产方法及生产特点、常见事故原因及处理方法；熟悉氯乙烯生产中主要设备的结构和特点、生产工艺流程及操作要点。

第一节　氯乙烯生产工艺路线分析

一、氯乙烯的性质

1. 氯乙烯的物理性质

氯乙烯的分子式为 C_2H_3Cl，结构式为 $CH_2{=\!=}CHCl$，相对分子质量为 62.5。氯乙烯在常温和常压下是一种无色、有乙醚香味的气体，其冷凝点为－13.9℃，凝固点为－159.7℃。它的临界温度为 142℃，临界压力为 5.22MPa(52.2atm)，因而，尽管它的冷凝点在－13.9℃，但稍加压力就可以得到液体氯乙烯。氯乙烯与空气形成爆炸混合物，爆炸极限为 4%～22%(体积分数)，在压力下更易爆炸，贮运时必须注意容器的密闭及氮封，并应添加少量阻聚剂。

(1) 氯乙烯的蒸气压

氯乙烯蒸气压力可按下式计算：

$$\lg p=-0.15228-1150.9/T+1.75\lg T-0.002415T$$

式中　p——氯乙烯的蒸气压，MPa；

T——温度，K。

(2) 液体氯乙烯的密度

与一般液体一样，温度越高，氯乙烯的密度越小，液体氯乙烯密度可由下式计算：

$$d=0.9471-0.001746t-0.00000324t^2$$

式中　d——液体密度，g/mL；

t——温度，℃。

(3) 氯乙烯蒸气的比容

氯乙烯蒸气的比容见表 8-1。

表 8-1　氯乙烯饱和蒸气的比容

温度/℃	比容/(mL/g)	温度/℃	比容/(mL/g)
－30	635	20	105.4
－20	418	30	79.4
－10	284	40	80.3
0	199	50	46.3
10	143.3	60	36.2

(4) 氯乙烯的蒸发潜热

潜热即蒸发或冷凝 1g 氯乙烯所需的热量。

(5) 氯乙烯的爆炸性

氯乙烯在易燃易爆性质上是比较活泼的。氯乙烯与空气形成爆炸混合物，爆炸范围为

4%～22%。由于氯乙烯泄漏在空气中易形成混合爆炸性气体，当操作不当、设备发生故障时，遇到明火它就会发生着火、爆炸事故。例如在检修氯乙烯气柜旁的设备时，因氯乙烯泄漏，操作工用电风扇进行吹除，当启动电风扇开关时，发生电风扇着火。当生产区域内有氯乙烯大量泄漏时，一切电源开关维持原状，各种机动车辆不准进入现场，待氯乙烯气体在空气中慢慢扩散后再处理事故现场。因此，在生产系统进行检修或单台设备检修前，必须启动氮气排气系统，取样分析设备中的含氯乙烯量在0.4%以下后，方能完成检修。

(6) 氯乙烯的毒性

氯乙烯是有毒物质，肝癌与长期吸入和接触氯乙烯有关。氯乙烯通常由呼吸道吸入人体内，较高浓度能引起急性轻度中毒，呈现麻醉前期症状，有：晕眩、头痛、恶心、胸闷、步态蹒跚和丧失定向能力，严重中毒时可致昏迷。慢性中毒主要为肝脏损害、神经衰弱，胃肠道及肢端溶骨症等综合征。

2. 氯乙烯的化学性质

氯乙烯有两个起反应部分：氯原子和双键。能进行的化学反应很多。但一般来讲，连接在双键上的氯原子不太活泼，所以有关双键的反应比有关氯原子的反应多，现分别举例如下。

(1) 有关氯原子的反应

① 与丁二酸氢钾反应生成丁二酸乙烯酯：

$$CH_2{=}CHCl + \begin{array}{l} CH_2{-}COOK \\ | \\ CH_2{-}COOH \end{array} \longrightarrow \begin{array}{l} CH_2{-}COO{-}CH{=}CH_2 \\ | \\ CH_2{-}COOH \end{array} + KCl$$

丁二酸氢钾　　丁二酸乙烯酯　　氯化钾

② 与氢氧化钠共热时，脱掉氯化氢生成乙炔：

$$CH_2{=}CHCl + NaOH \longrightarrow CH{\equiv}CH + NaCl + H_2O$$

氢氧化钠　　乙炔　　氯化钠

(2) 有关双键的反应

① 与氯化氢加成生成二氯乙烷：

$$CH_2{=}CHCl + HCl \longrightarrow CH_2Cl{-}CH_2Cl$$

② 在紫外线照射下能与硫化氢加成生成2-氯乙硫醇：

$$CH_2{=}CHCl + H_2S \longrightarrow HSCH_2{-}CH_2Cl$$

硫化氢　　2-氯乙硫醇

③ 氯乙烯通过聚合反应可生成聚氯乙烯：

$$nCH_2{=}CHCl \xrightarrow{\text{过氧化物}} \left[CH_2{-}\overset{\overset{\large H}{|}}{\underset{\underset{\large Cl}{|}}{C}} \right]_n$$

二、氯乙烯的生产原理

1. 氯乙烯合成反应式

乙炔与氯化氢在升汞催化剂存在下的气相加成反应式为：

$$CH{\equiv}CH + HCl \longrightarrow CH_2{=}CHCl \qquad \Delta H = -124.8\text{kJ/mol}(29.8\text{kcal/mol})$$

2. 氯乙烯合成反应机理

不少学者对该反应的动力学进行了研究，所提出的反应机理不尽一致，其中比较成熟的有以下两种。

① 络合物上的共轭双键极易极化，在“进攻试剂”氯化氢的作用下沿箭头方向发生电子密度的转移，形成氯乙烯：

$$\mathrm{H{-}C{\equiv}C{-}H} + \mathrm{HgCl_2} \longrightarrow \mathrm{Cl{-}Hg(Cl){-}Cl} \xrightarrow{\mathrm{HgCl_2}} \mathrm{Cl{-}Hg{-}Cl\cdots\cdots C(H){\equiv}C(H)\cdots\cdots Hg(Cl)\cdots\cdots Cl} \longrightarrow \overset{\delta^-}{} \mathrm{H(HgCl)C{=}C(Cl)(C_2H_3Cl)} + \mathrm{HgCl_2}$$

$$\mathrm{ClHg\cdots\cdots C(H){=}CHCl} + \mathrm{H^+CH_2} \longrightarrow \mathrm{CHCl} + \mathrm{HgCl_2}$$

② 浙江大学陈甘棠教授提出，本反应的历程先是氯化氢吸附于催化剂的活性中心上，然后与气相中乙炔反应而生成吸附态氯乙烯，最后氯乙烯再脱吸下来，即：

$$\mathrm{HCl} + \mathrm{HgCl_2} \longrightarrow \mathrm{HgCl_2 \cdot HCl}$$

$$\mathrm{C_2H_2} + \mathrm{HgCl_2 \cdot HCl} \longrightarrow \mathrm{HgCl_2 \cdot C_2H_3Cl}$$

$$\mathrm{HgCl_2 \cdot C_2H_3Cl} \longrightarrow \mathrm{HgCl_2} + \mathrm{C_2H_3Cl}$$

第二节　氯乙烯生产工艺流程的组织

一、混合脱水和合成系统工艺流程

图 8-1 示出混合脱水和合成系统的工艺流程。

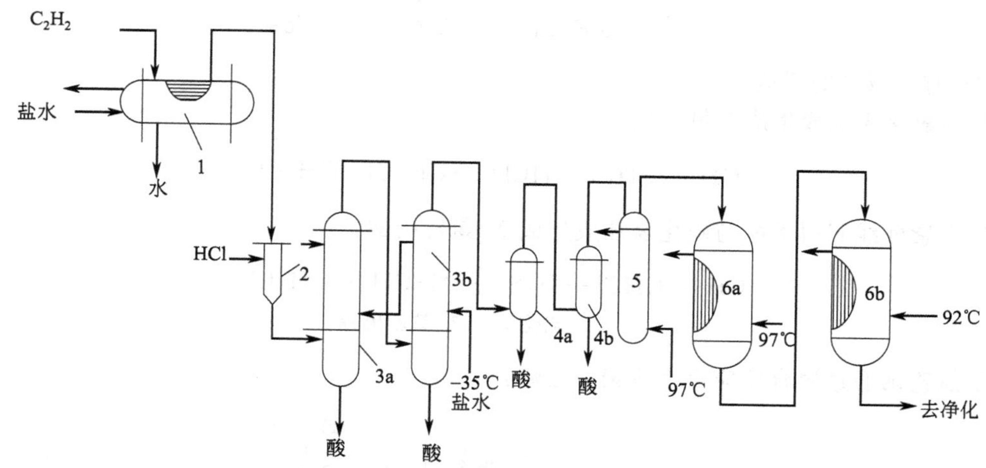

图 8-1　混合脱水和合成系统工艺流程

1—乙炔预冷器；2—混合器；3a，3b—石墨冷凝器；4a，4b—酸雾过滤器；5—预热器；6a—第Ⅰ组转化器；6b—第Ⅱ转化器

由乙炔装置送来的精制乙炔气，经砂封和乙炔预冷器预冷后，与氯化氢装置送来的干燥氯化氢，经缓冲器通过流量计调节分子配比（乙炔：氯化氢＝1：1.05～1.1），在混合器 2 中充分混合后，进入串联的石墨冷却器 3a、3b，用－35℃盐水（尾气冷凝器下水）间接冷

却，混合气中的水分部分以40%盐酸排出，部分则夹带于气流中，进入串联的酸雾过滤器4a、4b，由硅油玻璃棉捕集分离。然后该气体经预热器5预热，由流量计控制进入串联的第Ⅰ组转化器6a，通过列管中填装的吸附于活性炭上的升汞催化剂，使乙炔和氯化氢合成转化为氯乙烯，第一组出口气体中尚有20%～30%未转化的乙炔，再进入第Ⅱ组转化器6b继续反应，使出口处未转化的乙炔控制在3%以下。第Ⅱ组转化器（可由数台并联操作）填装活性较高的新催化剂，第Ⅰ组转化器（也可由数台并联操作）则填装活性较低的，即由第Ⅱ组更换下来的旧催化剂。合成反应的热量，系通过离心泵送来的95～100℃的循环热水移去。

在混合脱水系统石墨冷却器之后，也有采用先经旋风分离器分离酸液，再用一台酸雾过滤器脱酸的流程。在合成转化器系统，小型装置由于转化器台数少，如3～4台，也有采用可串联可并联的流程，遇个别转化器损漏时可以灵活切换。

二、净化与压缩系统工艺流程

图8-2示出净化压缩系统工艺流程。

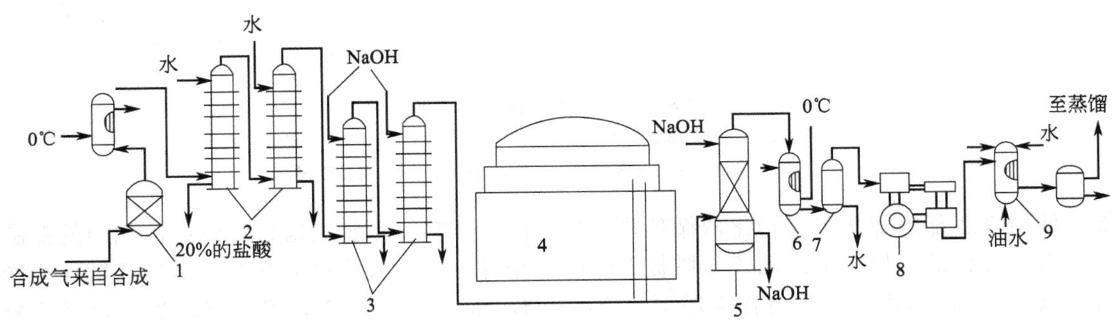

图8-2　粗氯乙烯净化压缩系统工艺流程图

1—汞吸附器；2—水洗泡沫塔；3—碱洗泡沫塔；4—气柜；5—冷碱塔；6—机前预冷器；7—水分离器；8—复式压缩机；9—冷却器

粗氯乙烯在高温下带逸的氯化高汞升华物，在填装活性炭的汞吸附器1中除去，然后由石墨冷却器将合成气冷却到15℃以下，通入水洗泡沫塔2回收过量的氯化氢。泡沫塔顶以高位槽低温水喷淋，一次（不循环）接触制得20%的盐酸，由塔底利用位差注入酸盐大贮槽供灌装外销。气体再经碱洗泡沫塔3除去残余的微量氯化氢后，送至氯乙烯气柜4，气柜中的氯乙烯经冷碱塔5进一步除去微量酸性气体。至机前冷却器6和水分离器7，分离出部分冷凝水，由复式压缩机8加压至0.49～0.59MPa(表压)，并经机后油分离器、冷却器9及分离器等设备，进一步除去油及水后送精馏系统。

水洗泡沫塔后，可串联第二台水洗泡沫塔或水洗填料塔（图中未标出），以备开停车通氯化氢时，或氯化氢纯度波动较大时，通入吸收水操作，其含少量氯化氢的酸性水可排至中和处理。

三、精馏系统工艺流程

图8-3示出了氯乙烯精馏工艺流程。

自压缩机送来的0.49～0.59MPa(表压）的粗氯乙烯先进入冷凝器1a、1b。利用工业水或0℃的冷冻盐水进行间接冷却，使大部分氯乙烯气体液化。液体氯乙烯利用位差进入水分离器2，借密度差连续分层，除水后进入低沸塔3。全凝器中未冷凝气体（主要为惰性气体）进入尾气冷凝器5a、5b，其冷凝液主要含有氯乙烯及乙炔组分，作为回流液返入低沸塔顶

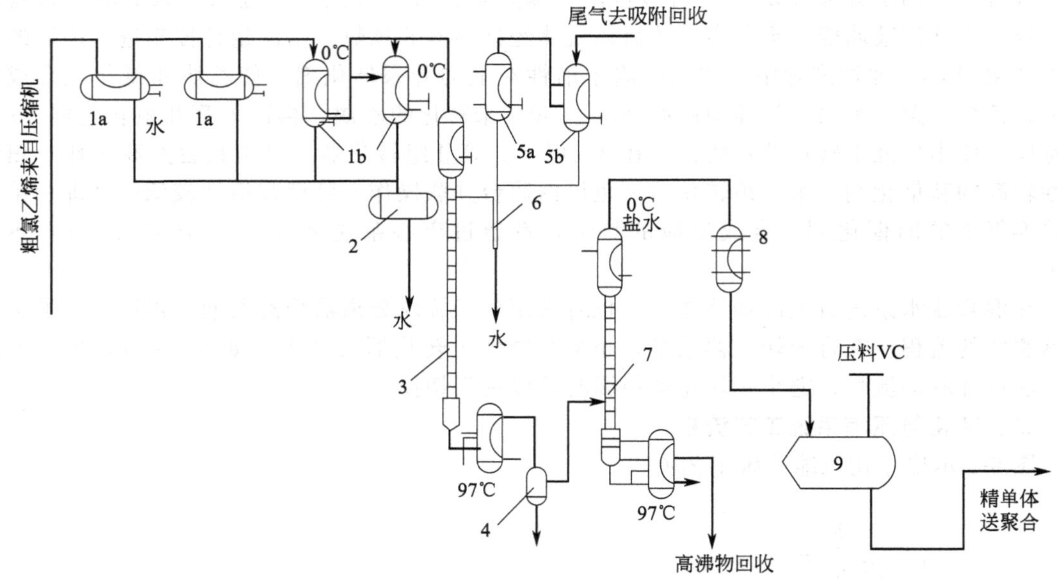

图 8-3 氯乙烯精馏工艺流程

1a，1b—冷凝器；2—水分离器；3—低沸塔；4—中间槽；5a，5b—尾气冷凝器；6—水分离器；7—高沸塔；8—成品冷凝器；9—成品贮槽

部。低沸塔底部的加热釜借转化器循环热水进行间接加热，以将沿塔板下流的液相中的低沸物蒸出。气相沿塔板向上流动并与塔板下流的液相进行热量及质量的交换，最后经塔顶全冷凝器以 0℃冷冻盐水将其冷凝作为塔顶回流液，不冷凝气体也由塔顶经全凝器通入尾气冷凝器处理。低沸塔底脱除低沸物的氯乙烯借位差进入中间槽 4。

尾气冷凝器（用－35℃冷冻盐水冷却）排出的不冷凝气体，经尾气吸附装置（图中未示出），回收其中氯乙烯组分后，惰性气体经压力自控的减压阀排空。

中间槽的粗氯乙烯借阀门减压后连续进入高沸塔 7，向下流的液相经塔底的加热釜将氯乙烯组分蒸出，上升的蒸气与塔板上液相进行同样的热量及质量交换，至塔顶排出精氯乙烯气相，经塔顶冷凝器以 0℃冷冻盐水将其冷凝作为塔顶回流，大部分气相则进入成品冷凝器 8，利用工业水或 0℃冷冻盐水间接冷却将氯乙烯全部冷凝下来，利用位差流入成品贮槽 9 中。根据聚合装置需要，利用氯乙烯汽化槽中的单体汽化压力，将成品单体间歇压送至该装置使用。

自高沸塔底分离收集到的以 1,1-二氯乙烷为主的高沸点物质，间歇排放入高沸物接受槽，并由填料式蒸馏塔（又称Ⅲ塔）回收其中氯乙烯或 40～70℃的馏分（图 8-3 中未标出）。

上述流程中，有的工厂在成品冷凝器之后设置固碱干燥器，以脱除精氯乙烯中未分离物质。

第三节 典型设备选择

一、混合脱水和合成岗位主要设备

1. 列管式石墨换热器的结构、工作原理及操作

列管式石墨换热器结构如图 8-4 所示。

石墨换热器是用于冷却或加热氯化氢或其他腐蚀性气体的设备，主要有列管式和块孔式。由图可见，与气体接触部分均用石墨材料制造，这种石墨是浸渍过酚醛或酚醛树脂的不透性石

墨。如上下管板 2 与 7 是由小尺寸石墨块交叉胶接后，经过车圆、浸渍、钻孔、浸渍、再精加工而完成的；石墨列管 9 则是由石墨粉与酚醛树脂捏和挤压成形的；列管与管板（或浮头）间借酚醛胶泥黏合而成。列管外的钢壳 8 通入冷却水，所以可用普通低碳钢制作，折流板 10 选用硬聚氯乙烯材料。下管板 7 又称浮头，当操作温度高于或低于安装温度时，石墨列管由于具有较大的热膨胀系数，使它比钢质的外壳体发生较大的伸长或收缩，钢壳体与浮头间的填料函结构，就是为了防止因这种温差引起的伸缩，不致使石墨管或胶接处拉裂而产生泄漏。也就是说，通过支耳 11，立式安装的石墨换热器，上管板和钢壳是固定的，当操作温度变化时，由于列管与外壳伸缩不一致，导致浮头、底盖、乃至与底盖相连的管道都有观察不到的伸缩（或称作浮动），这就是浮头式石墨换热器的重要特性，所以，当与底盖连接的管道直径较大，弯头直管段较短难以自然热补偿时，应根据伸缩情况加设管道热补偿器。显而易见，对于列管式石墨换热器，立式安装比斜式或卧式安装更有利于浮头的自由伸缩。

常见的列管式石墨换热器规格（按换热面积计）有：$5m^2$、$10m^2$、$20m^2$、$35m^2$、$50m^2$ 和 $100m^2$ 几种系列。热交换器的顶盖和底盖可以根据操作需要来选择石墨材料或者钢衬胶材制作。操作使用中应注意设备的技术特性，即管内操作压力一般应低于 0.1MPa(表压)，管外操作压力低于 0.3MPa，使用蒸汽作加热介质时应低于 0.2MPa，使用温度范围在 −30～120℃。此外，在运输、贮存、吊装和运转中，严禁振动、撞击。无论新旧设备，在通入氯化氢气体前，均应对管外（外壳）借水或生产系统盐水进行试压捉漏，并对管内侧以氮气或空气进行气密性试验，注意观察上、下管板垫床处及其他部位（用肥皂水测漏，有泄漏时会吹出泡沫），确认无渗漏后方可投入开车运转。

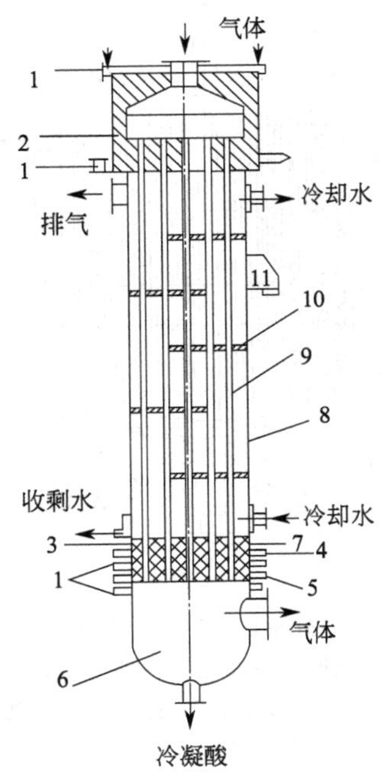

图 8-4　列管式石墨换热器结构

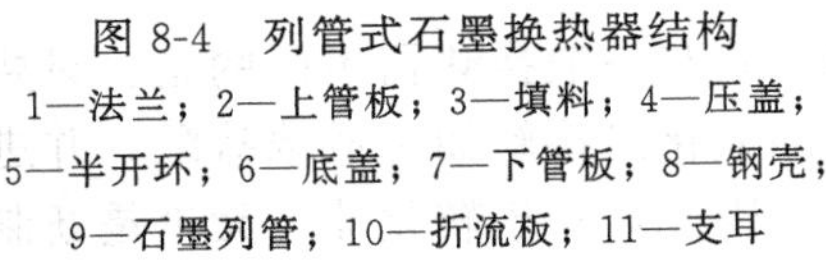
1—法兰；2—上管板；3—填料；4—压盖；
5—半开环；6—底盖；7—下管板；8—钢壳；
9—石墨列管；10—折流板；11—支耳

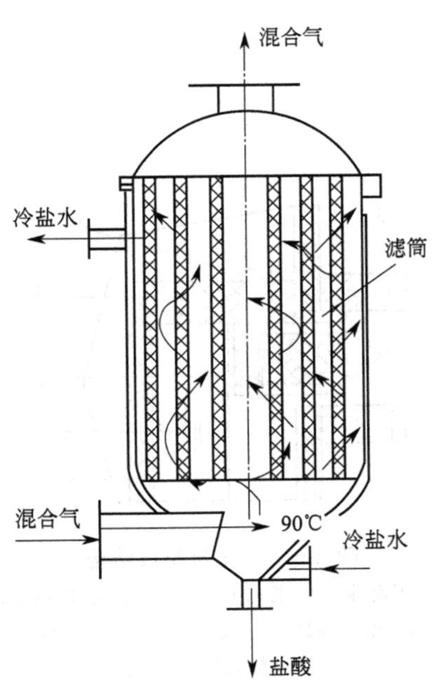

图 8-5　多筒式酸雾过滤器结构

当这种浮头式石墨列管换热器用作高温条件的再沸器时，会出现一系列破坏现象，如石墨粉脱落，浸渍的树脂粉化，以及列管与浮头管板胶泥连接部位漏酸等。后者被认为是浮头填料函处的油分挥发而降低补偿弹性的缘故，当再沸器停车降温时，伸长部分因浮头被轧紧而难于及时收缩，使列管受到很大的拉力而导致胶接处破坏。此外，也由于列管、浮头和胶泥等三者的材料线膨胀系数的差异较大，经过多次开停车的冲缩应力，最终会使薄弱点即列管与浮头的胶接处破坏。因此，用热膨胀系数小的（接近浮头）炭化石墨管制作的换热器，就比较适合于盐酸脱吸过程的再沸器。

2. 酸雾过滤器的结构、工作原理及操作

根据气体处理量大小，酸雾过滤器有单筒式和多筒式两种结构形式。图 8-5 给出了多筒式酸雾过滤器结构。

为防止盐酸腐蚀，设备筒体、花板、滤筒可采用钢衬胶或硬聚氯乙烯制作，图 8-5 所示过滤器共由 7 只滤筒组成。每个滤筒可包扎硅油玻璃棉 3.5kg，厚度 35mm 左右，总的过滤面积为 $8m^2$，这样的过滤器可处理流量 $1500m^3/h$ 以上的乙炔。一般，限制混合气截面流速在 0.1m/s 以下。设备夹套内通入冷冻盐水，以保证脱水过程中的温度控制。

图 8-6 为滤筒与花板结构详图，两者之间通过硬聚氯乙烯螺栓用橡胶垫床压紧，以防气体短路影响脱水效果。包扎玻璃棉时，纤维应呈垂直方向，以利冷凝酸流动顺畅。

3. 氯乙烯合成转化器的结构、工作原理及操作

图 8-7 示出了大型转化器的结构。转化器实际上就是一种大型的换热器。其列管 8 均采用 $\phi3.5mm\times67mm$ 无缝钢管与管板 4 胀接而成，列管内放置催化剂，根据列管内的容积，目前有两种规格的大型转化器。

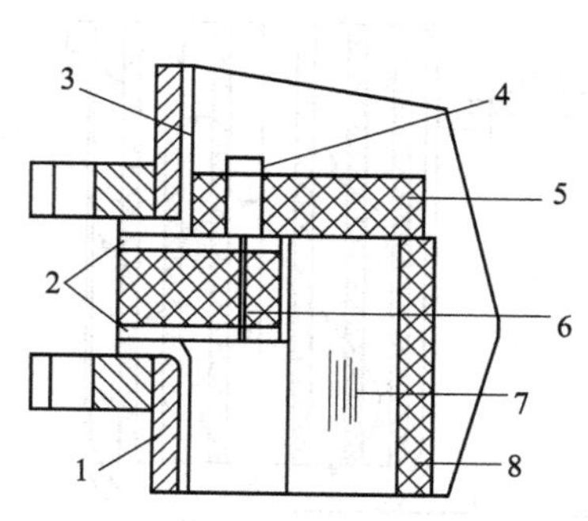

图 8-6 滤筒与花板结构

1—下筒体；2—橡胶垫圈；3—上盖（衬胶）；4—塑料螺栓；5—滤筒法兰；6—花板；7—玻璃棉滤棉；8—滤筒

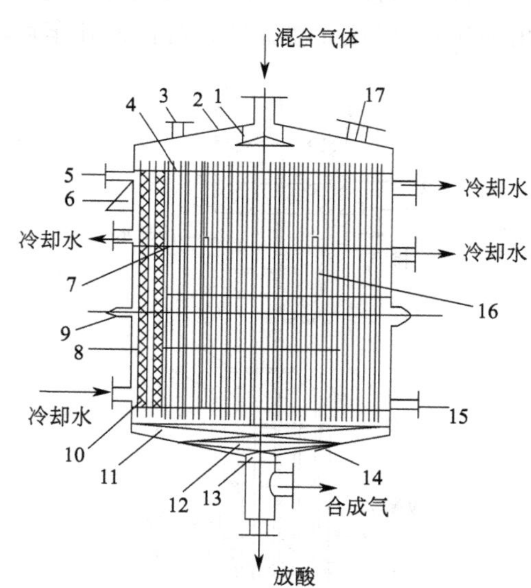

图 8-7 转化器结构

1—气体分配板；2—上盖；3—热电偶；4—管板；5—排气；6—支耳；7—折流板；8—列管；9—膨胀节；10—活性炭；11—小瓷环；12—大瓷环；13—多孔板；14—下盖；15—排水；16—拉杆；17—手孔

转化器的列管与管板胀接的技术要求较严格，因为它与一般换热器不同的是：只要有微小的渗漏，将使管间的热水泄漏到设备内，与气相中的氯化氢接触而生成浓盐酸，并进一步腐蚀直到大量盐酸从底部放酸口放出而造成停产事故。因此，对于转化器，无论是新制造还是检修，在安装前均应对管板胀接处进行气密性试漏（用 0.2～0.3MPa 压缩空气）。为减少氯化氢对列管胀接或焊缝的腐蚀，有的工厂采用耐酸树脂玻璃布进行局部增强。设备的大部

分材质可用低碳钢，其中管板由 16Mn 低合金钢制作，列管选用 20 号或 10 号钢管。下盖为防止盐酸腐蚀，用耐酸瓷砖衬里防护。

为减少转化器管间热水对外管壁的电化学腐蚀，可采用如下的措施：

① 减少水中氯根含量；

② 提高 pH 值到 8～10，比较普遍的办法是使用无离子水并利用液碱控制 pH 值。

③ 补充水脱氧；

④ 添加缓蚀剂（如水玻璃）等。

二、净化与压缩岗位主要设备

1. 水洗塔的结构、工作原理及操作

图 8-8 示出了典型水洗泡沫塔的结构。

塔身 1 为防止盐酸的腐蚀和氯乙烯的溶胀作用，采用衬一层橡胶作为底衬，再衬两层石墨砖。包括衬胶泥厚度在内，其衬里总厚度为 33mm 左右。筛板 2 采用厚度 6～8mm 的耐酸酚醛玻璃布层压板，经钻孔加工而成。筛板共 4～6 块，均夹于塔身大法兰之间，这种不加支撑环的筛板结构有利于增加整个塔截面积的利用率。溢流管 4 可由硬聚氯乙烯焊制（呈山字形）外包耐酸树脂玻璃布增强，再通过硬聚氯乙烯套环夹焊固定于筛板上，上管端伸出筛板的高度自下而上逐渐减小。

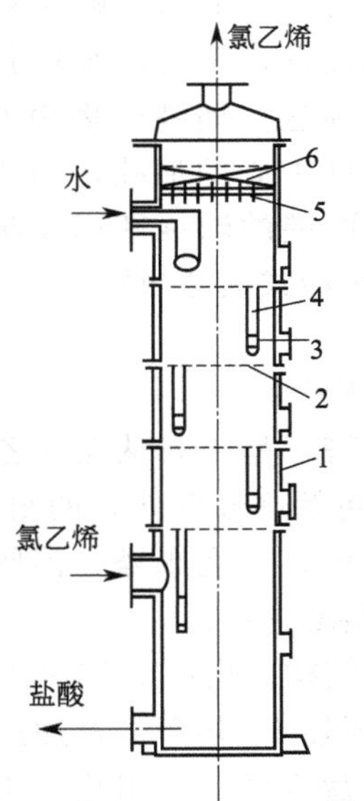

图 8-8　水洗泡沫塔的结构

1—塔身；2—筛板；3—视镜；4—溢流管；5—花板；6—滤网

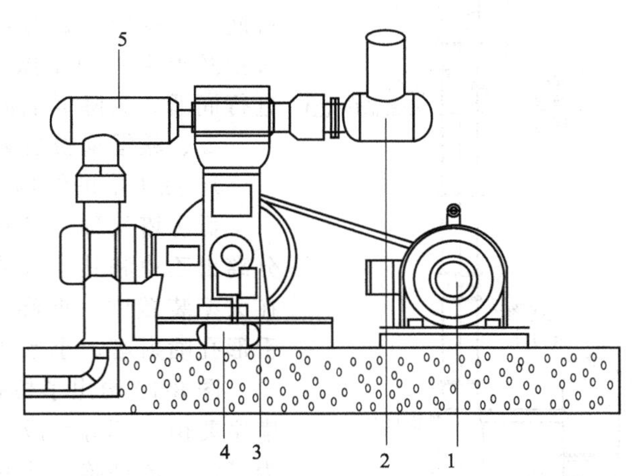

图 8-9　4L-20/8 型空气压缩机总布置

1—电动机；2—空气过滤器；3—压缩机；4—油冷却器；5—中间冷却器

吸收水自塔顶第一块塔板加入，在该筛板上与上升的粗氯乙烯气体接触，形成具有一定高度的泡沫层，在泡沫层内气液相进行质量传递过程，使气相中的氯化氢被水吸收为盐酸，经由溢流管借位差流入下一层筛板，在下面几块塔板上重复上述的质量传递过程。借塔顶加入水量的调节可以控制吸收过程的气液比，控制液体在筛板上泡沫层的停留时间，以使塔底排出稀酸浓度达到 20%～25%。通过视镜 3 可以观察到筛板上泡沫层的高度及气液湍动接触的情况，判断塔设备的工作质量。

根据经验，塔的上部几块筛板与下部筛板的开孔率可以不同，下部筛板开孔率可以大些，以适应塔的进出口气体洗量的差异，筛板开孔情况如下：

筛　板	开孔率/%	孔径/mm	孔间距/mm
上部筛板	10.08	3	9
下部筛板	11.60	2.5	7

常见的泡沫水洗塔还有用厚度 30mm 的石墨板制作筛板的，但气相的阻力大些。在小型工厂中，由于设备的散热表面积相对大些，可使塔内温度低于 60℃，其塔身及筛板可以用硬聚氯乙烯材料加工制作。

2. 压缩机的结构、工作原理及操作

氯乙烯压缩一般选用 L 型空气压缩机，为双缸、两级、双作用、水冷式空气压缩机，主要由机身、曲柄、连杆机构、活塞、汽缸及冷却器等组成，两汽缸互为直角配置（见图 8-9）。

压缩机由电动机通过皮带轮带动运输。压缩机工作时，自由状态的空气经过滤器进入一级汽缸，被压缩到 0.18～0.77MPa 压力后排出，并进入中间冷却器冷却，然后进入二级汽缸继续压缩到额定压力（0.8MPa）后排入贮气罐。经二级汽缸排出的压缩空气，可根据用户的需要，经后冷却器冷却后输入贮气罐。

压缩机片用水冷却。冷却水分两路分别进入中间冷却器和一、二级汽缸水套。一、二级汽缸水套为串联水路，冷却水先进入二级汽缸水套，再进入一级汽缸水套。两路冷却水最后汇合，由总排气管排走。

压缩机传动机构采用齿轮油泵循环润滑。贮于机身的润滑油，在进入油泵前先经过滤油盒，再由油泵压到滤油器，然后通过曲轴中央的油孔，到达曲柄销摩擦表面，进行润滑；同时，部分润滑油沿连杆中心的油孔，润滑十字头销及十字头的摩擦表面。曲轴两端的轴承利用飞溅的油进行润滑。为降低油温，其备有水冷式油冷却器。

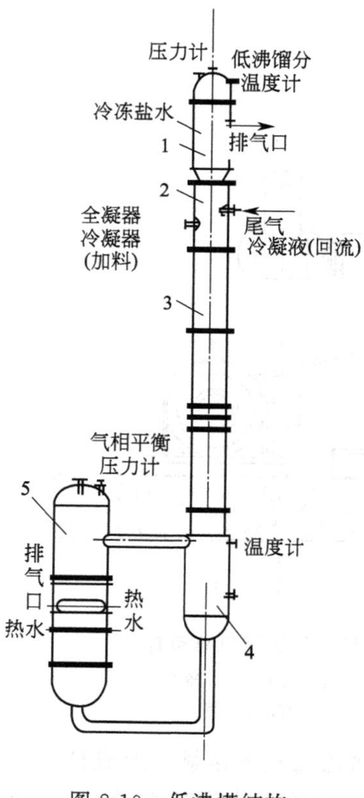

三、精馏岗位主要设备

1. 低沸塔的结构、工作原理及操作

低沸塔又称为乙炔塔或初馏塔，是用来从粗氯乙烯中分离出乙炔和其他低沸塔馏分（包括惰性气体）的精馏塔。在大型装置中，低沸塔多用板式塔，如泡罩塔、浮阀塔或舌形孔喷射塔，小型装置则以填料塔为主。

图 8-10　低沸塔结构

1—塔顶冷凝器；2—塔盘；3—塔节；4—塔底；5—加热釜

图 8-10 给出了板式塔的总体结构。由图 8-10 可见，该塔主要由三部分组成，即塔顶冷凝器 1、塔节 3 及加热釜 5。为了便于清理换热器的列管和塔盘构件，采用法兰连接的可拆结构，每个塔节安装 4 块塔盘，共有 40～44 块塔盘。

经全凝器冷凝的氯乙烯液体自上面第四块塔盘加入，即精馏段为 4 块板，提馏段为 40 块板。其塔顶回流液，应包括塔顶冷凝器内回流和尾气冷凝外回流部分。低沸塔由于向下流的液体流量较大，上升蒸汽流量较小，降低管截面积与塔截面积的相对比率较大。生产实践证明在原有低沸塔上改装截面积较大的降液管，将使塔的生产能力大幅度提高。低沸塔的设备材质一般选用普通低碳钢。有的工厂曾采用不锈钢材料制作部分构件，因塔内上升蒸汽中含微量氯化氢，导致不锈钢材料产生晶间腐蚀反而不及低碳钢耐用。填料式低沸塔在小型装置中获得了较广泛的应用。例如，塔内径仅为 350mm 的填料塔，内充填 ϕ15mm 瓷环，填料高度 6m 左右，即能满足年产近

10000t 单体的生产能力，其含乙炔量可稳定控制在 0.002%以下。

采用填料塔时特别要注意如下几点。

① 塔身安装的垂直度。因为倾斜的塔身会使向下流的液体偏流到塔壁一边，而影响到气液相的质量交换。

② 应在填料高度与塔径之比为 2～6 范围内加设集液盘，以使流向塔壁的液体再聚集到塔中心来。

③ 应保证足够的尾气冷凝液回流。保证足够的回流液流量和浓度（即乙炔含量），以保证塔内填料全部润滑，达到预定的精馏效率，这一点在小型装置中由于冷量不足而常常遇到困难。

以某工厂一次测定为例，其所用填料较大，为 ϕ25mm 瓷环，充填高度 6m，塔身略为倾斜，冷量因冷损失大而不能满足工艺要求，当全凝器冷凝液含乙炔 0.016%，总高 6m 的填料层，由测定和折算的理论塔板数仅有 3 块左右。

泡罩塔由于设计方便和操作稳定，而获得了最广泛的应用，也常见于高沸精馏过程。图 8-11 给出了能满足年产 30000～40000t 单体生产能力，直径 ϕ600mm 的泡罩塔盘结构。图 8-12 示出了定型压制的 ϕ75mm 泡罩的结构和主要尺寸。

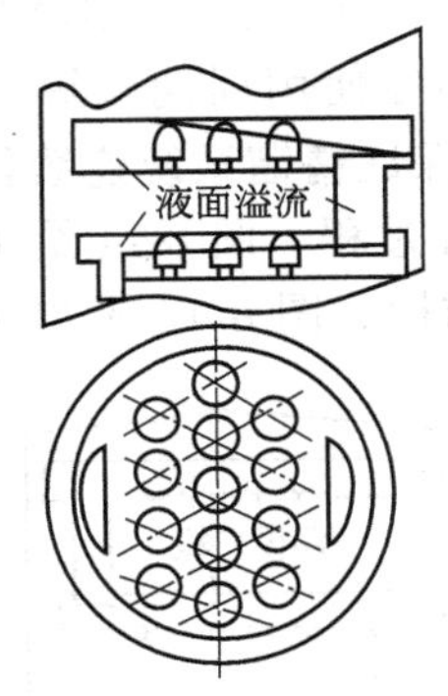

图 8-11　泡罩塔盘结构

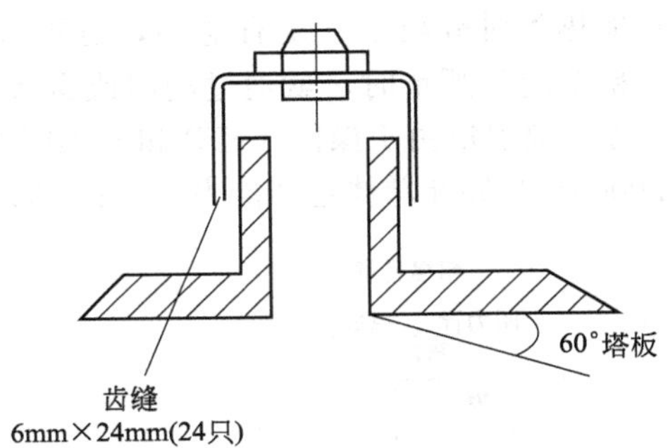

图 8-12　泡罩结构

低沸塔的每块塔盘都是独立的构件，通过 4 根定位拉杆外套定位管，与塔节的支座连接固定，塔盘与塔节之间的空隙利用石棉绳稍微填充密封，以防较多的气体由此环隙走“短路”。泡罩塔的传质过程是通过溢流堰拦住的流动液体层，与下层经升气管上升经泡罩上 6mm×24mm 矩形空（又称齿缝）吹出的蒸汽相互接触而进行的。而上层插入的弓形降液管应埋入此液体层中，以防蒸汽由此走“短路”进入上层塔盘，泡罩上的齿缝设置一定范围的高度，以使塔在负荷变化时具有一定的操作性。而上升蒸汽量较少（即产量低）时，气体由齿缝上部吹出，呈气泡穿过上述流动液层；而当上升蒸汽量多（即产量高）时，气体则从上、中部甚至下部吹出，即齿缝达到全开状态，也就是常说的满负荷操作。

由上述设备结构可知，无论对于新设备安装，还是检修或清理后的安装，不但要注意塔身总体的垂直度，以防气液“短路”或偏流，还要严格核对每根定位管长度是否符合要求，因为其长度的误差将引起液管与下层塔板距离的偏差，该尺寸过长，将使板间距超过设计值导致液封不足，甚至“短路”跑气；过短，将使板间距偏小，而影响溢流堰内向下流动液体的流速，甚至影响塔的生产能力。此外，堰板应在整个长度上具有相同的高度（如 48mm），因为高度差异将导致流动液体层的“短路”，即液体倾向堰板较低处偏流而影响气液两相的传质效率。一般，在泡罩塔中，操作的空塔气速在 0.15～0.35m/s 范围，降液管中液体流速在 0.05～0.1m/s（或停留时间在 5s 以上）以下。由于操作气速较低，可采用较小的板间距，如 200～250mm。对于小型泡罩塔盘，为防止液体流经塔板上各泡罩时偏流，常在塔板上焊接折流挡板。

2. 高沸塔的结构、工作原理及操作

高沸塔又称为二氯乙烷塔或精馏塔，是用来从粗氯乙烯中分离出 1,1-二氯乙烷等高沸点物质的精馏塔。在大型的装置中，高沸塔多用板式塔，如浮动喷射塔、浮阀塔或泡罩塔。小型装置则常用填料塔。

图 8-13 给出了高沸塔的总体结构，可见设备结构与低沸塔相类似，仅因其处理的上升蒸汽量较大，相应使塔顶冷凝器、加热釜的换热面积、塔身直径都比低沸塔大些。此外在塔身部分，根据馏分要求，当塔底残液允许含有较多氯乙烯，残液定期排放入Ⅲ塔蒸馏回收单体时，粗氯乙烯加料可以选择塔身较低部位，即精馏段具有较多的塔板数，提馏段具有较少的塔板数；当无Ⅲ塔回收单体时，为降低塔底残液中的氯乙烯含量以减少单体损失，粗氯乙烯加料可选择在塔身较高部位，即提馏段具有较多的塔板数（如 15～20 块板），但为保证成品单体的纯度，总的塔板数也应相应增加。

高沸塔设备也常用普通低碳钢制作，虽然不锈钢材料在该塔中不会发生显著的晶间腐蚀，但将增加设备造价，且质量也无明显的改善。由于加热釜所处理的物料均属不稳定的氯代烃化合物，而列管壁面温度较高，经过一定的操作周期（如半年至一年），常因碳化物或自聚物粘于管壁，影响传热效果及液面控制而造成停车清理。一般认为选用矮胖型（即短列管）加热釜对减轻粘壁是有益的，也可采用备用加热釜，即在使用周期较短（如一至两个月）粘壁尚不严重时，就通过阀门或盲板进行切换清理，以保证精馏系统连续稳定运转。

浮动喷射塔由于操作气速高和处理能力大而广泛用于精馏过程。图 8-14 给出了能满足年产 20000～40000t 单体生产能力、直径 850mm 的浮动喷射塔结构。图 8-15 示出了这种

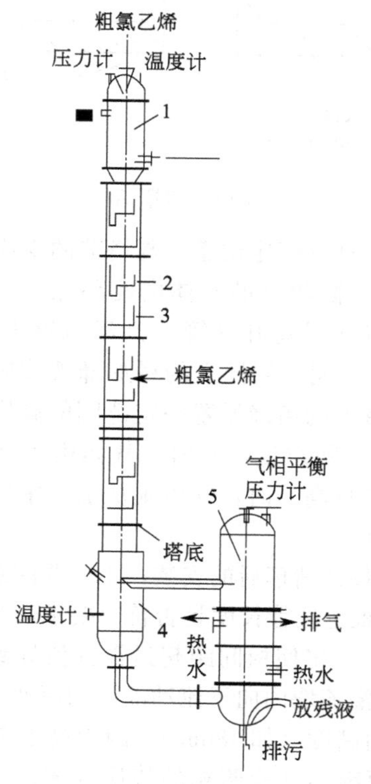

图 8-13　高沸塔结构

1—塔盘；2—塔节；3—塔底；4—冷凝器；5—加热釜

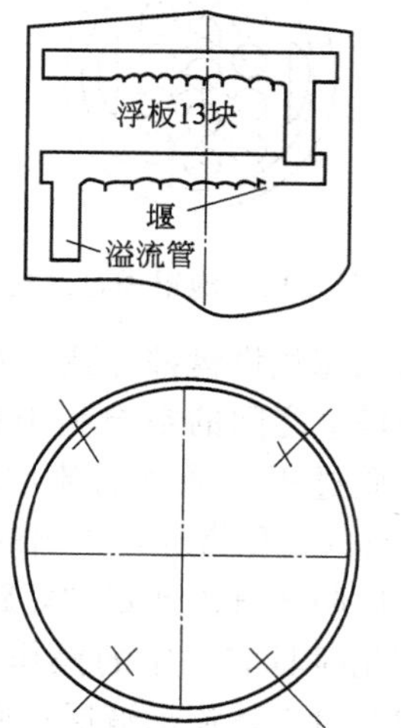

图 8-14　浮动喷射塔盘结构

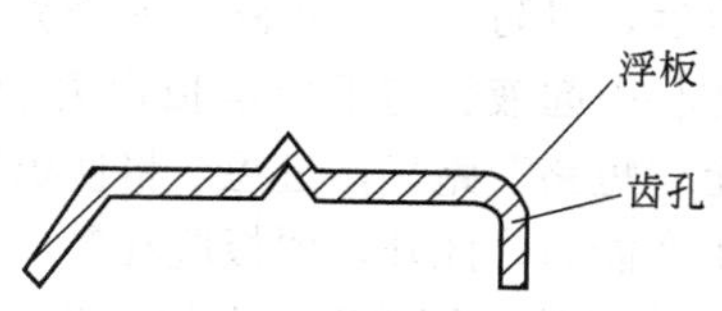

图 8-15　浮板结构

(重 450g) 定型压制浮板的结构。这种塔实质上是舌形喷射塔的改进，其传质过程是通过堰板均匀溢流的液体，经第一块浮板齿缝喷出的气体吹向后面的浮板，并不断地与后面浮板下方喷射出的气体相接触而进行的。与泡罩塔不同的是，上升蒸汽量变化时将改变浮板的开启度，最大开启度为 22.5°(也有采用 25°前)，因此，气体是与液体顺流接触斜向喷射的，这样的塔盘结构将有利于减少气液流体在塔板上的流动阻力和液层高度，故常用于上升蒸汽量大或对塔板阻力有特殊要求（如真空精馏）或为降低塔釜温度，以防物料在高温下分解的场合。用于氯乙烯高沸精馏的浮板常见有 250g、329g 和 450g 几种，其宽度一般都为 45mm，而有效长度分别为 248mm、335mm 和 540mm。操作时，应能听到塔体内浮板翻动的声响。

浮动喷射塔安装时应注意的事项，除与泡罩塔相同的部分外，还应注意检查所有浮板与定位板之间的间隙大小和均匀程度。一般，两者允许误差不宜超过 1mm，否则易造成漏液（特别是在低操作气速时）而影响分离效果，浮板翻动是否灵活，也是影响工艺操作弹性和分离效果的主要环节。此外，浮板在长度方向上平直还是弯曲，也将影响气体喷出时的均匀性。应当指出，即使精心设计，若在制造或安装中不注意质量，这种塔器都会事倍功半，使精馏效率显著下降。一般，在浮动喷射塔中，操作的空塔气速可选择在 0.15～0.6m/s，降液管中液体流速则与上述泡罩塔相似。显然，这种塔可采用比泡罩塔小的塔径和较少的塔板数（板效率较高)，但因操作气速较高，为减少雾沫夹带宜选用比泡罩塔大的板间距，如 250～350mm。

浮阀塔具有操作气速高、处理能力大和操作范围宽（即弹性大）等一系列优点。特别是在低处理量时，仍能维持较高的板效率和精馏效果（优于浮动喷射塔），因此已逐渐用于高沸与低沸精馏过程。图 8-16 示出了常用的盘式浮阀及塔盘上的气液接触状况。可见，浮阀是通过圆盘上的支腿来保证浮阀的位置并进行导向和限位的。该塔板上开有许多升气孔，每个孔上配置一个圆盘浮阀，操作时，气体通过升气孔使阀片上升，并穿过环形隙缝以水平方向吹过液层，操作气速的变化将使阀片上升浮动或环形隙缝相应变化，直到支腿末端的爪碰到塔板（底面）而达到最大开启度时，上升过程才终止，这就是浮阀塔操作弹性大的原因。V-1 型 FIZ-3C 不锈钢浮阀阀片是由 2mm 不锈钢薄板冲制加工而成的，重约 33g，阀片上分别设有两个支腿和凸部。凸部的设置能使阀片在气速为 0 或很小，当阀片下落与塔板接触时，仍能在塔板上保持一个最小开启度，从而防止阀片的黏着和腐蚀。除了上述盘式浮阀，也有采用十字架型浮阀的高沸塔，但制造和安装比较复杂。

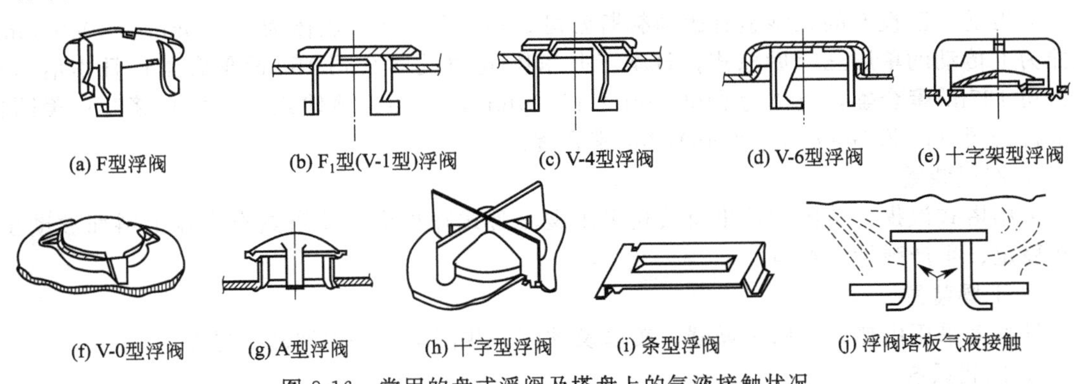

图 8-16　常用的盘式浮阀及塔盘上的气液接触状况

浮阀塔的操作气速范围与浮动喷射塔相近，塔板上浮阀数量通过阀空速度的选择计算得到。例如，以直径 700mm（浮阀数 22 个）的低沸点塔及直径 1000mm（浮阀数 72～84 个）的高沸塔，可以满足年生产 35000～45000t 的单体生产力。

第九章　聚氯乙烯生产

通过本章节的学习，了解聚氯乙烯生产原料和产品的性质；聚氯乙烯生产工艺流程、主要设备结构及工作原理；岗位安全操作规程，不正常现象的处理方法。

第一节　聚氯乙烯生产及原料要求

一、氯乙烯聚合生产状况

单体氯乙烯早在1835年由法国人Regnault合成，1838年观察到其在光作用下能形成无定形粉状高聚物。单体合成及聚合技术发展使聚氯乙烯工业获得了飞速发展。至20世纪80年代初，降低树脂成本已不再以降低氯乙烯单耗为目标，而转向如何采用聚合先进技术。

目前聚氯乙烯生产能力及产量仍以美国为首位。世界最大的生产公司为美国西方石油公司Occidental，其生产能力达每年8.64×10^6t。

目前国外悬浮聚合的基本流程与国内的相似，分为间歇聚合、连续汽提、离心、干燥、贮存包装，典型流程如图9-1(日本信越公司5万吨/年生产线）所示。

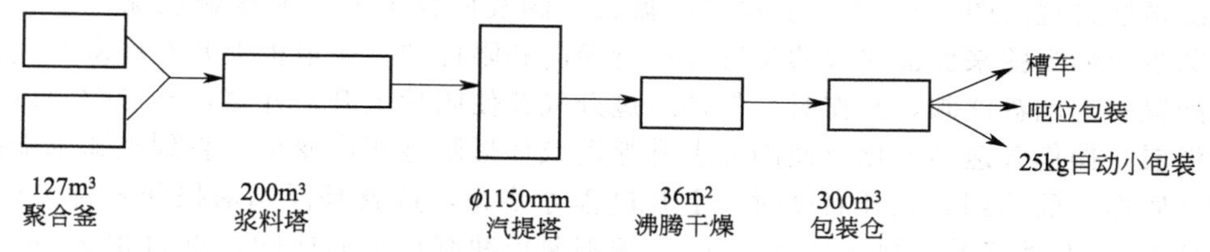

图9-1　聚氯乙烯的典型生产工艺

国外生产聚氯乙烯有以下特点。

1. 釜体大型化

据报道，已投产的大型釜有德国赫斯公司200m³聚合釜，釜体为ϕ5300mm×10000mm，搅拌为上传动的单层三叶后掠式；日本三井东压-电气化学公司150m³聚合釜；日本信越化学公司127m³聚合釜，釜体为ϕ4000mm×10000mm，搅拌为顶伸式三层垂直桨叶；美国古特里奇公司（B. F. Goodrich chem)70m³聚合釜。

2. 汽提装置

采用塔式汽提。美国古特里奇公司采用灌流管式筛板塔。此塔具有塔盘上料面波动小、操作稳定、生产弹性大特点。

3. 干燥装置

日本多采用内热式沸腾干燥器，美国及欧洲一些国家多采用回转干燥器。

4. 包装系统

在世界大型聚氯乙烯工厂，均采用大立仓贮存，进行槽车散装或自动包装、自动码垛。物料采用罗茨风机中压输送，也有气泵高压脉冲输送等形式。

二、氯乙烯聚合产品性质及原料要求

（一）聚氯乙烯产品性质

聚氯乙烯是由氯乙烯单体聚合而成的高分子化合物，它的分子式为：

$$\left[CH_2 - \underset{\displaystyle Cl}{\underset{|}{CH}} \right]_n$$

式中，n 表示平均聚合度。

国内工业生产的 PVC 平均聚合度通常控制在 590～1500 范围。由于高分子主链上引入氯原子，使其高分子结构不同于聚乙烯，并具有一系列独特的性能，其主要的物化数据如下。

外观：白色粉末。

相对分子质量：36870～93750。

相对密度：1.35～1.45。

表观密度：0.40～0.65g/mL。

比热容：1.045～1.463J/(g·℃)（0～100℃）。

热导率：0.5852kJ/(h·m·℃)。

颗粒直径：通常紧密型树脂 30～100μm，疏松型树脂 60～150μm。

折射率：$\mu_D^{20}=1.544$。

软化点：75～85℃。

热分解点：>100℃开始降解出氯化氢。

燃烧性能：在火焰上能燃烧并降解，放出氯化氢、一氧化碳和苯等，但离开火焰即自熄。

电性能：PVC 具有较高的密度，耐电击射，耐老化，可作<10000V 低压电缆和电缆护套。

耐溶剂性：除芳烃（如苯、二甲苯、苯胺、二甲基甲酰胺，四氢呋喃等）、氯烃（如二氯乙烷、四氯化碳、氯乙烯等）、酮类（如丙酮、环己酮等）及酯类外，对水、汽油、酒精等均稳定。

耐酸碱性：在酸、碱介质中及盐类溶液中均较稳定。

老化性：受光照及氧的作用下，PVC 树脂逐渐分解，即老化，聚合物材料表面与空气中的氧起作用，氧气加速了热及紫外光对高聚物的降解作用，分解出氯化氢，形成羰基(—C═O)。

（二）聚氯乙烯生产对原料的要求

1. 无离子水

聚合投料用水的质量直接影响到产品 PVC 树脂的质量。如水中硬度（表征水中金属阳离子含量）过高，会影响产品的电绝缘性能和热稳定；氯根（表征水中阴离子含量）过高，易使颗粒变粗，影响产品的颗粒形态；pH 值影响分散剂的稳定性，较高的 pH 值会引起聚乙烯醇的部分醇解，影响分散效果及颗粒形态。一般聚合工艺用水采用阴阳离子交换树脂处理，控制水的硬度。

2. 分散剂

(1) 明胶

明胶是从动物的皮、骨、肌腱、韧膜等生胶质中制取的蛋白质，是胶朊蛋白的水解产物，属天然的多酞高聚物，这种胶朊蛋白是十几种氨基酸的混合体，彼此以肽链形式相接，高级照相明胶中约有 1000 个氨基酸，平均分子量为 5 万～6 万。

采用明胶作分散剂时，其搅拌下形成的保护膜强度好，颗粒相互碰撞时不并粒，即稳定性好，易于掌握，聚合时粘壁不严重，投料时 H_2O∶VCM 可达 1.15∶1，设备利用率高。

但由于属天然高聚物，杂质及质量不易控制，且本身极易受水分（或湿气）、细菌的作用分解而影响黏度及稳定性，加上明胶分散体系表面张力较高，所得产品颗粒结构紧密，不易塑化加工，故在国外均已淘汰不用。

(2) 聚乙烯醇

聚乙烯醇（PVA）由聚醋酸乙烯酯经碱性醇解（皂化）制得，是唯一不由单体聚合而成的高聚物。因醇解不完全仍含有一定的醇基，将已醇解的醇基—OH 含量称为醇解度。

由于聚乙烯醇是合成的高分子化合物，性能和质量都较稳定，常用于生产各种型号的 SG 型树脂。例如，采用醇解度 78.5%～89%，保胶能力较强，用量低时也只会变粗而不会结块，产品颗粒形态较规整，但粘壁较严重，比较适应于搅拌（剪切力）较强的体系。用作分散剂的聚乙烯醇常以醇解度和聚合度（分子量）来分类，通常采用高醇解度（70%～80%）的作为主分散剂，而以低醇解度（30%～70%）的作为助分散剂。

① 聚合度。主要影响分散剂保护能力，聚合度越大，保护能力越大。

② 醇解度。醇解度低，界面活性大，分散性能好，所得的 PVC 表观密度小，孔隙率大，塑化性能好。聚乙烯醇（PVA）的醇解度与聚氯乙烯（PVC）表观密度的关系见表 9-1。

表 9-1　聚乙烯醇（PVA）的醇解度与聚氯乙烯（PVC）表观密度的关系

PVA 醇解度/%	77	81.3	86.1	93.2
PVC 表观密度/(g/cm³)	0.45	0.35	0.52	0.57

过低醇解度（约小于 70%）的 PVA 属油溶性界面活性剂（如 LL-02），不能单独作为主分散剂，只能作助分散剂用，使用该类助分散剂能提高 PVC 颗粒的规整性及塑化性能，且该类 PVA 在 VCM 相中能阻止二次粒子的凝聚，则也有利于树脂汽提脱 VCM。常用 PVA 规格见表 9-2。

表 9-2　常用 PVA 规格

牌　　号	聚合度	黏度(4%溶液,20℃)/mPa·s	醇解度/%
PVA-1788	1700±50	27～33	88±1
KH-20	2000	44.0～52.0	80±1.5
L-08	700	5～5.8	71±1.5
L-09	700	6～6.5	71±1.5
LL-02	200～300	7.5～9.5	48±3

作为主分散剂，PVA 醇解度为（71±1.5)%（摩尔分数），如 L-08 及 L-09，其生产树脂吸油率高，但该类型分散剂浊点较低，溶液保存及投料时需注意聚合水温要低于相应浓度的浊点值。

(3) 纤维素醚

① 甲基纤维素（MC)。通常由纤维素浸入浓碱液制成碱纤维素，然后加氯甲烷醚化而成。

纤维素虽有较多的羟基，但不溶于水，当羟基被甲基取代后，其溶解性随取代度增大而增大，但取代度过高时，MC 不转为油溶性。取代度与溶解性的关系见表 9-3。

表 9-3　取代度对 MC 溶解性能影响

取 代 度	溶　剂	取 代 度	溶　剂
0.1～0.6	4%～8%NaOH 溶液	2.4～2.7	有机溶剂
1.3～2.6	冷水	2.6～2.8	烃类
2.1～2.6	醇类		

表 9-4 给出了用作氯乙烯聚合分散剂的甲基纤维素的规格。

表 9-4　甲基纤维素的规格

规格	黏度(20℃,2%溶液)/10^3Pa·s	取代度	甲氧基含量/%	水不溶物/%
MC-1	10～20	1.6～1.9	27～31	<1
MC-2	20～40	1.6～1.9	27～31	<1
MC-3	40～100	1.6～1.9	27～31	<1
MC-4	>100	1.6～1.9	27～31	<1

由于甲基纤维素具有界面张力低、界面活性高的性能，所生产的树脂结构疏松，吸增塑剂量较高，聚合反应较平稳，易于控制，且黏釜较轻，已为不少生产厂所采用。但由于其凝胶温度较低，通常只适用于生产 SG-2～SG-4 的低型号树脂，用量为 0.08%～0.12%(对单体)。

② 羟乙基纤维素（HEC)。当纤维素的羧基被乙基所取代后，称为羟乙基纤维素。通常由纤维素加碱处理，再以环氧乙烷醚化制得。

由于引入亲水性的羟乙基，故羟乙基纤维素的水溶性较好，能溶于冷水，也能溶于热水，使用温度范围较宽，但由于大分子链中缺少油溶性基团，致使界面张力较大，界面活性低。表 9-5 给出了氯乙烯聚合用分散剂羟乙基纤维素的规格。

表 9-5　羟乙基纤维素的规格

规格	黏度(20℃,2%溶液)/10^3Pa·s	取代度	水不溶物%
HEC-1	5～15	0.6～1.5	<2
HEC-2	15～35	0.6～1.5	<2
HEC-3	35～85	0.6～1.5	<2

③ 羟丙基甲基纤维素（HPMC)。取代基为羟丙基甲基时的纤维素醚称为羟丙基甲基纤维素。通常由纤维素加碱处理，再以氯甲烷和环氧丙烷醚化制得。

3. 引发剂

在氯乙烯悬浮聚合中，引发剂对聚合度无影响，而对调节聚合速率来讲是重要的助剂，并对 PVC 颗粒形态有一定影响。

引发剂可分有机和无机两大类，有机类引发剂能溶于单体或油类中，适于悬浮聚合，无机类引发剂溶于水，适用于乳液聚合。

有机类引发剂又可分过氧化合物和偶氮化合物。由于分子结构不同，其活性存在很大的差别，衡量引发剂活性的主要指标是半衰期 $t_{1/2}$ 是指其在氯乙烯聚合条件下，在该温度时分解一半量所需的时间，以小时为单位，半衰期 $t_{1/2}$ 与温度的关系可用下式表示：

$$\lg t_{1/2}=\frac{E_{\mathrm{d}}}{2.303RT}-\lg(A_{\mathrm{d}}/0.693)=\frac{A}{T}-B$$

式中　$t_{1/2}$——引发剂的半衰期，h；

E_{d}——分解活化能；

A_{d}——频率因子；

T——温度，K；

A，B——常数。

常用引发剂的半衰期 $t_{1/2}$ 及常数 A、B 列于表 9-6。

由表 9-6 可知，同一种引发剂在不同温度下有不同的半衰期，温度越高，半衰期 $t_{1/2}$ 越短，则活性越高；对不同种引发剂，在相同温度下半衰期不同，半衰期 $t_{1/2}$ 越短，则活性越高。

表 9-6 常用引发剂半衰期 $t_{1/2}$ 及常数 A、B 的值

活性	引发剂	半衰期 $t_{1/2}$/h			A	B
		50℃	60℃	70℃		
低	ALBN	71	17.5	4.5	6670	18.79
	LPO	50	12	3.2	6672	18.95
中	BPP	20	5.5	1.6	6060	17.46
	BPPD	7	3.3	1.58	6139	17.80
	ABVN	6.5	1.7	0.47	6346	18.83
高	IPP	4.5	1.1	0.3	6450	19.31
	EHP	4.0	1.1	0.26	6353	18.90
	DCPD	4.1	1.0	0.27	6450	19.37
	IBCH	3.9	0.9	0.25	6560	19.75
特高	ACSP	0.3	0.25	0.07	7750	24.47

一般以 60℃时，$t_{1/2}$ 作为划分引发剂活性高低的界限，$t_{1/2}$(60℃)＞6h 为低活性引发剂，$t_{1/2}$(60℃)＝1～6h 为中活性引发剂，$t_{1/2}$(60℃)＜1h 为高活性引发剂。

聚合度是控制聚氯乙烯分子量的主要因素，一般氯乙烯聚合反应温度在 45～65℃之间，应选择用半衰期适当的引发剂。现在国内都已使用中活性引发剂，如偶氮二异庚腈（ABVN)、过氧化二碳酸二苯氧乙基酯（BPPD）和高活性引发剂如过氧化二碳酸-2-乙基己酯(EHP)、过氧化二碳酸二环己酯（DCPD）等。据经验介绍，引发剂的 $t_{1/2}$ 应选为该聚合温度下反应周期的 1/3。

引发剂还具有自身加速分解的性质，为安全起见，一般自身加速分解温度在室温以下的，应采用低温条件运输和贮存。

4. 氯乙烯单体

氯乙烯单体控制指标见表 9-7。

表 9-7 氯乙烯单体控制指标

纯度/%	水/$\times10^{-6}$	铁/$\times10^{-6}$	乙醛/$\times10^{-6}$	低沸物/$\times10^{-6}$	高沸物/$\times10^{-6}$
≥99.9	≤300	≤5	≤10	≤10	≤500

5. 助剂

(1) pH 缓冲剂

聚合用水必须经阴阳离子交换处理，处理后的水中含有的钙、镁等金属离子、氯根离子、碳酸根离子等基本除净，在聚合加水时空气中的二氧化碳很易溶入水中而降低水的 pH 值，一般常添加缓冲剂如碳酸氢钠（又称小苏打）来稳定体系的 pH 值，通常的用量为 0.02%～0.04%(对单体)。

(2) 水相阻聚剂

聚合配方中添加硫化钠后，对溶于水相的氯乙烯有一定阻聚作用，可减轻黏釜，其用量为 40×10^{-6}～60×10^{-6}。

(3) 热稳定剂

聚合配方中添加有机锡（二月桂酸二丁基锡）后对树脂的热稳定性有显著影响，可提高树脂加工制品的白度和光洁度，一般用量在 0.02%～0.15%。

(4) 终止剂

当聚合转化率达到 80%～85%，大分子自由基之间歧化终止增加，易生成较多的支链

结构，影响产品的热稳定性。因此，在聚合反应结束（当压力下降至 0.1～0.2MPa）时，立即加入终止剂，以使自由基联锁反应停止，从大分子结构上减少支链来提高树脂热稳定性。

① 双酚 A：又称 2,2-双（4′-羟基二苯基）丙烷，为白色针状结晶。其用量为 0.02%，由于不溶于水，使用时宜配成酒精溶液或碱溶液，由计量泵压入釜内。

② 丙酮缩胺基硫脲（ATSC）：白色结晶粉末，使用时配成碱溶液，由计量泵压入釜内，其用量为 30×10^{-6}～60×10^{-6}。

（5）消泡剂

在聚合反应结束出料时，需回收未反应的单体，此时往往由于气体降压而引起体积的急剧膨胀和料层内液态单体的沸腾，使回收的气相单体夹带许多泡沫树脂，造成回收系统管道堵塞，因此在聚合釜或出料槽开启回收阀之前应加入消泡剂处理。

① 乳化硅油（30%～35%低黏度硅油）：外观为乳白色油状液体，使用时用水稀释 10 倍，其用量为 12×10^{-6}～16×10^{-6}。

② 聚醚（MEA）：外观为微黄色透明油状液滴，属非离子型表面活性剂，可直接在聚合前加入，也可在聚合结束后出料前加入，有优异的消泡效果，并使颗粒疏松，聚醚与丙酮、乙醇、芳香烃等有机溶剂能混溶，与水有一定亲和性，其用量为 50×10^{-6}～100×10^{-6}。

第二节　生产配料

本岗位是为聚合反应提供合格够用的分散剂、引发剂、缓冲剂、终止剂、涂布剂、液体酸锌、链调节剂、紧急事故终止剂、EDTA、片碱等各种助剂。需熟练掌握溶剂配制操作规程。各种配料经分析配制完毕后，由中控中心进行抽检，合格后的助剂供给本装置聚合单元。

一、原料及规格

1. 原材料规格

（1）脱盐水

聚合投料用水的质量直接影响到产品 PVC 树脂的质量。

指标为：pH 值 6.5～7.5；硬度≤5×10^{-6}；氯根≤10×10^{-6}。

水中硬度（表征水中金属阳离子含量）过高，会影响产品的电绝缘性能和热稳定性；氯根（表征水中阴离子含量）过高，易使颗粒变粗，影响产品的颗粒形态；pH 值影响分散剂的稳定性，较高的 pH 值会引起分散剂聚乙烯醇部分醇解，影响分散效果及颗粒形态。

（2）引发剂

引发剂是调节氯乙烯聚合速率的重要助剂，对聚合度无影响。对 PVC 树脂的质量有很大影响，主要是对 PVC 树脂的“鱼眼”数和热稳定性能的影响。在聚合反应中常用的引发剂为 EHP 和 CNP。

① EHP(水乳液)。EHP 是一种高效引发剂，其名称为过氧化二碳酸二乙基己酯，外观为无色透明液体、无杂质，其贮存温度为－20～－15℃，其为水溶性引发剂，为乳白色液体，有毒、易挥发，EHP 的氧化分解性极强，故在使用及贮存时，应避免与氧化剂、还原剂或金属接触，与皮肤接触后应及时用水冲洗。EHP（水乳液）执行标准见表 9-8。

表 9-8　EHP（水乳液）执行标准（企标）：Q/LZH009

外观	活性氧含量(质量分数)/%	含量(质量分数)/%	氯含量(质量分数)/%
乳白色液体	2.31±0.05	50±1	≤0.15

② CNP。CNP 是一种高效引发剂，其名称为过氧化新癸酸异丙苯酯，外观为乳白色液体、无机械杂质，其贮存温度为－20～－15℃，有毒、易挥发，CNP 的氧化分解性极强，故在使用及贮存时，应避免与氧化剂、还原剂或金属接触，与皮肤接触后应及时用水冲洗。CNP 执行标准见表 9-9。

表 9-9　CNP 执行标准（企标）：Q/LZH0003

外观	活性氧含量(质量分数)/%	含量(质量分数)/%	氯含量(质量分数)/%
乳白色液体(无杂质)	≥2.61	≥50	≤0.15

(3) 分散剂

在氯乙烯悬浮聚合水相（连续相）中，一般都溶有（或分散）分散剂，分散剂的存在一方面降低氯乙烯单体与水的界面张力，有利于在搅拌作用下 VCM 的分散；液滴形成的同时，分散剂吸附在液滴表面，起到保护作用，防止聚并。在搅拌确定之后，分散剂的种类、性质和用量则成为影响 PVC 树脂颗粒形态的主要因素。一般在 $30m^3$ 聚合装置所用的分散剂主要有 HPMC、PVA 和 LW-200。

① HPMC。具有较好的界面活性和较高的凝胶温度，与 PVA 复合使用。HPMC 执行标准见表 9-10。

表 9-10　HPMC 执行标准（企标）：Q/09FRT001—2003

羟丙基/%	甲氧基/%	黏度/mPa·s	水分/%	灰分/%	凝胶温度/℃
4.0～7.5	27.0～30.0	40.0～60.0	≤5.0	≤1.0	62.0～68.0

② PVA。醇解度低，界面活性大，分散性能好，所得的 PVC 表观密度小，空隙率大，塑化性能好。LW-200 只能作为助分散剂，使用该类分散剂能提高 PVC 颗粒的规整性及塑化性能。聚乙烯醇的规格见表 9-11。

表 9-11　聚乙烯醇的规格

牌号	黏度/mPa·s	醇解度/%	pH 值	浓度/%	灰分/%
KH-20	44～52	78.5～81.5			≤0.7
LW-200	500～2000	46～53	5～7	40±1	

(4) 终止剂

在 VCM 悬浮聚合中，根据自由基聚合反应机理，当转化率达到 80%以上时，易生成较多的支链结构，影响树脂的热稳定性能和加工性能。所以当反应后期压降 0.10MPa 左右时，加入终止剂可以急剧减慢反应或终止反应，达到控制聚合深度的目的。聚合用终止剂及其他助剂均为有机物，应尽量避免接触，接触过程中要做好个人的防护工作，接触后要用大量水冲洗。终止剂为乳白色液体，密度约为 1g/mL。

(5) 消泡剂

在聚合反应结束出料时，需回收未反应的单体，由于气体降压而引起体积的急剧膨胀和料层内液态单体的沸腾，使回收的气相夹带许多泡沫，造成回收系统管道堵塞，因此在聚合釜或出料槽开启回收阀之前应加入消泡剂，起抑制泡沫的作用，聚合常用的消泡剂为聚醚和乳化硅油，为乳白色液体。

(6) 缓冲剂

为了提高聚合体系 pH 值的稳定性，需要加入 pH 值缓冲剂。一般使用碳酸氢铵作为缓冲剂。

(7) 涂布剂、液体酸锌

① 指标要求。各助剂厂家必须提供检验报告单，事业部对原材料外观进行检验，检验标准依据厂家提供标准进行检验。

② 物化性质。聚合用涂布剂、液体酸锌等其他助剂均为有机物，应尽量避免接触，接触过程中要做好个人的防护工作，接触后要用大量水冲洗。

2. 公用原料规格

公用原料规格见表 9-12。

表 9-12 公用原料规格

序号	名 称	符号	检测项目	单位	控制指标	备注
1	无离子水	DW	硬度	$\times10^{-6}$	≤5	
			氯根	$\times10^{-6}$	≤10	
			pH 值		6.5～8	
2	蒸汽		压力	MPa	0.5～1.0	
			压力	MPa	0.2(采暖蒸汽)	
			温度	℃	100～150	
			饱和度		过饱和	
3	仪表气		压力	MPa	0.3～0.7	
			质量		无油无水	
4	压缩空气		压力	MPa	0.3～0.75	
			质量		无油无尘	
			温度		环境	

二、配料

1. 分散剂配置

首先将配制槽中加入所需脱盐水量，启动配置槽搅拌，按规定将事先称取好的分散剂在搅拌下均匀投入配制槽中，开蒸汽阀门升温至 80℃，打开循环水阀门进行降温，温度降至 30℃以下，加入二次无离子水，搅拌 30min 后，经化验合格后待用。

2. 缓冲剂配制

配置缓冲剂时配料人员应预先与微机人员进行联系，在聚合釜进料间隙，根据现场流量计将无离子水加入缓冲剂配置槽内，并将按规定浓度计算称量的 NH_4HCO_3 加入缓冲剂配制槽中，开启搅拌，让其充分溶解，持续搅拌 30min，配比浓度要求在 (10±0.5)% (质量分数)，经化验合格后待用。

3. 引发剂配制

在聚合釜进料间隙，配料人员根据现场流量计将按规定计量的无离子水和规定量的 PVA 溶液加入引发剂配置槽内，并按规定浓度将称量好的原装水溶性引发剂溶液按配比浓度折算加入引发剂配制槽中，开启搅拌，让其充分溶解，持续搅拌 1h，配制成含分散剂聚乙烯醇、含 EHP 为 (10±0.1)%的引发剂乳液，将配置并分析好的引发剂放入引发剂贮槽中，停配置槽搅拌。引发剂贮槽溶液经分析合格后待用，引发剂贮槽搅拌常开，在停止进料期间配置好的引发剂溶液经引发剂输送泵自身打回流。

由于引发剂在高温下易分解，在配置过程中应注意配置槽及贮槽的温度，严格控制引发剂的配置温度，要求配置槽温度控制在0～15℃，贮槽温度控制在0～10℃。

4. 终止剂配制

聚合釜进料间隙，配料人员按规定浓度将称量好的原装水溶性终止剂溶液加入配制槽中，开启搅拌，让其充分溶解，持续搅拌30min，待用。

5. 涂布液配制

将抗氧化涂布液倒入涂布液贮槽内，将涂布液槽密封，关闭排空阀，打开氮气阀门充装氮气1～3min，打开排空阀，重复置换三次，稍微打开氮气阀门及排空阀，等待使用，每隔24h应重新排气。

6. 其余助剂配制

片碱、巯基乙醇、消泡剂、EDTA、酸锌等按配方要求称量。

各助剂配制的工艺指标见表9-13。

表9-13　各助剂配制的工艺指标

序号	控制项目	单位	设计指标	控制指标	备注
1	分散剂1浓度	%	6.10±0.1	6.10±0.1	
2	分散剂2浓度	%	4.1±0.1	4.1±0.1	
3	缓冲剂浓度	%	10±0.5	10±0.5	
4	引发剂浓度	%	10±0.5	10±0.5	
5	引发剂贮槽温度	℃	0～10	0～10	
6	分散剂贮槽液位	%	10～100	10～100	
7	分散剂贮槽温度	℃	<30	<30	
8	引发剂贮槽液位	%	0～100	0～100	
9	引发剂配制槽温度	℃	0～15	0～15	
10	涂布液贮槽液位	%	0～100	0～100	
11	终止剂贮槽液位	%	0～100	0～100	
12	缓冲剂贮槽液位	%	0～100	0～100	

三、岗位操作及不正常现象处理

1. 开车前的准备

① 配料人员抵达配制现场，确定开车。

② 电动行车无故障，灵活好用。

③ 称量用计量秤灵活准确，经过校验。

④ 配制记录表格齐全。

⑤ 紧袖工作服、胶皮手套、防护眼镜等劳动保护品准备齐全。

⑥ 规定量的助剂已由库房运抵现场。

⑦ 配制单元环境卫生的好坏直接影响到PVC树脂的内在质量，所以要加倍重视。

⑧ 助剂升温用蒸汽、助剂贮存用循环水已达到规定标准温度。

2. 原材料及公用工程条件确认

(1) 化工原材料的确认

包装形式及运送数量确认。

① 引发剂CNP。交付形式：10kg的纤维板桶内装有半桶引发剂。运输必要的条件：保持温度在10℃以下，避光照和远离热源。

② 引发剂ENP。交付形式：10kg的纤维板桶内装有半桶引发剂。运输必要的条件：保持温度在10℃以下，避光照和远离热源。

③ 其他助剂交付形式。分散剂HPMC(60)、HPMC(65)每纸袋装25kg，其他分散剂

每纸袋装 20kg；消泡剂每纤维板桶 200kg；EDTA 每圆桶装 25kg；终止剂每塑料桶 200kg；酸锌每塑料桶 180kg；碳酸氢铵每袋 25kg。

（2）公用工程条件确认

开车前要对蒸汽、无离子水、工业水、电等逐一进行确认，确认以上公用工程在该单元运行正常。

3. 正常开车

该岗位助剂配制为间歇操作，每次配制都可以看作正常开车。确认电、蒸汽等公用工程条件满足，按操作方法配制各助剂。各助剂配制浓度经分析合格后，配合聚合单元将各助剂进行置换。

4. 不正常现象及处理措施

配料岗位不正常现象及处理措施见表 9-14。

表 9-14　配料岗位不正常现象及处理措施

问　　题	产生原因	采取措施
在助剂中混入外来杂质		不使用
助剂量不足		使用时要慎重
助剂着色	①助剂分解 ②混入杂质	不使用
计量错误	①磅秤不准	校磅秤后再称
	②操作人员失误	再操作一次
	①被水浸湿 ②被有机溶剂浸泡	不使用

四、安全及环保

1. 助剂泄漏的处理方法

助剂泄漏时，要用大量清水冲洗，尽可能降低助剂浓度，现场人员要佩戴防护面具，备足消防器材，现场杜绝泄漏源，加强通风，人员站在上风处。

2. 火灾事故的处理方法

① 电器着火时，应首先切断电源，然后采用干粉灭火器灭火。

② 仪表盘发生火灾时，应首先切断电源，然后采用二氧化碳灭火器灭火。

③ 发生火灾时，首先切断有关阀门，防止其他助剂着火，然后采用二氧化碳、干粉、泡沫等灭火器灭火。

3. 中毒事故的处理方法

当操作人员发现头晕、恶心、呕吐症状时，很可能为助剂中毒反应，此时应离开现场，及时送往医院检查治疗。

4. 重要设备损坏的处理方法

① 当冷却系统设备发生故障时，如在短期内不能修复，应将系统中的引发剂溶液倒空，送往冷库贮存。

② 各助剂加料泵发生故障时，要及时通知中控室停止加料操作，并通知有关人员修理。

5. 重大环保事故的处理方法

助剂大量泄漏时，应尽可能回收，另外用大量水冲洗地面。回收后的助剂送有关单位处理，送空旷的沙地里深埋，以待自然分解。

6. 引发剂和助剂的贮存

① 贮存引发剂的仓库，应与聚氯乙烯装置分开（界区外）。

② 贮存引发剂的温度必须控制在−10℃以下。

③ 引发剂应有冷藏贮存装置，应是在通风良好、不受热、完全独立、装有防火楼板的不燃烧建筑中，并且所有的制冷装置和电气设备应在仓库外。应安装报警系统，以显示冷藏装置内可能出现的任何不正常的温度。对贮存容器应加以保护，以防机械损坏，在仓库里不得打开容器。

第三节　聚合反应及工艺流程分析

一、岗位工艺流程

氯乙烯聚合反应式为：

$$n\mathrm{CH_2{=\!=}CHCl} \longrightarrow \mathrm{(CH_2{-}CHCl)}_n + 96.3\sim108.9\mathrm{kJ/mol}$$

图 9-2 示出了氯乙烯聚合和浆料碱处理的工艺流程。

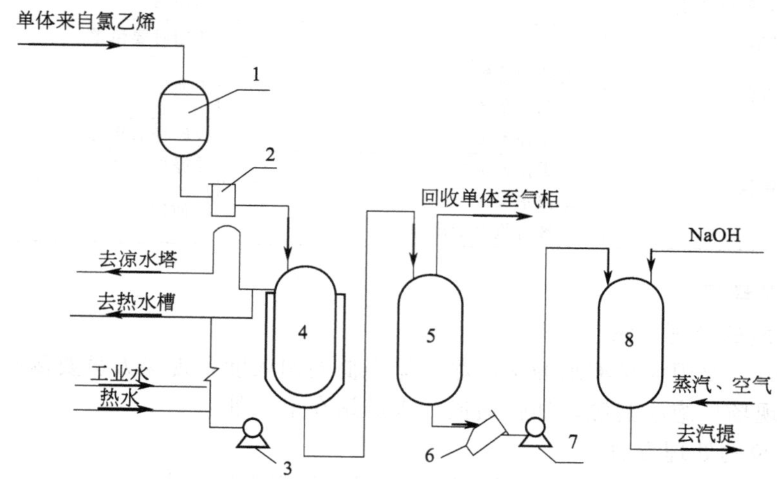

图 9-2　氯乙烯聚合和浆料碱处理的工艺流程

1—单体计量槽；2—单体过滤器；3—循环水泵；4—聚合釜；5—出料槽；6—浆料过滤器；7—浆料泵；8—沉析槽

聚合投料用水系经离子交换处理的软水，由泵或高位计量槽加入聚合釜 4 内，分散剂可在搅拌下自聚合釜人孔直接投入，或配成稀溶液由计量槽加入釜内，其他助剂通常由人孔投入，然后关人孔盖，通入氮气试压，或抽真空脱氧处理。

单体由氯乙烯系统送来，由单体计量槽 1 经单体过滤器 2 加入釜中，并由高压水将引发剂溶液自加料小罐压入釜内。然后开始借热水升温至规定的反应温度，当氯乙烯开始聚合反应放热时，用循环冷却水通过循环水泵 3 于内冷却管及夹套内循环，带出反应热，并使反应温度维持在恒定值，直至反应结束。

当单体转化率达到 85%以上时，通过计量泵向釜内压入一定量的终止剂双酚 A 后，利用釜内余压将悬浮液压入出料槽 5，并通入蒸汽升温至 75～80℃，未聚合单体送入氯乙烯气柜回收。经回收单体后的浆料由出料槽底部，经浆料过滤器 6，利用浆料泵 7 送入沉析槽 8，并加入液碱，以破坏残存的分散剂、引发剂和低分子物，微量单体由槽顶部回收至气柜，槽内的浆料待汽提、离心干燥处理。原材料规格见表 9-15。

表 9-15　原材料规格

主要原材料

序号	原材料名称	材料代号	检测项目	单位	控制指标	备注
1	氯乙烯	VCM	氯乙烯	%	≥99.95	
			温度	℃	≤40	
			外观		洁净无悬浮物	
			低沸物	$\times10^{-6}$	≤100	
			高沸物	$\times10^{-6}$	≤200	
			水分		不含	

辅助原材料

序号	原材料名称	材料代号	检测项目	单位	控制指标	备注
1	碳酸氢铵	NH_3HCO_3	主含量	%	99.2～100	
2	过氧化二碳酸二乙基己酯	EHP	活性氧含量	%	≥2.310	50%溶液
			纯度	%	≥50	50%溶液
3	过氧化新癸酸异丙苯酯	CNP	活性氧含量	%	≥2.61	50%溶液
			纯度	%	≥50	50%溶液

二、聚合过程影响因素分析

（一）转化率与聚合时间的关系

浙江大学潘祖仁教授通过对多种引发剂在反应温度 50～60℃范围的考察，在前人的基础上提出了以下的经验式。

聚合反应转化率：

$$C=Kt^n$$

式中　C——转化率，%；

K,n——常数；

t——反应时间，h。

（二）影响聚氯乙烯颗粒形态的因素

影响聚氯乙烯颗粒形态的主要因素有搅拌、分散剂、最终转化率、聚合温度、水比等。

1. 搅拌

在氯乙烯悬浮聚合过程，搅拌起着多重作用：搅匀物料、帮助传热、保持颗粒悬浮。搅拌作用影响到 PVC 颗粒的粒径和粒径分布、孔隙率及其相关性质。搅拌强度可以用转速、单位体积功率、搅拌雷诺数等表示。对于同一装置，用转速来表征搅拌强度。

从分散剂角度看，提高搅拌强度，将使液滴变细；但强度过大，将促使液滴碰撞而并粒，使颗粒变粗。

搅拌强度还影响到微观颗粒结构层次。曾有实验表明，随着转速增大，初级粒子变细，吸收率增大，见表 9-16。

表 9-16　搅拌转速对 PVC 初级粒子直径的影响（50L 釜）

转速 /(r/min)	初级粒子直径/μm	增塑剂吸收率/%	转速 /(r/min)	初级粒子直径/μm	增塑剂吸收率/%
100	2(1.5～2.5)	21.6	250	1.0(0.8～1.2)	30.0
150	1.7(1.5～2.0)	25.4	330	0.8(0.5～ 1.0)	33.2
200	1.5(1.0～ 2.0)	27.0	400	0.6(0.5～0.8)	45.5

悬浮聚合液-液非均相低黏度聚合体系，通过搅拌，可以使水相中的单体液滴不断分散、合并，促使液滴间混合，同时加快相对运动速度，增大液滴界面的液膜传质系数。

鉴于内桨叶层数的设置要考虑桨叶的作用高度，长径比小于1～1.2时，可只设一层桨，一般使用三叶后掠式桨叶，长径比大于1.2时，应设多层桨叶。聚合釜所需要桨叶的层数可以按照下列公式计算，即：

$$层数=\gamma H/D$$

式中 γ——被搅拌物料的平均相对密度；

H——液体深度；

D——聚合釜直径。

釜体长径比一定时，若桨叶层间距过小，将使结构复杂，导致层间液流冲突激烈致使流况紊乱；如层间距过大，则在层间会产生能量特别弱的滞流区。在实际应用中选取层间距与釜径之比 L/D 在0.5～1之间较为合理。

2. 分散剂

选择的分散剂应具有降低界面张力、有利于液滴分散和保护能力、减弱液滴或颗粒聚并的双重作用。在氯乙烯悬浮聚合中单一分散剂很难满足上述双重作用的要求，为了制得颗粒疏松匀称、粒度分布窄、表观密度合适的PVC树脂，往往采用两种以上的分散剂复合使用，甚至还可添加少量表面活性剂作辅助分散剂。

分散剂在PVC树脂颗粒表面形成皮膜。在聚合初期，水相中的分散剂迅速吸附在单体液滴表面，其浓度相应降低，最后形成皮膜。

用电镜观察，PVC颗粒表层的皮膜粗糙多孔，厚0.25～1.0μm。采用不同的分散剂，形成皮膜的连续性、强度、厚度各异，而皮膜的性质对塑化速度、脱除残留单体的难易均有影响。近年来趋向选用复合分散剂，控制适当用量，合成半无皮膜或无皮膜的树脂。

3. 转化率

要获得质量较好的疏松型树脂，必须将最终转化率控制在85%以下。当转化率较低时，液滴表面有一层分散剂皮膜。以PVA为例，随着聚合的进行，PVA的保护膜逐渐变成PVA/PVC接枝共聚物，皮膜黏附将越来越牢固。转化率为5%～15%时，液滴有聚并的倾向，处于不稳定状态。转化率＞30%时，皮膜强度提高，聚并减少，渐趋稳定。VCM(密度0.85kg/m^3) 转变成PVC(密度1.4kg/m^3) 时，体积收缩，总收缩率达39%。收缩有两种情况：一种是保护能力强，如明胶，液滴或亚颗粒均匀收缩，最后形成孔隙率很低实心球，即紧密型树脂；另一种是保护能力适中，尤其加有适量油溶性分散剂，初级粒子聚结成开孔结构的比较疏松的聚结体，类似海绵结构。转化率增大至＜70%时，海绵结构变得牢固起来，变成不再活动的骨架，其强度足以抵抗收缩力，最后形成疏松颗粒。

转化率达70%～75%时，VCM-PVC体系以两相存在，一相接近纯单体相，另一相是PVC被VCM溶胀的富PVC相。此阶段纯单体相的饱和蒸气压加水的蒸气压，等于聚合釜的操作压力，PVC颗粒内外压力相平衡。转化率＞75%，纯单体相消失，大部分VCM溶胀在富PVC相内，其产生的VCM分压将低于饱和蒸气压或釜的操作压力，继续聚合时，外压大于颗粒内压力，颗粒塌陷，表皮折叠起皱，破裂，新形成的PVC逐步充满颗粒内部和表面的孔隙，而使孔隙率降低。为制得较为疏松的树脂，除分散剂、搅拌等条件合适外，最终转化率应控制在 85%以下。即釜的压力为 0.1～0.15MPa 时，加终止剂，终止聚合，快速泄压，回收单体，出料，即可增大疏松强度。

4. 聚合温度

在无链转移剂时，聚合温度是决定 PVC 分子量的唯一因素。聚合温度对 PVC 颗粒结构的影响将深入到初级粒子。一般随着聚合温度的提高，初级粒子变小，熔结程度加深，粒子呈球形；聚合温度较低时，易形成不规则的聚结体，从而使孔隙率增大（见图 9-3）。

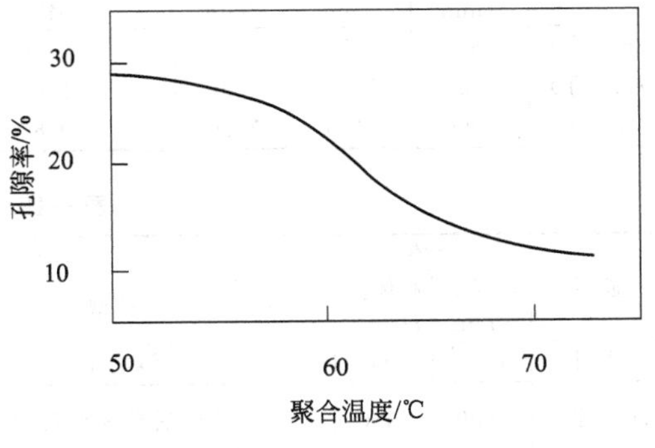

图 9-3　PVC 孔隙率与聚合温度的关系

5. 水比

水和单体的质量比简称水比。水的作用有如下三个：

① 作分散介质，以便将 VCM 分散成液滴，悬浮于其中；

② 溶解分散剂；

③ 传热介质。

由搅拌将 VCM 分散成 30～150μm 的液滴，水比为 1∶1 时，就有足够的自由流体，体系的黏度较低，保证流体的流动和传热。但聚合成疏松粒子后，内外孔隙和颗粒表面吸附相当量的水，致使自由流体减少，体系黏度剧增，传热困难。因此起始水比应保持在一定值以上。生产紧密型树脂时，水比可降至 1.2∶1；生产疏松型树脂时，水比往往高达（1.6～2.0）∶1。在聚合后期，还可补加适量水。水比过低，将使粒度分布变差，颗粒形状和表观密度均受影响。

第四节　聚合过程的主要设备选择

一、搪瓷聚合釜

1. 釜型结构

目前应用于氯乙烯悬浮聚合的搪瓷釜主要为 $7m^3$ 和 $14m^3$ 两种规格，其规格与结构尺寸见图 9-4 和表 9-17、表 9-18。

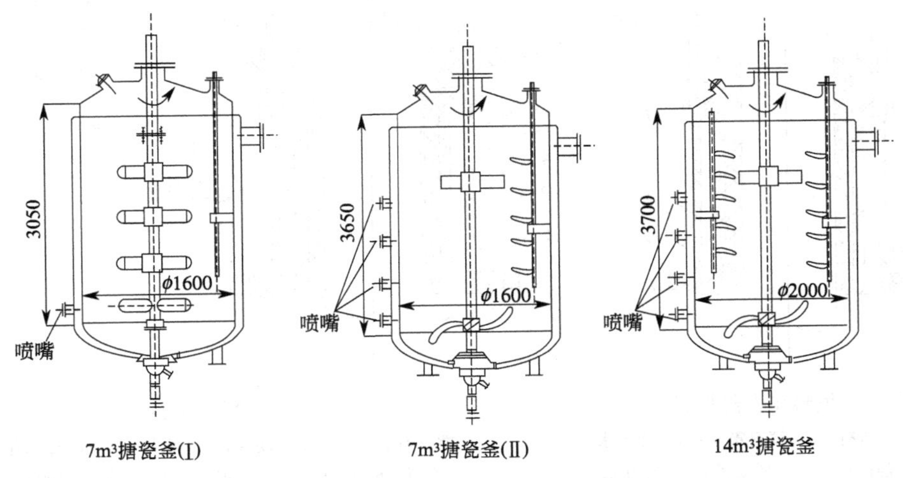

图 9-4　搪瓷釜的结构

表 9-17 氯乙烯聚合搪瓷釜主要规格

规格	内径/mm	外径/mm	高度/mm	釜内工作压力/MPa	夹套压力/MPa	主轴转速/(r/min)	电机/kW	釜净重(不包括减速机)/t
$7m^3$(Ⅰ)	1600	1750	6300	0.83	0.3	210～220	17	7
$7m^3$(Ⅱ)	1600	1750	6300	1.4	0.5	210	13	7
$14m^3$	2000	2150	7200	0.8	0.5	185	20	14

表 9-18 搪瓷釜结构尺寸

釜型	釜体		桨叶					挡板		传热面积和方式	
	直径 D/mm	筒体高 H/mm	H/D	类型	叶径/mm	叶宽/mm	层数	类型	板数	传热面积/m^2	传热方式
$7m^3$(Ⅰ)	1600	3050	1.9	斜桨 45°	800	100	2			17.5	普通直接进水
$7m^3$(Ⅱ)	1600	3650	1.9	三叶后掠×斜桨 45°	740 500	100	2	指形	1	17.5	4 只国产 50 型喷嘴进水
$14m^3$	2000	3700	1.85	三叶后掠×斜桨 45°	70 20	100	2	指形	2	28	5 只国产 50 型喷嘴进水

2. 轴封

$7m^3$ 和 $14m^3$ 搪瓷釜上使用的轴封通常有三种类型：填料箱密封、平衡式填料箱和机械密封（端面密封）。

① 填料箱密封（见图 9-5），一般按生产中的压力和搅拌直径的大小来选用。

填料箱密封由箱体、填料、衬环，压盖和压紧螺栓等零件组成。当旋紧压紧螺栓时，压盖压缩填料，致使填料变形并紧贴在轴的表面上，阻塞了氯乙烯向外泄漏的通道，从而达到密封的效果。它具有结构简单、填料装卸方便等特点，但使用寿命较短。

② 平衡式填料箱（见图 9-6），其结构基本上与上述相同，不同点是用水环将填料分成上下两段。水环四周呈径向开有小孔，正对水环的填料室壁外接有一根进水管，与平衡小罐接通，平衡小罐再与反应釜连通，平衡小罐内装有水，利用釜内的平衡压力和平衡罐内液位将水供给轴封填料，使 VCM 气体密封在填料箱下段。即使密封不好，向外泄漏的仅是平衡水罐中的水，罐内水由高压泵来补充，在更换填料时，要注意水环和进水管位置对准，否则平衡罐将失去平衡作用。

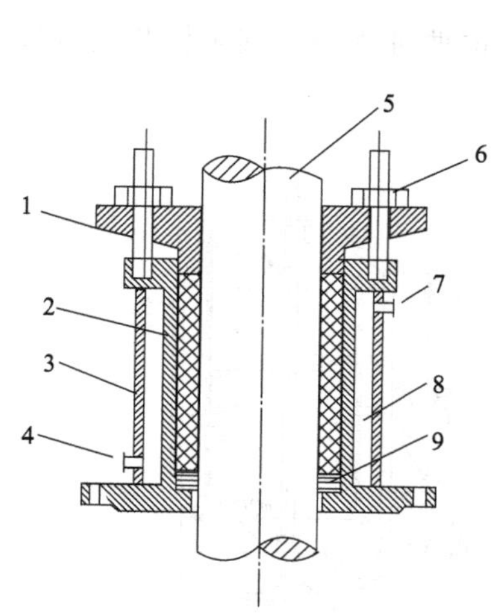

图 9-5 填料箱密封填料

1—压盖；2—填料；3—填料箱体；4—冷却水进口；5—搅拌轴；6—压紧螺栓；7—冷却水出口；8—冷却水腔；9—衬环

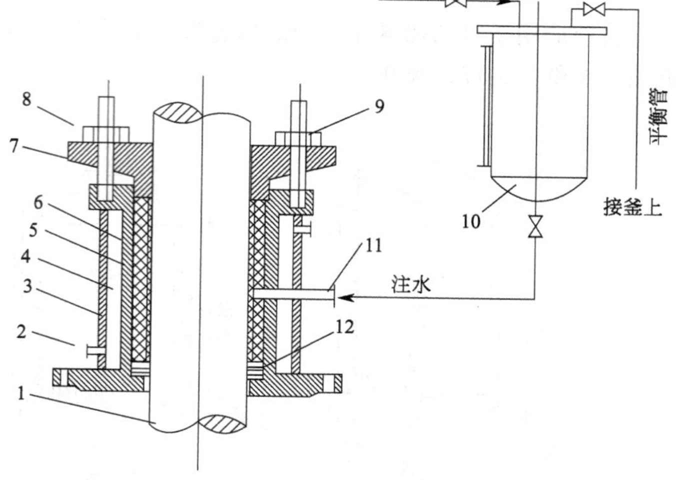

图 9-6 平衡填料

1—搅拌轴；2—冷却水接管；3—箱体；4—冷却水槽；5—水环；6—填料；7—压盖；8,9—压紧螺栓螺母；10—平衡水罐；11—平衡进水管；12—衬环

③ 机械密封（见图 9-7），搪瓷釜采用的机械密封结构具有径向式单端双密封面。它具有轴向尺寸小、静环浮动、对安装要求不高、允许轴的摆动量较大等特点，密封面在密封腔的上方，因此避免了密封液中的杂质和磨损物在密封面周围的沉积，改善了密封条件。

3. 搅拌装置

$7m^3$ 和 $14m^3$ 搪瓷釜的搅拌装置有带指形挡板的三叶后掠式和不带挡板的二叶斜桨。搅拌结构是否合理对树脂质量、物料消耗、VCM 分散成液滴、物料混合、反应热量的传出等都有很大的影响。各厂可根据实际情况安装合适的搅拌叶，使聚合物成为孔隙率高、优质的疏松型树脂。

二、不锈钢聚合釜

1. $13.5m^3$ 不锈钢聚合釜

图 9-8 给出了已定型制造的 $13.5m^3$ 聚合釜结构图，其主要工艺参数如下：

电机功率　　22～28kW

搅拌转速　　197～250r/min

传热面积　　$34.5m^2$

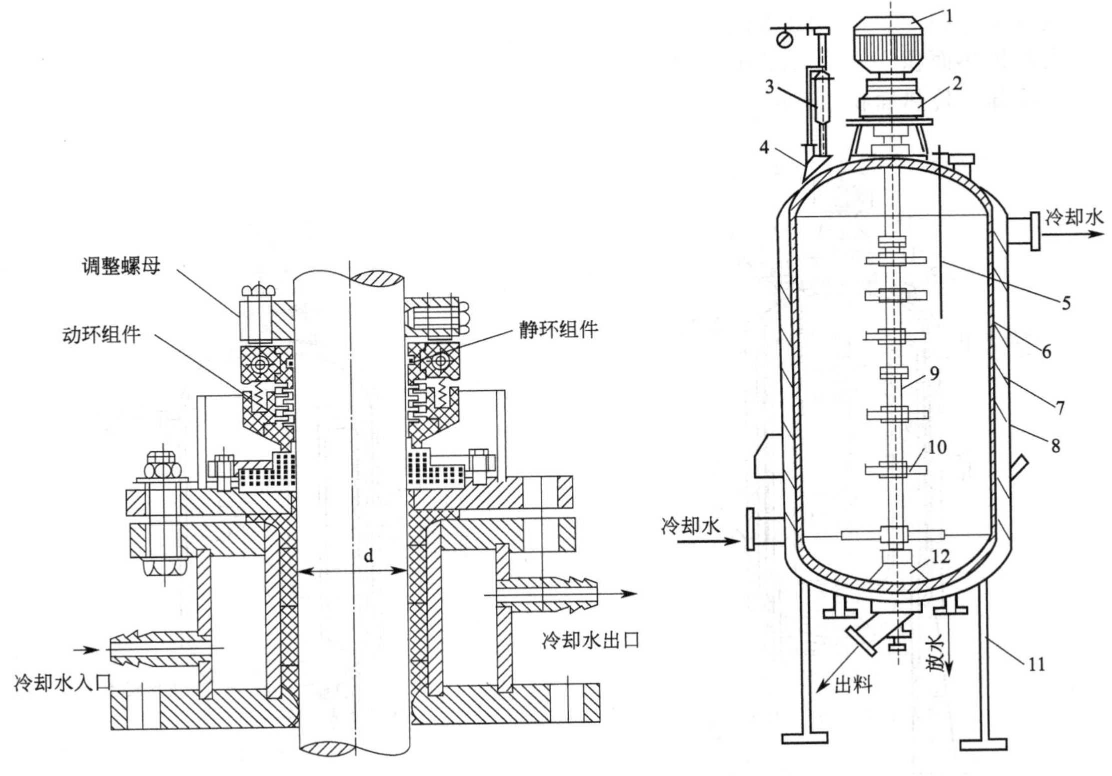

图 9-7　机械密封

图 9-8　$13.5m^3$ 釜结构

1—电机；2—减速机；3—高位水箱；4—人孔；5—温度计；6—釜体；7—螺旋挡板；8—夹套；9—轴；10—搅拌叶；11—支柱；12—轴承

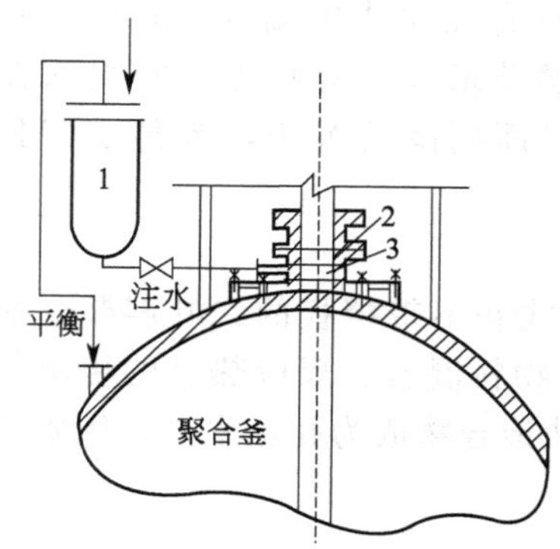

图 9-9 水环式填料轴封结构

1—高位水罐；2—石棉填料；3—水环

设备材质有全不锈钢和碳钢复合不锈钢两种，由于后者传热系数较高，应用要广泛得多。由于属瘦长釜型，为加强上下层物料的均匀混合，安装有4～6层搅拌桨叶，桨叶形式有推进式和平板斜桨式两种，这两种搅拌叶均有利于加强沿搅拌轴上下的循环混合作用。搅拌轴与釜底轴瓦的安装间隙要求在0.70～0.90mm，使用一段时间后因机械磨损逐渐变大，一般当间隙达2mm左右时应更换新轴瓦。

搅拌轴与釜体间的轴封多采用水环式填料密封，其结构如图9-9所示。其原理是利用釜内气体平衡压力及高位水罐静压头，供给轴封填料函的水环3及石棉填料2以稍大于釜内气相压力的高压水，以封住反应釜体的氯乙烯气体，使轴封即使在密封较差的情况下，也只能漏水而不漏气，防止釜内氯乙烯气体从轴封处泄漏。

2. 33m^3（Ⅰ型）不锈钢釜

图9-10给出了我国第一代33m^3（Ⅰ型）不锈钢聚合釜的结构，其主要技术参数如下：

电机功率	55kW
搅拌转速	134.5r/min
设备总容积	33.2m^3
夹套传热面积	52.5m^2
内冷却管传热面积	15m^2

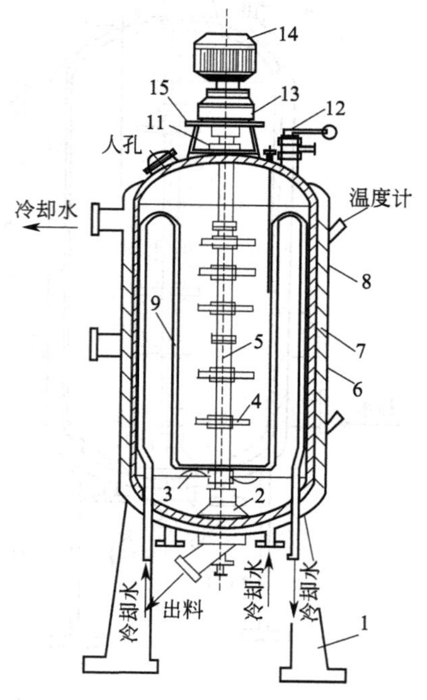

图 9-10 33m^3（Ⅰ型）聚合釜结构

1—支柱；2—底轴承；3—推进式桨叶；4—平板斜桨叶；5—轴；6—釜体；7—夹套；8—螺旋挡板；9—内冷管；10—温度计；11—机械密封；12—安全阀；13—减速机；14—电机；15—机架

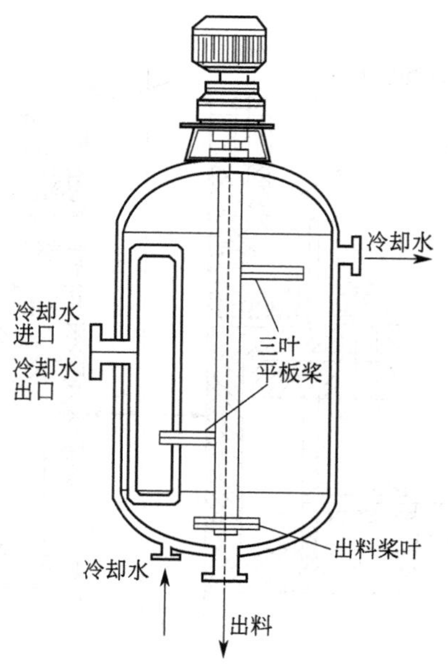

图 9-11 33m^3（Ⅱ型）聚合釜结构

该聚合釜采用碳钢复合不锈钢材质制作，釜内安装有 8 根 ϕ100mm 内冷管（冷却水通道为两进两出）和 5～6 层平板斜桨式或推进式搅拌桨叶。该搅拌系统属于循环作用大而剪切作用小的体系，实际运转时的满载电流仅 60A 以下，实际搅拌效果不理想，所得产品树脂的颗粒分布较宽，颗粒形态也不规整。该釜搅拌轴与釜底轴瓦的安装间隙要求控制在0.50～0.70mm，使用一段时间后因磨损使间隙增大至 2mm 左右，应更换新轴瓦。

搅拌轴与釜体的轴封均采用机械密封（又称端面密封），机械密封的动环材质为钴基硬质合金，静环为特制石墨或环氧树脂浸渍石墨，平衡液选用变压器油。

3. 33m^3（Ⅱ型）不锈钢釜

图 9-11 给出了 33m^3（Ⅱ型）不锈钢釜的结构，其基本结构与Ⅰ型釜相似的，其主要技术参数如下：

电机功率	75kW
搅拌转速	115r/min
设备总容积	32.8m^3
夹套传热面积	49m^2
内冷管传热面积	28.4m^2

但是应指出的是两种釜型在搅拌体系上的差异，如内冷管（挡板）和搅拌桨叶的类型。Ⅱ型釜安装有 8 根双 U 形内冷管（挡板），冷却水通道为 8 进 8 出，管底部结构有利于物料循环混合。虽然仅设置两层三叶平板式搅拌桨叶（釜底部位设置便于出料的小桨叶），但因桨叶宽度大，搅拌剪切力大，有利于造成物料沿径向四周的流动分散，实际搅拌效果较好，属于剪切作用大的搅拌体系，运转时的满载电流可达到 80～110A。用Ⅱ型釜生产的树脂颗粒较细，颗粒分布集中，颗粒形态也较规整，但清釜工作量稍大些。

有的工厂已对Ⅱ型釜进行了改进，如将桨叶宽度缩小，并增加一层桨叶，获得剪切作用与循环作用适中的搅拌体系，产品树脂颗粒形态规整，搅拌的满载电流下降。

4. 70m^{3}不锈钢釜

70m^{3}不锈钢釜是美国古特里奇公司开发的，设备总体积为 70.4m^3，其采用下传动底伸式两层三叶后掠式搅拌器，如图 9-12 所示。

由于搅拌为底伸式，可以避免顶伸式长轴下部与轴瓦产生塑化片而影响产品质量的弊病。两层三叶后掠式搅拌器增加了轴向转动力，克服了一层三叶后掠式搅拌器轴向循环量不足的缺点，使聚合体系轴向混合均匀，有利于改善树脂的颗粒度分布和釜内的温度分布，提高釜的传热效率和产品的内在质量。

轴封采用双端面机械密封，为了防止树脂颗粒进入机械密封内而导致机械密封的损坏，在密封的上端面和釜之间装有节流套筒，具有一定流速（大于 PVC 粒子的沉降速度）的无离子水从节流筒的间隙中进入釜内，从而起到保护机械密封的作用，同时也起到向釜内注水的作用。该釜内安装有 4 根与釜底部固定的圆形套管式挡板，与釜壁无任何固定点，以避免釜内出现死角。挡板采用非不锈钢电镀，为提高传热效果。冷却介质从套管之间进入，由中心排出。为了强化移热能力，冷却介质还可采用氨蒸发的潜热移热方法。釜的夹套采用半圆管焊接在釜的外壁，这种半圆管式夹套可以避免隔板式夹套的冷却水短流现象，提高了冷却水流速，釜壁是复合钢板材质，有效地提高了釜的传热系数。同时半圆管式夹套又对釜壁起到加强作用，因而釜壁可以减薄，这既可强化釜的移热能力，又可降低釜的造价。但也同时带来了釜的制造难度，如整个釜体要进行热处理，以消除焊接和冷热加工带来的应力；釜体要进行整体加工，以保证釜的传动机构装配上的同心度，满足釜运行平稳、振动小、噪声低的要求。

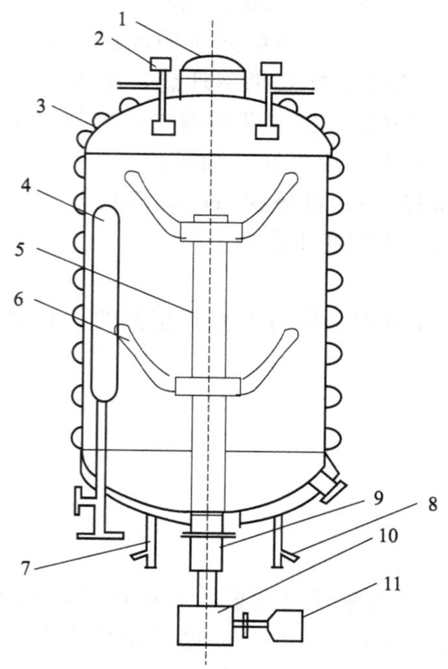

图 9-12　70m³ 聚合釜示意图

1—人孔；2—冲洗、喷涂装置；3—夹套；4—内冷挡板；5—搅拌轴；6—搅拌叶；7—引发剂、分散剂入料阀；8—出料筒，9—机械密封；10—减速机；11—电机

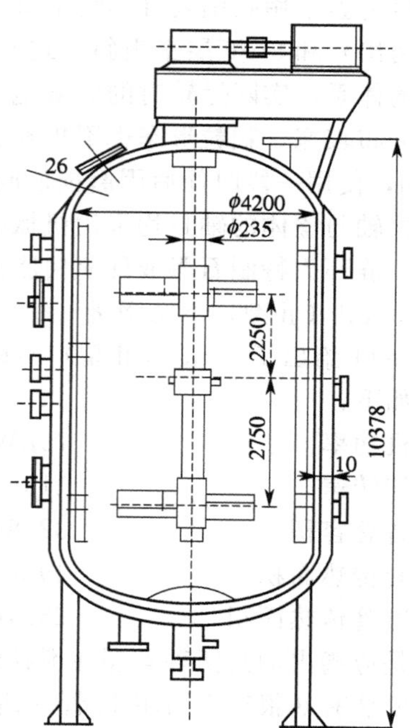

图 9-13　信越公司 127m³ 聚合釜结构简图

为满足防黏釜的要求，釜内壁及内部构件均具有很高的光洁度。釜内壁进行电抛光，抛光后的釜内部构件的表面粗糙度在 0.01～0.32μm 范围之内，达到镜面抛光水平。

在釜的顶部装有两个 180°对称的用于防黏釜液喷涂和釜壁冲洗的特殊装置。喷涂和冲洗装置由一个小马达驱动，可以上下伸缩，喷嘴 360°旋转，使釜内各个部位都能得以喷涂和冲洗。釜的人孔安装有自动开启和锁闭装置，釜上安装有压力安全防爆膜和压力安全阀以及自动出料的特殊阀门等。

5. 127m³ 不锈钢釜

127m³ 不锈钢釜是日本信越公司于 20 世纪 70 年代开发的，我国引进了两套年产 20×10^4t PVC 的装置，现均已投产。

图 9-13 给出了 127m³ 聚合釜结构简图。

其主要工艺参数如下：

电机功率 310kW

搅拌转速 180～124r/min，采用液压变矩器调节转速

该釜内采用碳钢复合不锈钢材料制作，釜内安装有一块挡板，固定在釜壁上，上伸式搅拌轴及两层平板垂直桨叶。釜外配有回流冷凝器，其可弥补夹套冷却面积的不足。夹套和回流冷凝器均通入 8℃低温水冷却。

三、出料槽

出料槽在工艺流程中起到连接上下工序的作用，即间断操作的聚合过程与连续操作的汽提、离心、干燥过程之间的缓冲作用。

根据聚合釜容积及台数，出料槽常见有 18.8m³、45m³ 和 70m³ 几种规格。

图 9-14 给出了 79m³ 出料槽的结构，其主要工艺参数如下：

电机功率 7.5kW

搅拌转速 36r/min

搅拌采用顶伸式、无底轴瓦长轴结构，由于在下层的 4 块平板斜桨的下方，沿垂直方向各焊制一块平衡叶片，限制了轴在运转时的晃动，从而可不用底轴瓦。

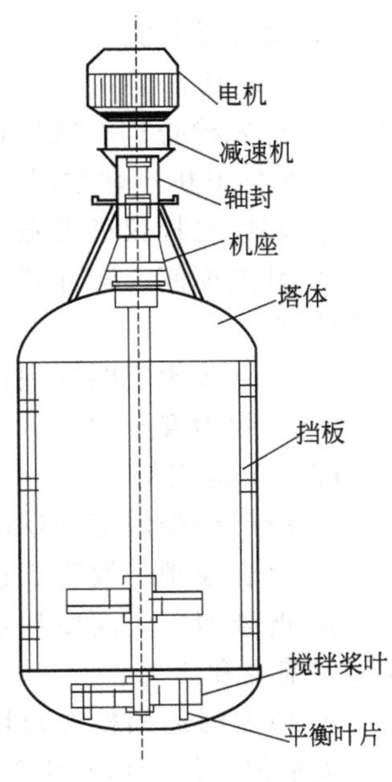

图 9-14 79m³ 出料槽结构

该出料槽内壁设有 4 块呈 90°的直挡板，固定在设备内壁上。该结构对提高树脂质量（如防止由轴瓦摩擦产生的塑化片）、延长设备使用寿命、节约动力电耗等方面均起到重要作用。目前有很多小型工厂尚在使用一种 18.8m³ 顶伸式出料槽（或称沉析槽），其配以鼠笼式或平板斜桨式搅拌系统，转速要比上述 70m³ 出料槽高出好几倍，动力电耗显著增加，且因底轴瓦而易产生塑化片杂质。

此外尚使用一种底伸式出料槽，配以底伸式推进式搅拌桨叶，底轴封选用水环式填料函或黏滞螺旋密封或机械密封几种。这种结构虽然采用比常用结构快 1 倍的搅拌转速，但由于桨叶尺寸小，动力电耗会降低 2/3 左右，且无底轴瓦产生塑化片的弊病，因此获得了广泛的应用。

第五节 聚合岗位操作及不正常现象处理

一、聚合釜的正常操作控制

1. 聚合釜进料操作

聚合釜加入的各种原材料必须严格符合聚合配方要求。

① 与氯乙烯工段联系后，将氯乙烯送入计量槽，送料时计量槽压力应控制在≤0.4MPa（表压）。

② 聚合釜出料完后，用＞1MPa 的高压水冲洗釜壁。视釜壁黏釜情况，若黏釜严重，组织人工下釜清理或高压水清洗（压力为 20～30MPa），清理毕，喷涂防黏釜液，关闭釜底排污小阀，将软水加入釜内，每釜多加 200L 左右，再放水计量，并由两人计量复核（也可借软水计量槽计量后加入）。

③ 关闭出料阀。在搅拌下将分散剂（明胶可直投；聚乙烯醇、羟丙基甲基纤维素须预先配成 1～1.5 溶液）和其他助剂从人孔或管道加入。

④ 盖上人孔盖后用 0.3～0.4MPa(表压) 氮气试压 5～10min，检查捉漏后，停止搅拌，排除氮气（或抽真空 86.6kPa）维持 10min。

⑤ 按操作通知单的氯乙烯用量，借平衡法将氯乙烯由计量槽加入聚合釜（或用单体泵、流量计打入釜内）。

⑥ 当聚合釜进完单体后，开搅拌。将引发剂 EHP 从加料小罐借高压水加入釜内（固体引发剂可从人孔加入，也可溶解成液体按上法加入）并搅拌 5～10min。

⑦ 检查釜上各阀门及搅拌、密封等运转情况。开启热水泵和循环水泵作好升温准备，交仪表控制工进行升温和反应操作，并填写好上述各项操作记录。

近几年来国内已有很多家厂引进了国外的先进装置和技术，从聚合釜进料、升温、正常控制及出料等全过程采用先进计算机控制。上述的聚合釜进料操作适用于中小型和部分大型厂。

2. 聚合釜升温操作

（1）升温

① 首先检查进料的操作记录，包括原料分析数据、热水槽液面及温度、补充冷却水总压力、搅拌电机运转情况。

② 调整自控仪表参数，由专人负责升温。

③ 升温期间，应注意釜上压力变化情况，如发现不正常现象应及时停止升温，并迅速联系处理。

④ 必须按规定时间完成升温操作。

⑤ 一般为安全起见，两台釜不宜同时进行升温操作。

（2）正常控制

① 应严格按规定的反应温度控制，使温度波动范围不超过±0.2℃。

② 仪表控制工发现不正常情况，应及时联系和处理。

③ 遇激烈反应而冷却水补充阀全开时，可借高压水泵加入计量的稀释软水，以维持正常反应壁温和压力。

④ 应定时巡回检查及填写原始记录，包括聚合釜现场压力表、釜上层水银温度计、轴封水罐水位、搅拌电机电流以及设备运转情况。

⑤ 当釜内反应达到出料标准，可通知进行出料操作。

3. 聚合釜出料操作

① 当釜内压力达到出料标准时，由计量泵向釜内加入一定量的终止剂（双酚 A）。

② 应打开的阀门有出料槽搅拌及进料阀、气相回收阀。

③ 打开聚合釜底部出料阀，借釜内压力将聚合后的浆料压入出料槽。

④ 待聚合釜内压力下降至 0.2～0.3MPa 时，向釜内加计量的软水 300～500L，停搅拌。

⑤ 视聚合釜内压力下降至 0.1MPa 以下，手摸出料管有冷的感觉，表示出料已结束。

⑥ 关闭出料槽进料阀，打开釜上气相回收阀和釜底加水阀，进行压水回收釜内 VCM 单体（也可抽真空）。

⑦ 待釜内水加满，VCM 单体回收结束。

⑧ 关闭釜上气相回收阀和底部加水阀，打开人孔盖。

⑨ 待另一釜反应结束出料完毕将此釜水压入做投料准备。

上热水升温、正常操作控制采用主、副调串接调节程序控制的方法，已被大部分厂所使用，目前还有少数小厂仍采用蒸汽升温、人工控制聚合釜温度的方法。

二、聚合釜操作的不正常情况和故障处理

① 聚合釜操作的常见不正常情况和处理方法见表 9-19。

② 聚合釜温度程序自控操作时的常见不正常情况和处理方法见表 9-20。

③ 聚合出料操作的不正常情况和处理方法见表 9-21。

表 9-19 聚合釜操作的常见不正常情况和处理方法

序号	不正常情况	原　因	处　理　方　法
1	釜内压力和温度剧增	①冷却水量不足，冷却水温高 ②引发剂用量过多 ③颗粒粗 ④悬浮液稠 ⑤气膜阀轧死 ⑥仪表自控失灵 ⑦爆聚	①检查水量不足原因，并及时联系加高压稀释水 ②根据水温调整用量 ③检查操作和配方 ④加稀释水 ⑤通知仪表工清理气膜阀 ⑥改手控 ⑦提前出料（可釜底取样判断）

续表

序号	不正常情况	原　　因	处　理　方　法
2	加稀释水时釜内压力升高	投料时加水或单体过多	部分出料后再视情况继续聚合反应
3	马达突然停止运转	①常用电跳闸 ②电机开关跳闸 ③电机超载	①迅速推上备用电源或加终止剂 ②请电工检查，或加终止剂 ③调釜或提前出料调整配方
4	轴封漏气	①水环移位 ②高位水罐、平衡管或水管堵塞 ③高位水罐断水	①更换填料，使水环对准进水口 ②清理高位水罐及管路 ③及时补加水
5	轴封漏水	①填料松 ②下半部填料未压紧 ③填料坏 ④轴晃动	①紧填料函压盖螺栓 ②紧填料函压盖螺栓 ③更换填料 ④停釜检修
6	反应较慢	①引发剂用量不足 ②单体质量差	①补加引发剂或调整配方 ②分析单体质量，与氯乙烯装置联系
7	升温时压力剧增	多加水或单体	排气降压
8	颗粒粗	①投料不准确 ②单体含酸或水质 pH 值低 ③分散剂泄漏 ④分散剂变质	①按配方投料 ②严格控制水质、加碱调节体系 pH 值 ③补加适当分散剂 ④严格选用分散剂
9	爆聚	①聚合升温时未开搅拌 ②分散剂未加入或少加 ③引发剂过多、冷却水不足 ④搅拌液脱落或机械故障	①釜底取样后视情况排气，回收单体避免继续反应结块 ②釜底取样后视情况排气，回收单体避免继续反应结块 ③加稀释水或部分出料 ④釜底取样后视情况排气，回收单体避免继续反应结块，停釜检修
10	树脂转型	①单体质量差 ②仪表偏差	①按单体质量及时调整聚合温度 ②通知仪表工校正仪表
11	出料管发热	出料阀泄漏	①关紧出料阀，放出管内残物 ②用高压水倒冲出料阀 ③若上述办法无效，可视情况将料压至其他釜反应

表 9-20　聚合釜温度程序自控操作时的不正常情况和处理方法

序号	不正常情况	原　　因	处理方法
1	聚合温度偏离控制值，恢复缓慢	①P 值过大 ②L 值过大 ③D-O 开关未复原	①降低 P 值 ②降低 L 值 ③D-O 开关拨“D”
2	聚合温度变化频繁	①P 值和 L 值小 ②D 值太大	①增大 P 值和 L 值 ②降低 D 值
3	聚合温度扩散振荡	P 值太小	增大 P 值
4	控制曲线呈锯齿形	气膜阀不灵活	修复气膜阀，松填料或加润滑油
5	记录笔不出字	①记录笔不畅通 ②墨水用完	①通记录笔 ②加墨水
6	聚合升温慢	①热水温度低 ②热水阀失灵	①提高热水温度 ②修理热水阀 ③气源管直接手动升温
7	热水槽溢水	①热水回收阀失灵 ②冷水阀漏	①修理回收阀 ②修理冷水阀
8	热水槽水位低	①热水泵压力过高 ②其他釜热水阀漏	①调节热水出口压力 ②修理热水阀
9	程控箱不启动	程控箱故障	①切换备用程控箱 ②改用手动控制

表 9-21　聚合出料操作的不正常情况和处理方法

序号	不正常情况	原　因	处理方法
1	出料时其他出料管跑料	聚合釜出料阀未关好，或塑化片轧死	①关紧阀门 ②停止出料，修理出料阀
2	出料管发热	底阀漏	①关紧底阀，放出管内残物 ②用高压水倒冲出料管 ③若上述方法无效，可视情况将料压至其他釜反应
3	水泵打不上水	阀芯脱落	检查修理阀门

第六节　聚合岗位安全及环保

一、安全技术

由于悬浮聚合装置所处理的物料——氯乙烯属于易燃易爆物，该装置属于甲级防火防爆装置。因此在设备检修、开停车前都必须采用氮气（含氧≤3%）等惰性气体进行置换排气处理。

1. 一般安装技术设计规定

在悬浮聚合过程中有可能泄漏氯乙烯气体，它与空气形成爆炸混合物，其爆炸范围在4%～22%，因此，在工程设计中有相关的规定（参见 GB 50016—2006 建筑设计防火规范）。

（1）生产类别

属甲级防火。

（2）土建

设备装置构筑物之间的防火距离必须根据生产工艺特性——甲级防火要求来决定，一般至少不小于 10～14m，厂内道路不窄于 5～10m。

（3）建筑耐火等级

一级或二级。

（4）建筑结构

为利用易燃易爆气体的自然通风扩散，在可能的条件下应尽量采用露天或半露天结构。为确保发生爆炸时有足够的泄压面积，以及防止房屋倒塌，造成人身重大伤亡事故，一般应尽量采用墙不承重的框架结构。必要时局部砌墙采用耐火极限不低于 3.5h 的非燃烧体墙，高层建筑一般应该设有不少于两个安全出口及楼梯。

（5）电气

根据工艺需要，室内电气按 Q2 级防爆要求设计，即电机、按钮和照明灯等均应选用防爆型，如材料和设备供货有困难，可暂以隔爆型代用，仪表自控等弱电设施电应按此要求考虑。设备内局部照明用灯（如清釜）宜用低于 12V 矿灯，其他临时手提行灯不允许超过36V，严禁安装日用（不防爆的）电气插座和日光灯。露天或半露天，以及隔离较好的控制室内，电气和仪表防爆级别可适当放低到 Q3 级。另外，聚合釜偶尔会遇到突然停电和停水，使釜内反应热量不能及时移出，致使压力骤增，有可能发生爆炸的重大伤亡事故，故有关动力电、仪表、照明及冷却水泵供电均应有双电源备用，即用电负荷第一类。

（6）防静电、防雷击

为防止氯乙烯液体在设备管道中高速度流动摩擦产生静电积聚而放电火花，一般液体流速不宜超过 2～3m/s，气体不超过 10～15m/s。同时对于所有设备和管道，应设有消防静电的接地装置，以使静电较快地导入地下。传动设备应尽量不用平皮带型。

由于各装置有可燃性气体的放空，故在屋顶部均应设置防雷击装置（避雷针），各易燃气体放空管上应装阻火器，以防雷击起火倒吸入设备中。

2. 加强设备维护检修管理

防止设备和管道内易燃易爆气体的跑、冒、滴、漏。安全阀、放空阀保证畅通无阻，温度计等各仪表灵敏有显示。

3. 妥善管理危险品的贮存

① 对于有氯乙烯（含有少量乙炔）存在的设备，管道、管件和仪表零件严禁用铜（除铜含量<70%的铜合金外）、银（包括银焊条）和水银材料。

② 存放氯乙烯液体的贮槽的装料系数不得超过85%。

4. 加强操作安全责任感

实践证明，操作不当或失误会造成重大爆炸和燃烧事故。

(1) 聚合系统投料

聚合系统投料操作必须采用一人操作、另一人复核签字制度。

(2) 聚合釜轴封泄漏

聚合釜轴封发现泄漏及时调换检修，也采用可改进密封结构、材质等措施来改善轴封的泄漏。

(3) 清釜安全

当聚合釜内壁粘料较多时，可采用人工清釜，为保证人下釜清理的安全必须做到以下几点。

① 申请批准：由入釜人员填写入釜申请单。

② 切断电源：由两人负责切断电源，拔掉熔断器，锁好电源箱，借封牌封住搅拌电机的按钮，清釜期间严禁任何人合闸和动用电源。

③ 安全隔绝：检查釜上各阀门（单体阀、平衡阀、氮气阀及出料总管旁路阀等）的关闭情况，并做好挂牌和加盲板的安全隔绝工作，检查釜底出料阀及排污小阀的开启情况。

④ 置换通风：开压缩空气（或抽风机）将釜内残余氯乙烯气体自排污小阀排出。

⑤ 安全分析：由分析工取样测定釜内的氯乙烯和氯含量合格后，交出分析检验单，在入釜申请单上签字，由班长审核签字，方可批准入釜。

⑥ 加强复核：入釜人员应随身带电源箱钥匙，并亲自和监护人检查复核各阀门启闭、挂牌及安全隔绝情况，包括入釜申请单和分析检验单的内容。

⑦ 劳动保护：入釜人员应系好安全带，并将安全绳系于釜的人孔旁，下层清釜者应戴安全帽，釜外还应备有紧急情况下使用的长管式或特殊的防毒面具。

⑧ 专人监护：在清釜操作的全过程中，应设专人在人孔旁认真监护，及时传递工具，并确保清釜人员的安全，一旦发现不正常情况，应及时协助处理或联系。

⑨ 认真清釜：清釜人员应认真彻底地清除釜内黏结料和管口结块物，温度计外包物，搅拌轴、桨叶的黏结物，保持釜顶和釜底出料口的畅通。清釜完毕应采用高压水排净釜内的黏结料，将电气部位复位，并通知聚合系统，该釜清釜结束，可做投料准备。

二、氯乙烯的工业卫生

1. 我国空气中氯乙烯的允许浓度标准

车间操作区空气中氯乙烯的最高允许浓度为30mg/m^3，而人体凭嗅觉发现氯乙烯味时，其浓度约在1290mg/m^3，比标准高出40多倍，因此，凭嗅觉检查是极不可靠的，应定期检测车间操作区内氯乙烯的含量，发现超标时，应采取有效的防治措施，减少污染改善劳动环境。

2. 国外氯乙烯允许浓度标准

(1) 美国标准

美国职业安全保健局规定：在聚氯乙烯生产操作环境空气中，氯乙烯在8h内的平均浓

度不得超过 1×10^{-6}，在任何 15min 内，平均也不得超过 5×10^{-6}。如操作环境中氯乙烯浓度超过规定，要求使用防毒保护器具。聚氯乙烯生产装置尾气排空及废液中氯乙烯含量不得超过 10×10^{-6}，聚氯乙烯树脂中残留氯乙烯含量为 $(1\sim2)\times10^{-6}$。

(2) 日本标准

日本劳动省劳动基准局规定：氯乙烯生产操作环境空气中的氯乙烯浓度平均值为 $(2\pm0.4)\times10^{-6}$。工人进入聚合釜时，釜内氯乙烯浓度不得超过 5×10^{-6}，并要不断向釜内外补充新鲜空气。聚氯乙烯树脂中残留氯乙烯含量为 $(5\sim10)\times10^{-6}$。

(3) 德国标准

德国政府规定：新建聚氯乙烯厂操作环境的年度平均氯乙烯浓度为 5×10^{-6}；聚氯乙烯树脂中残留氯乙烯含量 $\leqslant1\times10^{-6}$。

三、氯乙烯的环境保护

近年来，我国聚氯乙烯各生产厂与科研单位，为治理氯乙烯的污染，在改善环境、保护环境方面做了大量工作，已取得了很大的成绩，并采取了许多行之有效的方法。

1. 减轻聚合黏釜，延长清釜周期

氯乙烯聚合经过一定釜次，在釜内壁粘有一定量的树脂，影响釜体传热和树脂产品的质量，为此必须定期进入釜内进行清理。釜内虽经通风置换处理，但氯乙烯含量仍较高，通风排出的氯乙烯对周围的环境污染也是严重的。现国内各厂多数采用釜壁涂布的办法减轻黏釜，因涂布液的种类及方法各异，其防黏效果也不尽相同，但均能达到减轻黏釜、延长清釜的周期，例如，锦西化工研究院的双涂布技术、北京化工二厂的 CTJ 治垢技术、美国古德里奇涂布技术等已在许多 PVC 厂家推广应用，已收到了较好的效果。这既减轻了氯乙烯黏釜，延长了清釜周期，又减少了氯乙烯污染，改善了环境。

2. 高压水清釜

采用压力为 20～30MPa 的高压水清釜，代替人进入釜内清理，避免人入釜后接触氯乙烯，对减轻人的体力劳动和人的中毒均有好处，清釜装置由锦西化机厂制造，已在天津化工厂 $30m^3$ 和 $80m^3$ 聚合釜中试用，效果良好。

第七节　聚合过程的碱处理

一、碱处理基本原理

碱处理的目的是用碱液破坏聚合后残存在聚合液中的分散剂、引发剂和低分子物，以获得较高纯度的聚氯乙烯。

氯乙烯聚合后，当单体转化率达到 85%以上时，采用计量泵向聚合釜内压入一定量的终止剂双酚 A 后，利用釜内余压将悬浮液压入出料槽，并通入蒸汽升温至 75～80℃，未聚合单体送入氯乙烯气柜回收。经回收单体后的浆料由出料槽底部，经浆料过滤器，采用浆料泵送入沉析槽，并加入碱液，以破坏残存的分散剂、引发剂和低分子物，微量单体由槽顶部回收至气柜，槽内的浆料待汽提、离心干燥处理。碱处理岗位工艺流程见图 9-15。

二、碱处理设备

与出料槽相同。

三、碱处理操作及故障处理

1. 碱处理操作

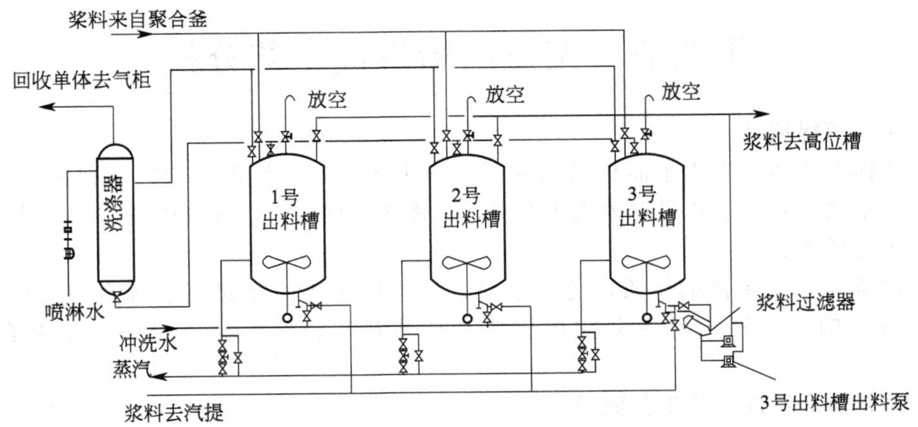

图 9-15 碱处理岗位工艺流程

① 应经常和聚合岗位保持密切联系，及时安排好聚合釜出料用的出料槽。

② 聚合釜出料先进入两台（串联）出料槽回收未聚合单体，聚合釜出料时，槽压力应<0.2MPa（表压），进料完毕后在槽内加入碱液（SG型一般不加碱）及消泡剂。

③ 将槽内温度升至75℃维持15min进一步回收单体，再用浆料泵打料至混料槽（或沉析槽），料打完后应加300L左右高压水冲洗槽底及物料管道，以防管道堵塞。

④ 为保证设备机械正常运转，采用两台串联出料槽交替使用。

⑤ 待物料打入混料槽（或沉析槽）后，使温度维持在70～75℃，并持续吹风半小时以上；遇聚合釜故障等要直接出料时，持续时间应延长至1h以上。

⑥ 更换型号时应与离心干燥系统协调一致，将槽内剩料排净。

2. 碱处理操作的不正常情况和故障处理

碱处理操作的常见不正常情况和处理方法见表 9-22。

表 9-22 碱处理操作的常见不正常情况和处理方法

序号	不正常情况	原 因	处理方法
1	突然停电、停水、停汽	供电系统或配电故障	立即与班长、聚合釜和离心系统联系，并协助处理，停汽时必须检查、关闭蒸汽阀
2	出料槽或沉析槽跑料	①出料压力高、速度快 ②搅拌未开或未加消泡剂 ③泡沫多 ④吹风量大 ⑤多进料	①与聚合系统联系，关小进料阀 ②开搅拌或联系加消泡剂 ③开搅拌或联系加消泡剂 ④关小吹风阀门或暂停吹风 ⑤立即检查各阀门和停止进料
3	料发红	①温度过高 ②蒸汽自动阀故障	①立即打高压水降温 ②与计量室联系检修，改手动控制
4	树脂中含氯乙烯量多	①吹风不足 ②温度偏低 ③维持时间短	①加强吹风，注意吹风压力与流量 ②提高温度至70～75℃ ③维持时间≥30min
5	料发黄	聚合投料单体或水中含铁高	每釜加草酸20～30kg
6	出料槽压力高	泡沫捕集器堵塞	排除泡沫捕集器内的树脂
7	出料槽内料送不出	①过滤器堵塞 ②泵叶轮堵塞 ③槽底有结块物	①用水反冲或拆手孔疏通塑化片等堵塞物 ②清理泵叶轮，调备用泵打料 ③用高压水反冲或停槽处理

第八节　聚氯乙烯汽提工艺分析

一、浆料汽提原理

利用单体氯乙烯悬浮于水而聚氯乙烯不溶于水的特点，使用水蒸气将聚氯乙烯颗粒加热，使颗粒中的未聚合氯乙烯单体汽化逸出，单体氯乙烯溶于水蒸气中被带出，从而得到高纯度的聚氯乙烯产品。

汽提过程是一个逆流的传质、传热过程。从塔顶进入的粗聚氯乙烯自塔顶向下流动，与从塔底进入的蒸汽逆向对流并完成传质和传热过程，将聚氯乙烯中的未聚合氯乙烯带出。

二、浆料塔式汽提岗位工艺流程

浆料塔式汽提工艺流程如图 9-16 所示。聚合釜 1 于反应结束加入终止剂和消泡剂后，自聚合釜夹套通入热水升温，进行自压回收操作，使未聚合的氯乙烯单体经泡沫捕集器 2 排入气拒收集，待聚合釜压力降至 0.5MPa（表压）和温度达到 70℃时，即开启水环真空泵 6 进行真空回收操作，维持该温度和真空度达到 53.3～66.7kPa 时（约 10min 结束），回收的气体经冷凝器 4、过滤器 5 除去水分和泡沫后送入气柜回收，用氮气将聚合釜内的浆料压至出料槽 3 贮存，供汽提进料用。

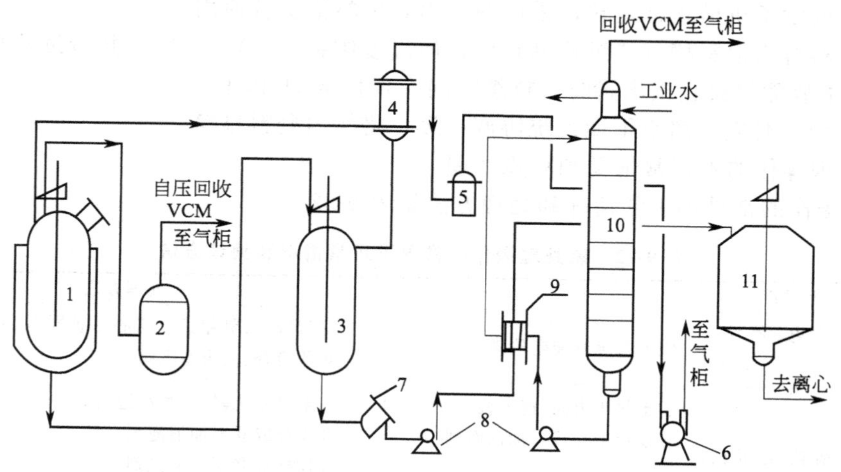

图 9-16　浆料塔式汽提工艺流程

1—聚合釜；2—泡沫捕集器；3—出料槽；4—冷凝器；5—过滤器；6—水环或真空泵；7—树脂过滤器；8—浆料泵；9—换热器；10—汽提塔；11—混料槽

来自出料槽 3 的浆料，经树脂过滤器 7 由浆料泵 8 送至换热器 9，与汽提塔排出的高温浆料热交换并被升温后，进入汽提塔 10 顶部，浆料经塔内筛板小孔流下，与塔底进入的直接蒸汽逆流接触，进行传热、传质过程，树脂及水相中残留的单体即被上升的水蒸气汽提带出，其中的水分在塔顶冷凝器通过管间通入的冷却水冷凝而回流入塔内，不冷凝的氯乙烯气体经过水环式真空泵 6 抽送，排至气柜回收。塔底经汽提脱除大部分残留单体后的浆料，由浆料泵 8 抽出经热交换器降温后，送入大型混料槽 11，待离心干燥系统处理。

水环式真空泵 6 送出的氯乙烯，为安全起见和减少氧对单体质量的影响，均经含氧仪连续检测，如含氧小于2%则排入气柜回收，大于2%则进行排空处理。

三、浆料塔式汽提岗位主要设备

1. 汽提塔

图9-17示出了穿流式（无溢流管）筛板汽提塔的结构。

这是一种处理浆料的筛板塔，为防止热敏性聚氯乙烯树脂的堵塞和沉积，为使树脂浆料在全塔范围内停留时间分布均匀，通常采用无溢流管式大孔径筛板，筛孔直径通常选用15～20mm，筛板有效开孔率选用8%～11%。为提高筛板的传质效率和塔的操作弹性（负荷波动范围），也可采用大小孔径混合的双孔径筛板。

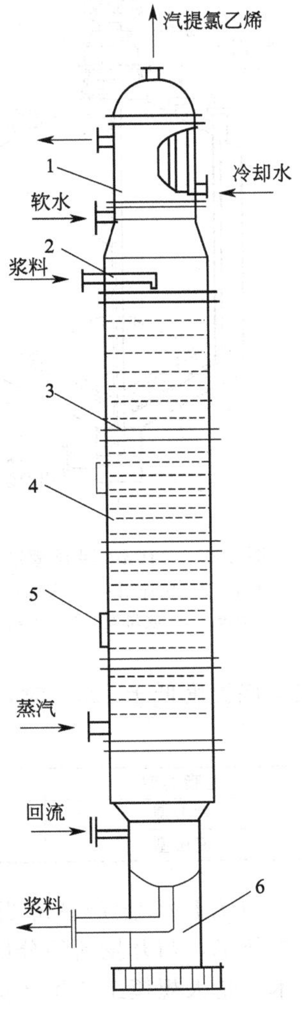

图9-17　穿流式筛板汽提塔结构

1—回流冷凝器；2—喷嘴；3—塔节；4—筛板；5—视镜；6—裙座

为使浆料经处理后，残留单体降低到$200\times10^{-6}\sim400\times10^{-6}$以下，汽提塔内设置有20～40块筛板，筛板之间用若干拉杆螺栓和定位管固定，保持板间距在300～550mm范围。在塔的设计及制作中，应严格控制筛板与塔控制节内壁的间隙允许公差，以防止塔底上升的蒸汽与塔顶下流的浆料在该环隙部位发生偏流或短路，不利于传热和传质过程。

塔顶部的回流冷凝器的管间通入冷却水将列管内上升蒸汽中的水分冷凝，并回流喷淋于进料管上方的一块淋洗筛板上。因此，设置塔顶回流冷凝器既可使塔顶抽逸的单体气流内含水量降低，不致堵塞回收管线，又能将含有溶解单体的冷凝水，回收喷淋入塔内再进行汽提处理，同时节省了塔顶稀释浆料、防止堵塞而连续喷入的软水量。

保证气液接触时筛板上泡沫层高度的均匀，对塔板水平及塔身垂直度也有严格的要求。对于所述的穿流式筛板汽提塔，空塔气速一般在0.6～1.4m/s，筛板孔速在6～13m/s范围，物料在塔内平均停留时间在4～8min范围。

汽提塔的板效率主要取决于筛板的参数选择和制造安装水平。筛板的开孔率n孔径d及孔距t的关系，可按$n=90.7(d^2/t^2)$来计算；而当采用双孔径筛板时，可以按下修正式计算：

$$n=90.7\left[\frac{3}{4}\left(\frac{d_{小}}{t}\right)^2+\frac{1}{4}\left(\frac{d_{大}}{t}\right)^2\right]$$

即由选取的n、$d_{小}$及$d_{大}$，可算出孔距t。

2. 混料槽

图9-18示出了110m^{3}大型混料槽的结构，该混料槽的主要技术参数为：转速18～12r/min，电动功率7.5～10kW。

搅拌采用上伸式，轴上设有一对耙齿，与底轴瓦连接，底轴瓦采用连续注水结构，故混料处理后的浆料中不易产生塑化片，且动力电耗甚低，比通常习用的18.8m槽的用电量还省。底部出料小罐中设置相对直径（d/D）较大的平桨式搅拌叶，使搅拌强度（P/V）达到较高值，以防止出料区因树脂沉淀而堵塞。由于搅拌强度低，沿混料轴向上、向下的含固量稍有差别，下层较上层稠些。此种大型混料槽，由于处理批量大（每槽可达20～30t树脂），

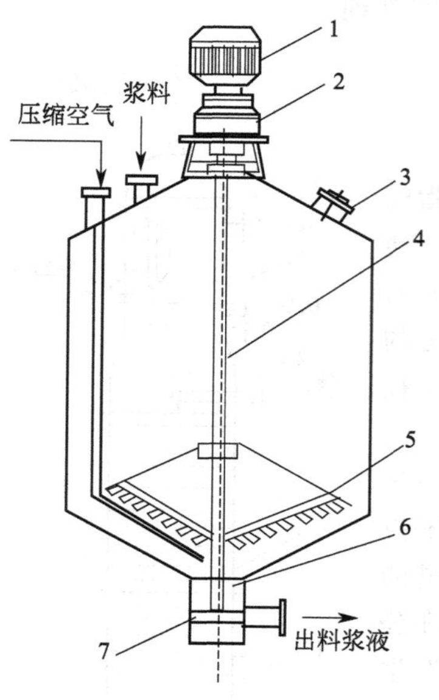

图 9-18　110m³ 混料槽结构

1—电机；2—减速机；3—人孔；4—轴；5—耙齿；6—底轴瓦；7—出料浆叶

有利于提供大型加工厂需要的大批量均质产品。

四、影响汽提操作的因素

聚合后的浆料经釜内自压回收，或在出料槽加热回收未聚合残留单体，浆料与汽提塔排出的高温浆料热交换，进入汽提塔顶，经塔内筛板小孔流下，与塔底进入的直接蒸汽逆流接触，进行传热、传质过程。树脂与水相中残留单体随上升的水蒸气汽提逸出，其中的水分经塔顶回流冷凝器冷凝回流入塔内，不冷凝的氯乙烯气体被水环式真空泵抽入 VCM 气柜内回收，塔底流出的浆料含低残留单体。

聚合釜反应结束后，一般应先经出料槽升温回收浆料中吸附的残留氯乙烯单体，或采用釜内自压回收和真空回收操作。表 9-23 示出了疏松型和紧密型浆料经自压和真空回收后的残留单体含量的变化。

图 9-19 给出了动态下温度对浆料汽提残留 VCM 的影响，可见温度对汽提效率起着很大的影响。工业生产控制塔底温度在 95～105℃。系统的压力则依温度而变化，即温度越高，压力也相应上升，两者的关系接近于该温度下的饱和蒸气压力，即所有塔板上的汽提都是在沸腾状态下进行的。当塔底温度低于 100℃时，塔底压力呈微真空，高于 100℃时压力呈微正压。

表 9-23　经自压和真空回收后的残留单体量　　$\times10^{-6}$

树脂类型	自压回收后	真空回收后	汽提处理后
紧密型	18000～20000	6000～9000	200～400
疏松型	12000～15000	4000～6000	100～200

因此 PVC 生产者应当认识到，开发高效连续塔式汽提技术，与开发新型分散体系制取理想颗粒形态树脂技术，是大规模工业生产能提供低残留 VCM 的产品树脂的两大支柱。

五、汽提岗位操作及故障处理

（一）汽提的正常操作

1. 釜式汽提的正常操作

聚合釜反应结束后的浆料，按常规操作出料到汽提处料槽，加入消泡剂并通过自压排气回收未聚合单体（至气柜），同时从槽底部通入蒸汽升温，达 85℃时关闭排气回收阀，开启真空泵使槽内抽真空，其真空度在 46.7～53.3kPa（350～400mmHg）下维持 1h 左右，脱吸的氯乙烯通过旋液分离器分出夹带的树脂泡沫，冷凝器冷凝部分饱和水蒸气后，未冷凝的氯乙烯气相由真空泵抽出送至氯乙烯气柜进行回收。经汽提后的处理槽充入氮气，以平衡压力，而后待离心干燥处理。该方法具有工艺简单、操作方便，投资少等优点，SG 型树脂中

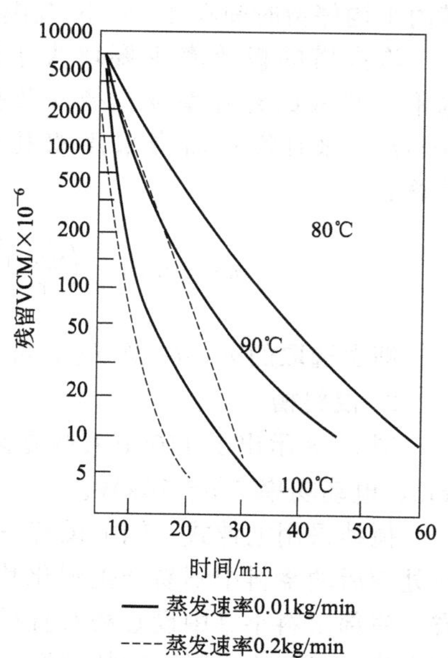

图 9-19　温度对汽提效果的影响

残留氯乙烯单体的含量能降低到 10×10^{-6}以下，特别适用于中小型企业。

2. 塔式汽提的正常操作

正常操作步骤如下。

(1) 开车操作

① 检查该系统所有阀门及仪表。

② 开启换热器排水阀，关闭去混料槽的浆料阀。

③ 启动软水泵、轴封注水泵及高压水泵。

④ 开启供汽提的出料槽回流阀、底部出料阀、高压稀释水阀，启动汽提进料泵。

⑤ 排除蒸汽过滤器冷凝水，开启蒸汽阀，按需将蒸汽以一定流量通入塔底部。

⑥ 开启塔顶冷凝器的冷却水进、出口阀、开启水环泵进、出口阀及水分离器冷却水阀，启动水环泵，并按需调节塔顶真空度。

⑦ 当塔底升温至 90℃以上时，可通过仪表遥控阀调节塔的浆料流量。

⑧ 启动塔底浆料泵，并保持循环。待塔板视镜显示有浆料时，关闭换热器排水阀，开启混料阀，将汽提料送入混料槽以供离心干燥处理。

⑨ 待含氯分析仪正常运转后，可切自动控制，即回收单体内含氧量<2%时排入氯乙烯气柜回收，含氧量≥2%排空。

(2) 停车操作

当出料槽无料或设备检修时，进行正常停车处理。

① 开启出料槽高压水阀，关闭回流阀及底部出料阀，关闭去气柜单体回收阀。

② 待汽提塔塔板及管道内浆料经软水冲洗置换后（观察视镜），可关蒸汽阀，停水环泵。

③ 为防止停车降温使塔身处于负压，应通入氮气维持塔内呈正压约 0.05MPa（表压）。

④ 待塔板上浆料由软水置换后，开换热器排水阀，当塔底液面消失时可停塔底浆料泵。

⑤ 停软水泵，排除塔内软水。

(3) 紧急停车

当遇动力电跳闸或蒸汽故障时，进行紧急停车处理。

① 突然停蒸汽时，可通入氮气以代替蒸汽吹扫，以防塔板上积料或热分解，然后按正常停车操作。

② 突然停电时，应使用高压水（配置备用电源）冲洗换热器、塔及浆料泵，关蒸汽阀，然后按正常停车操作。

(二) 汽提操作的不正常情况和故障处理方法

汽提操作的不正常情况和处理方法见表 9-24。

表 9-24 汽提操作的不正常情况和处理方法

序号	不正常情况	原因	处理方法
1	进料流量降	①树脂过滤器或浆料泵内塑化片堵塞 ②过滤器内有气体顶住 ③出料槽内液面下降 ④浆料较稠 ⑤管道有堵塞 ⑥树脂粒度粗	①切换备用过滤器或泵，拆洗堵塞设备 ②排除气体 ③开大进料阀，关小回流阀或切换出料槽送料 ④通高压水稀释 ⑤开、停车前使用软水冲洗 ⑥与聚合系统联系
2	塔底湿度高	①真空度不足 ②塔底液位高 ③进料小或蒸汽压力或流量过高	①调节真空度 ②调整进料量 ③降低蒸汽流量

续表

序号	不正常情况	原　因	处理方法
3	塔顶真空度低	①塔顶冷凝器冷却水阀未开启 ②水环真空泵故障 ③水分离器冷却水阀未开启 ④水分离器液位波动 ⑤气体过滤器堵塞 ⑥单体回收管有冷凝水	①开启冷却水阀 ②停泵检修,切换备用泵 ③开启冷却水阀 ④调整液位 ⑤切换,清洗 ⑥排除冷凝水
4	成品或浆料中残留单体高	①进料含残留单体高 ②浆料流量太大 ③蒸汽压力或流量低 ④塔底温度偏低	①加强单体回收预处理 ②降低流量 ③提高流量 ④ 提高温度
5	回收单体中含氧量高	①浆料流量下降 ②设备、管道等泄漏 ③真空度过高或真空系统阻力大 ④含氧仪或测试误差	①调整流量 ②停车、补漏 ③降低真空度或系统阻力 ④校正含氧仪或重新取样分析
6	塔底液位高	①换热器堵塞 ②塔底浆料泵回流阀开启太大 ③进料量过大	①用软水冲洗 ②关小回流阀 ③调整进料量
7	浆料泵轴封冒烟	①轴封断水 ②填料压得过紧 ③树脂倒入轴封	①及时供水 ②松填料函压盖 ③切换备用泵,清理轴
8	塔升温时有响声	塔内存水未放净	停止蒸汽升温,排除塔内存水
9	塔顶液泛(淹塔)	①换热器堵塞 ②浆料或蒸汽流量太大	①用软水冲洗 ②降低流量
10	混料槽停搅拌	槽内液位过高	开大压缩空气,进行气体搅拌

第九节　聚合物料衡算及经济核算

一、物料衡算

化工生产的基本指标是产品的产量、原材料消耗量、副产物量、“三废”排放量等。这些基本指标的优劣取决于化工操作参数优化程度、化工工人的操作技术及科学管理的水平，其最基本的计算方法是物料衡算，即物料平衡的计算。物料平衡就是在一个过程中所有进入的物质量等于所有排出物质量与在过程中积累的物质量之和。

以 13.5m^3 聚合釜为例：投入单体 5.5t，聚合收率为 90%，根据物料衡算，反应前物料量等于反应后物料量。

① 反应后得到树脂 $G_1=4.95$t。

② 经测定，聚合出料回收未聚合氯乙烯单体 $G_2=240$kg。

③ 经测定，悬浮液固相吸附氯乙烯 $G_3=27.5$kg。

④ 经测定，悬浮液液相吸附氯乙烯 $G_4=1.7$kg。

⑤ 经测定，汽提回收氯乙烯为 0.9%，$G_5=44.5$kg。

⑥ 经测定清釜料约 10kg，测出其含水分为 40%，经计算得 $G_6=4$kg。

⑦ 筛头料、清床料、扫地料、旋风料等的量为 G_7，经测定 $G_7=13.3$kg。

⑧ 泡沫捕集器放出树脂量为 G_8，经测定 $G_8=6.85$kg。

⑨ 经测定，下脚树脂 $G_9=18.10$kg。

⑩ 经测定，干燥尾气含树脂 $G_{10}=12.09$kg。

⑪ 未测定的其他损失 G_{11} 约为 180kg。

$$反应前物料=5.5t$$

$$\begin{aligned}反应后物料&=G_1+G_2+G_3+\cdots+G_{11}\\&=4.95+0.24+0.0257+0.0017+0.0445+0.004+0.0133+0.00685+\\&\quad 0.0181+0.01209+0.18\\&\approx 5.5t\end{aligned}$$

二、经济核算

经济核算是为了不断地提高生产技术水平和管理水平，并真实地反映出整个聚合过程中的技术活动情况和效果。一般来说，经济核算的内容包括产量核算、技术经济指标核算。

1. 聚合收率

它用来衡量聚合和干燥系统收得率。

$$聚合收率=\frac{合格品入库量}{实际耗用单体量}\times 100\%$$

式中，实际耗用单体量=本期投入单体量+期初结存量-期末结存量

例如，某月合格品入库量 3817.20t，本期投入单体量 4225.873t，由本月统计有 16 个批号釜已投料，但未入库（其中 13.5m^3 釜 8 批，33m^3 釜 4 批）。

期末树脂结存量：　　　　4.5×(8+4×2)=72t

期末树脂折合单体量：　　　　72/0.9=80t

查上月期末结存量（折单体）：140.368t

$$聚合收率=\frac{3817.20}{4225.873+140.368-80}\times 100\%=89.06\%$$

2. 合格率、正品率及一级品率

合格率、正品率及一级品率是聚氯乙烯生产中考核产品的不合格品、树脂品级多少的质量指标。

$$合格率=\frac{合格品入库量}{合格品入库量+不合格品入库量}\times 100\%$$

$$正品率=\frac{各型正品产品}{合格品入库量}\times 100\%$$

$$一级品率=\frac{各型一级品产量}{合格品入库量}\times 100\%$$

式中　合格品——符合国家标准（包括一、二级品）或用户特殊需要的产品。

不合格品——包括 1 项或几项达不到国家标准要求的产品及不同型号的混合料。

正品——合格品中扣除指数不合格转型的产品。

一级品——符合国家标准或用户特殊要求的一级品指标的产品（转两个型号者只能作为二级品）。

例如，某月合格品入库量 4004.925t，不合格品入库量 40.147t，各型号正品产量 3942.505t，各型号一级品产量 3219.9t，则该月各项质量指标为：

$$合格率=\frac{4004.925}{4004.925+40.147}\times 100\%=99\%$$

$$正品率=\frac{3942.505}{4004.925}\times 100\%=98.44\%$$

$$一级品率=\frac{3219.9}{4004.925}\times 100\%=80.4\%$$

第十章　聚氯乙烯的分离与干燥

通过本章的学习，了解聚氯乙烯分离与干燥的工艺流程、主要设备结构及工作原理；岗位安全操作规程，不正常现象的处理方法。

第一节　聚氯乙烯分离脱水

由于采用悬浮聚合，经汽提后的聚氯乙烯是以固液混合物的形式存在的，需进一步脱除混合物中的水。工艺中采用卧式刮刀卸料离心机或螺旋沉降式离心机将混合物中的水分分离出去得到湿聚氯乙烯颗粒，再去进一步干燥。

一、设备结构及原理

1. 卧式刮刀卸料离心机

图 10-1 给出了卧式刮刀卸料离心机的结构，在国内聚氯乙烯树脂生产厂应用较多，其主要原因是该类产品制造技术较为成熟，型号规格也较多，经常使用的规格有：WG-800、WG-1000、WG-1200。它采用周期性循环操作，每个周期分加料、洗涤、分离、刮料、洗网五个程序。其主机连续运行，靠时间继电器控制电磁阀，实现油压回路换向，以达到自动或半自动控制。

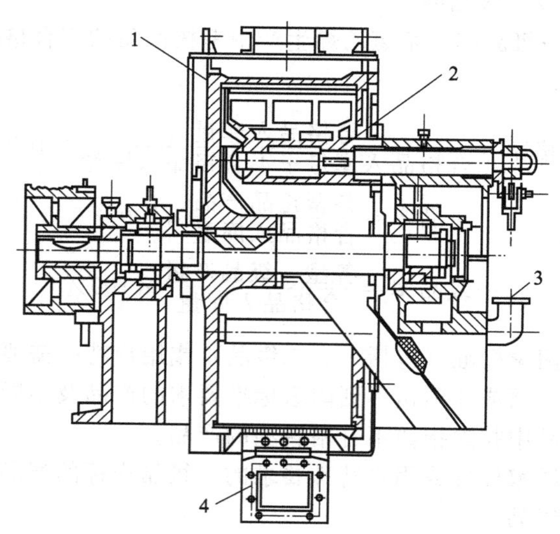

图 10-1　卧式刮刀卸料离心机

1—转鼓；2—刮刀；3—进料口；4—排液口

2. 螺旋沉降式离心机

PVC 浆料由进料管进入转筒内，转筒以 2000～3500r/min 的高速旋转产生离心力，对浆料进行分离。筒内置螺旋推进器，其旋转速度慢于转筒，由行星齿轮箱控制两者的转速，其旋转方向相同，密度较大的固体颗粒沉降于转筒内面，并由相对运动的螺旋推向圆锥部分的卸料口排出；而母液由圆筒部分另一端的溢流堰板排出。图 10-2 给出了螺旋沉降式离心机的结构原理。

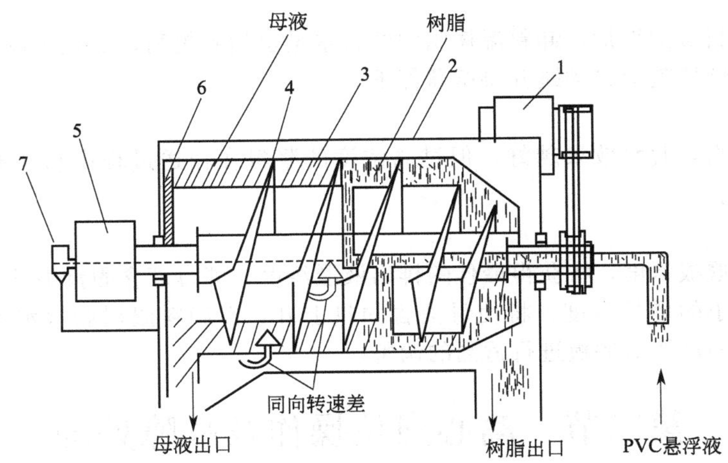

图 10-2　螺旋沉降式离心机的结构原理

1—电机；2—外罩；3—转筒；4—螺旋；5—行星齿轮箱；6—流溢堰板；7—过载保护

由图 10-2 可见，电机 1 通过 V 形皮带驱动旋转轴，以 2000～3500r/min 的高速旋转，借行星齿轮箱 5，使转筒 3 与螺旋 4 之间存在同方向的转速差，即螺旋转速稍慢于转筒，但两者旋转方向相同。悬浮液浆料由旋转轴经加料孔加入转鼓内，由于高速旋转的离心力，密度大的固体颗粒沉降于转筒内面，并由相对运动的螺旋，推向圆锥部分的卸料口排出，而母液则由圆筒部分另一端的溢流堰板 6 处排出。为防止排出的液、固返混，外罩 2 与转筒 3 之间设置有若干隔板。显而易见，增加圆锥部分，将使物料离心更充分，排出湿树脂脱水更完全；而延长圆筒部分，则使母液的沉降更完全，排出母液中固含量更低。对于给定的机器，还可通过溢流堰板深度的调节来调节最大处理能力，以及湿树脂含水量或母液含固量。此种离心机与物料接触部分，均采用不锈钢材质，对于螺旋顶端、进料区表面以及湿树脂卸料口等易磨损部位采用堆焊耐磨硬质合金的方法进行处理。此外，该离心机还设有过载安全保护装置，其由齿轮箱的小齿轮轴伸出，与装在齿轮箱外的转矩臂连接构成。正常情况时由于弹簧的作用，转矩臂将顶压着转矩控制器，一旦转筒内固体物料量过多，或螺旋叶片与转筒内壁的余隙被物料轧住时，螺旋发生过载，转矩臂就会自动脱开转矩控制器，使转筒与螺旋之间转速差顿时消失，从而避免转筒、螺旋或齿轮箱的损坏。

该离心机同时设有专用的润滑油循环系统（包括油泵及冷却器等），操作时对油的温度、压力和流量均有严格的要求。此外，为减少机器的振动和保持稳定运转，在安装或使用过程中，出料管或进料管周围，应留有足够的振动间隙及选用软性连接。

与转鼓式离心机相比，螺旋沉降式离心机具有操作连续、处理能力高、运转周期长、母液固含量低、处理浆料的浓度和颗粒度的范围宽等一系列优点，因此已成为聚氯乙烯树脂生产中最广泛采用的脱水设备。

二、影响离心机脱水的因素

影响沉降式离心机脱水的因素有树脂颗粒形态、加料量、浆料浓度和堰板深度等。

1. 树脂颗粒形态

聚氯乙烯树脂颗粒具有多细胞的结构，孔隙率大小和颗粒外形的规整性，对离心脱水效果和处理能力均有一定的影响，孔隙率高的疏松型树脂，由于内部水分多而不易脱除，卸料湿树脂中含水量就较高；反之，孔隙率低的紧密型树脂含水量较低。

2. 加料量

一般随着加料量的增加，卸料湿树脂中的含水量也稍有提高，当超过该离心机的处理能力时，过载安全装置就会自动跳开将机器停下。

3. 浆料浓度

浆料浓度越高，脱水效果越好，但过高浓度的浆料在输送过程中易堵塞管道，一般以30%～35%为宜。

4. 堰板深度

最大的溢流堰板深度，将获得最佳的排出液澄清度，即母液含固量最低，而卸料湿树脂含水量较高；最小的堰板深度，将使母液含固量上升，而卸料湿树脂含水量达到最低。因此，应根据实际的需要对堰板进行适当的调整。

第二节　离心岗位操作及故障处理

一、卧式刮刀卸料离心机的正常操作控制及故障处理

1. 正常开车操作情况

① 接到碱处理通知离心操作时，即与干燥系统联系，准备开车，并检查离心机设备、阀门及仪表。

② 检查滤布及转鼓内是否有剩料。

③ 检查刹车是否正常。

④ 启动离心机慢车按钮，待电流下降至12A再按快车按钮，电流下降至12A时，运转正常后，方可加料。

⑤ 启动油泵，油泵压力调至1.5～2.0MPa。

⑥ 根据碱处理通知槽号进行离心处理。

2. 正常运转时每个周期的操作步骤

正常运转时每个周期的操作步骤为：进料⟶水洗⟶脱水⟶卸料⟶退刀⟶进料。正常操作时应注意以下几点。

① 为防止跑料（溢流），进料量不得超过标准线。

② 退刀与进料的间隔时间以不跑料为准。

③ 圆盘加料器电流保持在5～10A。

④ 沉析槽内物料离心结束前，根据碱处理通知调槽，在出料（电动）阀切换完毕后，必须人工关紧原槽的出料（电动）阀。

⑤ 根据离心脱水情况，及时清洗滤布。

3. 停车步骤

① 离心结束时，关闭沉析槽出料（电动）阀。

② 用软水冲洗管道。

③ 卸净离心机转鼓内的存料。

④ 停离心机（清洗滤布），停油泵。

4. 更换滤布的方法

① 拔除离心机电机的熔断器。

② 拆开刮刀油泵的管接头。

③ 打开离心机大盖门。

④ 换新滤布时必须顺转鼓运转方向安装，两边沟槽内的橡胶压条，必须装置平稳并压紧。

5. 卧式刮刀卸料离心机操作的不正常情况和故障处理

卧式刮刀卸料离心机的常见不正常情况及处理方法见表 10-1。

表 10-1 卧式刮刀卸料离心机的常见不正常情况及处理方法

序号	不正常情况	原 因	处 理 方 法
1	溢流跑料	①进料自控阀被塑化片顶住而关不紧 ②电磁开关故障 ③选料过多、脱水慢 ④进料前刮刀未退足	①关闭手动阀，停止进料，清理自控阀 ②手动启闭油压自控，检修电磁开关 ③控制进料量，清理滤布 ④退足刮刀
2	进料慢	①进料管堵塞 ②沉析槽内有塑化片	①用软水冲洗疏通 ②对管道和阀门局部进行清理，并与聚合系统联系
3	脱水慢	①滤布堵塞 ②浆料温度高 ③树脂粒度不均匀	①清洗滤布 ②降低沉析槽料温 ③与聚合系统联系
4	机器振动大	①进料量波动大 ② 滤布脱水过快	①进料同时开大水洗阀或部分卸料 ②进料同时开大水洗阀或部分卸料
5	滤布刮坏	①转鼓两边的橡胶条未压紧滤布 ②刮刀与转豉间隙过小	①检查并调整 ②重新调整间隙
6	料发黄	聚合单体中含铁质	停止离心，通知碱处理加草酸，并与氯乙烯装置联系
7	料发红	碱处理温度过高或维持时间过长	与碱处理联系，加稀释水降温处理
8	树脂中残留量多	碱处理或汽提系统未控制好	与碱处理或汽提系统联系

二、沉降式离心机的正常操作控制及故障处理

1. 正常操作

① 按转筒顺时针方向，盘动电机皮带，同时检查油泵油位必须高于 70%。

② 合上配电柜内的三只电源开关。

③ 启动油泵，同时调节油压、油流量和油温。

④ 待油泵运转正常后，启动离心机主机电机（必须多次启动），待开关跳上后即为正常运转（此时空车主机电流小于 50A）。

⑤ 将离心机进料自动调节阀门的开关拨到自动位置。

⑥ 打开离心机洗涤水阀门，调节转子流量计的水流量刻度为 50%，冲洗离心机 5min 以上，方可进料。

⑦ 待干燥系统做好开车准备后，打开混料槽底部的出料阀和回流阀，开启浆料泵。

⑧ 打开树脂过滤器进料旋塞阀。

⑨ 慢慢打开离心机进料调节阀进料，此时主机电流不得超过 70A，进料后 0.5～1min，启动气流的螺旋输送机加料。

⑩ 调节离心机进料量，并使洗涤水的转子流量计于刻度的 40%～60%处，控制主机电流不得超 90A。

2. 停车操作

① 当离心机主机电流下降至 50A，浆料管压力下降时，立即关闭树脂过滤器进料考克，打开树脂过滤器软水冲洗阀，冲洗过滤器至物料冲净为止（冲洗时间 5min 左右）。离心结束，即关闭进树脂过滤器阀门，用热水冲洗树脂过滤器，直至物料冲洗尽为止。

② 关闭混料槽出料阀，停气流螺旋输送机，关气流散热片蒸汽阀。

③ 冲洗离心机管道，将洗涤软水的转子流量计刻度调节到40%。打开外转筒冲洗阀，冲洗离心机外转鼓10min后，即可停离心机主机，关闭洗涤水及冲洗阀，约15min后，主机电机及转鼓停止转动，方可停离心机油泵。

④ 将离心机进料自动调节阀开关拨到停止位置，断开配电柜内三只电源的开关。

3. 沉降式离心机的不正常情况和故障处理

沉降式离心机的常见不正常情况及处理方法见表10-2。

表10-2　沉降式离心机的不正常情况及处理方法

序号	不正常情况	原　因	处 理 方 法
1	离心机自动停车	①熔断器烧坏 ②浆料量过载，使转矩控制器自动脱开 ③润滑油量不足，使油压力开关跳脱 ④电机超温，使热保护器跳开 ⑤离心机下料堵塞	①检查，调换 ②用手顺时针转动转矩臂，若无阻碍则抬上转矩臂后重新开车运转，并调整进料量。若有阻碍则抬上转矩臂，取下机器外罩，前后转动转筒并用水冲洗前后转动皮带，重新开车运转 ③调节油量，再开车运转 ④停止运转，请电工检查 ⑤打开下料斗手孔，疏通积料
2	离心机不进料	①树脂过滤器或进料管堵塞 ②浆料自控阀故障	①关闭过滤器进料考克，借热软水冲洗疏通 ②切换手控阀，检修自控阀

第三节　聚氯乙烯干燥工艺分析

一、干燥基本原理

来自离心分离后的聚氯乙烯需进一步干燥，以达到成品质量标准。一般采用热空气干燥，将分离后的湿物料吹散并干燥。常用的干燥设备有脉冲式气流干燥器、沸腾床干燥器等。

气流干燥又称瞬时干燥，利用高速度热空气，物料在干燥器内的停留时间只有1～3s，进行传热和传质，使其表面的大量水分挥发（在加料段），而在以后的部位，干燥速度逐渐减慢。

沸腾干燥又称流态化过程，干燥热空气自下而上地通过小孔花板与花板上的固体颗粒进行充分地混合和湍动，使床层内进行传热传质，将颗粒内部的水分逐步脱析出来，使其含水分$<0.4\%$，挥发出的水蒸气排入大气中。

无论疏松型树脂还是紧密型树脂，都具有不同的孔隙率。湿树脂干燥时，开始时，由于表面水分的汽化，干燥速度是较快的且几乎是等速的；当速度达到一定值的时候，即临界点以后，处于物料内部水分扩散阶段时，干燥速度减慢，该临界点即称为临界湿含量。

二、干燥工艺流程

干燥岗位工艺流程见图10-3。

第四节　干燥岗位主要设备选择

一、脉冲式气流干燥器

在脉冲式气流干燥器中，热风在加料段或称直管的流速最高，有利于将加料器加入的团块状物料充分地分散，从而增加物料表面积，提高表面水分的汽化速率；物料在直管段中被

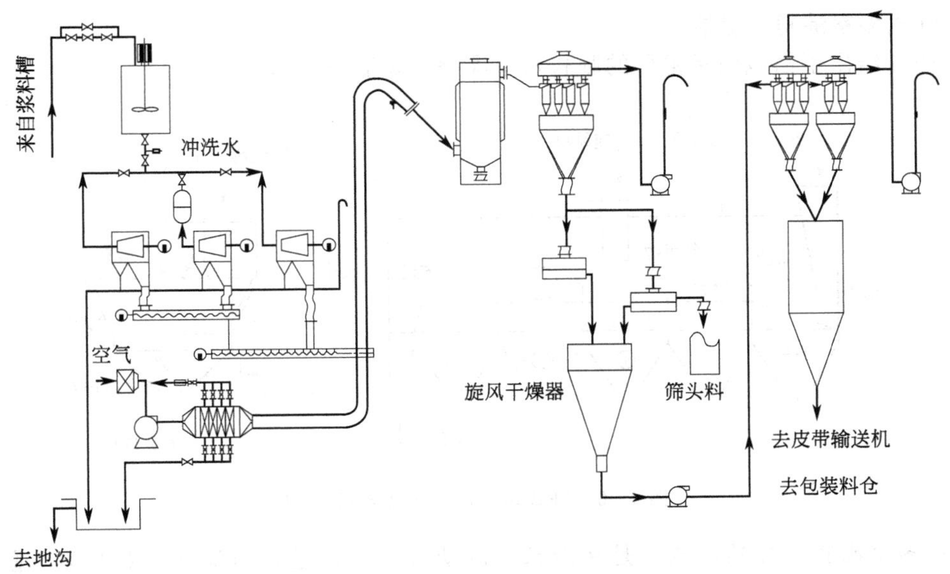

图 10-3　干燥岗位工艺流程图

热风吹送，达到热风流速时，即进入扩大段，热风瞬间降速，而物料颗粒由于惯性作用，继续以高速度流动，然后逐渐减速，两者之间又有了相对速度；当热风由扩大段再进入直管收缩段时，热风又立即加速，而物料颗粒又由于惯性作用，继续在扩大段以低流速流动，两者之间仍保持一个相对速度……这样物料与热风“一快一慢，一慢一快”交替作用，使两者自始至终具有一定的相对速度，从而提高了干燥的效率。一般此干燥器与卧式沸腾床串联使用，适用于干燥紧密型树脂。

二、沸腾干燥器

1. 锥形沸腾床

北京化工二厂 1965 年首先使用直径为 1200mm 的锥形沸腾床，它的结构外形如图 10-4 所示，床内有 3 块百叶挡板，如图 10-5 所示。锥形床体的锥角一般应大于 30°，否则不易形成沸腾状态，易出现沟流或喷射现象。挡板的 α 角宜大于 45°；间距应大于 70 倍物料直径；挡板离锥体壁应有 2～3 倍 t 的间隙，以保证物料的沸腾而自由流动，不在器壁与挡板间架桥。此床与气流干燥器串联使用，其干燥能力达 2t/h。

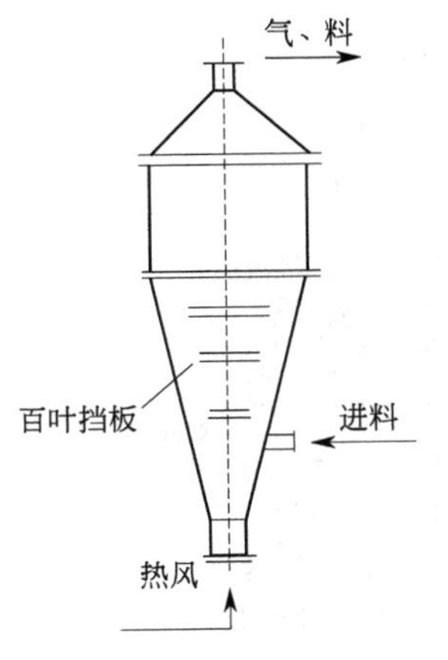

图 10-4　锥形沸腾床外形

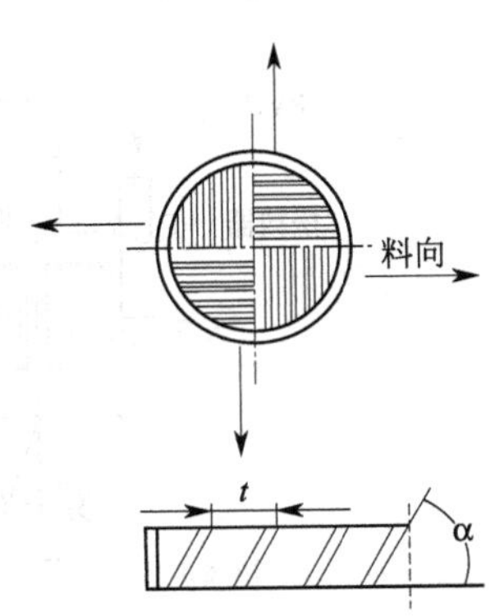

图 10-5　百叶挡板

2. 卧式多室沸腾干燥器

图 10-6 给出了横截面呈锥形的卧式六室沸腾干燥器的结构。

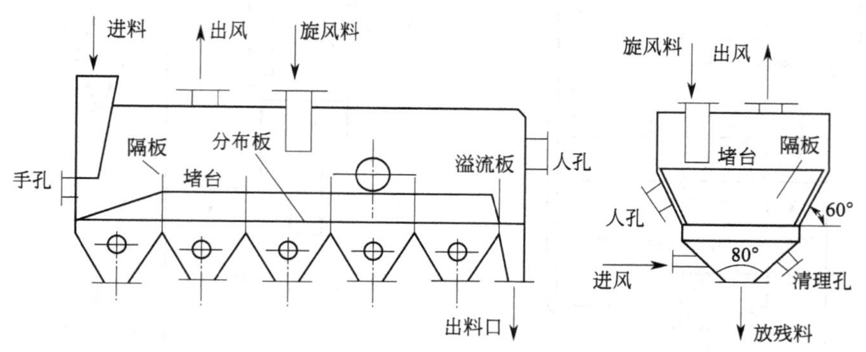

图 10-6 卧式多室沸腾干燥器的结构

卧式多室沸腾干燥器结构，是在沿床层流动方向（自进料口流向出料口），垂直地安装有 5 块与分布板保持一定距离的隔板，将干燥器分为 6 个室。通常把干燥器的进料部分称为第Ⅰ室，其余依物料流动方向分别为Ⅱ室、Ⅲ室、Ⅳ室、Ⅴ室及Ⅵ室，第Ⅵ室的一侧是溢流板，也即干燥器的出料部分。物料在分布板上方的每个室内与热空气接触，由隔板下部与分布板之间的空隙处流入下一室中，隔板的作用是使物料在床内停留时间趋于平均一致，防止部分树脂过久地滞留于床层内而发生热变色现象。干燥的热空气则由分布板下面相对应的风室，通过分布板使气体分配均匀后进入床层，并加热树脂颗粒使水分汽化后，由床层顶部进入旋风分离器后排出，而分离出的湿树脂，由钟罩加料管返回第Ⅲ室的床层内。

与气-液相的泡沫过程相似，空塔气速及分布板的小孔气速是决定沸腾层操作质量好坏的关键参数，一般选择空塔气速在 0.2～0.3m/s，小孔气速在 20～30m/s 范围，床层高度在 0.3～0.5m 范围。

干燥器通常可由不锈钢或铝板焊接加工，分布板由薄的不锈钢板冲孔制作（板厚与小孔直径相等）。这种卧式多室沸腾干燥器具有处理能力大，制造简单，压降低（空气动力消耗少）和热效率高等优点，已被广泛用于聚氯乙烯生产过程中。

3. 内加热管型卧式多室沸腾干燥器

图 10-7 给出了内加热管型卧式多室沸腾干燥器的结构。

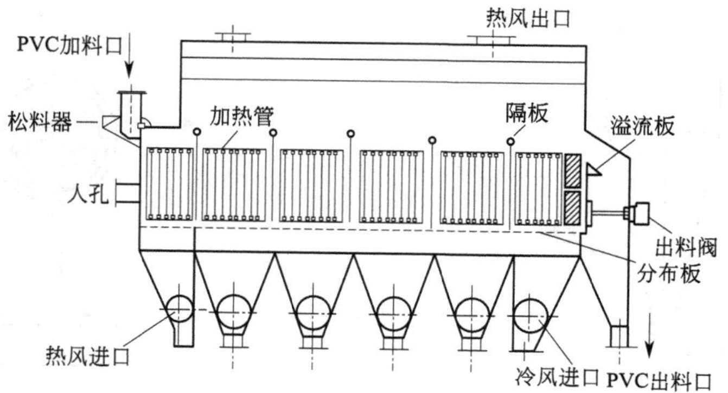

图 10-7 内加热管型卧式多室沸腾干燥器

由图 10-7 可见，其与一般的卧式多室沸腾干燥器的差别如下。

① 料层较高，一般为 1.0～1.2m，床层压降较大，风机压头也需相应提高，动力消耗增多。

② 床层内设置直立的 U 形螺旋盘管，根据需要可在每平方米分布板面积上设置3～15m^2加热或冷却面积，U 形螺旋盘管是由 25mm 不锈钢管弯制加工而成的，通常，在Ⅰ～Ⅴ室通入热风及热水，而Ⅵ室则通入冷风及冷却水，以代替通常冷风管的冷却过程。

由于沸腾床的传热系数［K 超过 418kJ/(m^2·h·℃)］，比一般的气-固相要大得多，因此在床层中设置传热 U 形盘管，将传热风的风量和温度，以及沸腾层物料温度大大降低，热效率获得提高。目前已出现单段内热式沸腾床，可直接处理离心后的 SG 型湿树脂，其具有流程简单、动力消耗低和热效率高等优点。

干燥系统根据生产的产品和设备选用不同，常有不同的系统配置。

① 气流-气流双级干燥。具有结构简单，品种更换及风量调节方便等优点，因此在多品种及小型厂仍使用此干燥装置。

② 气流-沸腾-气流（冷却）三级干燥。装置前初步脱水采用卧式刮刀型离心机进行，此装置既可干燥紧密型树脂又可干燥疏松型树脂，现国内大中型厂仍采用此干燥装置。

③ 单段内热式沸腾干燥。装置前初步脱水采用沉降式离心机，具有流程简单、热效率高及耗能低等优点，已被大部分大型厂所使用。

④ 气流-沸腾二段干燥。装置前采用沉降式离心机进行初步脱水，其沸腾床的结构基本上与单段内热式沸腾床相似，除了有分布板外，都具有内加热管，其不同在于分布板面积。此装置的分布板面积比气流-沸腾-气流三级干燥中沸腾床的分布板面积要大得多，但比单段内热式沸腾床的分布板面积要小得多，专供干燥疏松型树脂。该装置由上海天原化工厂自行设计和开发，已在芜湖化工厂、云南化工厂、南宁化工厂推广使用，情况良好。

综上所述，不管采用气流-气流、气流-沸腾-气流、单段内热式沸腾还是气流-沸腾进行干燥，其原理都是湿树脂与热风进行热交换，先脱除树脂的表面水分，然后继续与热风进行热交换，待停留一定时间后，树脂内部的水分也被脱除出来，使树脂含水量在 0.4%以下达到合格水平。

第五节　干燥岗位操作及故障处理

一、干燥系统的正常操作

1. 气流-沸腾二段干燥装置的开车操作

① 将热水循环槽和热水高位槽加满软水并加热，热水循环槽升温至（82±2)℃，热水高位槽升温至（65±5)℃。

② 启动热水泵，同时检查沸腾床内热管热水是否循环，循环泵的出口压力不得超过 0.2MPa（表压）。

③ 关闭沸腾床溢流板三只出料阀。

④ 关闭所有的调节蝶阀。

⑤ 启动沸腾床的抽风机、松料器和螺旋加料器。

⑥ 启动沸腾床的鼓风机、气流的鼓风机（均必须在现场多次启动，运转指示灯亮后，属于正常运转）。

⑦ 调节各风机的调节蝶阀，到床中风压（料层上方）约为 100Pa（约 10mmH_2O），沸

腾床的鼓风机的电机电流不得超过140A，进风风压为1.5～1.7kPa（150～170mmH_2O）。

⑧ 调节气流的鼓风机调节蝶阀，注意其电机电流不得超过290A，进风风压为2.6～3.5kPa（260～350mmH_2O）。

⑨ 启动气流的松料器。

⑩ 打开气流的散热片放水小阀及蒸汽阀，先开0.05MPa，待放水小阀有蒸汽冲出时即关闭，并开大蒸汽阀。气流干燥器升温至顶部温度达60℃时，离心机可准备进料。

⑪ 打开沸腾床的散热片放水小阀，先开0.05MPa，待放水小阀有蒸汽冲出时即关闭，并开大蒸汽阀。

⑫ 加料后要及时调节沸腾床的鼓风机和抽风机的风压，调节时必须以鼓风机电流为准，直至有物料从沸腾床溢流而出为止。

⑬ 启动旋振筛。当发现物料太干而产生静电，致使成品细料筛不下来时，则可向第Ⅵ室冷风进风管，通入适量蒸汽以消除静电，蒸汽压力为0.2MPa（表压）左右。

2. 干燥系统的停车操作

当离心机停止加料时，关闭气流散热片蒸汽阀，停气流螺旋输送机。

① 停气流的松料器及热水循环泵，当气流干燥器顶部温度下降至40℃时，停气流的鼓风机。

② 待沸腾床第Ⅴ室温度下降至40℃以下时，渐渐打开中间溢流板出料阀，同时注意沸腾的鼓风机风压下降至2.0kPa（200mmH_2O）时，将出料阀全部打开，然后再慢慢打开其他两只出料阀，停沸腾的鼓风机及抽风机。

③ 依次停沸腾的螺旋输送机和松料器及旋振筛。

二、干燥系统操作的不正常情况和故障处理

气流-沸腾二段干燥的常见不正常情况和处理方法见表10-3。

表10-3 气流-沸腾二段干燥的不正常情况和处理方法

序号	不正常情况	原因	处理方法
1	气流干燥的螺旋输送机不能启动或自停	①加料量过大使熔断器烧坏 ②未启动松料器	①调换，并打开输送机手孔将“料封”树脂挖出，重新运转 ②使松料器运转
2	气流干燥的旋风分离器堵塞	①物料过干或过湿 ②沸腾干燥的螺旋输送机自停或太慢	①调整气流干燥温度 ②使输送机运转或提高转速
3	气流干燥器底部积料	①先开输送机，后开鼓风机 ②开车时蝶阀未开启或调节	①严格按操作规程执行，停车清理积料 ②严格按操作规程执行，停车清理积料
4	沸腾干燥器第Ⅳ室温度过高	进料量少	提高离心机进料量，或降低气流干燥温度，或暂停热水循环泵
5	沸腾干燥器第Ⅳ室温室过低	①进料量多 ②气流干燥的料太湿	①降低离心机进料量，或适量开大散热片蒸汽阀 ②提高气流干燥器顶部温度
6	沸腾干燥的旋风分离器堵塞	①分离器下料管堵塞 ②下料管锥形“料封”故障	①清理 ②停车检修
7	沸腾干燥器压差难控制	鼓风机或抽风机的蝶阀故障	检查，检修
8	粗料增多	①料过干，产生静电粘网 ②筛网堵塞 ③树脂粒度大	①降低干燥温度，或沸腾干燥器第Ⅵ室通少量蒸汽 ②用钢丝刷清理 ③与聚合系统联系

参 考 文 献

[1] 严福英．聚氯乙烯工艺学．北京：化学工业出版社，1990.

[2] 方度．氯碱工业．北京：化学工业出版社，1990.

[3] 方度，杨维驿．全氟离子交换膜——制法、性能和应用．北京：化学工业出版社，1993.

[4] 杨道军．氯碱工业．1994，(5)：12.

[5] 胡国埏．国外氯乙烯生产技术经济比较．中国氯碱．2001，1.

[6] 张新胜．乙烯法 VCM 工艺技术进展及创新研究．聚氯乙烯．2002，6.

[7] 邴涓林，黄志明主编．聚氯乙烯工艺技术．北京：化学工业出版社，2009.

[8] 文建光．纯碱与烧碱．北京：化学工业出版社，2001.

[9] 张志宇，段林峰．化工腐蚀与防护．北京化学工业出版社，2005.

[10] 朱海峰，侯利杰，梅冬艳．离子膜烧碱生产技术的防腐．中国氯碱，2007.

[11] 徐志鹤．中国氯碱．1991，(7)：25.

[12] 尹侠，李庆生，王德润．氯碱工业．1994，(6)：10.

[13] 氯碱工业编辑部．氯碱生产岗位操作及事故处理．锦西化工研究院，1991.